从大学生到造价工程师

苗曙光 编

中国建筑工业出版社

图书在版编目（CIP）数据

从大学生到造价工程师/苗曙光编. —北京：中国建筑工业出版社，2008

ISBN 978-7-112-10243-3

Ⅰ.从… Ⅱ.苗… Ⅲ.建筑造价管理-基本知识 Ⅳ.TU723.3

中国版本图书馆 CIP 数据核字（2008）第 113267 号

本书是为新入造价行业的人员快速上手工作，增强解决实际造价问题的能力所编。

本书分不同就业岗位详尽地讲述了工程造价人员入门要了解的知识和应掌握的技能。读者通过学习，能快速掌握各个造价岗位的工作流程、工作内容与工作方法，达到快速适应岗位的目的。

本书可供建设单位、施工单位、中介单位（包括造价咨询公司、招标代理公司、监理公司等）、设计单位、行业管理部门、审计部门、投资评审部门等单位新进大学生、中专生上岗培训及工作参考，亦可供在校大学生做就业前辅导使用。

* * *

责任编辑：武晓涛
责任设计：郑秋菊
责任校对：梁珊珊 关 健

从大学生到造价工程师

苗曙光 编

*

中国建筑工业出版社出版、发行（北京西郊百万庄）
各地新华书店、建筑书店经销
北京嘉泰利德公司制版
廊坊市海涛印刷有限公司印刷

*

开本：787×1092 毫米 1/16 印张：25 字数：624 千字
2008 年 10 月第一版 2016 年 9 月第九次印刷
定价：**49.00** 元
ISBN 978-7-112-10243-3
　　　（17046）

版权所有　翻印必究
如有印装质量问题，可寄本社退换
（邮政编码 100037）

前　　言

如果你是新毕业的学生，你是否经常为在学校里学了不少理论，可一走上工作岗位，面对一个个具体工作却不知如何下手而苦恼？如果你是在校的大学生，是否对未来的工作岗位感到好奇，想提前揭开它们的神秘面纱？或者你还不知如何规划自己的职业，如何走好面向社会的第一步？如果你是新入或新转入造价行的职场人，你是否想知道如何做能让你在较短的时间走入造价行？类似的问题也许每个造价行业的过来人都曾经经历过。

对于即将或刚刚踏入造价行的新人，我们这些过来人在他们走向工作岗位的第一步给予一点点帮助，哪怕是随手的一扶，都有可能让他们走出某条弯路，绕开某个误区，避免一些无谓的时间和精力浪费，迅速成为工程造价方面的熟手。但遗憾的是，目前图书市场上并没有类似的给初入造价行的新手朋友们看似简单，但对他们却有重大意义的一扶的图书。如果我们这本帮助新人们起步的图书，能够解除新人们一些疑惑，帮助他们走稳第一步，笔者将感到莫大欣慰。

工程造价是一项重要的工作，工程造价人员广泛地供职于建设单位、施工单位、造价咨询单位、招标代理单位、设计单位、行政事业单位等部门。其就业面的宽泛，给众多有志于从事造价工作的劳动者以更多的选择；但也因其工作面的宽泛，使得造价工作面广、技能多，已不仅仅局限于传统的计量与计价。分布于不同工作单位、不同岗位的造价人员，其日常工作实践中接触的具体造价业务是不尽相同的。本书针对各个造价岗位人员第一步应掌握的基本技能进行了细致、说明书式的讲解，力求分布于各类岗位上的造价人员拿到本书就像拿到了"造价岗位操作指南针"，结合自己已掌握的造价基础理论，按照书中所述的方法、步骤、实例，将已掌握的造价基础理论知识与工作实际有效对接，快速上手，及时、准确地完成单位或领导交办的各项造价工作。之后，再经过时间的历练、经验的积累，那成为造价高手指日可待。

本书主要适合以下读者：

★刚踏上造价行业工作岗位的大学、中专毕业生；

★立志于从事工程造价工作的在校大学生、中专生；

★已经在其他行业工作，想转行到工程造价行业工作的"跳槽"人；

★已从事工程造价工作的某个方面，想全面了解工程造价各岗位的情况，以扩展知识面，适应不同岗位需求的人员。

相信目前还是造价新手的你，阅读完本书后在职场上就会走得更稳。并祝愿你在造价岗位上实现自己的梦想，成就自己的美好前程。

本书在编写过程中参考了部分文献资料，不能一一列出，在此一并表示感谢。各位读者在阅读本书中有什么疑问与好的建议欢迎致邮：cdxsdzjs@sina.com。

目　录

第1章　从入门到精通的造价职业生涯设计

1.1　工程造价从业前景 …………………………………………………………… 1
　　1.1.1　工程造价人员收入调查 ………………………………………………… 1
　　1.1.2　造价员资格描述 ………………………………………………………… 4
　　1.1.3　造价师资格描述 ………………………………………………………… 5
　　1.1.4　工程造价专业人员的能力结构要求 …………………………………… 8
　　1.1.5　造价人员职业生涯设计 ………………………………………………… 9
　　1.1.6　老造价工程师的话 ……………………………………………………… 11
1.2　工程造价从业岗位 …………………………………………………………… 12
　　1.2.1　设计单位 ………………………………………………………………… 12
　　1.2.2　建设单位 ………………………………………………………………… 13
　　1.2.3　施工单位 ………………………………………………………………… 16
　　1.2.4　中介单位 ………………………………………………………………… 17
　　1.2.5　财政评审中心 …………………………………………………………… 19
　　1.2.6　政府审计部门 …………………………………………………………… 20
　　1.2.7　造价管理部门及教学、科研部门 ……………………………………… 20
　　1.2.8　老造价工程师的话 ……………………………………………………… 21
1.3　如何从入门到提高 …………………………………………………………… 22
　　1.3.1　走入造价行应具备的基础知识 ………………………………………… 22
　　1.3.2　从入门到提高 …………………………………………………………… 24
　　1.3.3　老造价工程师的话 ……………………………………………………… 26

第2章　合约管理

2.1　合约筹划 ……………………………………………………………………… 30
　　2.1.1　工作流程 ………………………………………………………………… 30
　　2.1.2　工作依据 ………………………………………………………………… 36
　　2.1.3　工作表格、数据、资料 ………………………………………………… 36
　　2.1.4　操作实例 ………………………………………………………………… 40
　　2.1.5　老造价工程师的话 ……………………………………………………… 51
2.2　建设工程施工合同的操作 …………………………………………………… 52

2.2.1　工作表格、数据、资料 …………………………………………… 52
　　　2.2.2　操作实例 ………………………………………………………… 63
　　　2.2.3　老造价工程师的话 ……………………………………………… 68
2.3　建设工程造价咨询合同的操作 ……………………………………………… 69
　　　2.3.1　工作表格、数据、资料 …………………………………………… 69
　　　2.3.2　操作实例 ………………………………………………………… 74
　　　2.3.3　老造价工程师的话 ……………………………………………… 76
2.4　建设工程勘察合同的操作 …………………………………………………… 76
　　　2.4.1　工作表格、数据、资料 …………………………………………… 76
　　　2.4.2　操作实例 ………………………………………………………… 85
　　　2.4.3　老造价工程师的话 ……………………………………………… 89
2.5　建设工程设计合同 …………………………………………………………… 90
　　　2.5.1　工作表格、数据、资料 …………………………………………… 90
　　　2.5.2　操作实例 ………………………………………………………… 99
　　　2.5.3　老造价工程师的话 ……………………………………………… 100
2.6　建设工程委托监理合同 ……………………………………………………… 100
　　　2.6.1　工作表格、数据、资料 …………………………………………… 100
　　　2.6.2　操作实例 ………………………………………………………… 107
　　　2.6.3　老造价工程师的话 ……………………………………………… 111
2.7　建筑施工物资租赁合同 ……………………………………………………… 111
　　　2.7.1　工作表格、数据、资料 …………………………………………… 111
　　　2.7.2　操作实例 ………………………………………………………… 113
　　　2.7.3　老造价工程师的话 ……………………………………………… 114
2.8　建筑安装工程分（清）包合同 ……………………………………………… 116
　　　2.8.1　工作表格、数据、资料 …………………………………………… 116
　　　2.8.2　操作实例 ………………………………………………………… 145
　　　2.8.3　老造价工程师的话 ……………………………………………… 149

第3章　概、预、结算编制与审核

3.1　招投标管理 …………………………………………………………………… 150
　　　3.1.1　工作流程 ………………………………………………………… 150
　　　3.1.2　工作依据 ………………………………………………………… 152
　　　3.1.3　工作表格、数据、资料 …………………………………………… 153
　　　3.1.4　操作实例 ………………………………………………………… 154
　　　3.1.5　老造价工程师的话 ……………………………………………… 156
3.2　概算编制 ……………………………………………………………………… 156
　　　3.2.1　工作流程 ………………………………………………………… 156

3.2.2　工作依据 ………………………………………………………………… 156
　　3.2.3　工作表格、数据、资料 ………………………………………………… 160
　　3.2.4　操作实例 ………………………………………………………………… 168
　　3.2.5　老造价工程师的话 ……………………………………………………… 186
3.3　预结算的编制 …………………………………………………………………… 186
　　3.3.1　工作流程 ………………………………………………………………… 186
　　3.3.2　工作依据 ………………………………………………………………… 188
　　3.3.3　工作表格、数据、资料 ………………………………………………… 191
　　3.3.4　操作实例 ………………………………………………………………… 198
　　3.3.5　老造价工程师的话 ……………………………………………………… 218

第 4 章　工程实施阶段造价全过程控制

4.1　施工阶段全过程造价控制与进度款支付 …………………………………… 231
　　4.1.1　工作流程 ………………………………………………………………… 231
　　4.1.2　工作依据 ………………………………………………………………… 233
　　4.1.3　工作表格、数据、资料 ………………………………………………… 233
　　4.1.4　操作实例 ………………………………………………………………… 237
　　4.1.5　老造价工程师的话 ……………………………………………………… 241
4.2　工程变更的审核与控制 ………………………………………………………… 241
　　4.2.1　工作流程 ………………………………………………………………… 242
　　4.2.2　工作依据 ………………………………………………………………… 242
　　4.2.3　工作表格、数据、资料 ………………………………………………… 244
　　4.2.4　操作实例 ………………………………………………………………… 246
　　4.2.5　老造价工程师的话 ……………………………………………………… 246
4.3　工程索赔的审核与控制 ………………………………………………………… 246
　　4.3.1　工作流程 ………………………………………………………………… 247
　　4.3.2　工作依据 ………………………………………………………………… 248
　　4.3.3　工作表格、数据、资料 ………………………………………………… 248
　　4.3.4　操作实例 ………………………………………………………………… 250
　　4.3.5　老造价工程师的话 ……………………………………………………… 250
4.4　工程签证的审核与控制 ………………………………………………………… 251
　　4.4.1　工作流程 ………………………………………………………………… 251
　　4.4.2　工作依据 ………………………………………………………………… 256
　　4.4.3　工作表格、数据、资料 ………………………………………………… 256
　　4.4.4　操作实例 ………………………………………………………………… 260
　　4.4.5　老造价工程师的话 ……………………………………………………… 261

第5章 成本测算

5.1 建设项目成本测算 ································· 263
- 5.1.1 工作流程 ································· 263
- 5.1.2 工作依据 ································· 264
- 5.1.3 工作表格、数据、资料 ································· 264
- 5.1.4 操作实例 ································· 271
- 5.1.5 老造价工程师的话 ································· 275

5.2 施工成本测算 ································· 277
- 5.2.1 工作流程 ································· 277
- 5.2.2 工作依据 ································· 301
- 5.2.3 工作表格、数据、资料 ································· 301
- 5.2.4 操作实例 ································· 302
- 5.2.5 老造价工程师的话 ································· 316

第6章 工程造价审核

6.1 工程审价 ································· 318
- 6.1.1 工作流程 ································· 318
- 6.1.2 工作依据 ································· 320
- 6.1.3 工作表格、数据、资料 ································· 327
- 6.1.4 操作实例 ································· 331
- 6.1.5 老造价工程师的话 ································· 333

6.2 司法审价 ································· 335
- 6.2.1 工作流程 ································· 335
- 6.2.2 工作依据 ································· 338
- 6.2.3 工作表格、数据、资料 ································· 338
- 6.2.4 操作实例 ································· 339
- 6.2.5 老造价工程师的话 ································· 342

6.3 工程审计 ································· 346
- 6.3.1 工作流程 ································· 346
- 6.3.2 工作依据 ································· 346
- 6.3.3 工作表格、数据、资料 ································· 346
- 6.3.4 操作实例 ································· 363
- 6.3.5 老造价工程师的话 ································· 365

6.4 财政投资评审 ································· 366
- 6.4.1 工作流程 ································· 367

6.4.2 工作依据 …………………………………………………………………… 367
6.4.3 工作表格、数据、资料 ………………………………………………… 379
6.4.4 操作实例 …………………………………………………………………… 381
6.4.5 老造价工程师的话 ………………………………………………………… 384

参考文献 ……………………………………………………………………………… 387

老造价工程师的话索引

1. 认真学习，精通不远 …………………………………………… 11
2. 注意安排好职称晋职问题 ……………………………………… 11
3. 分析一下自己是否具备做好预算工作的技能 ………………… 21
4. 学习读图捷径 …………………………………………………… 26
5. 新入行如何进行"进补" ………………………………………… 26
6. 补充经验都有些什么渠道？ …………………………………… 27
7. 注重平时工作总结，不断提高业务水平 ……………………… 28
8. 造价人员新入行"准则" ………………………………………… 28
9. 合同谈判技巧 …………………………………………………… 51
10. 施工合同谈判指南 ……………………………………………… 68
11. 施工合同学习要点 ……………………………………………… 68
12. 建设单位对咨询合同的控制 …………………………………… 76
13. 勘察、设计合同审查要点 ……………………………………… 89
14. 如何通过设计合同控制工程造价 ……………………………… 100
15. 工程监理合同操作要点 ………………………………………… 111
16. 建设物资租赁合同操作禁忌 …………………………………… 114
17. 对分包合同的要求 ……………………………………………… 149
18. 投标报价注意事项 ……………………………………………… 156
19. 审核设计概算注意事项 ………………………………………… 186
20. 工程量计算计量单位选择的一般原则 ………………………… 218
21. 工程量计算的点滴经验 ………………………………………… 218
22. 养成良好的工程量计算习惯 …………………………………… 219
23. 欧式风格建筑装修面积的速算简化公式 ……………………… 219
24. 工程量间的相关性经验数据 …………………………………… 219
25. 钢结构如何计算工程造价 ……………………………………… 220
26. 一语双关的"抽筋" …………………………………………… 221
27. 学习钢筋工程量计算的方法 …………………………………… 221
28. 钢筋计价算量与钢筋施工算量的区别 ………………………… 221
29. 常见建筑结构钢筋含量 ………………………………………… 222
30. 钢材理论用量简易计算方法 …………………………………… 223
31. 深入工地，快速掌握抽筋 ……………………………………… 223
32. 磨刀不误投标功 ………………………………………………… 224
33. 定额子目的选用技巧 …………………………………………… 224

34. 定额换算方法 ……………………………………………………………… 225
35. 定额的补充 ………………………………………………………………… 230
36. 造价咨询公司全过程造价控制要做好的事项 …………………………… 241
37. 现场费用控制人员的基本处事要领 ……………………………………… 241
38. 造价人员要参与变更的办理 ……………………………………………… 246
39. 索赔之道 …………………………………………………………………… 250
40. 如何签证能既不得罪对方又有效保护自己？ …………………………… 261
41. 签证形式选择的技巧 ……………………………………………………… 261
42. 造价咨询单位审核签证的技巧 …………………………………………… 261
43. 注意重复套定额的陷阱 …………………………………………………… 262
44. 乙方以"拖"应对甲方拒签签证 ………………………………………… 262
45. 如何做一个优秀的业主代表 ……………………………………………… 275
46. 建设单位的成本要素 ……………………………………………………… 275
47. 建设单位造价人员要注意造价指标分析，积累数据 …………………… 277
48. 有意识地培养对工程造价的"条件反射"能力 ………………………… 316
49. 造价人员工作中要注意收集哪些数据、指标？ ………………………… 316
50. 造价人员的两本账 ………………………………………………………… 317
51. 注意收集些一线的消耗量数据 …………………………………………… 317
52. 作为建设方的造价人员，如何正确处理与审价单位、施工单位的关系？ … 333
53. 对数之道 …………………………………………………………………… 333
54. 工程造价审核要点 ………………………………………………………… 334
55. 工程造价结算中常见纠纷及鉴定参考意见 ……………………………… 342
56. 工程造价审计的内容与重点 ……………………………………………… 365
57. 熟记常见建筑结构的主要材料消耗量指标 ……………………………… 366
58. 财政投资评审要点 ………………………………………………………… 384

第1章 从入门到精通的造价职业生涯设计

1.1 工程造价从业前景

工程造价作为一项重要的工程经济工作,在较多的单位均设置有相关的岗位。造价人员常分布于设计、建设、施工、中介(如造价咨询公司、招标代理公司)、财政评审、政府审计、造价行政管理等单位和部门。

在不同的单位、不同的岗位,造价业务内容与重点是不同的。造价专业不同于设计专业就业面较窄(如设计专业人员多集中在设计院)、工作内容集中(如设计人员的主要工作就是设计画图),它是一项点多(适用于多种类型单位)、面广(造价知识面宽泛)的工作。从目前的就业情况看,造价专业就业面较广,是个很有前途的专业。

工程造价是一个实用性比较强的专业,对入行人员的学历不要求特别高,专科以上就很好找工作或胜任工作,能力高低更主要靠实践、钻研。

1.1.1 工程造价人员收入调查

(1)造价人员的收入水平

笔者2006年、2007年、2008年连续三年对全国工程造价人员2005年、2006年、2007年的年收入进行了调查,调查结果如图1-1-1、图1-1-2、图1-1-3所示。

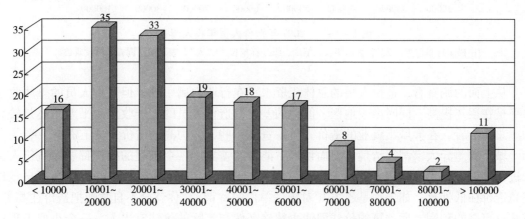

图1-1-1 2005年造价人员年收入调查

注:图中横坐标单位为"元",表示年收入范围,纵坐标单位为"人",表示接受调查人员投票数。

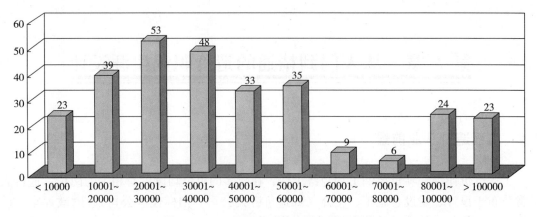

图 1-1-2 2006 年造价人员年收入调查

注：图中横坐标单位为"元"，表示年收入范围，纵坐标单位为"人"，表示接受调查人员投票数。

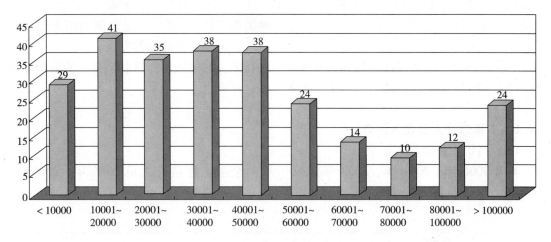

图 1-1-3 2007 年造价人员年收入调查

注：图中横坐标单位为"元"，表示年收入范围，纵坐标单位为"人"，表示接受调查人员投票数。

从上面的调查看，造价人员的总体工资水平在行业内属中等，但造价人员的整体收入水平是在逐年提高。同时由于地区、能力的差异，造价人员的工资收入水平差距还是较大的。总体上看，在大城市就业的造价人员工资高一些，能力高的造价人员工资高一些。

城市的差异大家都很清楚，下面说一下能力的差异。一个工程的投资都要靠造价人员来进行测算。如果你是甲方（对业主的称谓），当然希望花的钱越少越好，就会不自觉地把总造价往低处算；如果你是乙方（对施工单位的称谓），你就会不自觉地把造价往高算，以获得更高的利润。而预算的价钱即使再精确必然与实际的价钱有出入，一个小型工程也可能有十几到几十万的差价。往往造价人员的收入除了固定工资以外，就是这些工程差价的按比例提成。特别是在造价咨询单位，这种提成工资制更是普遍。只要技术好、能力高，一个工程拿几万块钱的提成还是不成问题的。

目前多数造价咨询公司对专业人员的薪酬分配采用"总收入＝底薪＋提成"的方式，且其中提成的比例更大。目前提成的计算基数，多数咨询单位采用"公司咨询费收入×提成比例",也有公司采用"所做项目总造价×提成比例",显然从数值上看,后者要小。笔者作了一个造价咨询公司造价人员提成收入的提成率调查。这次调查中的"提成率"是指采用"公司咨询费收入×提成比例"模式中的"提成比例"。有了这个参考比率,了解自己的预期收入就比较容易了。调查结果如图1-1-4所示。

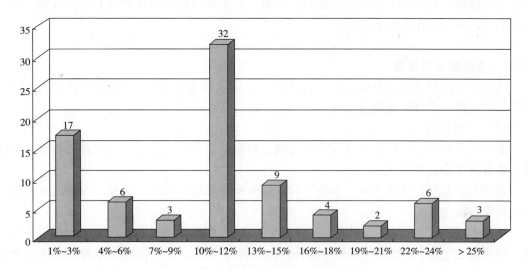

图1-1-4 国内造价咨询公司提成率调查

注:图中横坐标表示提成率范围,纵坐标表示接受调查咨询单位数。

(2) 造价人员预期收入调查

图1-1-5是笔者对造价人员预期收入的一个调查结果,从中可以看出造价人员对未来收入的预期,及造价专业薪酬发展的空间。

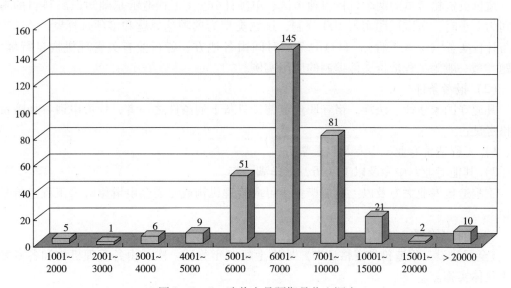

图1-1-5 造价人员预期月收入调查

注:图中横坐标单位为"元",表示预期月收入范围,纵坐标单位为"人",表示接受调查人数。

随着城市建设和公路建设的不断升温，工程造价专业的就业形势近年持续走高。找到一份工作，对大多数毕业生来讲并非难事，然而工程造价专业的就业前景与国家政策及经济发展方向密切相关，其行业薪酬水平近年来更是呈现出管理高于技术的倾向，而从技术转向管理（造价控制、造价管理），也成为诸多造价专业毕业生职业生涯中不可避免的瓶颈。工程造价专业岗位不仅需要精通专业知识，更要求有足够的大局观和工作经验。一般情况下，薪酬与工作经验成正比。

1.1.2 造价员资格描述

目前，造价领域的任职资格包括造价员（以前也叫预算员）、造价师两个层次。造价员属岗位资格，造价师属执业资格。

（1）考试内容

造价员资格考试实行全国统一考试大纲、通用专业和考试科目，各管理机构和专业委员会负责组织命题和考试。

通用专业包括：土建工程、安装工程。这两个专业进行统考，这两个专业之外的其他专业暂没有统考。

通用考试科目包括：《工程造价基础知识》、《工程计量与计价实务》（土建工程或安装工程可任选一门）。其他专业和考试科目由各管理机构、专委会根据本地区、本行业的需要设置。

中国建设工程造价管理协会（以下简称中价协）负责组织编写《全国建设工程造价员资格考试大纲》和《工程造价基础知识》考试教材，并对各管理机构、专委会的考务工作进行监督和检查。各管理机构、专委会应按考试大纲要求编制土建工程、安装工程及其他专业科目考试教材，并负责组织命题、考试、阅卷，确定考试合格标准，颁发资格证书，制作专用章等工作。

造价员资格考试的两个科目单独考试、单独计分。《工程造价基础知识》科目的考试时间为2小时，考试试题实行100分制，试题类型为单项选择题和多项选择题。《工程计量与计价实务（××工程）》科目的考试时间由各地方、各行业有关管理机构自行确定，试题类型一般为工程造价文件编制的应用实例。

（2）报考条件

凡遵守国家法律、法规，恪守职业道德，具备下列条件之一者，均可申请参加造价员资格考试：

1）工程造价专业，中专及以上学历；

2）其他专业，中专及以上学历，工作满一年。

工程造价专业大专及以上应届毕业生可向管理机构或专委会申请免试《工程造价基础知识》。

（3）证书管理

《全国建设工程造价员资格证书》原则上每三年验证一次，由各管理机构和各专委会负责具体实施。

《全国建设工程造价员资格证书》验证的内容为本人从事工程造价工作的业绩、继续教育情况、职业道德等。

有下列情形之一者,将验证不合格或注销《全国建设工程造价员资格证书》和专用章:

1) 无工作业绩的;
2) 脱离工程造价业务岗位的;
3) 未按规定参加继续教育的;
4) 以不正当手段取得《全国建设工程造价员资格证书》的;
5) 在建设工程造价活动中有不良记录的;
6) 涂改《全国建设工程造价员资格证书》和转借专用章的;
7) 在两个或两个以上单位以造价员名义执业的。

(4) 能力要求

1) 掌握工程造价基础知识。应掌握的知识包括:工程造价相关法规与制度、建设项目管理、建设工程合同管理、工程造价的构成、工程造价计价方法和依据、决策和设计阶段工程造价的确定与控制、建设项目招投标与合同价款的确定、工程施工阶段工程造价的控制与调整、竣工决算的编制与保修费用的处理。

2) 掌握工程计量与计价实务知识。应掌握的知识包括:专业基础知识、工程计量、工程量清单的编制、工程计价知识。

1.1.3 造价师资格描述

注册造价工程师,是指通过全国造价工程师执业资格统一考试或者资格认定、资格互认,取得中华人民共和国造价工程师执业资格,并按照相关规定注册,取得中华人民共和国造价工程师注册执业证书和执业印章,从事工程造价活动的专业人员。

现将造价工程师考试及相关能力要求简述如下:

(1) 考试内容

造价工程师考试共考核《工程造价管理基础理论与相关法规》、《工程造价的计价与控制》《工程造价案例分析》、《建设工程技术与计量》四门科目。其中,《建设工程技术与计量》根据造价人员工作范围,可在土建专业与安装专业两门中自选一门。

造价工程师考试主要考查报考人员在综合掌握造价基础知识的基础上,解决实际工程造价工作的能力。能力主要包括:

1) 建设项目财务评价能力。包括建设项目投资估算;建设项目财务指标计算与分析;建设项目不确定性分析。

2) 建设工程设计、施工方案技术经济分析能力。包括建设工程设计、施工方案综合评价法;价值工程在设计、施工方案比选、改进中的应用;生命周期费用理论在设计方案评价中的应用;工程网络计划的优化与调整。

3) 工程计量与计价能力。包括工程量计算与审查;建筑安装工程人工、材料、机械台班消耗指标的编制;工程量清单的编制;建筑安装工程分部分项工程单价的编制;建筑安装工程设计概算、施工图预算的编制与审查;工程造价指数的应用。

4) 建设工程招标投标能力。包括建设工程设计、施工招标程序与招标方式;建设工程标底的编制;建设工程评价指标体系与评标、定标;建设工程投标策略的选择与应用;决策树法在投标决策中的应用。

5) 建设工程合同管理与索赔能力。包括建设工程施工合同的类型及选择；建设工程施工合同文件的组成与主要条款；工程变更价款的确定；建设工程合同争议的处理；工程索赔的计算与审核。

6) 工程款结算与竣工决算能力。包括工程价款结算与支付；资金使用计划编制与投资偏差分析；竣工决算内容与编制方法；新增资产的分类及其价值的确定。

（2）报考条件

凡中华人民共和国公民，遵纪守法并具备以下条件之一者，均可参加造价工程师执业资格考试：

1) 工程造价专业大专毕业后，从事工程造价业务工作满5年；工程或工程经济类大专毕业后，从事工程造价业务工作满6年。

2) 工程造价专业本科毕业后，从事工程造价业务工作满4年；工程或工程经济类本科毕业后，从事工程造价业务工作满5年。

3) 获上述专业第二学士学位或研究生班毕业和取得硕士学位后，从事工程造价业务工作满3年。

4) 获上述专业博士学位后，从事工程造价业务工作满2年。

在《人事部、建设部关于印发〈造价工程师执业资格制度暂行规定〉的通知》（人发［1996］77号）下发之日前（即1996年8月26日前）已受聘担任高级专业技术职务并具备下列条件之一者，可免试《工程造价管理基础理论与相关法规》和《建设工程技术与计量》两个科目。

1) 1970年（含）以前工程或工程经济类本科毕业，从事工程造价业务工作满15年。

2) 1970年（含）以前工程或工程经济类大专毕业，从事工程造价业务工作满20年。

3) 1970年（含）以前工程或工程经济类中专毕业，从事工程造价业务工作满25年。

（3）证书管理

取得执业资格的人员，经过注册方能以注册造价工程师的名义执业。注册造价工程师的注册条件为：

1) 取得执业资格；

2) 受聘于一个工程造价咨询企业或者工程建设领域的建设、勘察设计、施工、招标代理、工程监理、工程造价管理等单位；

3) 无其他不予注册的情形。

取得执业资格的人员申请注册的，应当向聘用单位工商注册所在地的省、自治区、直辖市人民政府建设主管部门（以下简称省级注册初审机关）或者国务院有关部门（以下简称部门注册初审机关）提出注册申请。

对申请初始注册的，注册初审机关应当自受理申请之日起20日内审查完毕，并将申请材料和初审意见报国务院建设主管部门。注册机关应当自受理之日起20日内作出决定。对申请变更注册、延续注册的，注册初审机关应当自受理申请之日起5日内审查完毕，并将申请材料和初审意见报注册机关。注册机关应当自受理之日起10日内作出决定。

取得资格证书的人员，可自资格证书签发之日起1年内申请初始注册。逾期未申请者，须符合继续教育的要求后方可申请初始注册。初始注册的有效期为4年。

申请初始注册的，应当提交下列材料：

1）初始注册申请表；
2）执业资格证件和身份证件复印件；
3）与聘用单位签订的劳动合同复印件；
4）工程造价岗位工作证明；
5）取得资格证书的人员，自资格证书签发之日起1年后申请初始注册的，应当提供继续教育合格证明；
6）受聘于具有工程造价咨询资质的中介机构的，应当提供聘用单位为其交纳的社会基本养老保险凭证、人事代理合同复印件，或者劳动、人事部门颁发的离退休证复印件；
7）外国人、台港澳人员应分别提供外国人就业许可证书、台港澳人员就业证书复印件。

注册造价工程师注册有效期满需继续执业的，应当在注册有效期满30日前，申请延续注册。延续注册的有效期为4年。

申请延续注册的，应当提交下列材料：
1）延续注册申请表；
2）注册证书；
3）与聘用单位签订的劳动合同复印件；
4）前一个注册期内的工作业绩证明；
5）继续教育合格证明。

在注册有效期内，注册造价工程师变更执业单位的，应当与原聘用单位解除劳动合同，并按照相关办法规定的程序办理变更注册手续。变更注册后延续原注册有效期。

申请变更注册的，应当提交下列材料：
1）变更注册申请表；
2）注册证书；
3）与新聘用单位签订的劳动合同复印件；
4）与原聘用单位解除劳动合同的证明文件；
5）受聘于具有工程造价咨询资质的中介机构的，应当提供聘用单位为其交纳的社会基本养老保险凭证、人事代理合同复印件，或者劳动、人事部门颁发的离退休证复印件；
6）外国人、台港澳人员应分别提供外国人就业许可证书、台港澳人员就业证书复印件。

有下列情形之一的，不予注册：
1）不具有完全民事行为能力的；
2）申请在两个或者两个以上单位注册的；
3）未达到造价工程师继续教育合格标准的；
4）前一个注册期内工作业绩达不到规定标准或未办理暂停执业手续而脱离工程造价业务岗位的；
5）受刑事处罚，刑事处罚尚未执行完毕的；
6）因工程造价业务活动受刑事处罚，自刑事处罚执行完毕之日起至申请注册之日止不满5年的；
7）因前项规定以外原因受刑事处罚，自处罚决定之日起至申请注册之日止不满3

年的；

8) 被吊销注册证书，自被处罚决定之日起至申请注册之日止不满3年的；

9) 以欺骗、贿赂等不正当手段获准注册被撤销，自被撤销注册之日起至申请注册之日止不满3年的；

10) 法律、法规规定不予注册的其他情形。

被注销注册或者不予注册者，在具备注册条件后重新申请注册的，按照规定的程序办理。

准予注册的，由注册机关核发注册证书和执业印章。

注册证书和执业印章是注册造价工程师的执业凭证，应当由注册造价工程师本人保管、使用。

造价工程师注册证书由注册机关统一印制。

注册造价工程师遗失注册证书、执业印章，应当在公众媒体上声明作废后，按照规定的程序申请补发。

(4) 执业范围

注册造价工程师执业范围包括：

1) 建设项目建议书、可行性研究投资估算的编制和审核，项目经济评价，工程概、预、结算、竣工结（决）算的编制和审核；

2) 工程量清单、标底（或者控制价）、投标报价的编制和审核，工程合同价款的签订及变更、调整、工程款支付与工程索赔费用的计算；

3) 建设项目管理过程中设计方案的优化、限额设计等工程造价分析与控制，工程保险理赔的核查；

4) 工程经济纠纷的鉴定；

5) 其他。

1.1.4 工程造价专业人员的能力结构要求

(1) 工程技术能力

掌握工程技术的能力。对设计原理、施工工艺、中介服务等技术问题，要有相当的把握。

(2) 经济评价能力

包括主要财务报表编制、依据财务报表进行相关经济技术评价、竣工结算后的固定资产结算财务报告等。同时在项目实施过程中，要能够提供项目投资状况分析。

(3) 造价技术能力

工程建设各阶段造价控制能力。包括操作和控制，其中以招投标、合同价确定、合同实施、合同结算几个环节为重要。

造价计价体系掌握能力。我国现在主要有三种：定量定价定额（基价定额）、定量不定价定额（消耗量定额）、清单，都要能操作能控制。

合约操作能力。材料、设备、施工、中介等各种合同，必须驾轻就熟，能够确定、操作、结算各合同。

对各单位、各岗位的主要能力要求，我们归纳为表1-1-1：

各单位、各岗位能力要求　　　　　　　　　表1-1-1

	合约管理	概预算编、审	结算编、审	成本测算	造价过程控制	造价纠纷鉴定	其他
设计单位		√					√
建设单位	√	√	√	√	√		
施工单位	√	√	√	√			
中介单位	√	√	√			√	√
财政评审		√	√				
政府审计		√	√		√		
教育培训	√	√				√	√
行业管理						√	√

以上列出了绝大多数适合造价人员就业的单位，实际上造价人员可就业的单位还很多，如造价软件公司、出版社相关专业编辑、金融机构、保险机构等。但建设单位、施工单位、中介单位是造价人员就业的主体。

1.1.5　造价人员职业生涯设计

生涯规划就是人生定位，简单讲就是做自己最喜爱的工作，把它做到最好，这样，你在做这项工作时，才不会感到累，才会开心，才会发自内心喜欢。

职业生涯规划指的是一个人对其一生中所承担职务的相继历程的预期和计划，这个计划包括一个人的学习与成长目标，及对一项职业和组织的生产性贡献和成就期望。个体的职业生涯规划并不是一个单纯的概念，它和个体所处的家庭以及社会存在密切的关系，并且要根据实际条件具体安排。因为未来的不确定性，职业生涯规划也需要确立适当的变通性。虽然是规划，也不是一成不变的。同时职业规划也是个体人生规划的主体部分。

用白话说，职业生涯规划的意思就是：你打算选择什么样的行业，什么样的职业，什么样的组织，想达到什么样的成就，想过一种什么样的生活，如何通过你的学习与工作达到你的目标。

你选择的职业是向专业技术方向发展，还是向行政管理方向发展，或是向其他方向发展，个人选择的发展方向不同，对个人的要求也不同。因此，在设计职业生涯时，需要作出选择，以便使个人学习、工作以及各种行为沿着你的生涯路线和预定的方向发展。

根据分析，造价人员典型的职业生涯路线图是一种V形图。造价人员绝大多数是从事专业技术方向，但造价本身也涵盖许多管理内容，所以行政管理也是一部分人的职业路线方向。

假如你22岁时大学毕业参加工作，即V形图的起点是22岁。从起点向上发展，左侧是行政管理路线，右侧是专业技术路线。将路线划分为若干等分，每等分表示一个年龄段，并将其等级分别标在路线图上，作为自己的职业生涯目标。见图1-1-6。

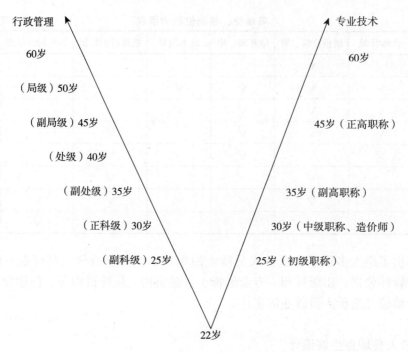

图 1-1-6 推荐的造价人员职业生涯路线图

要做好职业生涯规划，可以从以下几个方面着手：

(1) 你是什么样的人？

分析的内容包括：个人的兴趣爱好、性格倾向、身体状况、教育背景、专长、过往经历和思维能力。这样对自己有个全面的了解。

(2) 你想要什么？

这是目标展望过程。包括职业目标、收入目标、学习目标、名望期望和成就感。特别要注意的是学习目标，只有不断确立学习目标，才能不被激烈的竞争淘汰，才能不断超越自我，登上更高的职业高峰。

(3) 你能做什么？自己专业技能何在？

最好能学以致用，发挥自己的专长，在学习过程中积累自己的专业相关知识技能。同时个人工作经历也是一个重要的经验积累。判断你能够做什么。

(4) 什么是你的职业支撑点？你具有哪些职业竞争能力？

(5) 行业和职位众多，什么是最适合你的？

选择别人看来最好的并不一定是最合适的，选择最合适的才是真正最好的。

(6) 最后确定你能够选择什么？

通过前面的过程，你就能够做出一个简单的职业生涯规划。机会偏爱有准备的人，你做好了你自己职业生涯规划，为未来的职业做了准备，当然比没有做准备的人机会更多。

通过以上的简单步骤和原则，个人就可以设计职业生涯规划了。根据不同的情况，个人可以制订一个整体生涯规划，作为一个纲领性长期规划；或者制订一个 3~5 年的生涯规划，作为一种发展的中期规划；或者制订一个 1 年的生涯规划，作为一个可操作性强，变化较小的短期规划。有了规划，生活就有了目标，就不会迷失前进的方向。

1.1.6 老造价工程师的话

| 老造价工程师的话1 | 认真学习，精通不远 |

要较快地掌握造价最基础知识，可以从以下两个方面学习、切入：

（1）背计价依据（如定额）

工程造价工作没什么高深的技术，能看懂图纸，会加减乘除也就够了。如果你能把科学计算器用熟的话，那工作就更简单了。预算员很好做，特别是从技术口转到预算口，那就更容易了。做预算不难，做好了就不容易，难就难在经验积累上。

预算是算钱的，财务也是算钱的，但二者最大的区别就是：财务不能有一分钱的差，预算可以有非常大的差。一般认为，5%以内就算准确。同一图纸同一个人做三次预算，总造价一定是不同的。

高水平的预算高在哪里？实际经验。实际操作过程中，最主要的是把定额计算规则记熟了，之后的事就是找规律。每次做预算，要根据不同的工程做出不同的表，然后输入基本数据，也就是墙中心线、外墙净长线、内墙净长线等。举个例子来说，计算一个房间的工程量时，只需要输入内墙净长线、门窗尺寸、房间净高就可以自动计算出内墙涂料、地面、顶棚的工程量。当然，有些小地方可能考虑不到，没关系，预算工程量本来就不是要求百分之百的准确。

（2）把握机会，完整参与一个项目

学习预算并不像很多人说得那么"十年不精"，如果你认真学习，2~3年就可掌握基本方法。建议初学本专业的人员，最好在熟练者的指导下，从手算入手，选有代表性的小型工程，通过亲自计算、报价，掌握现行的有关规定、各种计算规则，熟练后再上机操作。

一个好的师傅，可以放手让新手做，不过要把关，这样可以快速提高新手的业务水平。一般只要做过一个完整的工程项目，如果新手比较细心和善于总结，之后完全可以独挡一面。

| 老造价工程师的话2 | 注意安排好职称晋职问题 |

目前，工程系列职称的获得方式有考试和评审（评审不需要考试）两种方式，且以评审居多，各省市、行业关于职称的获得方式与条件会有不同，大家可以搜索一下当地或行业的政策文件。下面对职称的一般性评审条件做简要说明：

（1）助理工程师职称（初级）

1) 大学本科毕业，从事专业技术工作一年以上。

2) 大学专科毕业，从事专业技术工作二年以上。

3) 中专毕业，从事专业技术工作三年以上。

（2）工程师职称（中级）

1）理工类大学本（专）科毕业，取得助理工程师任职资格，并担任助理工程师职务满四年以上。

2）理工类中专毕业，获得市级科学技术奖励二等奖以上或厅级优质工程奖以上或厅级优秀勘察设计二等奖以上项目的主要完成人，取得助理工程师任职资格，并担任助理工程师职务满四年以上。

(3) 高级工程师职称（副高）

1）获得理工类博士学位，取得工程师任职资格，并担任工程师职务满二年以上。

2）理工类硕士研究生毕业，取得工程师任职资格，并担任工程师职务满四年以上。

3）理工类大学本科毕业，取得工程师任职资格，并担任工程师职务满五年以上。

4）理工类大学本科毕业，取得按国家规定可聘任工程师职务的工程建设类执业资格，并任职（注册）满五年以上。

5）理工类大学专科毕业，获得省级科学技术奖励二等奖以上或部级优质工程奖以上或部级优秀勘察设计二等奖以上项目的主要完成人，取得工程师任职资格，并担任工程师职务满五年以上。

(4) 教授级高级工程师职称（正高）

理工类大学本科以上学历，取得高级工程师任职资格，并担任高级工程师职务满五年以上。

在具体评审时，各地或行业对专业基础理论知识、工作能力与经历、业绩与成果、论文与论（译）著、外语水平、计算机水平还有一定的要求。

了解以上内容，有助于大家规划自己今后的人生之路。现在的人生有许多道路可走，不用一条道走到黑，人生道路是多元的。但在人生的紧要关头有几步是非常关键的，工作就是其中之一。有的技术人员没取得中级职称就到外面闯荡，也能闯一阵子，但长远看是不利的，在建筑行业连中级职称都没有，是很难找到有发展前景的工作的（不指大学毕业生），因此大家要注意安排好自己的"行程"。

1.2 工程造价从业岗位

一般一个造价岗位的能力要求主要包括：年龄、性别、学历、资历、知识背景、工作经验、技能、个性品质、身体状况等方面。为简化，以下的能力要求主要仅从工作技能角度进行表述。

1.2.1 设计单位

(1) 单位描述（表1-2-1）

单位描述　　　　　　　　　　　　　　　　表1-2-1

单位描述	从事民用与工业建筑设计、室内设计、技术咨询、施工图审查、工程经济业务等的单位。以前多为事业单位，今后将逐步转为公司制
造价相关岗位	设计概算、可行性研究等工程经济业务等

(2) 岗位描述：概算编制岗位（表1-2-2）

岗位描述 表1-2-2

岗位定义	从事民用或工业建筑设计概算的编制、审核
工作内容	（1）根据当地现行标准建筑设计文件编制深度规定及初步设计图纸完成概算文件的编制； （2）根据扩初审批意见，完成修正概算文件； （3）当概算总投资超出批准总投资（或可行性文件总投资）时为业主提供可能合理节省费用的建议； （4）根据需要出席有关工程投资、设计标准、进度安排的协调会议； （5）为业主提供可能合理节省费用的建议； （6）控制设计概算
能力要求	（1）具有建筑或工业建筑、设备的基础知识（设计院资质范围不同会有不同专业要求）； （2）熟悉建筑或工业建筑、设备、装置等有关专业概算定额及计价依据； （3）熟悉工程预算、工程经济分析

1.2.2 建设单位

（1）单位描述（表1-2-3）

单位描述 表1-2-3

单位描述	建设单位，亦称业主，俗称甲方，是项目的投资人或开发人，它承担项目所有前期与后期责任。广义的建设单位指项目业主，承担投资建设项目管理任务，以形成固定资产为目标的单位，包括政府投资部门（如高速公路公司、地铁公司、机场建设公司等）、项目业主、代建制的项目业主等。狭义的建设单位，一般指业主，就是相对乙方而言的甲方
造价相关岗位	预结算审核岗位、投资成本测算、全过程造价控制、合约管理

某房地产公司（业主）工程造价管理相关工作项目 表1-2-4

序号	工作项目	办理岗位	协助岗位
1	编制设计任务书	设计管理	营销策划
2	建筑方案招标	招标工作小组成员	
3	规划方案报审	土建设计管理	
4	设计委托	设计管理	
5	建筑设计优化	土建设计管理	
6	召开扩初设计审批会	项目经理	土建设计管理、设备设计管理，土建工程师、设备工程师
7	扩初设计送审	项目经理	
8	委托现场地质勘探	土建设计管理	
9	结构设计优化	土建设计管理	
10	三通一平跟踪管理	项目经理	
11	土地接管	项目经理	
12	投资监理委托	成本控制	

续表

序号	工作项目	办理岗位	协助岗位
13	施工总承包招标	项目经理	成本控制和现场工程师
14	现场管理台账	各岗位	
15	图纸管理	现场资料员	
16	施工日记	项目经理、土建工程师、设备工程师	
17	编制会议纪要	指定人员	
18	施工图内审	项目经理	土建和设备的设计管理，现场的土建和设备工程师
19	施工图设计交底	项目经理	土建和设备的设计管理，现场的土建和设备工程师
20	临水、临电配套	设备工程师	
21	施工技术方案优化	项目经理	
22	委托勘丈	销售管理	
23	编制工程预算	成本控制	
24	编制项目计划书	总经理办公室主任	
25	审核验工程月报	成本控制、现场工程师	
26	工程拨款	成本控制	
27	甲方采购	项目经理	土建工程师，设备工程师，成本控制
28	施工图修改	现场工程师、设计管理	
29	工程例会	项目经理	现场工程师
30	现场签证	成本控制	土建和设备工程师
31	索赔	项目经理	土建工程师，设备工程师，成本控制
32	工程竣工档案编制验收和报送	项目资料员	土建和设备工程师
33	编制工程决算	成本控制	
34	项目总结	土地开发，设计管理，营销策划，成本控制，项目经理，成本会计	
35	成本管理	成本核算	
36	成本核算	成本核算	

（2）岗位描述

1）预结算审核岗位（表1-2-5）

岗位描述　　　　　　　　　　　　　　　　　　　　　　　表1-2-5

岗位定义	参与预算的编制，对施工方提供的预结算进行审核
工作内容	（1）负责工程材料的价格信息搜集和询价； （2）负责对乙方材料报价的询价和审核； （3）负责对项目中施工单位的工程预算进行审价； （4）负责对工程直接费的匡算、跟踪； （5）依据合同和技术图纸，负责对已完成的工程和新增的工程进行预算和结算的审核； （6）负责向主管领导反映预、结算过程中的问题，并及时解决； （7）参与工程管理部组织的有关图纸会审工作；参与签证； （8）资料管理
能力要求	（1）熟悉工程预、结算管理知识，熟练掌握预算文件和制度； （2）了解工程设计、熟悉施工基础知识、熟悉材料价格； （3）了解招投标知识； （4）熟练掌握各种预算及投标报价软件；熟练使用各类预算软件，会使用工程预算软件计算工程量；熟练使用Word、Excel等办公软件和专业软件，具备基本的网络知识； （5）掌握商务谈判技巧，有预、结算的经验； （6）具有很强的沟通、判断、决策、协调能力，较强的计划执行能力

2）投资成本测算（表1-2-6）

岗位描述　　　　　　　　　　　　　　　　　　　　　　　表1-2-6

岗位定义	编制投资成本计划，控制成本计划实施
工作内容	（1）编制、完善房地产项目成本依据； （2）对投资项目进行项目投资成本测算； （3）对投资项目成本进行分析、评估、跟踪、控制
能力要求	（1）熟悉项目成本测算方法与流程； （2）具有丰富的预算结算编审能力和技术协调能力；精通工程预算定额及全国统一工程量清单的计价要求； （3）熟悉设备材料的市场行情； （4）熟悉土建及安装等工程项目的国家政策、法规，并能结合企业的实际情况加以运用； （5）熟练使用办公及工程应用软件； （6）工作积极主动、责任心强、善于团队合作，具有良好的沟通协调能力

3）全过程造价控制（表1-2-7）

岗位描述　　　　　　　　　　　　　　　　　　　　　　　表1-2-7

岗位定义	项目全过程中控制、引导成本计划，确保投资的有效控制
工作内容	（1）参与招标管理； （2）审定工程进度款，负责工程的预（结）算工作； （3）负责自供材料设备的保管、供应和结算工作； （4）参与施工图技术交底及图纸会审，负责工程量变更及现场签证、索赔的复核工作； （5）参与隐蔽工程、分部分项工程和配套设施项目的验收
能力要求	（1）熟悉投资项目的全过程运作； （2）熟悉投资估算、概算、预算的编制； （3）熟悉投资项目全过程造价控制实务

4) 合约管理（表1-2-8）

岗位描述　　　　　　　　　　　　　　　　　　　表1-2-8

岗位定义	负责合约策划、合同控制
工作内容	（1）负责工程类合同的编制、合同谈判、履约跟进等。建立分类台账，负责定期检查工程合同的执行情况； （2）负责合同编号管理、合同付款台账管理，审核、登记各类与项目相关付款，审核、编制月付款计划及付款统计表； （3）完成合同、付款及报销审批手续及发放、传递； （4）对招标、核价及合同谈判有一定的理解，对市场材料价格熟悉； （5）具有良好的沟通能力，口头及书面表达能力强，办事认真负责，能在压力下工作，具有较强的责任心、事业心及职业道德
能力要求	（1）熟悉项目流程，对合同法律知识有一定了解； （2）能起草土建、安装等工程合同、标书；了解土建、安装等相关专业知识； （3）熟悉工程预算体系和工程合同管理及工程建设管理的法律和政策，了解项目招投标的工作流程； （4）熟练使用Office办公软件（Excel、Word），了解文件、档案管理知识；熟练使用相关概预算软件； （5）沟通协调能力较强，书面表达能力较好；具备沟通、协调、调度、指挥组织及开拓能力，良好的统筹、分析、综合及归纳能力

1.2.3 施工单位

（1）单位描述（表1-2-9）

单位描述　　　　　　　　　　　　　　　　　　　表1-2-9

单位描述	施工单位，亦称承包单位，俗称乙方，主要是负责具体项目的施工，通过投标等方式受雇于甲方，对甲方负责，从某种程度来说建设单位与施工单位是雇主与雇员，老板与员工的关系
造价岗位	预结算编制、成本测算

（2）岗位描述
1) 预结算编制岗位（表1-2-10）

岗位描述　　　　　　　　　　　　　　　　　　　表1-2-10

岗位定义	预测未建设工程的价格（预算）、确定工程完工后的价格（结算）
工作内容	（1）工程造价预结算编制； （2）工程投标工作、投标报价的编制和审核； （3）合同管理以及相关的业务
能力要求	（1）熟悉工程招投标相关知识，熟悉计价定额、工程量清单以及招投标和合同管理，精通建筑工程项目预结算相关知识； （2）熟悉当地材料、机械和人工价格，熟悉当地定额；掌握工程技术规范和图纸审核相关知识； （3）掌握建筑工程预算软件，能够使用办公软件；能独立完成任务，熟练应用钢筋及图形算量等软件，熟悉电脑操作、计算机网络应用； （4）具有敬业精神与责任感，知识结构较全面； （5）具良好的职业操守，品行良好，有承受工作压力的心理素质

2) 成本测算岗位(表1-2-11)

岗位描述　　　　　　　　　　　　　　　　　表1-2-11

岗位定义	统计、测算人工、材料、机械费用等的成本依据数据,并根据依据预测、计算工程成本
工作内容	(1) 负责本专业的设计变更、现场签证,及时统计更新本专业的结算数据,做好本专业的成本预警工作; (2) 对本专业的成本指标作出统计分析,为公司成本指标数据的积累提供基础资料; (3) 负责项目内本专业的成本测算工作,为成本数据的统计提供依据; (4) 负责及时、准确地对项目成本进行汇总、统计和预警; (5) 通过参与审核工程概预算、结算,准确确定工程成本
能力要求	(1) 受过工程造价及工程管理知识培训;有工程预结算经验,对合同条款有较深理解; (2) 熟悉施工工艺、成本测算、控制流程与管理; (3) 熟悉国家建筑法律法规; (4) 熟练使用工程计价软件,有非常好的成本数据统计能力;熟练应用办公软件,如Excel中的函数、数据分析、图表等功能,Word中的编辑、排版及表格等功能; (5) 具有较强的沟通能力、团队合作精神及原则性;思维敏捷、严谨、工作踏实、认真;具有较强的归纳思维能力和学习能力,一定的承受压力能力

1.2.4 中介单位

(1) 单位描述(表1-2-12)

单位描述　　　　　　　　　　　　　　　　　表1-2-12

单位描述	包括造价咨询公司、会计师事务所、监理公司、招标代理等
造价岗位	招标代理、预结算编审、全过程造价控制、工程造价纠纷鉴定

(2) 岗位描述

1) 招标代理(表1-2-13)

岗位描述　　　　　　　　　　　　　　　　　表1-2-13

岗位定义	招标代理是指工程建设项目招标代理机构在招标人委托的范围内,对工程建设的项目法人(代建)、勘察、设计、施工、监理、工程咨询、造价咨询以及与工程建设有关的重要设备(进口机电设备除外)、材料招标的代理活动
工作内容	(1) 代拟招标公告或投标邀请函; (2) 代拟和出售招标文件、资格审查文件; (3) 协助招标人对潜在投标人进行资格预审; (4) 编制工程量清单或标底; (5) 组织召开图纸会审、答疑、踏勘现场、编制答疑纪要; (6) 协助招标人或受其委托依法组建评标委员会; (7) 协助招标人或受其委托接受投标、组织开标、评标、定标; (8) 代拟评标报告和招标投标情况书面报告; (9) 办理中标公告和其他备案手续; (10) 代拟合同
能力要求	(1) 熟悉当地及国家各专业定额、规范、计算规则,能够熟练使用相关造价软件,独立编制完整造价文件(编制清单与标底岗位); (2) 熟悉招标流程、熟悉合同操作,有一定文字功底,有一定的业务与社交能力

2) 预结算编审（表1-2-14）

岗位描述　　　　　　　　　　　　　　　　　　　　　表1-2-14

岗位定义	从事预结算编制、审核、招投标标底编制工作
工作内容	（1）建设项目概预算的编制与审核； （2）建设项目合同价款的确定（包括招标工程工程量清单和标底、投标报价的编制和审核）；合同价款的签订与调整（包括工程变更、工程洽商和索赔费用的计算）及工程款支付，工程结算及竣工结（决）算报告的编制与审核等
能力要求	（1）能够独立操作招投标工作和合同谈判等涉价业务； （2）定额等计价依据运用能力和适应能力较强；有较强的业务能力、可以独立完成报告； （3）能够吃苦耐劳，有一定的协调能力和较强的凝聚力； （4）能熟练使用 Word、Excel 等办公软件及造价软件； （5）为人诚实正直，具有良好的沟通能力、团队精神及协作能力

3) 全过程造价控制（表1-2-15）

岗位描述　　　　　　　　　　　　　　　　　　　　　表1-2-15

岗位定义	在工程项目立项决策到竣工投产全过程控制工作。包括负责编制或审核投资估算、设计概算、施工图预算，以及工程项目的设计、招投标、施工、结算等各阶段的投资控制工作。全过程造价控制人要做好投资工作的事前、事中、事后控制。防止决算超预算，预算超概算，概算超估算。目前，我国造价人员参与全过程造价控制工作基本还局限于施工阶段的全过程造价控制
工作内容	（1）根据合同造价及以往类型工程造价经验制定造价控制的实施细则，确定控制目标； （2）根据造价控制目标、工程进度、市场行情、企业成本定额消耗，编制承包合同的明细工程款现金流量图表，编制工程用款计划书； （3）参加与造价控制有关的工程会议； （4）对当月完成工程量进行统计核算，按照投标书及合同约定进行工程量申报，办理已完工程的现场签认及交接；进行工程设计变更及工程签证的预算（依据投标书、合同及相关定额清单等），及时进行工程变更及工程签证的现场甲方签认及交接；向甲方提交当月完成工程量的工程款申报（含变更及签证等）；提供当月付款建议书，经业主认可后作为支付当月进度款的依据； （5）甲、乙双方提出索赔时，为双方提供确认、反馈索赔等咨询意见； （6）按照企业成本定额及现场实际完成量进行当期（或整体工程）劳务、材料、机具费用的核算，对工程现场人材机直接成本进行核算，与劳务、材料、机具等专业分包单位进行控制，适时进行工程造价成本动态调整； （7）及时进行工程合同违约索赔计价，适时保持合同条款约定与现场实际的变化，做好索赔申请及计价； （8）对分阶段竣工的分部工程，对其完工的结算及时进行核定，并向业主提供造价控制动态分析报告； （9）会同业主办理工程竣工结算；提供整套结算报告及各项费用汇总表交业主归档； （10）提供涉及委托咨询工程项目的人工、材料、设备等造价信息和与造价控制相关的其他咨询服务； （11）编制合同执行情况专题报告，提供整套合同、结（决）算报告及各项费用汇总表交业主归档
能力要求	（1）有一定的工程预结算工作经验； （2）熟练使用预算软件，熟悉当地定额等计价依据，具现场施工管理经验； （3）熟悉项目运作全过程中成本（主要是土建、水电、装饰）的编制、监控、分析及评价工作； （4）熟悉本地区成本市场情况，有较好的洞察力及沟通能力，分析能力强、有责任心，对当地材料价格的波动随时掌握； （5）核实影响造价的施工计划及施工细节； （6）具有一定合同知识，熟悉和了解政府相关规定和政策； （7）良好的沟通协调能力，工作主动积极，责任心强，具有团队合作精神；身体健康，能够承受工作压力

4）工程造价纠纷鉴定（表1-2-16）

岗位描述　　　　　　　　　　　　　　　　　　　　　　　表1-2-16

岗位定义	依据国家的法律、法规以及政府部门颁布的工程造价定额标准对建筑工程诉讼案件中所涉及的造价纠纷进行分析、研究、鉴别，针对某一特定建设项目的施工图纸及竣工资料来计算和确定某一工程价值并提供鉴定结论
工作内容	（1）收集工程纠纷的相关资料； （2）听取纠纷当事人意见； （3）分析、论证、检查、计算纠纷事项； （4）编制鉴定报告
能力要求	（1）具备工程造价相关知识； （2）熟悉司法鉴定相关法律规定； （3）较强的协调、调解能力； （4）取得司法鉴定人执业资格

1.2.5 财政评审中心

（1）单位描述（表1-2-17）

单位描述　　　　　　　　　　　　　　　　　　　　　　　表1-2-17

单位描述	财政投资评审工作是财政预算管理的重要组成部分，目前全国已成立财政投资评审机构近千个，78%的地市和25%的县成立了财政投资评审机构，在编评审队伍已发展到6300多人。从业人员主要以注册会计师、注册造价工程师、注册监理师以及高级工程师等素质较高的人员为主（据不完全统计，专业技术人员占从业人员的一半以上）。 　　目前国家财政投资评审的范围主要体现在七个方面：一是财政预算内建设项目；二是纳入财政管理的预算外建设项目；三是政府性基金建设项目；四是政府性融资建设项目；五是其他财政性资金项目支出；六是对使用科技三项费、技改贴息、国土资源调查费等财政性资金项目的专项检查；七是建设单位委托的其他项目。就目前的情况从广度上看，评审范围仅局限于财政预算内建设项目，而且对于这部分项目，经财政评审的不足三分之二，其中对于公路、桥梁等交通投资项目的评审仍是空白
造价岗位	预结算审核、基建财务审核。 注：财政评审工作目前仍主要停留在工程概、预、结算造价的审查上，而对影响项目投资关键的可行性研究论证、扩大初步设计和初步设计阶段还没有发挥作用
财政投资评审与审计的区别	（1）财政投资评审与审计相比是一种相对单纯的工作。财政投资评审是财政部门对财政性投资项目的工程概、预算和竣工决（结）算以及一些财政性专项资金进行评估与审核的活动。审计机关主要对各级政府及政府各部门的财政收支，国有金融机构和企业事业组织的财务收支，以及其他依照《审计法》规定应当接受审计的财政收支、财务收支进行审计监督。 　　（2）二者较容易交叉的部分是在对国家建设项目的监督管理上。审计部门根据《审计法》有关规定，有权对国家建设项目预算执行情况和决算进行审计，从审计工作的定性上，它属于事后监督，侧重于财务审计；而财政部门内部的评审机构是根据《预算法》等相关规定，对财政投资项目工程概算、预算、结算、决算进行评审，合理确定建设项目的投资额，评审工作贯穿政府投资监管的事前、事中和事后的全过程，从评审的业务发展方向看它更侧重事前监督管理，为财政预算管理科学性提供技术保证，是财政管理工作的内在组成部分。通过预算评审，及时发现和纠正建设项目预算分配中的偏差，为审核项目支出预算和合理确定项目投资额提供科学依据，通过对工程的结算评审和完工情况的跟踪检查，为预算部门按工程进度拨付资金提供依据，以避免资金的沉淀、挤占、挪用现象的发生，通过竣工决算评审，为准确核定交付使用固定资产、进行投资效益评估和绩效评价提供技术依据。 　　（3）审计部门是对国家建设项目预算执行情况和决算进行审计，它对决算的审计主要是财务审计，财政投资评审包括工程专业技术评审和财务评审内容，内容上比审计的范围更宽。在评审中遇到已审计部分，可抽审或不审。两者审查的重点不同，时间、内容上有明显区别，两者不矛盾，都根据各自职责开展工作。 　　因此，审计工作和财政投资评审工作各有侧重，审计不能取代财政投资评审工作

(2) 岗位描述：预结算审核（表 1-2-18）

岗位描述 表 1-2-18

岗位定义	运用工程造价专业技术优势，对预算支出进行审核，为财政项目支出预算的编制提供可靠依据，通过对项目的事前、事中和事后的审核，为财政支出预算管理提供准确的信息和政策建议
工作内容	(1) 工程合同管理； (2) 基本建设项目概、预、结（决）算的具体审查； (3) 财政投资基本建设项目的全过程的财政监管工作，对材料设备降价处理，工程报废等签署意见； (4) 参与研究制定财政专项资金投资项目的综合定额，参与实施对财政支出的绩效评价和重大基本建设项目的后评价工作； (5) 负责世界银行、亚洲开发银行等政府性外债项目的评审工作； (6) 负责对财政性投资项目招标标底审查的具体实施工作
能力要求	(1) 熟悉工程相关知识； (2) 熟悉招标投标知识； (3) 熟悉现行的计价依据，包括定额、清单等； (4) 熟悉计算机数据处理； (5) 有较强工作协调能力及文字表达能力； (6) 具有良好的思想政治道德素质，公道正派、遵纪守法

1.2.6 政府审计部门

(1) 单位描述（表 1-2-19）

单位描述 表 1-2-19

单位描述	负责国有资产投资或者融资为主的基本建设项目和技术改造项目开工前、预算（概算）执行和决算审计；组织固定资产专项资金和专题审计调查，指导固定资产投资审计业务
造价岗位	基建投资审计

(2) 岗位描述：基建投资审计（表 1-2-20）

岗位描述 表 1-2-20

岗位定义	代表政府对国有基本建设项目投资全过程进行审核
工作内容	(1) 对国家建设项目预算执行情况和决算进行审计监督； (2) 对社会公共资金建设项目进行审计监督； (3) 审计监督与建设项目直接有关的单位的财务收支；监督有关单位建设项目咨询、审计的业务质量； (4) 对建设项目资金使用情况及相关事项进行审计调查
能力要求	(1) 有工程管理实际工作经历，特别是工程现场施工、管理经验； (2) 能使用计算机编制工程预决算资料，并能熟练应用图形算量软件、钢筋抽样软件； (3) 身体健康，热爱审计，忠于职守，勤奋工作，职业道德良好

1.2.7 造价管理部门及教学、科研部门

(1) 单位描述（表 1-2-21）

单位描述　　　　　　　　　　　　　　　　　　　　表1-2-21

单位描述	造价管理单位（造价站、定额站等）、行业协会、教学部门、科研部门
造价岗位	行政或行业管理、教学教育、造价科研

（2）岗位描述

1）行政或行业管理（表1-2-22）

岗位描述　　　　　　　　　　　　　　　　　　　　表1-2-22

岗位定义	从事造价相关业务、人员、企业的具体日常管理工作
工作内容	（1）工程造价咨询机构的审核、年检和报批； （2）造价员的审批、年检和培训； （3）注册造价工程师的考前资格审批、注册师的年检、注册师的再教育组织培训； （4）解答定额的疑难问题； （5）组织学习新定额和文件； （6）负责管理建设工程的工期定额、劳动定额和其他各类地方定额，制定建设工程补充定额，审批建设工程一次性补充定额； （7）协助法院、仲裁机构处理合同纠纷；调解、裁决建设工程造价计价争议； （8）收集、测算和发布价格信息； （9）贯彻执行有关建设工程造价管理的法律、法规、规章；监督、检查建设工程造价计价行为； （10）负责审定建设工程造价计算机应用软件和管理软件
能力要求	（1）具有工程造价专业基础； （2）具体较高的理论知识与较好的个人综合素质； （3）计算机水平较高； （4）较强的应变与协调能力

2）教学教育、造价科研：略。

1.2.8　老造价工程师的话

老造价工程师的话3　分析一下自己是否具备做好预算工作的技能

从事造价应该比搞施工要简单些，只需要具备以下技能：

（1）识图能力。这是必要条件，不具备这点，搞预结算根本就无从谈起。

（2）扎实的语文、数学基本功。语文用来理解计算规则和各种规定，数学用来计算各种复杂物体的长度、面积、体积。

（3）熟悉精通计价依据（如清单计价规范、定额规则）和当地造价部门颁发的各种造价文件。

（4）对施工规范和施工工艺越精通，算得就越准、越精。所以想成为预结算高手，有一定的施工经验是很有帮助的。

（5）掌握精通预结算软件。这样会提高效率，大大节省计算时间。

具备了以上五项技能，从事预结算工作就会比较轻松。

1.3 如何从入门到提高

1.3.1 走入造价行应具备的基础知识

(1) 良好的识图能力

这是从事造价工作应具备的最基础的能力，读者可以通过学校教育及自学参考书掌握相关知识。工程识图是专业性很强的一门学问。通过识图，我们可以知道什么图可以作为预算的依据？哪些图可以计算出某种构造的工程量？从哪些图纸上可以计算出某种材料的实际耗用量？本书不做详述，读者可以自行查找相关资料，以下仅帮助读者串一下。

作为造价人员要了解的图纸主要有：民用建筑、工业建筑、钢结构、工业安装等。读者可以根据自己的专业有所侧重地学习。

1) 建筑识图

国家规定，一个工程项目应经过如下阶段：规划和初步设计阶段；审查后扩大初步设计；审查后施工图设计（又称技术设计）。施工图的作用包括：指导施工，技术依据；指导结算，支付进度款依据；指导决算，结算工程款依据。

一套完整的施工图应有：

① 说明

首页图目：建施01-、结施01-、水施01-、电施01-（又分强电、弱电、讯施01-）、电通01-。

标准图。

设计总说明，内容包括：工程设计依据（批文、资金来源、地勘资料等），建筑面积，造价；设计标准（建筑标准、结构荷载等级、抗震要求、采暖通风要求，照明标准，防火等级等）；施工要求（技术与材料），项目±0.000与总图绝对标高的相对关系，室内外用材、强度等级。

装修表。

门窗表。

② 建筑施工图（简称建施）

表示建筑物内部布置，外部形状、装修、构造、施工要求等。包括：纵横墙布置、门、窗、楼梯和公共设施（如洗手间、开水房等）。

总平、平、立、剖和各构造详图（包括墙身剖面、楼梯、门窗、厕所、浴室、走廊、阳台等构造和详细做法、尺寸），文字说明，图注。

建筑施工图的读图要点　　　　　表1-3-1

序号	图别	读图要点
1	建筑总平面图	总平图上标注的尺寸，一律以m（米）为单位，它反映拟建房屋、构筑物等的平面形状、位置和朝向、室外场地、道路、绿化等的布置，地形、地貌、标高以及与原有环境的关系和邻界情况等。 它是定位、施工放样、土方施工及绘制水、电、卫、暖、煤气、通讯、有线电视的总平面图和施工总平面图的依据

续表

序号	图别	读图要点
2	建筑平面图	① 读图名、识形状、看朝向；② 读名称、懂布局、组合；③ 根据轴线定位置，识开间、进深；④ 掌握特殊表示、读楼梯；⑤ 读尺寸、定面积、看高度、算指标；⑥ 看图例、识细部，认门窗代号；⑦ 根据索引符号，可知总图与详图关系
3	建筑立面图	① 从图名或轴线编号了解何朝向立面图；② 从立面图上了解层数、长度和高度、门窗数量和位置、大小；③ 立面图上通常只标注标高尺寸，和结构标高会有不同；④ 立面图上标出各部分构造，装饰节点详图的索引符号
4	建筑剖面图	① 据图名定位置，区分剖到与看到的部位；② 读地面、楼面、屋面的形状、构造；③ 据标高、尺寸知高度和大小；④ 据索引符号、图例，读节点构造
5	建筑详图	详图是表达细部构造和节点关系，构配件的构造与尺寸、用料、做法。 详图包括：① 楼梯；② 外墙剖面；③ 阳台；④ 单元详图；⑤ 门窗详图；⑥ 其他

③ 结构施工图（简称结施）

它配合建施、设施指导施工，作为编制施工图预算的依据。结施图包括：结构设计说明书；结构布置平面图；各承重构件（基础、柱、墙、板、梁）详图、剖面图、截面图、节点大样、局部构造等详图。

结构施工图读图方法要点：先看文字说明，从基础平面图看起，到基础结构详图；再读楼层结构布置平面图，屋面结构布置平面图；结合立面和断面，垂直系统图；最后读构件详图、看图名、看立面、看断面，看钢筋图和钢筋表。

由于结施是计算工程量的依据，为避免预结算漏误，往往要熟读多次，相互对照，摘抄要点，理解空间形状、构件所在部位，反复核对数量、材料，才能精益求精。

④ 设备施工图（简称设施）

包括给排水、采暖通风、电气照明等专业的说明、管网布置、走向、标高、平面布置、系统轴测、详图安装要求、接线原理等。

⑤ 工业厂房施工图

工业厂房施工图与民用建筑施工图共同之处：图示原理，平、立、剖、详；读图方法，先文后图；图样内容，建、施、设；编制方法，说、总平、总图、建、施、设、详、节；绘图步骤，自左至右，自下而上。

两者不同之处：生产工艺条件；使用功能；使用要求。故图上表示的图例符号、具体内容就有不同，工业厂房相对而言结构施工图就复杂些，数量也多。

2）阅读施工图步骤

必须按部就班，系统阅读，相互参照，反复熟悉，才不致疏漏。

① 先细阅说明书、首页图（目录），后看建施、结施、设施。

② 每张图，先图标、文字，后图样。

③ 先建施，后结施、设施。

④ 建施先看平、立、剖，后详图。

⑤ 结施先看基础、结构布置平面图，后看构件详图。

⑥ 设施先看平面，后看系统、安装详图。

现实的施工图由于设计单位缺乏自审、互审、工种会审、总工把关（特别是地方设计院)一系列审核制度,所以尺寸不符、轴中不符、构造不符、用材不符、说明不符、图说不符、构件不符、详图不符等问题层出不穷,搞预结算编审应该特别注意,搞不好就失之毫厘、差之千里。

(2) 熟悉建筑材料:略,请阅读相关图书。

(3) 了解施工工艺:略,请阅读相关图书。

1.3.2 从入门到提高

(1) 掌握些工地现场知识

很多人都认为,预算人员就是在办公室里看看图纸,根据图纸及洽商就可以编制预算、结算。其实不然,作为施工单位的预算人员,你要多转转工地看人工投入、机械投入、材料投入等。作为建设方的预算人员,你要做的也是这些。因为,整个工地负责招标的预算人员最清楚合同中对材料品质的要求。

(2) 学会接触市场,理清工程成本

许多造价人员过于依赖政府定额等计价依据,而缺乏对市场的触感。这样的造价人员不可能做好成本管理工作。从更长远看,也不可能做到造价工作。因为造价工作全面市场化是不可阻止的进程。常见的造价人员需接触市场的工作包括:

1) 周转料的费用比较。实际发生与投标额的对比,难点在于周转次数;

2) 钢筋接头的费用比较;

3) 建筑材料的交接计量方法;

4) 人工费分析;

5) 分阶段成本分析;

6) 损耗率的测算;

7) 现场零星用工的发生率;

8) 材料进价与投标价、市场价的对比等。

(3) 在施工单位或咨询单位掌握实际操作经验

1) 学会做技术经济分析

有一些从业人员,在做完某项工程之后,当时对自己所做的工程什么都了解,什么都清楚。可时间一长就什么也不清楚了。如果当时能把造价分析做出来,那就效果不同了。目前市面上的造价软件,都能自动分析出所需要的材料及数量、单价、合价等数据。我们可以把所有权重的材料单独分析出来,计算单方用量及单方成本并制作成表格形式。在以后的工作中,如遇到相同或相似的工程,则可以根据此工程材料单价及目前市场单价很快计算出新工程的造价,准确率极高。在实际工作中,多多积累这样的造价分析,在以后的工作中,不管是快速投标还是结算审核,都能做到准确与快速。

2) 找工作中的小实例快速入手

学习预算最好的图纸就是考预算员证时发的那套小图纸。虽然工程很简单,如果学通了,理解清楚了,那么举一反三,什么样的工程都能做了。刚入行时,如果有个人指点一下是最好的,非常容易理解。预算工作简单,主要工作就是算量并组价,而难度在于对定额的应用。比如挖土预算工作,计算规则你可以不记,用的时候翻定额或清单规范就可以了。而有经验的预算人员,对于挖土方这样的工程,往往需要思考的是土质、坡道土方的处理、含水量、地下障碍物的处理、古墓的处理、古树的处理等，因为这些因素对造价的影响是很大的。其他专业也有类似情况，此处不展开。

3）寻找完整项目快速充实经验

预算工作需要积累经验，刚入行的造价人员最好能一个工程一个人从头管到尾，这样的机会不多，但一个完整的工程从头到尾参与，这样的机会是一定要把握住的。

(4) 在建设单位熟悉相关管理

1）预算相关资料管理

对于数量巨大的预算资料，要求预算人员有一个系统的管理。有效的做法是用多个文件盒，分类编号管理。比如，一号是公司文件盒；二号为合同文件、招标文件、答疑文件、投标书、中标通知书、合同签订前双方所有往来文字文件及公司对合同的分析文件；三号是分包的一系列文件资料。其他的，如变更洽商资料盒、对应洽商资料编号的预算资料盒、钢筋盒、内部结算盒、施工期间甲乙双方来往的非变更洽商文件盒等。每一个盒中都要有手写目录，在工程完工后再行打印出来。对于双方来往的文件资料盒，要有台账，记录发文日期及签字等资料。资料的齐整与否，对预算工作影响很大。整齐的资料可以使预算人员在最短的时间内找到需要的资料，在第一时间完成任务，提高工作效率，树立好预算人员的形象。

2）厂商资料的积累

很多预算人员最头疼的事莫过于对材料性能、价格、工艺、品牌等的不了解。特别是建设方的造价控制人员，更需要掌握材料方面的知识。其实建设方的预算人员，积累这方面的知识是很容易的。当一个项目开始以后，会有很多的厂商自己找上门来，并且他们都是有问必答的，你可以从他们那里学到非常多的知识。或许你会说，厂商来的都是推销人员，他们的专业知识并没有多少。但他们提供的材料方面的信息，对于造价控制人员来说，已经足够了。在这期间，你可以把所有的厂商资料编制成册，需要的时候就查一下，或者打电话咨询，他们会非常高兴地为你解答。这里还有一个工作技巧：厂商们会把竞争对手的产品批得一无是处，而你就可以利用这些免费信息来打压单价了。

(5) 掌握一些人事技巧，培养自己的情商

情商一词，早期定义为控制自己的欲望，现在定义为随环境而展现自己的本能。情商指的是一组非认知技能，这组技能可以显著影响一个人应对变革压力的能力。情商包含五个方面：

1）自我意识，即了解自己的感觉；

2）自我管理，即监控自己的情绪；

3）自我推动，即在挫折和失败面前坚持不懈；

4）同情，即感他人所感；

5）社交技能，即对他人的情绪作出适当反应。

造价工作是一个常与数字打交道的职业，很容易忽视对情商的培养，这很值得我们警惕。"一个人的成功20%取决于他的智商，80%取决于他的情商"。"从山顶同时向下扔石头，最圆的那一颗石头总是滑得最远"。做具体工作的你，是否少了些石头的圆滑，如果遇到阻碍，你是否能轻易滑出，还是永久卡在那里？

(6) 培养细心的功夫

预算工作要求心细，不能丢项，也不能重复计算。对于预算套价、预算分析、材料分析等工作，现在的造价软件都可以完成，我们知道基本原理就可以了，没必要去深入。

当然，对于比较复杂的大型工程，特别是那些结构复杂的公共建筑工程，还是需要一定经验的，要清楚这些工程一般都有一些什么项目，要做到不丢项、不多项，这都需要一定的时间去积累。

心细、勤快、知道如何得到自己需要的答案等，如果你做到了，那有三年就可以达到精通。

1.3.3 老造价工程师的话

老造价工程师的话4	学习读图捷径

对于初涉建筑行业的新人，尤其是没有受过正规专业教育的新造价人员，读图时可打破教科书上的固有套路，按如下方法进行读图。

假设你要走进某座建筑，你一定会这样想：

（1）我要去的建筑在哪？要去的建筑坐落在哪（看总平面图）？其朝向如何（看平面图）？

（2）我要去什么样的建筑？如住宅楼是具备吃、喝、拉、撒、睡等功能的场所，所以要考虑其内部房间组合。厂房是具备生产与管理办公功能的地方，所以要考虑办公区域和生产区域。即根据建筑物的使用用途进行读图。

（3）我去的建筑各种功能如何实现？从哪入户，从入户到分户是怎样布置的（看平面图）？建筑基本使用功能如何布置（读水、电、暖、通等安装专业图）？所进入的工程使用什么样的材料建造（如入户门、脚下踩的构件、头上顶的构件）？最后考虑这么多的材料（恒载）、人员和起居（活载）由什么构件承担（读结构图）？

通过这种以一位建筑使用者的身份疑问式的进行读图，就能较快地了解一套建筑施工图。

老造价工程师的话5	新入行如何进行"进补"

经常有新加入造价行的朋友问，作为刚刚加入造价行的工作者如何尽快进入角色。我想新手们在入门"进补"时要做好以下几点：

（1）对症下药，头痛医头、脚痛医脚

造价领域的内容广袤宽远，造价人员的工作范围包括最基本的算量、计价，也包括成本测算、纠纷处理、过程控制等延伸领域，这些延伸领域不仅仅是简单的算算量套套价。但作为新手，不可能一下子将造价领域的所有知识都补完，就算资深的造价工程师，在这个领域里不懂的东西也会很多，一辈子可能都补不完。

所以，建议新手们根据本单位的工作性质及自己的岗位先有针对性地来补。比如让你搞算量，你就补算量，让你做成本测算，你就补成本测算。总之，第一步不能贪大，要有针对性恶补，先能上手干活。

(2) 深入工地，不懂就问，不懂就对

一位新毕业的学生，在做预算时忘了算措施费里的脚手架费用，领导质问新来者："你让我的工人师父们学壁虎，爬在墙上操作吗？"图纸上当然不会画脚手架，还有其他一些需要"算钱"的也不会都演示在图纸上。所以，不懂施工，不去现场，预算水平是不会提高的。

要做好造价的最基础工作，必须对工地有感性认识，到工地可以将图纸中的东西与实际对应起来，也能学到很多工作协调技巧、了解成本与定额的关系。在工地，不懂的就要虚心问，哪怕是民工，新手千万不要小瞧这些"泥腿子"，他们虽然文凭没你高，但以对建筑施工现场的了解，足可以做你的师傅。

另外，你的同事，他们的言谈话语、工作底稿都可以成为你的最佳学习资料，要学会"偷学"。遇到图中不懂的东西，及时和实物对照，会加深你的感性理解。

(3) 参加培训，系统知识、系统认识

有条件的，也可以参加一下造价员培训，经常性地阅读一些造价类图书，带着兴趣去学，自己的路才会走得顺一些。

老造价工程师的话6　补充经验都有些什么渠道？

一些新入行的读者常常会问，怎么样快速积累工程经验？下面提一点小技巧给读者：

(1) 充分利用数码相机补充经验。

现在数码相机的使用已非常普遍，去工地带上数码相机，在积累工程经验与备份资料方面的作用是非常大的。

应用中注意以下几点：

1) 看到不懂的及时拍下来；
2) 认为是好的成果及时拍下来存档；
3) 看到好的工程资料，别人允许就拍下来，回家自己慢慢消化，吸取别人的经验。

(2) 没有"经历"也能产生"经验"。

在这里，有两个概念需要给大家说明一下，就是"经历"与"经验"的区别。许多人认为只有有了"经历"才会有"经验"，其实"经验"应来自两个途径：1) 自身经历；2) 别人的经历。就像男人不会生孩子，但许多男作家将生孩子的过程写得非常逼真，他们自己没有"经历"，却怎么能如此有经验呢？原来他们是从女同胞的"经历"中吸取的"经验"。有"经历"可以催生"经验"，没"经历"也能吸取"经验"，关键就在于你是否能做一个有心人。

老造价工程师的话7　　注重平时工作总结，不断提高业务水平

每做完一次预算后，都要进行一些总结：

(1) 总结错误，防范再犯

总结也是多方面的，如在计算工程量遇到卡壳问题时是如何解决的；发现计算出差错，要总结错在哪里，是粗心大意，还是不熟悉图纸，差错又是如何发现的。

(2) 总结指标，积累数据

每做完一次预算后，最好做一次经济指标分析，如造价指标、项目直接费指标、总人工指标、三材指标，以便再做同类型项目的工程预算时作为参考，检查工程量及造价的准确性；在工程量计算中对于各个分项工程要掌握技巧，找工程量计算规律，这些也是靠经常总结得来的；某些工程量的计算有没有较简便的方法，按什么样的计算顺序计算工程量能够又快又准，等等。

老造价工程师的话8　　造价人员新入行"准则"

(1) 要勤快

上级交代的事要尽力去做，不要偷懒；没有交代的事只要对单位有利，也要主动去做，不要摆架子。例如：主动接听电话，跑跑腿，打扫卫生，招呼客人等。

(2) 多请教

遇到不懂的问题要向别人多请教，不要不懂装懂或放在一边不管。为人谦虚谨慎，要有甘当学生的思想。要能静下心来向成功者学习，做成功者所做的事情，了解成功者思考的模式，运用到自己的身上。

(3) 少请假

不要随便请假，或尽可能不请假，否则会让上司反感。别人工作忙时，主动帮一下也是必要的。集体活动要参加，不能像在学校那样，想来就来，想走就走。

(4) 肯吃苦

单位一般都会将很单调的工作交给新手做，让他锻炼，因此新人必须能任劳任怨，不管工作多单调，都要努力去做好，不要认为自己大材小用。建设行业（包括造价工作）是一个艰苦专业，建筑工程产品由于其自身的特点决定了从业人员的劳累。要安下心来，调整好心态，尽快熟悉周围的环境，准备接受繁重的工作。

(5) 善相处

刚到一个新单位，"人和"最重要，要与同事和睦相处，互相帮助，这样才不至于遇到困难时孤立无援。新到一个单位，不要"拉帮结派"，自己努力工作最重要。

(6) 忌冲动

新人遇到问题容易感情冲动，爱单刀直入，态度生硬，处事简单，这样就容易得罪人，因此，处理任何事都要三思而行。

(7) 莫顶撞

要跟上司建立良好的关系，凡事要克制，学会婉转拒绝，切勿随意顶撞。

(8) 少开口

所谓"祸从口出",不懂的事不要乱发表意见。讨论技术问题时,由于新人刚毕业,发言的可能较小,正确率也低,所以最好是听,不要乱插嘴。不要乱评论公司中的某个人,比如太丑,太漂亮,太不正经了等。但在施工单位,有些聊天很重要,比如多和监理聊、和甲方聊,聊多了有的问题就好处理了。到施工现场不要指手划脚,不要不懂装懂。对待老同志要尊重,虽然施工单位大学生并不多,但对待那些文化程度不高的人不要轻视,他们毕竟在现场干了一辈子,在许多方面值得我们学习,比如说敬业精神和工作经验。

(9) 多学习

有机会和时间应多接受各种训练,以提高自己的工作能力。由于工程造价的复杂性决定了我们必须要善于学习。向实践学,向有经验的人学,向书本学——多看些工程实例方面的书。

(10) 守纪律

不迟到早退,服装仪容整洁,上班时间尽量不做与工作无关的事。

(11) 有责任

作为工程技术人员要有责任心。新参加工作的人,如果是工作经验不足造成的损失情有可原,但如果是因为没有责任心造成的损失,领导会对你有意见的。

第 2 章 合约管理

以下各章节中，对具体能力要求知识点按"极度重要"（☆☆☆）、"非常重要"（☆☆）、"重要"（☆）标注提示。

各类型单位人员应掌握的常见合同类型见表 2-0-1。

应掌握合同类型归纳　　　　表 2-0-1

	施工合同	工程造价咨询合同	招标代理合同	勘察合同	设计合同	监理合同	可行性研究合同	物资租赁合同	分（清）包合同
勘察设计单位				√	√		√		
建设单位	√	√	√	√	√	√	√		
施工单位	√							√	√
中介单位（造价、招标代理、监理）		√	√			√			

2.1 合约筹划

> "小李，公司工程相关合同这块管理较乱，你负责起草一个合同管理办法，规定一下合同管理，明确一下相关流程。"
>
> "小张，这个项目要上马了，会牵涉到一系列的合同关系，你给筹划一下，考虑一下都要签些什么合同，及这些合同间的衔接。"
> ……
> 工作中你是不是经常遇到这些事呢？你是否能从容应对？

【能力等级】☆☆
【适用单位】建设单位、施工单位、中介单位、其他单位

2.1.1 工作流程

合同、合约、契约、协议，是我们日常工作中常说的四个概念。一般情况下，它们只是表达方式不同，并无明显区别，均适用《中华人民共和国合同法》的规定。

在建筑工程项目的初始阶段必须进行相关合同的筹划，筹划的目标是通过合同保证工程项目总目标的实现，它必须反映建筑工程项目战略和企业战略，反映企业的经营指导方针和根本利益。

合同筹划需考虑的主要问题有：项目应分解成几个独立合同及每个合同的工程范围；

采用何种委托方式和承包方式；合同的种类、形式和条件；合同重要条款的确定；合同签订和实施时重大问题的决策；各个合同的内容、组织、技术、时间上的协调。

工程建设是一个极为复杂的社会生产过程，它分别经历可行性研究、勘察、设计、工程施工和运行等阶段；有土建、水电、机械设备等专业设计和施工活动；需要各种材料、设备、资金和劳动力的供应。由于现代的社会化大生产和专业化分工，一个稍大一点的工程，其参加单位就有十几个、几十个，甚至成百上千个，它们之间形成各式各样的经济关系。由于工程中维系这种关系的纽带是合同，所以就有各式各样的合同。工程项目的建设过程实质上又是一系列经济合同的签订和履行过程。

在一个工程中，相关的合同可能有几份、几十份、几百份，甚至几千份，形成一个复杂的合同网络。在这个网络中，业主和承包商是两个最主要的节点。

按照上述的分析和项目任务的结构分解，就得到不同层次、不同种类的合同，它们共同构成如图2-1-1所示的合同体系。

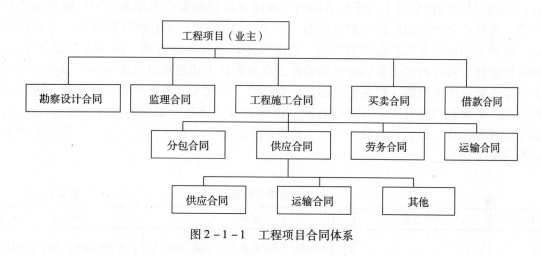

图2-1-1　工程项目合同体系

在该合同体系中，这些合同都是为了完成业主的工程项目目标而签订和实施的。由于这些合同之间存在着复杂的内部联系，构成了该工程的合同网络。

其中，建设工程施工合同是最有代表性、最普遍，也是最复杂的合同类型。它在建设工程项目的合同体系中处于主导地位，是整个建设工程项目合同管理的重点。业主、监理工程师和承包商都将它作为合同管理的主要对象。建设工程项目的合同体系在项目管理中也是一个非常重要的概念。它从一个角度反映了项目的形象，对整个项目管理的运作有很大的影响。

（1）建设单位合约筹划

业主作为工程或服务的买方，是工程的所有者，他可能是政府、企业、其他投资者、几个企业的组合、政府与企业的组合（例如合资项目、BOT项目的业主）。业主投资一个项目，通常委派一个代理人（或代表）以业主的身份进行工程的经营管理。

业主根据对工程的需求，确定工程项目的整体目标。这个目标是所有相关工程合同的核心。要实现工程目标，业主必须将建筑工程的勘察设计、各专业工程施工、设备和材料供应等工作委托出去，必须与有关单位签订如下合同：

① 咨询（监理）合同。即业主与咨询（监理）公司签订的合同。咨询（监理）公司负责工程的可行性研究、设计监理、招标和施工阶段监理等某一项或几项工作。

② 勘察设计合同。即业主与勘察设计单位签订的合同。勘察设计单位负责工程的地质勘察和技术设计工作。

③ 供应合同。当有业主负责提供的工程材料和设备时，业主与有关材料和设备供应单位签订供应（采购）合同。

④ 工程施工合同。即业主与工程承包商签订的工程施工合同。一个或几个承包商分别承包土建、机械安装、电气安装、装饰、通信等工程施工。

⑤ 贷款合同。即业主与金融机构签订的合同，后者向业主提供资金保证。按照资金来源的不同，可分为贷款合同、合资合同等。

1) 发包方式的选择（表2-1-1）

全部施工内容只发一个合同包（总承包），还是划分为几个独立合同包（平行发包）？分标界面如何划分才清晰？不同的工程建设阶段的聚合程度和不同的融资方式相组合，得到不同的合同形式与制度安排，由此形成各种工程采购管理模式、发承包模式。按照工程承包方式和范围的不同，业主可能订立几十份合同。例如将工程分专业、分阶段委托，将材料和设备供应分别委托，也可能将上述委托以形式合并，如把土建和安装委托给一个承包商，把整个设备供应委托给一个成套设备供应企业。当然，业主还可以与一个承包商订立一个总承包合同，由承包商负责整个工程的设计、供应、施工，甚至管理等工作。因此，一份合同的工程范围和内容会有很大区别。这些都需要管理者进行详细考虑。

发包方案选择表　　　　　　　　　表2-1-1

序号	发包方式	说明	合同关系
1	分散平行承包	业主将设计、设备供应、土建、电气安装、机械安装、装饰等工程施工分别委托给不同的承包商	各承包商分别与业主签订合同，各承包商之间没有合同关系
2	全包（又称统包，一揽子承包，设计—建造及交钥匙工程）合同	由一个承包商承包建筑工程项目的全部工作，并向业主担全部工程责任，包括设计、供应、各专业工程的施工，甚至包括项目前期筹划、方案选择、可行性研究和项目建设后的运营管理	只有业主与总承包商一个合同关系，总承包商再与其他分包商产生合同关系
3	上述二者之间的中间形式	将工程委托给几个承包商，如设计、施工、供应等承包商	

2) 招标方式的选择（表2-1-2）

国际上经常采用的招标方式有公开招标、邀请招标和议标。《中华人民共和国招标投标法》规定，招标分为公开招标和邀请招标。

招标方式选择表 表 2-1-2

序号	招标方式	说明	优缺点
1	公开招标	又称无限竞争性招标,是由招标单位在国内外主要报纸、有关刊物,或电视、广播上发布招标广告。凡符合规定条件的承包商都可自愿参加投标,数量不受限制	可降低报价、提高工程质量,但招标期较长
2	邀请招标	又称有限竞争性招标。这种招标不发布广告,由招标单位向预先选择的数目有限的承包商发出邀请信,邀请他们参加某项工程的投标竞争	节约招标费用、节省时间、减少了合同履行过程中承包方违约的风险。但邀请招标范围较小,选择面窄,排斥了某些有竞争实力的潜在投标人
3	议标	对不宜公开招标或邀请招标的特殊工程,应报县级以上地方人民政府建设行政主管部门,经批准后可以议标	建设单位或其代理人直接邀请某一承包商进行谈判,达成协议后将工程任务委托这家承包商去完成。若谈不成,可另邀请一家,直到达成协议为止

3) 合同类型的选择(表 2-1-3)

作为造价人员,对合同类型、计价条款的约定要特别注意,约定不明白的话,很容易导致经济纠纷。

合同类型选择表 表 2-1-3

序号	合同类型	说明	优缺点
1	单价合同	这是最常见的合同种类,适用范围广,如 FIDIC 土木工程施工合同。我国的建设工程施工合同也主要是这一类合同。在这种合同中,承包商仅按合同规定承担报价的风险,即对报价(主要为单价)的正确性和适宜性承担责任;而工程量变化的风险由业主承担。由于风险分配比较合理,能够适应大多数工程,能调动承包商和业主双方的管理积极性。单价合同又分为固定单价合同和可调单价合同等形式	单价合同的特点是单价优先,例如 FIDIC 施工合同,业主给出的工程量表中的工程量是参考数字,而实际合同价款按实际完成的工程量和承包商所报的单价计算。虽然在投标报价、评标、签订合同中,人们常常注重合同总价格,但在工程款结算中单价优先,所以单价是不能错的。对于投标书中明显的数字计算的错误,业主有权先作修改再评标

续表

序号	合同类型	说明	优缺点
2	总价合同	以一次包死的总价委托，价格不因环境的变化和工程量增减而变化	这类合同中承包商承担了全部的工作量和价格风险。除了设计有重大变更，一般不允许调整合同价格。在现代工程中，特别在合资项目中，业主喜欢采用这种合同形式，因为： ① 工程中双方结算方式较为简单。 ② 在固定总价合同的执行中，承包商的索赔机会较少（但不能根除索赔）。通常可以免除业主由于要追加合同价款、追加投资带来的需上级（如董事会、股东大会）审批的麻烦。 但由于承包商承担了全部风险，报价中不可预见风险费用较高。承包商报价的确定必须考虑施工期间物价变化以及工程量变化带来的影响。在这种合同的实施中，由于业主没有风险，所以他干预工程的权力较小，只管总的目标和要求。 固定总价合同的计价方式： ① 业主为了方便承包商投标给出工程量表，但业主对工程量表中的数量不承担责任，承包商必须复核。各分项工程的固定总价之和即为整个工程的价格。 ② 如果招标文件中没有给出工程量清单，而由承包商制定，则工程量表仅作为付款文件，不属合同规定的工程资料。合同价款总额由各分项工程的固定总价构成。承包商必须根据工程信息计算工程量，若工程量有漏项或计算不正确，则被认为已包括在整个合同的总价中。 固定总价合同是总价优先，承包商报总价，双方商定合同总价，最终按总价结算。通常只在设计变更或符合合同规定的调价条件时才允许调整合同价格
3	成本加酬金合同	这是与固定总价合同截然相反的合同类型。工程最终合同价格按承包商的实际成本加一定比率的酬金（间接费）计算。在合同签订时不能确定一个具体的合同价格，只能确定酬金的比率	由于合同价格按承包商的实际成本结算，所以在这类合同中，承包商不承担任何风险，而业主承担了全部工作量和价格风险，所以承包商在工程中没有成本控制的积极性，常常不仅不愿意压缩成本，相反期望提高成本以提高他自己的工程经济效益。这样会损害工程的整体效益

目前，甲乙双方签订施工合同，一般采用当地通行的合同示范文本，很少采用自己重新起草合同文本的形式（除非是些小型工程或特殊工程）。

(2) 施工单位合约筹划

承包商是工程施工的具体实施者，是工程承包合同的执行者。承包商通过投标接受业主的委托，签订工程总承包合同。承包商要完成承包合同的责任，包括由工程量表所确定的工程范围的施工、竣工和保修，为完成这些工程提供劳动力、施工设备、材料，有时也包括技术设计。承包商虽然可能不具备所有的专业工程的施工能力、材料和设备的生产和供应能力，但他可以将许多专业工作委托出去。所以，承包商常常又有自己复杂的合同关系。

1) 分包合同

对于一些大的工程，承包商常常必须与其他承包商合作才能完成总承包合同责任。承包商把从业主那里承接到的工程中的某些分项工程或工作分包给另一承包商来完成，则要与其签订分包合同。

承包商在承包合同下可能订立许多分包合同，而分包商仅完成总承包商分包给自己的工程，向总承包商负责，与业主无合同关系。总承包商仍向业主担负全部工程责任，负责工程的管理和所属各分包商工作之间的协调，以及各分包商之间合同责任界面的划分，同时承担协调失误造成损失的责任，向业主承担工程风险。

在投标书中，承包商必须附上拟定的分包商的名单，供业主审查。如果在工程施工中重新委托分包商，必须经过监理工程师的批准。

2）供应合同

承包商为工程所进行的必要的材料与设备的采购和供应，必须与供应商签订供应合同。

3）运输合同

这是承包商为解决材料和设备的运输问题而与运输单位签订的合同。

4）加工合同

即承包商将建筑构配件、特殊构件加工任务委托给加工承揽单位而签订的合同。

5）租赁合同

在建设工程中，承包商需要许多施工设备、运输设备、周转材料。当有些设备、周转材料在现场使用率较低，或自己购置需要大量资金投入而自己又不具备这个经济实力时，可以采用租赁方式，与租赁单位签订租赁合同。

6）劳务供应合同

建筑产品往往要花费大量的人力、物力和财力。承包商不可能全部采用固定工来完成该项工程，为了满足任务的临时需要，往往要与劳务供应商（或包工头）签订劳务供应合同，由劳务供应商向工程提供劳务。

此外，在许多大型工程中，尤其是在业主要求总承包的工程中，承包商经常是几个企业的联营，即联营承包（最常见的是设备供应商、土建承包商、安装承包商、勘察设计单位的联合投标）。这时承包商之间还需订立联营合同。

任何一个承包商都不可能独立完成全部工程，不仅是能力所限，还由于这样做也不经济。在总承包投标前，他就必须考虑与其他承包商的合作方式，以便充分发挥各自在技术、管理和财力上的优势，并共担风险。

（3）建设单位、施工单位共同内容

1）合同的评审

合同拟订完毕后，不论是业主方还是施工方，都要对草签的合同进行评审。进行合同评审时，应组织经营、工程技术、材料设备、财务、法律顾问等部门共同参加，评审的主要内容有：

① 各部门对自身履行能力的评审；

② 草签合同是否是双方真实意思的体现，合同条款与原招投标文件有无相悖之处；

③ 合同文字是否严谨，用词是否准确，有无模棱两可或含义不准之处，文字不要发生歧义和误解，以免导致合同难以履行或引发争议。

对一些重大的工程项目，施工单位应聘请有关法律和合同专家进行审核，以有效规避合同风险，减少合同谈判和签订过程中的失误。

2）合同的交底

合同签订人员，应在合同签订后将所经手工程的招标文件、招标答疑资料、投标书

（指投标预算、施工组织设计、报价书）和合同文本对下属公司或项目部进行交底，使他们对施工合同的签订情况有比较详细深刻的了解。

2.1.2 工作依据

（1）建设工程施工合同

1）《建设工程承发包合同示范文本》

2）2006《广东建筑工程合同范本》

3）FIDIC 合同条件

（2）建设工程造价咨询合同文本

（3）建设工程勘察合同文本［岩土工程勘察、水文地质勘察（含凿井）、工程测量、工程物探、岩土工程设计、治理、监测］

（4）建设工程设计合同文本

（5）建设工程委托监理合同文本

（6）建筑施工物资租赁合同文本

（7）建筑安装工程分包合同文本

（8）招标代理合同文本

2.1.3 工作表格、数据、资料

（1）合同评审表（表2-1-4）

××公司合同评审表　　　　　　　　　　表2-1-4

编号：

申请部门		经办人	
申请部门负责人意见			
合同名称			
合同类型		合同拟签订时间	
合同当事人			
合同预期目标			
合同基本内容			
评审意见（可加附页）：			
评审部门		评审人	
送审时间		评审时间	
备注			

注：1. 此表适用于标前评审、合同签订前评审、合同修订评审。

　　2. 合同基本内容（含）以上部分由申请部门填写，以下部分由评审部门填写。

　　3. 本表作为合同档案，与其他合同资料一并保存。

(2) 工程合同评审程序

【实例 2-1-1】某建设单位工程合同评审程序。

1 目的：确保合同条款明确、公平、公正，确保在第一时间正确解决问题。

2 范围：适用于工程系统所有合同。

3 职责：

3.1 工程部主管经理负责评审合同综合条款。

3.2 预算部经理负责评审单价、总价、付款方式、结算办法。

3.3 分管副总负责监控3.1、3.2全部过程。

4 程序：

4.1 合同评审前期工作：项目主办人员组织招投标（询价）工作并编制标书合同及有关材料（详见采购控制程序）报工程部主管经理。

4.2 工程部评审。

4.2.1 工程主管经理仔细阅读备忘录、标书、合同及其他附件，重点审核以下内容：

4.2.1.1 证照类齐全性：营业执照、经营许可证、资质证书、准用证。

4.2.1.2 质量标准：合同应附产品国家颁布质量标准、验收规范等。

4.2.1.3 经济类条款：单价、总价、数量、规格、付款方式、奖罚等条款是否符合行规及我公司利益。

4.2.1.4 法律法规符合性：合同内容应在法律法规允许范围之内。

4.2.1.5 时间：符合科学规律及我公司要求。

4.2.1.6 廉政管理规定符合性。

4.2.2 工程主管经理评审完毕后在《合同（协议）审批表》（或评审表）上签署意见并移交预算部。

4.3 预算部评审：预算部经理负责审核以下内容：

4.3.1 经济类：单价、总价、付款方式、奖罚。

4.3.1.1 工程合同：

4.3.1.1.1 审核合同是否符合原招投标文件内容。

4.3.1.1.2 审核合同价是否正确。

4.3.1.1.3 如果是零星工程，应编制预算，并与施工单位双方核对，确定合同价。

4.3.1.1.4 审核是否符合公司《招投标管理程序》。

4.3.1.1.5 送分管副总审批。

4.3.1.2 工程设计合同：

4.3.1.2.1 审核设计合同是否符合原设计招投标文件内容。

4.3.1.2.2 审核合同中设计取费的正确性。

4.3.1.2.3 审核是否符合公司《招投标管理程序》。

4.3.1.2.4 送分管副总审批。

4.3.1.3 材料设备采购合同：

4.3.1.3.1 审核合同签订是否符合《招投标管理程序》。

4.3.1.3.2 审核合同价是否合理、正确。

4.3.1.3.3 送分管副总审批。

4.3.2 廉政管理规定符合性。

4.4 分管副总评审：分管副总负责复核 4.2~4.3 所述内容。

4.5 整改：4.2~4.4 任一评审环节中若出现不合格项，应退回主办人员整改，或重新编制合同，或补齐材料，或补签协议等等，直至符合本程序要求。

4.6 总结：

4.6.1 每个合同履行结束后一个月内，工程主管经理会同预算经理负责组织合同履行总结，并填写《××合同履行总结》，其中应包含以下内容：

4.6.1.1 质量状况与合同要求符合性。

4.6.1.2 操作时间与合同要求符合性。

4.6.1.3 规格、数量与合同要求符合性。

4.6.1.4 单价、总价、付款方式与合同要求符合性。

4.6.1.5 奖罚条款执行与合同要求符合性。

4.6.1.6 经验教训。

4.6.2 《××合同履行总结》完成后一周内报分管副总阅后存档并发至各地盘项目主管及相关专业工程师以供参考。

5 相关文件：

5.1 《中华人民共和国经济合同法》。

5.2 《国家施工验收规范》。

5.3 招投标管理程序。

6 相关表单：

6.1 《合同（协议）审批表》。

6.2 合同、标书。

6.3 《××合同履行总结》。

7 本程序文件应发放到下列人员：

7.1 公司工程部、预算部、财务部等相关部门。

7.2 公司经理层、总工、高工等。

（3）合同交底表

【实例 2-1-2】某建筑公司合同管理人员向项目负责人及项目合同管理人员进行合同交底的合同交底卡。

××建筑公司合同交底卡　　　　　表 2-1-5

工程名称：××住宅楼工程

序号	项目名称	交底内容					
1	工程概况	工程地址	××路×号	建筑面积	4021m²	承包范围	土建、安装
		结构形式	砖混结构	承包模式	包工包料	合同造价	暂定221万元
		合同签订时间	2005.6.1	签约地点	××市××房地产公司办公楼内		
2	业主资料	发包方全称	××房地产公司			单位性质	国有
		合作程度	首次合作	资信状况	良	现场联系人	×××

续表

序号	项目名称	交底内容				
3	发包方权责（特殊条款）	1. 现场协调； 2. 提供标高定位的基准点线； 3. 审批乙方施工方案，组织图纸会审				
4	承包方权责（特殊条款）	1. 遵守施工管理规定，办理施工所需手续； 2. 编写施工方案及进度计划； 3. 安全管理，工完场清				
5	工期	总工期	180 天	开工时间	××××年×月×日	竣工时间	××××年×月×日
		节点工期					
		工程罚款	延期罚款 2000 元/天		工期奖励		无
		工期顺延条件	业主责任及不可抗力情况下可以顺延				
6	质量	合同质量等级	合格		争创目标		优良
		质量罚款	造成损失由乙方赔偿		质量奖励		无
		质量保修期	1 年		预留保修金		总造价 3%
7	合同价款	合同定价模式	按定额计价				
		价款调整方式	按实计算工程量				
		价款调整内容	设计变更、技术核定单、现场签证				
8	工程款支付	备料款比例	无	付款办法	按分层目标进度	结算完成付款比例	100%
		付款方案	基础完工支付总造价 20%；1~6 层，每层完工支付总造价 10%				
		保修金比例	3%	保修金期限	1 年		
		未按期付款权限	我方承诺在甲方资金困难时暂不停工				
9	材料采购	甲供材料	无				
		材料定价方式	按造价站发布同期价格信息调整				
		甲供材料结算方式	无				
		乙供材料	工程所需材料均由乙方采购				
10	竣工验收	实际竣工时间规定	如验收通过，以完工日期为竣工日期				
11	竣工结算	结算资料提供约定	结算资料提交后一个月内				
		结算期限约定	竣工后一个月内				
12	现场管理	标准化工地标准	以甲方现场管理规定为准		奖罚		无
		文明工地标准	以甲方现场管理规定为准		奖罚		无
13	合同条款时效约定	合同签定后自动生效，付款完毕后自行终止				

续表

序号	项目名称	交底内容
14	签证管理	按合同约定审批程序执行
15	违约责任	严格执行合同规定
16	合同附件及其他	安全协议

交底小结：项目各成员应以合同条款及公司有关规定为依据，加强项目造价、安全、质量、进度、合约管理。注意经常、及时办理现场签证等可追加工程款手续

合同交底人：×××	交底方式： 会议
被交底人：×××、×××、×××	交底时间：××××年×月×日

2.1.4 操作实例

（1）合同管理办法的拟定

【实例 2-1-3】××房地产公司工程合同管理办法。

1 目的

为加强××房地产公司房地产项目的工程合同管理，规范工作流程，维护公司权益，制定本管理办法。

2 范围

本管理办法适用于××房地产公司所属各房地产公司。

3 职责

3.1 ××房地产公司总部财务管理部成本管理组负责对本管理办法的制订、修改、解释、指导、监督检查。

3.2 ××房地产公司所属各房地产公司负责签订、履行工程合同的人员（包括经办、审批、资料管理等）贯彻执行本管理办法。

4 方法与过程控制（包括一般规定、合同订立的管理、合同履行的管理、合同档案的管理及其他规定）

4.1 一般规定

4.1.1 本管理办法适用于直接构成发包单位项目开发成本且需要承包单位通过工程施工形成实体产品（如土建、安装、装饰、园林环境等）的合同；勘测、监理、造价咨询委托类合同参照本管理办法执行；土地、材料设备采购、设计类合同则另按有关管理办法执行。

4.1.2 ××房地产项目的工程合同管理必须遵循以下原则：

4.1.2.1 合法性原则：工程合同管理必须全面符合有关法律法规及行业规定，使得公司的权益能够依法受到保护。

4.1.2.2 合同书面原则：工程施工必须正式签署合同书以明确双方的权利、义务和责任，但金额在一万元以下且能及时结清的零星工程及工程类合同中已经界定清楚归属的变更签证事项可另行办理。

4.1.2.3 事前签订原则：工程合同应在经济事项发生前签署，禁止工程类业务未签署

合同即先行施工。

4.1.2.4 招标原则。包括以下两方面含义：

4.1.2.4.1 采用招标方式确定合作方。除下列情况外的所有合同的合作方均应通过招标方式确定：

（1）某项工程、产品业已经过××房地产公司审批确定了长期合作伙伴关系；

（2）某些政府垄断工程；

（3）属于《××公司工程招标管理办法》规定的适用情形，经详细填写《××公司考察结果审批表》，并按规定经公司有关负责人集体会签批准后，方可采用考察对比的方法确定合作方。

4.1.2.4.2 合同随附招标文件。拟签合同正文及其补充协议（包括设计变更与现场签证协议、工程保修协议、廉洁合作协议），应作为招标文件之附件一并发给投标单位，投标单位需对其进行确认。

4.1.2.5 利益明晰原则：合同应清楚地界定、描述各方的权利和义务，以杜绝模糊、歧义、推诿、扯皮现象；合同中尤其应有明确的、可以界定清楚的合同价款、结算办法及付款方式；如果合同价款可能调整，则应明确调整依据、调整方式（如何计价、总价如何最后确定等），并就设计变更与现场签证的有效性、可控性作出明确规定。

4.2 合同订立的管理

4.2.1 标准示范合同：在招标（招标文件附件）及合同签署时，工程合同应尽量应用合同标准文本。

4.2.1.1 总部有关部门将就房地产业务，逐步建立统一的合同标准文本，各公司应予采用。

4.2.1.2 合同标准文本内容尽量采用 FIDIC 条款模式，内容分为协议条款、通用条款、补充条款和附件，其中协议条款根据具体业务、对象的不同而定，通用条款适用于所有的同类合同，补充条款则由经办人在具体经办合同时补充加入协议条款、通用条款中未尽事宜。

4.2.1.3 如当地政府部门有强制性规定，可按当地政府部门标准合同执行，但必须通过补充条款等方式充分补充与公司合同标准文本之间存在差异的内容。

4.2.1.4 如公司尚未制定合同标准文本，可以延用以往的合同，但经办部门应联系成本管理部、工程管理部、财务管理部、办公室、法律组尽快制定相应的标准合同。

4.2.1.5 当客观条件发生重大变化、原有合同标准文本不再适用时，业务部门应及时提出与相关部门共同修改。

4.2.2 合同的经济条款应包括但不限于以下内容：

4.2.2.1 合同价款或委托酬金：采用招标方式选择合作方的，应以双方确定的最终报价作为合同金额；提倡在有标底的情况下进行招标并确定合同价款，如果是采用费率折扣方式确定合同价款，合同中应明确费用计取的依据、主材价格计取办法，并规定合同双方如何尽快核实施工图预算确定合同价款，以及就确定后的合同价款签署补充协议。

4.2.2.2 为防止承包单位高估结算，应与承包单位在工程合同中约定控制办法。比如：报送的结算造价最终核减额在审核总价5%以内（含5%）的造价咨询酬金由发包单位支付，若结算造价最终核减额超出5%，则因造价超出部分而引起的造价咨询酬金之增加部分由承包单位支付；若承包单位报送的结算金额超出最终审定结算金额10%（含10%）时，承包单位除造价咨询酬金外，发包单位应进一步扣款（扣款比例、金额各公司自定），直至取消今后对××工程的投标资格（且应在《工程结算通知单》强调此内容）。

4.2.2.3 计价依据：工程类合同应将施工图、预算书作为合同的组成附属部分，合同附属文件一般还包括：招标文件、投标文件、答疑文件等，并应在合同条款中明确以下问题：

(1) 包干形式、定额标准、取费方法；
(2) 发包单位分包工程、甲供（发包单位）材料设备、（发包单位）限价的范围和种类；
(3) 人工、材料、机械台班的价格及其价差的结算办法；
(4) 总分包的关系、配合的范围以及总包管理费和总包配合费的计取方法等；
(5) 开办费、施工组织措施费、扰民费、文明现场施工费、赶工费等费用的取舍、计取办法及其包括的具体范围。

4.2.2.4 设计变更及现场签证：合同中应规定设计变更及现场签证的认定依据、结算核价办法，对于承包单位，可依据《××公司设计变更和现场签证管理办法》的规定与其另外订立《关于设计变更、现场签证的协议》。

4.2.2.5 总价结算办法：工程类合同可在合同中明确规定按"结算＝合同价（或预算造价）＋材料价差＋设计变更＋现场签证＋增加项目－减少项目＋奖励－罚款"确定结算总价。

4.2.2.6 结算和付款办法：合同应明确规定验收及付款办法、保修维护办法及保修金处理办法；进度款的支付一般按形象进度分阶段确定付款金额，不采用分月审核进度款的方法；各期进度款累计不应超过总造价的80%；无准确施工图预算或无准确合同总价时，应充分考虑付款风险，尤其在施工中后期更应有效地控制好进度款，以防超付。

4.2.2.7 廉洁合作约定：为维护公司利益、防止黑幕、保护职员，在工程或其他高金额的合同中，应与承包单位另外签署《廉洁合作协议》作合同的补充协议。

4.2.2.8 保修协议：对施工合同，为保证工程质量，保护公司利益，应与承包单位另外签署《工程质量保修协议》作合同的补充协议。

4.2.3 合同起草、谈判与签署的主要职能部门：工程管理部负责工期、质量等技术部分内容的起草、谈判和合同签署；成本管理部负责其中的合同价款、计价方式、付款方式等经济部分内容的起草和谈判。

4.2.4 合同审批流程：通过招标确定合作方后，由主办工程师填写合同审批表，在征得有关职能部门同意（会签）后上报分管副总、总经理审批；合同审批应按照合同的审批流程（流程见公司的××规定）。

4.2.5 为提高合同审批的效率，公司领导、职能部门经理可根据实际情况需要，在自身职能范围内，对于某些类别、一定金额以下的工程合同，在不违反有关规定的前提下，可对下级部门或人员作一定的授权，但授权人仍为责任人。

4.3 合同履行的管理

4.3.1 合同的交底：在合同签订之后，一般要求至少就主体合同填写《××公司工程合同摘要表》，发至各部门，并向工程、成本、采购等有关人员进行合同讲解交底，说明工期、质量、工程范围、付款方式、发包单位职责（即甲供材料设备、甲方限价、甲方分包等范围）、总分包的关系等，以便各岗位人员协调、配合；金额较小的合同交底，可只填写《××公司工程合同摘要表》发送到相关部门的有关人员，以便执行。

4.3.2 合同款支付：

4.3.2.1 项目部的工程管理人员负责合同款支付的经办，填写付款申请单、工程付款审批表等，经相关职能部门审核、公司领导审批后支付；合同款支付审批按其支付金额规模确定审批流程（流程见公司的××规定）。

4.3.2.2 对保修金等余款的支付办法应作明确规定，除一般保修金外，可在合同中约定发包单位在工程竣工后一定时间内扣押承包单位一定数额的渗漏保证金。

4.3.3 合同变更的管理：合同订立后，因客观条件发生变化需要变更合同内容的，或者承包单位提出变更要求的，经办人员应及时向部门经理请示报告，部门经理同意变更的，经办人员在与对方协商一致后起草变更后的条款，再按照合同订立的有关程序办理，严禁擅自变更合同。

4.3.4 合同结算：

4.3.4.1 当合同中约定的承包单位的责任和义务已全部完成，并且通过验收、达到了工程结算条件，由主办工程师协助合作方收集整理结算资料，填写《工程结算申请表》。

4.3.4.2 如工程存在质量问题或履约过程中承包单位存在违约情况等，主办工程师应在结算申请表中作出详细说明及处理意见。

4.3.4.3 由成本管理部负责按合同确定的结算方式办理结算，并特别注意：奖罚条款的执行（如工期奖罚、质量奖罚、安全奖罚等）、承包方承诺让利、各项费用的计取或扣除（如水电费、扣款项目、保修金等）、承包单位多报领的甲供材料、变更签证未如实实施的部分、钢材实际用量、主材价格等。

4.3.4.4 工程结算的具体方法按《××公司工程预结算管理办法》执行。

4.3.4.5 工程结算要注意结算资料的及时整理、分类、归档、保存。

4.3.5 合同执行情况的评估：主体合同等金额较大的合同执行完后，应由合同主办部门对发包单位的合同管理（工期、质量、成本、配合等）、承包单位的工期、质量、成本、配合等进行总结，并填写《××公司合同执行情况评估表》。

4.4 合同档案的管理

4.4.1 合同文本保管应遵循及时整理、分类、归档、保存，以便复查。

4.4.2 合同文本原件（包括合同文本、相关补充协议、合同审批表等）应由办公室专人妥善保管；工程管理部、成本管理部、财务管理部、项目部应备有合同文本等资料的复印件。

4.4.3 公司有关职能部门应全面运用成本管理软件，设立合同管理台账，系统地填报合同的签定、履行、结算等动态情况。

4.4.4 公司合同专用章由专人管理，经法人代表或其授权人签署同意后，合同文本才能加盖专用印章，并作相应的用章登记；同时要求承包单位盖有有效印章的同时，其法人代表或法人代表授权人还需签字；每份合同原件由发包单位至少盖两个以上骑缝章。

4.4.5 工程合同编号：

4.4.5.1 合同应该由专人连续统一编号；因主合同的变更、解除等订立的补充协议，按主合同类别编号（因补充合同中可能涉及其他类别的内容）；合同有关部门皆应采用统一编号。

4.4.5.2 以公司为买方，房地产项目合同按内容可分为六大类：
(1) 土地合同；
(2) 前期合同（包括规划、设计、勘察、监理、造价咨询）；
(3) 施工合同（包括建筑、安装、装饰、市政）；
(4) 材料设备采购合同（包括材料采购、甲方付款乙方收货的三方合同、设备购买及安装）；
(5) 园林环境合同（包括室外环境的设计、施工）；
(6) 营销包装合同（包括样板间装修、户外广告牌制安、媒介广告设计、制作、宣传品设计、印刷）。

4.4.5.3 合同编号次序为：项目名称及期或区、栋（不能确定具体期别列入"跨期待分摊"）－分类－流水号（按订立日期编制流水号）。如"紫薇花园－二期－施工－004号"、"紫薇花园－跨期待分摊－前期－001号"等。

4.4.5.4 成本管理部、财务管理部在合同分类登记时，还应对每份合同按总部成本核算科目进行归属，以便动态反映工程成本发生情况。

4.4.6 关于合同的保管期限、保密、销毁等具体规定按照《××公司合同管理规范》执行。

4.5 其他规定

4.5.1 本管理办法集团所属各房地产公司务必严格执行，如在执行过程中，与实际情况确有不适合之处，执行部门可根据实际情况作修改之请示，报经集团总部财务管理部成本管理组核实后经总部分管领导批准后方可实施。

4.5.2 本管理办法自××××年××月××日起执行。

5 表格

公司工程合同审批表（略）

公司工程付款审批表（略）

公司工程合同摘要表（略）

公司工程合同执行情况评估表（略）

公司考察承包商结果审批表（略）

6 支持文件

廉洁合作协议（略）

工程质量保修协议（略）

【实例 2-1-4】某建筑公司合同管理办法。

1 目的

为规范公司合同的管理，防范与控制合同风险，实现建立在有利合同基础上的利润最大化，做到签约有约束，维护公司的合法权益，制定本程序。

2 范围

本程序适用于公司签订和履行的所有建设工程施工合同。

3 职责

3.1 公司总经理负责建设工程施工合同的批准签订。

3.2 合同管理部（合同管理员）负责各类合同的审查工作，具体职责是：

（1）负责国家、省、市有关合同示范文本的推广使用工作，负责公司有关示范文本的编制和推广使用工作；

（2）负责各部门提交的各类合同的合法性、可行性、有利性审查，并出具审查意见；

（3）负责公司各类合同的洽谈；

（4）负责监督、检查各分公司施工合同、劳务分包合同、专业分包工合同、物资设备买卖合同的履行情况；

（5）负责公司各类合同备案工作；

（6）参与公司各类合同纠纷的调查。

3.3 项目经理部经理（或分管副经理）负责建设工程合同、材料设备买卖合同的具体履行工作。其主要职责是：

（1）负责宣传、贯彻有关法律、法规和规章，组织学习所在工程项目的各类合同并熟悉内容，做好合同交底工作；

（2）履行建设工程合同中规定的职责，监督分包工程的进度及工程质量；

（3）监督材料、设备的验收；

（4）负责所在项目所有合同的日常管理工作，收集、记录、整理和保存与合同有关的协议、函件，办理工程变更和签证，并及时提交公司合同管理部；

（5）收集、整理索赔资料，提供索赔依据，书写索赔报告；

（6）监督所在项目各类合同的履行情况，发现问题及时向公司合同管理部。

4 工作程序

4.1 合同的签订及形式

（1）合同主体的审查

订立合同前，应当对对方当事人的主体资格、资信能力、履约能力进行调查，不得与不能独立承担民事责任的组织签订合同，也不得与法人单位签订与该单位履约能力明显不相符的经济合同。

签订建设工程施工合同要重点审查业主的项目立项文件、招标文件，以确定发包人的主体资格；审查项目资金落实程度及业主以往合同履约情况，以确定业主的履约能力。

公司一般不与自然人签订经济合同，确有必要签订经济合同，应经××同意。

（2）合同的形式

订立合同，除即时交割（银货两讫）的简单小额经济事务外，应当采用书面形式。"书面形式"是指合同书、补充协议、公文信件、数据电文（包括电报、传真、电子邮件等），除情况紧急或条件限制外，公司一般要求采用正式的合同书形式，有示范文本（包括公司制定的示范文本）的应当使用示范文本。

4.2 合同的条款机会点筹划

（1）建设工程施工合同一般应当按照国家或公司制定的示范文本和公司编制的操作指导书规定的内容填写。

（2）当事人的名称、住所：合同抬头、落款、公章以及对方当事人提供的资信情况载明的当事人的名称、住所应保持一致。

(3) 合同标的：合同标的应具有唯一性、准确性，买卖合同应详细约定规格、型号、商标、产地、等级等内容；服务合同应约定详细的服务内容及要求；对合同标的无法以文字描述的应将图纸作为合同的附件。

(4) 数量：合同应采用国家标准的计量单位，一般应约定标的物数量，无法约定确切数量的应约定数量的确定方式（如电报、传真、送货单、发票等）。

(5) 质量：有国家标准、部门行业标准或企业标准的，应约定所采用标准的代号；农副产品、化工产品等可以用指标描述的产品应约定主要指标要求（标准已涵盖的除外）；凭样品支付的应约定样品的产生方式及样品存放地点。

(6) 价款或报酬：价款或者报酬应在合同中明确，采用折扣形式的应约定合同的实际价款；价款的支付方式如转账支票、汇票（电汇、票汇、信汇）、托收、信用证、现金等应予以明确；价款或报酬的支付期限应约定确切日期或约定在一定的日期后多少日内。

(7) 履行期限、地点和方式：履行期限应具有确定性，难以在合同中确定具体期限的应约定确定期限的方式；合同履行地点应力争作对本方有利的约定。

(8) 合同的担保：合同中对方事人要求提供担保或本方要求对方当事人提供担保的，应结合具体情况根据《担保法》的要求办理相关手续。

(9) 合同的解释：合同文本中所有文字应具有排它性的解释，对可能引起岐义的文字和某些非法定专用词语应在合同中进行解释。

(10) 保密条款：对技术类合同和其他涉及经营信息、技术信息的合同应约定保密承诺与违反保密承诺时的违约责任。

(11) 合同联系制度：履行期限长的重大经济合同应当约定合同双方联系制度。

(12) 违约责任：根据《合同法》作适当约定，注意合同的公平性。

(13) 解决争议的方式：解决争议的方式可选择仲裁或起诉，选择仲裁的应明确约定仲裁机构的名称，双方对仲裁机构不能达成一致意见的，可选择第三地仲裁机构。

4.3 签订合同的工作程序

(1) 建设工程施工合同的签订

1) 合同洽谈前，公司合同管理部必须按本制度4.1条的规定对发包人的综合情况进行考察。建设工程施工合同中投标中标的项目，要审查业主的招标文件、我方的投标书、中标书、纪要、往来信函等文书，召集有关部门认真组织合同洽谈准备会，制定谈判的原则和方案。

2) 尽量增加合同"开口"项目，作为增加预算收入的埋伏。按照设计图纸和预算定额编制的施工图预算，必须受预算定额的制约，很少有灵活伸缩的余地；而"开口"项目的取费则有比较大的潜力，是项目创收的关键。

3) 合同洽谈过程中，对于涉及担保、预付款、各类保证金等费用较大的项目，要重新进行评审。合同谈判人员负责向合同执行单位进行书面交底。

4) 合同主要条款商定后，由合同管理部负责起草文本，附合同会审表交相关部门（项目部、财务部等）进行会审后，公司分管副总经理（或总经济师、合同主审人员）认为已经基本没有异议的，提交审查意见，报公司法定代表人或委托代理人批准签字。工程项目经理必须参与合同签订活动的全过程。

5) 合同经双方签字、盖章后，按法律法规规定或合同约定必须办理鉴证、公证手续的，由合同管理部负责办理。按规定须经上级有关部门批准才能签订的合同必须经批准后才能签订。

(2) 其他经济合同的签订

其他经济合同由主办人员与对方当事人商谈后拟好合同条款，附合同会审表报部门（项目）经理审批或预审，在部门（项目）经理权限范围内的合同由部门（项目）经理批准，由部门（项目经理部）合同管理员加盖合同专用章；其他重大经济合同由部门（项目）经理签署意见后由合同管理部进行合法性审查，报总经理批准签订。

4.4 合同的变更、解除

(1) 在合同履行期间由于客观原因需要变更或者解除合同的，须经双方协商，重新达成书面协议，新协议未达成前，原合同仍然有效。本方收到对方当事人要求解除或变更的通知书后，应当在规定的期限内作出书面答复。变更或解除合同的，应当采用书面形式（包括书信、电报），法律、行政法规规定变更合同应当办理批准登记等手续的，应依法及时办理。

(2) 存在下列情形之一的，本方可以单方解除合同：

① 因不可抗力致使不能实现合同目的；

② 在履行期限届满之前，对方明确表示或者以自己的行为表明不履行主要债务；

③ 对方迟延履行主要债务，经催告后在合理期限内仍未履行；

④ 对方迟延履行债务或其他违约行为致使不能实现合同目的；

⑤ 法律规定的其他情形。

(3) 公司任何人员不得擅自以公司名义变更或解除合同。若确需变更或解除时，由合同经办人查明原因，提出意见，经批准签订的部门或领导审核后，认为已出现了本制度4.4 (2) 条规定的情形的，应提交公司法律顾问审查并签发解除合同的函；对方没有违约，应同对方协商，达成一致意见，并依法签署变更或解除合同的书面协议。

合同变更必须由原合同起草部门负责更改，按《合同评审程序》办理合同变更评审，并办理书面的合同变更手续。做好变更文件的整理、保存和归档工作。变更后的合同与原合同的发放的范围相同。

(4) 对方提出合同变更的，变更程序也应按4.4 (3) 规定的程序执行。合同变更引起索赔的，合同变更必须与索赔同步进行，索赔协议是合同变更的处理结果，是变更后合同一部分。

(5) 对于特殊情况下合同履行过程中的合同中止（包括停、缓建），必须及时办理中止手续，收集因中止合同给本公司带来的经济损失证据和资料，及时追究对方的责任。中止的合同又恢复继续履行时，依相同程序办理恢复手续。合同的恢复与中止都必须通知合同审批部门或领导。

(6) 合同未履行完毕，但确定不再继续履行，合同履行部门应做好终止记录，收集履行过程中所有与合同有关的文件，做好经济往来和工程结算工作，办理解除合同的手续。资料移交公司档案室保存。

4.5 合同的履行

(1) 公司及所属公司应当按照合同约定全面履行自己的义务，并随时督促对方当事人及时履行其义务。合同履行中发生的情况应建立合同履行执行情况台账。

（2）有关合同履行中的书面签证、来往信函、文书、电报等均为合同的组成部分，合同经办人员应及时整理、妥善保管。合同实施中要不断利用追加的合同组成部分的机会，不断优化合同环境，为竣工结算创造有利条件。在合同履行过程中，对本公司的履行情况应及时做好记录并经对方确认。向对方当事人交付重要资料、发票时应由对方当事人出具收条，履行合同付款时应由对方当事人出具收条。

（3）对合同履行过程中的违约情况或违反合同的干扰事件，合同履行单位、项目经理部应及时查明原因，通过取证按照合同约定及时、合理、准确地向对方提出索赔（含违约）报告。当本公司接到对方的索赔（含违约）报告后应认真研究并及时处理、解释或提出反索赔，公司员工不得擅自在对方当事人出具的索赔报告、对账单等确认类文书上签字盖章，确须确认的，应视具体内容经公司领导或部门（项目经理部）负责人同意。

（4）在履行合同过程中，经办人员若发现并有确切证据证明对方当事人有下列情况之一的，应立即中止履行，并及时书面上报公司办公室处理，公司办公室应立即向公司法律顾问咨询，并将基本情况和法律顾问的处理意见一同上报公司领导：

1) 经营状况严重恶化；
2) 转移财产，抽逃资金，以逃避债务；
3) 丧失商业信誉；
4) 有丧失或者可能丧失履行债务能力的其他情形；
5) 债权债务的定期确认和发生重大变动时的确认；
6) 在重大、复杂合同的履行过程中，经办人员应定期与对方对账，确认双方债权债务；
7) 在对方当事人发生兼（合）并、分立、改制或其他重大事项以及本公司或对方当事人的合同经办人员发生变动时，应及时对账，确认合同效力及双方债权债务。

4.6 经济合同纠纷的调解、仲裁和诉讼

（1）合同双方在履行过程中发生纠纷时，应首先按照实事求是的原则，平等协商解决。

（2）合同双方在一定期限（一般为一个月）内无法就纠纷的处理达成一致意思或对方当事人无意协商解决的，经办人员应及时书面报告部门经理，由部门经理拟定处理意思，报总经理或副总经理决定。对方当事人涉嫌合同诈骗的，应立即报告公司合同管理部。

（3）公司决定采用诉讼或仲裁处理的合同纠纷，以及获知对方当事人准备或已经申请仲裁或提起诉讼的，相关部门应及时将合同的签订、履行、纠纷的产生及协商情况整理成书面材料连同有关证据报公司办公室，由公司统一委托律师或其他专业人员办理。

4.7 合同的日常管理

（1）本公司实行二级合同管理，合同管理部全面负责公司的合同管理；项目经理部设立的合同管理员负责所在部门的合同管理，其他部门不设合同管理员。

（2）公司的合同专用章专人管理，合同管理部、项目经理部各保管一枚，分别编号，合同专用章印模需送登记注册的工商行政管理部门备案。签订合同时，合同各方应在同一时间、同一地点签字并盖章，合同各页之间应当加盖公司骑缝章。

（3）签订合同正本、副本份数按需要确定，正副本应区分清楚。合同签订后交公司办公室留存，其余各职能部门或合同履行部门由公司办公室负责编号受控分发。除公司办公室外，其他部门复印合同必须事先征得公司办公室同意，由公司办公室统一编号受控，并加盖专用印章。所有合同发放均应做好发放记录。

（4）已签订的合同以及与合同有关的补充协议、会议纪要、业务往来传真、信函、索赔报告、对账单、合同台账等资料应集中由合同管理员保管。合同管理员应对上述材料分类登记成册，业务人员与对方当事人结账时可从合同管理员签领相关材料。

（5）对于合同履行和竣工结算均已完成的工程，合同执行部门应向合同管理部提交合同履行情况的工作报告。合同管理部审查后，连同合同、结算书以及一切往来文书、经济签证、变更记录、竣工验收证书等所有资料装订成册，送交公司档案室存档保存。

4.8 考核与奖惩

（1）公司、所属各分公司全体职员应当严格遵守本制度，有效订立、履行合同，切实维护公司的整体利益。公司办公室负责本制度执行情况的监督考核。

（2）对在合同签订、履行过程中发现重大问题，积极采取补救措施，使本公司避免重大经济损失以及在经济纠纷处理过程中，避免或挽回重大经济损失的，予以奖励。

（3）合同经办人员出现下列情况之一，给公司造成损失的，公司将依法向责任人员追偿损失：

1）未经授权批准或超越职权签订合同；

2）为他人提供合同专用章或盖章的空白合同，授权委托书；

3）应当签订书面合同而未签订书面合同。

（4）合同经办人员出现下列情况之一，给公司造成损失的，公司酌情向有关人员追偿损失：

1）因工作过失致使公司被诈骗；

2）公司履行合同未经对方当事人确认；

3）遗失重要证据；

4）发生纠纷后隐瞒不报或私自了结或报告避重就轻，从而贻误时机的；

5）合同专用章、盖章的空白合同、授权委托书遗失未及时报案和报告；

6）未履行规定手续擅自在对方出具的确认书、索赔报告上签字而给公司造成损失的；

7）其他违反公司相关制度的。

（5）公司职员在签订、履行合同过程中触犯刑法，构成犯罪的，将依法移交司法机关处理。

（2）合约规划书

【实例2-1-5】某建设单位合约规划书。

××项目合约规划书

一、概述

××汽车加气站总估算投资210万元。

二、工程内容与拟分合同项目

工程内容与拟分合同项目　　　　　　　　表 2-1-6

序号	工程项目	单位	规模或主要工程量	合约项目	拟用品牌
(一)	总图竖向布置				
1	现场混凝土铺装，混凝土基层厚20cm	m²	1100	土建合同	当地建筑公司
2	缘石	m	70		
3	绿化	m²	200		
(二)	构筑物				
1	设备基础	m³	332		
2	金属结构	综合	1		
(三)	储运设备				
1	加气机	套	2	加气机采购合同	长空牌
2	LPG卸车泵	台	1	卸车泵采购合同	哈尔滨
3	潜油泵组和控制管汇系统	套	2	潜油泵采购合同	美国吉尔巴克
4	氮气瓶	瓶	2	直接购买	当地
5	液化气地下储罐	台	2	储罐采购合同	××公司
(四)	工艺管道				
1	工艺管道	m	751	安装合同	专业安装公司
2	聚氯乙烯管	m	26		
3	阀门	个	18		
4	其他	个	8		
(五)	电气				
1	动力配线部分	台	3		
2	照明部分	综合	1		
3	接地部分	综合	1		
(六)	自控仪表				
1	仪表设备部分	台	24		
2	仪表器材部分	综合	1		
(七)	其他				
1	工程设计	综合	1	设计合同	××设计院
2	非标设备设计	综合	1		
3	工程监理	综合	1	监理合同	××监理公司

三、合约体系的建立

(一) 确定采用的合约体系

目前常见的合约体系是：

1. 业主下边是设计院、咨询公司、总包单位、监理公司等，业主直接分别对四家单位。

2. 设计院、咨询公司、监理公司组成一个PM公司，业主直接对PM，由PM对总包单位，PM 代替业主行使职权，对总包单位来讲，可以视同为面对业主单位（实际上，业主与设计、咨询、监理公司本身也是合约关系）。

本工程拟采购第一种合约体系。

（二）合同分类

可采用的合同分类方式：

1. 与业主直接签订的合同。如：总承包合同、土方护坡合同、燃气热力合同、园林景观合同。

此类合同应该考虑总包合同与其他合同之间的工作界限划分、责任划分等问题。例如一般基坑土方合同是在总包招标前提前招标并施工，土方工程的工期延期索赔，延期责任是应在总包合同中预见并考虑的。

2. 与总包签订的合同（业主在这个合同关系中，相当于见证方）。根据付款方式又可划分两类：一类业主直接支付分包工程工程款，一类由业主支付给总包后由总包支付分包工程款（由于税金的问题，这里边又有业主付款的财务处理）。如：防水、人防门、精装修、幕墙、电梯工程等。

3. 与分包签订的合同（多为供货合同）。如：防火门、圈帘门、石材、地砖、洁具、高地压柜、变压器等。

对于此类合同，大多以暂估价形式纳入总包合同造价，但留个"业主保留自行采购权利"的活口。由业主采购也存在与总包交叉的问题。一般石材可以纳入幕墙施工合同、地砖洁具可以纳入精装修合同、高地压柜变压器可以纳入变配电合同、二次结构纳入总包合同。

本工程采用第 1 种合同方式。

2.1.5 老造价工程师的话

老造价工程师的话 9　　合同谈判技巧

当一项工程，经过激烈的竞争终于获得中标资格后，接下来便是极为艰苦的合同谈判阶段，许多在招标、投标时不想说清或无法定量的内容和价格，都要在合同谈判时，准确陈述。因此工程承包合同的谈判，预算的核对谈判，是企业取得理想经济效益的关键一环。在以往的工程合同，预算谈判实例中，一般来说谁的知识面宽，谁的谈判策略运用得当，谁就能在工程合同及预结算中，做到游刃有余，掌握主动权。

每一方都有其特殊的优势与劣势。承包商对其成本了如指掌，他能调整其价格使收益达到最大值，同时，他可接受或拒绝他所选择的解决问题的任何方案；业主的代表及工程师也有很大的优势，即他掌握着财权。虽然工程师有义务寻找解决问题的方法，然而他还将受到采购规则、规章及获得上司批准的约束。他既须努力使承包商满意，又须努力使其上司高兴，这使他常常陷入两难之中。作为一个成功的谈判者的承包商是那些知道如何尽快实现此类目标的人。由于承包商在提出建议及接受解决问题的方案方面有着较大的自由，因此，在掌握谈判的节奏及方向上，他有着极大的优势。

(1) 先让对方开口

让对方先表明所有要求，你可以做到心中有数，并隐藏住自己的观点，拿对方提出的重要问题做交涉，争取他让步。如果愿意也可以在较少的问题，做一些让步，以获得对方心理上的平衡，但不能轻易让对方获得，不要让步太快，因为他等得愈久，就愈加珍惜，也不要做无谓的让步，每次让步都要从对方那儿获得更多的益处。有时不妨作些对你没有任何损失的让步，如"这件事我会考虑一下的"这也是一种让步，让对方从心理上有所缓解，或给对方留下余念。

(2) 要好意思说"不"

在谈判桌上，双方各自代表本公司的利益。如果感觉有必要说"不"，就应该勇敢地提出来，只要你说的有道理，会使对方相信你说"不"是认真。必须始终保持全局有利的总体观念。记住自己的每个让步都是你利润的组成部分，如果有些让步想反悔，也不要不好意思，因为那样也会给对方造成一种到底线的印象，一切谈判在没有签字之前，都可以重新再来。

(3) 用互惠互利说服对方

诱导对方，说服对方的方法技巧，要抓住对方的心理动态，先说什么，再说什么，该说什么，不该说什么，要心里有谱。不要因为说错一句话，而前功尽弃，在谈判的开始阶段，一般尽量先讨论些容易解决的问题，不要一开始气氛紧张，不利于解决问题。在谈判中，强调对方许多有利的因素，激发对方在自身利益认同的基础上接纳你的意见和建议。在定额定价上意见相左，互相猜疑，达不成协议是常见的事，要想成功，就要说服对方，拿出让对手信服的依据。但绝对不要攻击对手，伤对方的自尊，而达不到目的。

(4) 用谦虚有理说服对方

在谈判中，总会有令人满意或不满意的情况产生。双方都会极力克服对方的反对意见，但这需要以正当的理由去说服对方，让对方觉得有道理。若对方提出建议，你要认真去听，并要复述对方的建议或记笔记，表示尊重。然后，根据你所掌握的情况，再据理力争，让对方充分了解实情，用详实的数据、资料，去说服对方，比用空洞的语言更能打动人心。

2.2 建设工程施工合同的操作

【能力等级】 ☆☆☆
【适用单位】 建设单位、施工单位、中介单位、其他单位

2.2.1 工作表格、数据、资料

(1) 合同纠纷的处理依据

1)《中华人民共和国合同法》：略，请读者自行收集。

2) 施工合同纠纷的司法解释。

【依据 2-2-1】《最高人民法院关于审理建设工程施工合同纠纷案件适用法律问题的解释》（2004 年 9 月 29 日最高人民法院审判委员会第 1327 次会议通过）法释 [2004] 14 号。

根据《中华人民共和国民法通则》、《中华人民共和国合同法》、《中华人民共和国招标投标法》、《中华人民共和国民事诉讼法》等法律规定，结合民事审判实际，就审理建设工程施工合同纠纷案件适用法律的问题，制定本解释。

第一条 建设工程施工合同具有下列情形之一的，应当根据合同法第五十二条第（五）项的规定，认定无效：

（一）承包人未取得建筑施工企业资质或者超越资质等级的；

（二）没有资质的实际施工人借用有资质的建筑施工企业名义的；

（三）建设工程必须进行招标而未招标或者中标无效的。

第二条 建设工程施工合同无效，但建设工程经竣工验收合格，承包人请求参照合同约定支付工程价款的，应予支持。

第三条 建设工程施工合同无效，且建设工程经竣工验收不合格的，按照以下情形分别处理：

（一）修复后的建设工程经竣工验收合格，发包人请求承包人承担修复费用的，应予支持；

（二）修复后的建设工程经竣工验收不合格，承包人请求支付工程价款的，不予支持。

因建设工程不合格造成的损失，发包人有过错的，也应承担相应的民事责任。

第四条 承包人非法转包、违法分包建设工程或者没有资质的实际施工人借用有资质的建筑施工企业名义与他人签订建设工程施工合同的行为无效。人民法院可以根据民法通则第一百三十四条规定，收缴当事人已经取得的非法所得。

第五条 承包人超越资质等级许可的业务范围签订建设工程施工合同，在建设工程竣工前取得相应资质等级，当事人请求按照无效合同处理的，不予支持。

第六条 当事人对垫资和垫资利息有约定，承包人请求按照约定返还垫资及其利息的，应予支持，但是约定的利息计算标准高于中国人民银行发布的同期同类贷款利率的部分除外。

当事人对垫资没有约定的，按照工程欠款处理。

当事人对垫资利息没有约定，承包人请求支付利息的，不予支持。

第七条 具有劳务作业法定资质的承包人与总承包人、分包人签订的劳务分包合同，当事人以转包建设工程违反法律规定为由请求确认无效的，不予支持。

第八条 承包人具有下列情形之一，发包人请求解除建设工程施工合同的，应予支持：

（一）明确表示或者以行为表明不履行合同主要义务的；

（二）合同约定的期限内没有完工，且在发包人催告的合理期限内仍未完工的；

（三）已经完成的建设工程质量不合格，并拒绝修复的；

（四）将承包的建设工程非法转包、违法分包的。

第九条 发包人具有下列情形之一，致使承包人无法施工，且在催告的合理期限内仍未履行相应义务，承包人请求解除建设工程施工合同的，应予支持：

(一）未按约定支付工程价款的；
(二）提供的主要建筑材料、建筑构配件和设备不符合强制性标准的；
(三）不履行合同约定的协助义务的。

第十条　建设工程施工合同解除后，已经完成的建设工程质量合格的，发包人应当按照约定支付相应的工程价款；已经完成的建设工程质量不合格的，参照本解释第三条规定处理。

因一方违约导致合同解除的，违约方应当赔偿因此而给对方造成的损失。

第十一条　因承包人的过错造成建设工程质量不符合约定，承包人拒绝修理、返工或者改建，发包人请求减少支付工程价款的，应予支持。

第十二条　发包人具有下列情形之一，造成建设工程质量缺陷，应当承担过错责任：
(一）提供的设计有缺陷；
(二）提供或者指定购买的建筑材料、建筑构配件、设备不符合强制性标准；
(三）直接指定分包人分包专业工程。

承包人有过错的，也应当承担相应的过错责任。

第十三条　建设工程未经竣工验收，发包人擅自使用后，又以使用部分质量不符合约定为由主张权利的，不予支持；但是承包人应当在建设工程的合理使用寿命内对地基基础工程和主体结构质量承担民事责任。

第十四条　当事人对建设工程实际竣工日期有争议的，按照以下情形分别处理：
(一）建设工程经竣工验收合格的，以竣工验收合格之日为竣工日期；
(二）承包人已经提交竣工验收报告，发包人拖延验收的，以承包人提交验收报告之日为竣工日期；
(三）建设工程未经竣工验收，发包人擅自使用的，以转移占有建设工程之日为竣工日期。

第十五条　建设工程竣工前，当事人对工程质量发生争议，工程质量经鉴定合格的，鉴定期间为顺延工期期间。

第十六条　当事人对建设工程的计价标准或者计价方法有约定的，按照约定结算工程价款。

因设计变更导致建设工程的工程量或者质量标准发生变化，当事人对该部分工程价款不能协商一致的，可以参照签订建设工程施工合同时当地建设行政主管部门发布的计价方法或者计价标准结算工程价款。

建设工程施工合同有效，但建设工程经竣工验收不合格的，工程价款结算参照本解释第三条规定处理。

第十七条　当事人对欠付工程价款利息计付标准有约定的，按照约定处理；没有约定的，按照中国人民银行发布的同期同类贷款利率计息。

第十八条　利息从应付工程价款之日计付。当事人对付款时间没有约定或者约定不明的，下列时间视为应付款时间：
(一）建设工程已实际交付的，为交付之日；
(二）建设工程没有交付的，为提交竣工结算文件之日；
(三）建设工程未交付，工程价款也未结算的，为当事人起诉之日。

第十九条 当事人对工程量有争议的，按照施工过程中形成的签证等书面文件确认。承包人能够证明发包人同意其施工，但未能提供签证文件证明工程量发生的，可以按照当事人提供的其他证据确认实际发生的工程量。

第二十条 当事人约定，发包人收到竣工结算文件后，在约定期限内不予答复，视为认可竣工结算文件的，按照约定处理。承包人请求按照竣工结算文件结算工程价款的，应予支持。

第二十一条 当事人就同一建设工程另行订立的建设工程施工合同与经过备案的中标合同实质性内容不一致的，应当以备案的中标合同作为结算工程价款的根据。

第二十二条 当事人约定按照固定价结算工程价款，一方当事人请求对建设工程造价进行鉴定的，不予支持。

第二十三条 当事人对部分案件事实有争议的，仅对有争议的事实进行鉴定，但争议事实范围不能确定，或者双方当事人请求对全部事实鉴定的除外。

第二十四条 建设工程施工合同纠纷以施工行为地为合同履行地。

第二十五条 因建设工程质量发生争议的，发包人可以以总承包人、分包人和实际施工人为共同被告提起诉讼。

第二十六条 实际施工人以转包人、违法分包人为被告起诉的，人民法院应当依法受理。

实际施工人以发包人为被告主张权利的，人民法院可以追加转包人或者违法分包人为本案当事人。发包人只在欠付工程价款范围内对实际施工人承担责任。

第二十七条 因保修人未及时履行保修义务，导致建筑物毁损或者造成人身、财产损害的，保修人应当承担赔偿责任。

保修人与建筑物所有人或者发包人对建筑物毁损均有过错的，各自承担相应的责任。

第二十八条 本解释自二〇〇五年一月一日起施行。

施行后受理的第一审案件适用本解释。

施行前最高人民法院发布的司法解释与本解释相抵触的，以本解释为准。

3）当地行政管理部门对合同的规定：请读者自行收集当地的规定，以下仅为示例。

【依据 2-2-2】××市建设工程施工合同管理办法。

第一章 总则

第一条 为加强建设工程施工合同管理，维护建筑市场秩序，根据《中华人民共和国合同法》、《建筑法》等有关法律、法规，结合本市实际，制定本办法。

第二条 凡本市行政区域内建筑、装饰装修、市政设施、园林建设等建设工程所签订的施工合同，均按本办法进行管理。

第二章 合同的订立、履行和解除

第三条 签订建设工程施工合同必须具备以下基本条件：

（一）初步设计和总概算已按审批权限批准；

（二）工程项目已列入年度建设计划；

（三）当事人双方均有履行合同的能力；

（四）建设资金和主要建筑材料设备来源已经落实；

（五）建设工程的施工许可证已经下达。

第四条 签订建设工程施工合同时，当事人必须出具《企业法人营业执照》、《施工企业资质等级证书》等有效证件，委托他人签订时，还应出具法人授权委托证书。

第五条 签订的施工合同必须具备以下主要条款：

（一）工程名称、地点、范围、内容、工程价款及开竣工日期；

（二）双方主要责任；

（三）施工组织设计和工期调整；

（四）工程质量与验收；

（五）价款调整与支付；

（六）材料设备供应；

（七）合同变更与解除；

（八）竣工验收与结算；

（九）违约责任；

（十）争议解决方式。

第六条 建设工程施工合同一律采用书面形式，必须使用国家统一的合同文本。

双方协商同意修改合同的文件、洽谈记录、会谈纪要以及资料、图表等视作施工合同的组成部分。

第七条 施工合同的签订必须贯彻国家有关方针政策遵守法律法规，遵循平等互利、协商一致的原则。

第八条 当事人双方应参照国务院有关部门或省、市颁发的工期定额，合理确定工期，以确保工程质量的要求，没有工期定额的工程，由双方协商确定。

第九条 工程质量必须符合业务主管部门有关规范标准的要求。发包方应对材料设备、施工工艺和工程进行检查、验收；承包方应严格按施工合同和规范的要求组织施工。

第十条 工程价款应按照国家或地方统一的预（概）算定额和相应取费标准确定，按国家有关政策规定和地方工程造价管理部门发布的调价指数调整。

第十一条 发包方可将全部工程发包给一个施工企业承包，签订总承包合同；大型或专业复杂的工程可由几个施工企业承包，分别签订承包合同。

承包方征得发包方同意或根据施工合同的约定，可将部分工程分包，签订分包合同。

分包合同与总包合同发生抵触时以总包合同为准。

第十二条 当事人变更或解除合同必须符合《合同法》的有关规定。

解除合同应在签订解除协议后五天内报送原审查、备案机关。

第十三条 当事人一方要求变更或解除合同时，必须采用书面形式，解除合同的协议未达成前，原合同仍为有效。

当事人双方不能就合同解除达成协议，可申请工商行政管理部门和建筑管理部门调解。

第十四条 施工合同履行中发生争议、纠纷，双方应在努力保持施工连续、不使工程质量受到损害的前提下，按合同约定的解决方法和程序向有管辖权的经济合同仲裁委员申请仲裁或向人民法院起诉。

第三章 合同管理

第十五条 城市建设行政管理部门对建设施工合同管理的主要职责是：

（一）审查建设基础上是否违反法律、法规，是否符合基本建设程序；
（二）审查承、发包活动是否符合建筑市场管理的有关规定；
（三）审查议标、招标合同的标底，审查招标单位与承包单位订立的合同条款是否与中标条款一致；
（四）审查施工企业资质等级是否与承包工程项目的等级标准相同；
（五）审查和监督建设工程造价、工期是否符合国家部门和地方有关规定、标准；监督工程施工质量；
（六）监督检查合同履行情况，纠正处理存在的问题，查处违反规定的单位。

第十六条 发包、承包方应加强对施工合同的内部管理：
（一）建立施工合同签订和履行的审查管理制；
（二）派驻工地的代表必须具备相应资格，并熟悉有关合同知识；
（三）在要约时提出施工合同的主要条款。

第十七条 承发包双方须在施工合同正式签订后十天内将合同报市建筑管理处审查，市建筑管理处在五天内给予审批或提出修改意见。

第十八条 签订建设工程施工合同必须遵守国家的法律、法规，必须符合国家政策，有下列情形之一者，所签合同无效：
（一）违反国家和地方政府颁发的计价规定和取费标准，高估冒算、任意压价或变相压价，任意压工期的；
（二）采用欺诈、胁迫等手段签订含有不平等条款内容的；
（三）施工企业无证照或不具备承接该项工程资质等级的；
（四）施工企业为他人承包工程非法提供盖有公章的空白合同书、印章和银行账户的。

第十九条 在合同履行中违反法律、法规和扰乱建筑市场秩序的，管理部门有权令其停止施工。因故中止合同履行的，双方应保护好已完工程，按责任承担保护费用。

第二十条 承包方无理拒绝发行合同，或因其违约使合同履行成为不必要，由发包方提出要求，管理部门核实后，会同有关部门责令承包方撤出施工场地。

第二十一条 对签订书面合同不按规定报送审查和不按管理部门审查意见修改的，不批准其开工；已经开工的，责令其停止施工。

第二十二条 施工企业是直接进行施工的单位，只能按规定承包项目的实行工程总分包，不得利用建设工程施工合同进行非法交易及其他违法活动。

第四章 罚则

第二十三条 对不签订书面合同或不按规定报送审查、备案以及拒不按管理部门审查意见修改文本的，有关部门应责令补办有关手续，或采取其他有关措施处置。

第五章 附则

第二十四条 本办法由××市建设局负责解释。

第二十五条 本办法自发布之日起施行。

(2) 合同文本的选择与操作

我们列一个表格进行讲述，见表2-2-1。

合同文本操作要点　　　　　　　　　　　表 2 – 2 – 1

序号	合同文本	合同简介	操作要点
1	《建设工程施工合同示范文本》（GF—1999—0201）	目前签订建设工程施工合同，普遍采用建设部与国家工商局共同制定的 GF—1999—0201《建设工程施工合同示范文本》。该文本由协议书、通用条款、专用条款及合同附件四个部分组成。通用条款共 11 部分 47 条，基本以事件为线索进行阐述。 建设部和国家工商行政总局推荐施工合同示范文本，是根据 FIDIC 土木工程施工合同条件，结合我国建筑业改革开放以来的经验教训编写出来的，具有规范、全面、准确、严谨的特点。采用这份文本，有利于堵塞合同管理人员因水平不高或疏忽而产生的漏洞，有利于明确合同主体的责任，有利于合同争议的解决，也有助于合同机关加强监督检查。	（1）签订合同前仔细阅读和准确理解"通用条款"十分重要。因为这一部分内容不仅注明合同用语的确切含义，引导合同双方如何签订"专用条款"，更重要的是当"专用条款"中某一条款未作特别约定时，"通用条款"中的对应条款自动成为合同双方一致同意的合同约定。 （2）合同类型与计价条款的拟定 合同的计价方式有很多种，不同种类的合同，有不同的应用条件、不同的权力和责任分配、不同的付款方式，同时合同双方的风险也不同，应依具体情况选择合同类型。目前，合同的类型主要有四种。 1）单价合同 在这种合同中，承包商仅按合同规定承担报价的风险，即对报价（主要为单价）的正确性和适宜性承担责任；而工程量变化的风险由业主承担。由于风险分配比较合理，能够适应大多数工程，能调动承包商和业主双方的管理积极性。单价合同又分为固定单价合同和可调单价合同等形式。 2）总价合同 这种合同以一次包死的总价委托，价格不因环境的变化和工程量增减而变化，所以在这类合同中承包商承担了全部的工作量和价格风险。除了设计有重大变更，一般不允许调整合同价格。在现代工程中，特别在合资项目中，业主喜欢采用这种合同形式。 固定总价合同是总价优先，承包商报总价，双方商定合同总价，最终按总价结算。通常只在设计变更或符合合同规定的调价条件发生时才允许调整合同价格。 采用固定总价合同时，承包商要承担的风险有： ① 价格风险：报价计算错误；漏报项目；工程实施中物价和人工费涨价风险。 ② 工程量风险：工程量计算错误；由于工程范围不确定或预算时工程项目未列全造成的损失；由于设计深度不够造成的工程量计算误差。 3）成本加酬金合同 工程最终合同价格按承包商的实际成本加一定比率的酬金（间接费）计算。这类合同的使用应受到严格限制，通常应用于如下情况： ① 投标阶段依据不准，工程的范围无法界定，无法准确估价，缺少工程的详细说明。 ② 工程特别复杂，工程技术、结构方案不能预先确定。它们可能按工程中出现的新的情况确定。 ③ 时间特别紧急，要求尽快开工。如抢救、抢险工程，人们无法详细地计划和商谈。 为了克服该种合同的缺点，调动承包商成本控制的积极性，可对上述合同予以改进：事先确定目标成本，实际成本在目标成本范围内按比例支付酬金，超过目标成本部分不再增加酬金；若实际成本低于目标成本，则除支付合同规定的酬金外，另给承包商一定比例的奖励；成本加固定额的酬金，不随实际成本数量的变化而变化。 4）目标合同 这是固定总价合同和成本加酬金合同相结合的形式，在发达国家，广泛应用于工业项目、研究和开发项目、军事工程项目中。

续表

序号	合同文本	合同简介	操作要点
1			目标合同以全包形式承包工程，通常合同规定承包商对工程建成后的生产能力或功能、工程总成本、工期目标承担责任。若工程投产后的规定时间内达不到预定生产能力，则按一定的比例扣减合同价款；若工期拖延，则承包商承担工期拖延违约金；若实际总成本低于预定总成本，则节约的部分按预定比例奖励承包商，反之，则由承包商按比例承担。
2	《广东省建设工程施工合同范本》	《广东省建设工程施工合同范本》自2006年4月1日起在广东开始实施。广东合同范本针对现行国家发布的施工合同示范文本仅适应定额计价，计量与支付条文简单，活口太多，实施和结算阶段的计价行为和定价行为不规范，业主和施工单位风险分摊不合理等问题进行了大量修编。与现行国家发布的施工合同示范文本相比，修编后的广东合同范本合理分配了工程师职权，引入了造价工程师；严格按照国家标准《建设工程工程量清单计价规范》要求，实现与计价规范的接口，详明了工程造价确定与控制的标准和方法，按照项目管理的要素编排合同范本的架构，理顺了争议解决机制，提高合同的履行效率，增加了附件与格式的内容；制订了工程款支付与结算的有关规定。广东合同范本从方便管理的角度出发，按照项目管理因素编排架构，共分为8章，既包括传统的工期、质量、造价三要素3章，也包括团队、风险、信息新三要素2章（其中，信息要素的管理没有单列一章），此外是总则、合同争议解除与终止、其他共3章。	（1）按照项目管理要素编排合同范本架构 与99版国家范本相比较，本合同范本的区别在于其组织结构不同。99版国家示范文本共11部分47条，基本以事件为线索进行阐述。本合同范本从方便管理的角度出发，按照项目管理因素编排架构，共分为8章，既包括传统的工期、质量、造价三要素3章，也包括团队、风险、信息新三要素2章，此外是总则、合同争议解除与终止、其他共3章。 通用条款第二章"合同主体"，对应团队管理。项目建设团队对工程建设至关重要。而在项目建设队伍中，现场管理人员是重中之重。"合同主体"一章共9个条文，包括发包人、承包人、现场管理人员的任命和更换、发包人代表、监理工程师、造价工程师、承包人代表、指定分包人、承包人劳务。 通用条款第三章"担保、保险与风险"，对应风险管理。"风险"一章共5个条文，包括工程担保、发包人风险、承包人风险、不可抗力和工程保险。与99版国家范本相比较，本合同范本进一步强化了担保和风险管理的要求，更加注重合同双方权利与义务的对等。 通用条款第四章"工期"，与传统的工期要素相对应。 通用条款第五章"质量与安全"，与传统的质量要素相对应。 通用条款第六章"造价"，与传统的造价要素相对应。 对于信息要素的管理，没有形成单独的章节，但在合同条文中同样有非常具体而明确的要求。第一章"总则"中，第4条通讯联络，第4.1款对通讯联络的形式进行了明确规定，要求必须采用书面形式，而且规定只有在对方收到后方能生效。第4.2款提出各方之间的通讯不应无理扣押和拖延，并要求承发包人双方应在合同专用条款中约定各方通讯地址和收件人，其目的就是为了保证合同履行过程中信息流的畅通。并且针对现实生活中存在的拒签、拒收情形，为合同双方提供了其他送达方式，包括特快专递、挂号信等专用条款约定的其他方式。在通用条款中，信息流转的途径、时限要求及逾期的处理，几乎无处不在。 （2）按照清单计价要求实现计价规范衔接 合同范本严格按照国家标准《建设工程工程量清单计价规范》（GB 50500-2003）的规定，在第52.2款中规定了工程结算按照实际完成工程量和承包人填报的综合单价计算。在工程量和单价方面，做到了通常所说的"量变、价不变"结算原则。但"量变、价不变"也不是绝对的，在一些特殊的情况下，单价或总价也会因量的变化而进行调整。为此，本合同范本对"量变、价不变"原则进行了补充和完善。例如，第58条是工程量的偏差情况下对价格的调整，又如，第61条是物价及后继法律法规引起的调整，再如，第52.1款对依据图纸按照规范应在工程量清单中计量但未予计量的工作，规定按照第60条的规定确定合同价款的增加额。可以说，本合同范本完全实现了与《建设工程工程量清单计价规范》的相衔接。 （3）明确工程造价确定与控制标准和方法

续表

序号	合同文本	合同简介	操作要点
2			合同范本第六章"造价",对此作了详细规定,包括从资金计划和安排、预付款、安全防护文明施工措施费、进度款、结算款到质保金的内容,也包括从工程量清单、工程计量和计价、工程量的偏差及价格的调整、变更工程价款的确定、物价和后继法律法规引起的调整到支付的内容,对合同履行过程中可能出现的工程量偏差、工程变更、物价涨落、工程索赔等事项,都提出了明确的价格调整方法。 相对99版国家范本、FIDIC施工合同通用条件和香港土木建筑施工合同示范文本,广东合同范本对合同价格确定方法更为明确,更具强的操作性,主要体现在工程量的偏差和工程变更价款的确定上。如通用条款第58条"工程量的偏差",区分不同情况分别约定了分部分项工程的清单项目综合单价的调整方法。第58.2款对分部分项工程的清单项目综合单价的调整进行了约定,并区分最终完成的工程量超过工程量清单中开列的工程量10%和低于工程量清单中开列的工程量10%两种情况,分别提出了调整的程序、要求和调整公式。第58.3款对措施项目费的调整进行了约定,同样区分两种情况,也提出了调整的程序、要求和公式。 在使用本合同范本时,合同双方应根据通用条款的规定,结合工程实际,在专用条款中进行补充。如物价和后继法律法规引起的调整,承包人发包人应在专用条款中约定需调价的材料以及调整系数,否则,就不能适用通用条款第61.1款规定,即合同价款不因物价涨落而调整。对于工期较长的工程,这种风险对双方更是不利,甚至会直接危害到工程项目的建设。因此,合同双方应根据通用专款的规定,在订立合同时注意在专用条款中明确约定。 (4) 编制合同专用条款 根据通用条款的条文,广东合同范本对需要在专用条款中约定的内容,编制了专用条款,作为本合同范本的一部分。专用条款充分考虑了"契约自由"原则,承包人发包人可以依据工程特点和需要,在专用条款中进行补充、删减、更改。在编制专用条款过程中,严格地对照通用条款的条文,对需要由合同双方约定的内容,都在专用条款中留有相应的空位。 与99版国家范本相比较,广东合同范本的专用条款提供了更多选择性的条款,既方便合同文本的使用,也提醒承包人发包人作出合适的选择。在专用条款中,所有的选项都是比较有代表性的实际做法,操作性较强。或是按照部门规章、地方规章,或是其他规范性文件,有利于规范承包人发包人的履约行为。如,专用条款第1.39款"书面形式"给出了六个选项,承包人发包人可以选择其中一种或多种方式,也可以在"其他"的选项中填入经双方认可的书面形式。 广东合同范本专用条款对通常情况下,需留给承包人发包人确认或补充约定的,都留有位置,但不可能包罗万千,也可能会出现承包人发包人需要另行约定的内容,在专用条款中没能完全表达清楚。在该种情况下,承包人发包人可对专用条款进行补充,但要求补充的内容须与通用条款相对应。理顺争议解决机制提高合同履行效率。 合同履行期间,合同双方的争议是不可避免的。如何有效及时地解决履行过程中的争议,是合同的重点内容之一。争议是由于双方意见不一致积累到一定程度之后而产生的,牵扯合同各方面

续表

序号	合同文本	合同简介	操作要点
2			的约定。因此，合同要做到及时处理、协调双方的不一致意见，尽早解决双方存在问题。 相对99版国家范本，广东合同范本充分将承发包人之间的友好协商、监理工程师或造价工程师的决定的机制融入到具体条文之中，让双方尽早相互沟通，减少纠纷发生的可能。对于需要在合同履行过程中由双方确定的，约定由发包人与承包人在规定期限内协商确定，协商不能达成一致或逾期未达成协议的，由造价工程师或监理工程师（工程计量和计价方面的由造价工程师负责，工程工期和质量方面的由监理工程师负责）按照合同约定暂定，作为双方继续履行合同的依据，保持合同的连续性。通用条款第69条明确规定，只要在不实质影响履约的前提下，双方应实施暂定结果直到被改变为止；同时规定，双方应在作出暂定结果后的14天内对暂定结果予以确认或提出意见。将解决纠纷的机制迁移，既可及时发现问题，解决问题，避免了问题的堆积，又有利于合同的履行和工程施工的推进，提高了合同的履行效率。 广东合同范本增加了大量的附件与格式。合同履行期间，信息流转主要通过文书形式承载，承载的信息应该包括哪些，对方应在收件后怎样处理，合同通用条款都进行了约定，但有些是直接的，有些是隐含的。为此，本合同范本依据合同通用条款的规定，从实践中总结了部分格式，同时参照《建设工程监理规范》制作了部分格式，作为本合同范本第四部分"附件与格式"，供承包人发包人使用。 （5）制定工程价款支付和结算的有关规定 99版国家范本对于工程款支付、竣工结算的约定较为明确，但实际操作效果不理想。鉴此，广东合同范本一方面吸取了99版国家范本的优点，另一方面结合实际需要进行了改进，主要体现在以下几点：1）引入了造价工程师制度（前面已述），为整个施工过程提供工程造价管理和服务，及时进行工程计量和计价，按照合同约定核实支付申请和向发包人签发支付证书。2）增加了支付担保的内容。第23.4款规定，发包人要求承包人按招标文件的要求提供履约担保的，应在签约时向承包人提交等值的支付担保，而且支付担保必须以银行保函的形式开具。在发包人未有按照合同约定支付工程款的前提下，承包人可在支付担保的范围内直接向担保的银行申请支付，担保银行应无条件支付。支付担保的设定，有效制约发包人的拖欠工程款行为，保证承包人能够及时得到工程款。3）理顺了支付程序。以前支付难，有承包人发包人原因，也有合同约定的支付程序不清的原因。因此，本合同范本重新理顺了支付程序，参照FIDIC引入了支付证书的做法。具体支付程序为：首先由承包人向造价工程师提出已完工程报告和支付申请，并抄送发包人；然后由造价工程师在规定期限内核实后向发包人签发支付证书，抄送承包人；最后由发包人在规定期限内支付工程款。4）强化了违约责任。在本合同范本中，无论发包人还是承包人，不在合同规定时间内履行应尽义务，都将承担相应的违约责任。如发包人逾期不支付工程款的，承包人不仅享有支付担保的权利，而且按照第62.2款规定享有收取利息的权利，还可按照第30.4款规定享有暂停施工的权利。5）调整结算的规定。结算程序不切实际是造成结算难的原因之一。 广东合同范本依据实际操作，对结算程序进行了较大调整，将造价工程师的核实和承包人对结算文件的修改作为办理结算的程序之一。对结算中存在争议部分的，广东合同范本规定了逐项优

续表

序号	合同文本	合同简介	操作要点
2			先结算办法,即先就无争议部分办理不完全结算,签发支付证书和支付结算款,避免了发包人借此拖延支付工程款。针对政府投资建设工程,考虑各级政府管理要求不同,通用条款第67.8款明确提出,发包人对工程竣工结算有特殊要求的,应在专用条款中约定。如果没有约定,承发包人应按照依法签订的合同办理竣工结算。
3	FIDIC合同条件	国内现行施工合同文本是大陆法体例,FIDIC是案例法体例。 大陆法体例合同的好处是基本思路明确,大原则清楚明了。不好的地方是合同的调整比较难。标准合同用于特定项目必定要做适应性调整。像甲供、垫资、甲指乙定这些工程上常见的事务,国内现行施工合同文本这样的大陆法体例合同调整起来极为麻烦。合同条款按原则拆分,一项条款调整,很容易连带影响其他关联条款。比如质量条款的变动,必然影响费用、进度及管理流程等相关条款的限定。由于条款规定都是原则性的,改变原则本就很难措辞,再加上条款变动连带效应,牵一发而动全身。 案例法体例的合同与大陆法刚好相反,在大原则的定义上不是特别清楚明了,但对具体事项调整的适应性绝对好。打开看一下FIDIC施工合同的任何一个条款,都基本独立地定义了一个"工程事项"。如果想依据项目的特定要求把某个事项的规定变一下,只需要在本条款内调整就可以了。如果变动影响到几个事项的处理,比如一项变更引发了检验、验收、接收、索赔等几个方面的事项共同发生了变化,那也是只需要到相应事项的条款调整就可以了。如果是新增事项,则只需要在相应的大条下增加款项就可以了。案例法体例给合同灵活适用到项目带来了巨大便利。	很多人拿到FIDIC合同之后,不知道如何去"读"这个合同,最简单的目录索引都觉得困难。出现这种困难的主要原因是FIDIC合同的案例法体例编制方式。中国人习惯用大陆法体例编制的文件,阅读与检索习惯与案例法有很大的不同。初上手时,不能把握FIDIC合同思路,是正常现象。 用一个简单例子来说明一下两者的区别: 工程师听到报告说混凝土工程有点问题,想去查看一下。口头通知承包商派人一块去看,承包商回答:"昨晚刚打过混凝土,现在没人,请明天再来"。 如何查合同依据呢? 国内合同,第一反应是到合同的"质量"块去查相关规定,因为这样的事件是与质量相关的。这个检索思路就是大陆法体例将事项抽象到"原则"后的思路。按建设部示范合同文本(GF—1999—0201),这应该是第四章"质量与检验"第16条"检查和返工"第16.1款"……随时接受工程师的检查检验,为检查检验提供便利条件。" 案例法思路,不用将事项抽象到"原则",直接什么事项就去查合同的相应条款。本例,首先看这个事是什么事?是工程师要去检查工程的"生产设备、材料和工艺"。这是FIDIC合同的第7条。其中工程师想做的事是"检验",这是第7.3款。该条款规定是: "雇主人员应在所有合理的时间内,(a)有充分机会进入现场的所有部分,以及获得天然材料的所有地点;(b)有权在生产、加工和施工期间(在现场或其他地方),检查、检验、测量和试验所用材料和工艺,检查生产设备的制造和材料的生产加工的进度。承包商应为雇主人员进行上述活动提供一切机会,包括提供进入条件、设施、许可和安全装备。此类活动不应解除承包商的任何义务与职责。" 工程合同按"案例法"体例来编制,在国际上是一种传统。欧洲是大陆法体例的发源地,但几大国际通行的工程合同体系基本都以案例法体例编列。形成这种局面的主要原因是项目的单件性。标准合同要良好匹配项目单件性,必须具有良好的条款可调整性。在大陆法体例的"原则性定义"夹缝中寻找条款适应项目的调整,没几个专业造价师、专业会计师、专业律师,不可能做得好。案例法体例完成同样级别的调整,就要轻松得多了。 案例法体例的文章阅读方式,我们还是要适应一下的,主要是调整一下长期形成的思维习惯,不要将事项归纳定性后再来索引,而是直接按"事项"脉络来索引。调整合同也是同样的方法。案例法体例刚上手时会感觉有点别扭,但应用熟练后就会发现它的便利性。

2.2.2 操作实例

【实例2-2-1】某工程施工合同。

第一部分 协议书

略。

第二部分 通用条款

略。

第三部分 专用条款

一、词语定义及合同文件
2 合同文件及解释顺序
合同文件组成及解释顺序：①本合同协议书；②中标通知书；③投标书及其附件；④本合同专用条款；⑤本合同通用条款；⑥标准规范及其有关技术文件；⑦图纸；⑧施工组织；⑨工程报价单。
3 语言文字和适用法律、标准及规范
3.1 本合同除使用汉语外，还使用_____/_____语言文字。
3.2 适用法律和法规
需要明示的法律、行政法规：《中华人民共和国建筑法》、《中华人民共和国合同法》、《××省建筑市场管理条例》、《建设工程承发包价格管理办法》、《建筑安装工程承包合同条例》及现行有关国家和本省建筑法规、规章。
3.3 适用标准、规范
适用标准、规范的名称：执行建设部和本省颁布的所有现行规范和标准，若上述标准和规范做出修改时，则以修订后的新标准和规范为准，有出入的则以较严格的为准。
发包人提供标准、规范的时间：__无__
国内没有相应标准、规范时的约定：__无__
4 图纸
4.1 发包人向承包人提供图纸日期和套数：合同签订后3天内提供7套施工图
发包人对图纸的保密要求：不得向与施工无关的第三者提供
使用国外图纸的要求及费用承担：__无__
二、双方一般权利和义务
5 工程师
5.2 监理单位委派的工程师
姓名：×××职务：总监理工程师、监理工程师
发包人委托的职权：监理单位除按规定和本合同内容以及投标文件确认的材料产品项目，进行监理工程质量、施工进度和工程投资的控制管理外，还对承包人通过本施工合同及投标文件确认的技术、管理、主要人员、以及投入的主要设备情况和材料的数量与质量进行监理。承包人无论何种原因以书面形式提出调整主要工程技术人员、调换主要材料、

品种、规格、质量、重量或技术参数等，均须取得监理单位和发包人代表的书面许可。发包人在工程开工前将监理工程师的职责和权限以书面的形式通知承包人。

需要取得发包人批准才能行使的职权：对实施项目的质量、工期和费用的监督控制权，工程建设有关协作单位组织协调的主持权，审核承包商索赔的权利。

5.3 发包人派驻的工程师

姓名×××　　职务：×××

职权：现场协调

5.6 不实行监理的，工程师的职权：＿＿／＿＿

7 项目经理

姓名：×××　　职务：项目经理

8 发包人工作

8.1 发包人应按约定的时间和要求完成以下工作：

（1）施工场地具备施工条件的要求及完成的时间：合同签订后　3　天向承包人提供施工场地。

（2）将施工所需的水、电、电讯线路接至施工场地的时间、地点和供应要求：发包人在合同签订后5天内提供水、电线路供承包人使用，使用过程中的费用由承包人承担。

（3）施工场地与公共道路的通道开通时间和要求：＿＿＿＿＿＿＿＿＿＿＿＿＿＿＿＿＿＿＿＿＿＿＿＿＿＿＿＿

（4）工程地质和地下管线资料的提供时间：＿＿＿＿＿＿＿＿＿＿＿＿＿＿＿＿＿＿＿＿

（5）由发包人办理的施工所需证件、批件的名称和完成时间：按通用条款8.1（5）执行，根据工程进度提前办理。按规定需由发包人办理的证件在工程开工前由发包人负责办理。

（6）不准点与坐标控制点交验要求：按通用条款8.1（6）执行。

（7）图纸会审和设计交底时间：合同签订后14天内。

（8）协调处理施工场地周围地下管线和邻近建筑物、构筑物（含文物保护建筑）、古树名木的保护工作：按通用条款8.1（8）执行

（9）双方约定发包人应做的其他工作：＿＿无＿＿

8.2 发包人委托承包人办理的工作：＿＿无＿＿

9 承包人工作

9.1 承包人应按约定时间和要求，完成以下工作：

（1）需由设施资质等级和业务范围允许的承包人完成的设计文件提交时间：＿无＿

（2）应提供计划、报表的名称及完成时间：每月28日，提供下一个月进度计划及当月完成的工程量报表

（3）承担施工安全保卫工作及非夜间施工照明的责任和要求：按通用条款9.1（3）执行

（4）向发包人提供的办公和生活房屋及设施的要求：甲方自理

（5）需承包人办理的有关施工场地交通、环卫和施工噪声管理等手续：按通用条款9.1（5）执行

（6）已完工程成品保护的特殊要求及费用承担：已竣工工程未交付发包人之前，承包人要负责已完工程保护工作，保护期间发生损坏，承包人自费给予修复，发包人若要求承

包人采取特殊措施保护的工程部位和相应的费用，双方另行商定。

（7）施工场地周围地下管线和邻近建筑物、构筑物（含文物保护建筑）、古树名木的保护要求及费用承担：<u>承包方要做好施工场地周围地下管线和邻近建筑物、构筑物（含文物保护建筑）、古树名木的保护工作，若有损坏，一切费用由承包方承担。</u>

（8）施工场地清洁卫生的要求：<u>承包方要保证施工场地清洁，符合环境管理的有关规定，交工前要保证现场平整，不得余留杂物和材料，承担因自身原因违反有关规定造成的损失和罚款。</u>

（9）双方约定承包人应做的其他工作：<u>承包人应在施工场地维护好发包人的围墙，需增加防护围墙等由承包人自建，杜绝非施工人员进入工地，否则责任由承包人负责。</u>

三、施工组织设施和工期

10 进度计划

10.1 承包人提供施工组织设施（设施方案）和进度计划的时间：<u>开工前 3 天</u>

工程师确认的时间：<u>正式收到资料后 7 天内批复</u>

10.2 群体工程中有关进度计划的要求：<u>无</u>

13 工期延误

13.1 双方约定工期顺延的其他情况：<u>按通用条款第 13、12 条执行</u>

四、质量与验收

17 隐蔽工程和中间验收

17.1 双方约定中间验收部位：<u>地基与基础、钢筋工程、屋面、防水工程、水电管线预埋</u>

19 工程试车

19.5 试车费用的承担：<u>由发包方负责</u>

五、安全施工

<u>按通用条款执行</u>

六、合同价款与支付

23 合同价款及调整

23.1 本合同价款采用 <u>可调价格合同</u> 方式确定。

（1）采用固定价格合同，合同价款中包括的风险范围：<u>无</u>

风险费用的计算方法：<u>无</u>

风险范围以外合同价款调整方法：<u>无</u>

（2）采用可调价合同，合同价款调整方法：<u>①设计更改通知；②工程签证；③招投标未预算项目。</u>

（3）采用成本加酬金合同，有关成本和酬金的约定：<u>无</u>

23.3 双方约定合同价款的其他调整因素：<u>①招标文件中的暂定价格；②工程洽商签证；③地基基础、地质变化签证；④设计变更；⑤材料如有变更，以实际使用材料市场即时价格调整计算（双方确认）。</u>

24 工程预付款

发包人向承包人预付工程款的时间和金额或占合同价款总额的比例：<u>无</u>

扣回工程款的时间、比例：<u>无</u>

25 工程量确认

25.1 承包人向工程师提交已完工程量报告的时间：每月28日提交当月完成工程量报表

26 工程款（进度款）支付

双方约定的工程款（进度款）支付的方式和时间：工程进度款按月完成工程量70%拨付（经监理和甲方审核），发包方接到承包方工程量报表后，应于10天内给予审批并支付当月进度款，竣工验收后，交付使用10天内，发包方支付工程款的总额为总造价（含变更调整和中间签证增减等费用）的80%，余下20%（不计利息）待发包方省局组织决算审核后，经决算后扣除工程保修金（为工程总造价3%）后，余款一个月内付清。

七、材料设备供应

27 发包人供应材料设备

27.4 发包人供应的材料设备与一览表不符时，双方约定发包人承担责任如下：

（1）材料设备单价与一览表不符：___无___

（2）材料设备的品种、规格、型号、质量等级与一览表不符：___无___

（3）承包人可代为调剂串换的材料：___无___

（4）到货地点与一览表不符：___无___

（5）供应数量与一览表不符：___无___

（6）到货时间与一览表不符：___无___

27.6 发包人供应材料设备的结算方法：___无___

28 承包人采购材料设备

28.1 承包人采购材料设备的约定：按通用条款28条执行，三材确定：① 水泥：炼石牌；② 钢材：三钢；③ 铝合金门窗：闽发牌铝材（90系列1.2mm厚）。

八、工程变更

涉及工程变更应在有关单位认可及甲方代表签证后，作为竣工决算的依据。

九、竣工验收与结算

持有效签证办理工程量增减，其单价及各种费用的计取按招标文件执行。

32 竣工验收

32.1 承包人提供竣工图的约定：竣工验收后15天内提供壹式贰份。

32.6 中间交工工程的范围和竣工时间：根据发包方安装设备需要，双方协商配合。

十、违约、索赔和争议

35 违约

35.1 本合同中关于发包人违约的具体责任如下：

本合同通用条款第24条约定发包人违约应承担的违约责任：___无___

本合同通用条款第26.4款约定发包人违约应承担的违约责任：工期顺延

本合同通用条款第33.3款约定发包人违约应承担的违约责任：不执行此条款，无违约责任。执行专用条款第26条。

双方约定的发包人其他违约责任：___无___

35.2 本合同中关于承包人违约的具体责任如下：

本合同通用条款第14.2款约定承包人违约应承担的违约责任：因承包人原因不能按

照协议书约定的竣工日期或工程师同意顺延的工期竣工的，每拖延一天罚工程款贰仟元。

本合同通用条款第15.1款约定承包人违约应承担的违约责任：<u>经验收工程因承包方原因造成不合格，承包方应负责修至合格，造成的经济损失由承包方负责。工程质量达不到××市优，发包方扣罚承包方总造价3%的工程款。达到××市优等级奖励3%。（若××市建设部门没成立评优机构，无法评定，不奖不罚。）</u>

双方约定的承包人其他违约责任：<u>　无　</u>

37 争议

37.1 双方约定，在履行合同过程中产生争议时：

（1）请 <u>建设主管部门</u> 调解；

（2）采取第 <u>二</u> 种方式解决，并约定向××市工商经济仲裁委员会提请仲裁或 <u>向所在管辖</u> 人民法院提起诉讼。

十一、其他

38 工程分包

38.1 本工程发包人同意承包人分包的工程：<u>招标范围内的特殊专业（承包方的资质范围之外）</u>

分包施工单位为：<u>由发包承包方双方协商</u>

39 不可抗力

39.1 双方关于不可抗力的约定：<u>10级以上台风，烈度7度以上地震，以及造成无法施工的暴风雨、水灾</u>

40 保险

40.6 本工程双方约定投保内容如下：

（1）发包人投保内容：<u>　无　</u>

发包人委托承包人办理的保险事项：<u>　无　</u>

（2）承包人投保内容：<u>施工安全人身保险</u>

41 担保

41.3 本工程双方约定担保事项如下：

（1）发包人向承包人提供履约担保，担保方式为：<u>　无　</u> 担保合同用为本合同附件。

（2）承包人向发包人提供履约担保，担保方式为：<u>　无　</u> 担保合同用为本合同附件。

（3）双方约定的其他担保事项：<u>　无　</u>

46 合同份数

46.1 双方约定合同副本份数：<u>合同正本贰份，双方各执壹份，副本捌份，双方各执肆份。</u>

47 补充条款

（1）劳动保险费的取费率按承包方核定费率的50%计取。

（2）承包方交纳给发包方施工合同履约保证金×××万元保证金，地下室完工后退还×××万元，地上7层浇板后退还××万元，整幢楼封顶后退还××万元，工程验收竣工交付使用7天内退还全部余额的保证金。

十二、合同附件

略。

2.2.3 老造价工程师的话

老造价工程师的话 10　　施工合同谈判指南

在进行施工合同谈判时,参与人必须先明确以下事项:
(1) 目标以及实现这些目标的步骤

哪些目标是在任何情况下都不能让步的;哪些目标可以让步以及让步的程度;哪些目标可能需要让步或完全放弃(不切实际的希望)。

(2) 预测自己对手的立场

是否存在将来标价的变化的竞争(是否有可能将此工程授予另一个承包商)?对此工程的需要程度如何?针对某个商定的价格是否存在时间上的压力?是否存在可能影响达成协议的任何规章、法律、政治和公众压力等方面的因素?

(3) 策略应灵活机动(制定替代策略以防出现原定策略不得不放弃的局面)

适当的准备同时意味着收集可能用于谈判中支持承包商观点所需的所有数据及文件。这些数据的大部分已被包括在索赔文件中,但可能有些辅助的附加证明材料(例如对比图)应被带到会议上来。

老造价工程师的话 11　　施工合同学习要点

建设单位、施工单位、咨询单位的造价人员都要重视施工合同的重要性,造价咨询单位虽不是建设工程施工合同的一方,但在编制预结算时都要以施工合同为依据,因此施工合同是参与工程建设的各方均需要重点掌握的。

(1) 对施工合同的学习,要注意掌握合同文件中关于工程量清单表的规定。

工程量清单表是施工合同的总纲,是招投标的基础,也是工程结算的重要依据。

如某招标文件规定:"本工程量表所列的工程量是按照设计图纸和工程量计算规则计算列出,作为投标报价的共同基础;本合同项下的全部费用都应包含在具有标价的各项目价格单项中,没有列出项目的费用应视为已分配到有关项目的价格中。除非招标文件中另有规定,承包商所报的价格应包括完成所需进行的一切工作内容的费用。如果报价表未列出,建设单位将认为承包商不收取这方面的费用,或在其他款项下已经综合进行计算,勿需附任何说明。"

(2) 重视合同的条款措辞。

施工合同一旦签订,就具有法律效力。因此,在施工合同的条款措辞上应仔细斟酌,反复推敲,防止出现歧义,从而导致日后竣工结算出现争议。

如某工程施工合同在工程价款结算一栏中写明工程价款采用固定价方式,装饰材料调差除外,变更签证增减按照投标所报的下浮率同比例调整。在竣工结算时,建设单位与承包商对"除外"这一表述各执一词:建设单位认为,"除外"是指装饰材料调差不在固定价格结算范围内,应当按实计算,同比下浮。承包商则认为,"除外"是指装饰材料调差不在下浮之列,引起了争议。

2.3 建设工程造价咨询合同的操作

【能力等级】☆☆
【适用单位】中介单位、建设单位

2.3.1 工作表格、数据、资料

目前工程造价咨询领域使用的合同文本为《建设工程造价咨询合同》（GJ—2002—0212），《建设工程造价咨询合同》包括《建设工程造价咨询合同标准条件》和《建设工程造价咨询合同专用条件》（以下简称《标准条件》、《专用条件》）。以下以表格的形式对该文本的条款与使用操作要点进行说明。

造价咨询合同操作要点　　　　　　　　　　表 2-3-1

序号	合同组成部分	合同文本内容	操作要点
1	封面	《建设工程造价咨询合同》示范文本 （GJ—2002—0212） 中华人民共和国建设部 国家工商行政管理总局 制定	凡在我国境内开展建设工程造价咨询业务，签订建设工程造价咨询合同时，应参照本示范文本订立合同。
2	第一部分　建设工程造价咨询合同	＿＿＿＿＿（以下简称委托人）与＿＿＿＿＿（以下简称咨询人）经过双方协商一致，签订本合同。 一、委托人委托咨询人为以下项目提供建设工程造价咨询服务： 1. 项目名称： 2. 服务类别： 二、本合同的措辞和用语与所属建设工程造价咨询合同条件及有关附件同义。 三、下列文件均为本合同的组成部分： 1. 建设工程造价咨询合同标准条件； 2. 建设工程造价咨询合同专用条件； 3. 建设工程造价咨询合同执行中共同签署的补充与修正文件。 四、咨询人同意按照本合同的规定，承担本合同专用条件中议定范围内的建设工程造价咨询业务。 五、委托人同意按照本合同规定的期限、方式、币种、额度向咨询人支付酬金。 六、本合同的建设工程造价咨询业务自　年　月　日开始实施，至　年　月　日终结。 七、本合同一式四份，具有同等法律效力，双方各执两份。 委　托　人：（盖章）　　　咨　询　人：（盖章） 法定代表人：（签字）　　　法定代表人：（签字） 委托代理人：（签字）　　　委托代理人：（签字） 住　　　所：　　　　　　　住　　　所： 开户银行：　　　　　　　　开户银行： 账　　　号：　　　　　　　账　　　号：	签订建设工程造价咨询合同的委托人应当是法人或自然人，咨询人必须具有法人资格，并应持有建设行政主管部门颁发的工程造价咨询资质证书和工商行政管理部门核发的企业法人营业执照。

续表

序号	合同组成部分	合同文本内容	操作要点
2		邮政编码：　　　　　邮政编码： 电　话：　　　　　　电　话： 传　真：　　　　　　传　真： 电子信箱：　　　　　电子信箱： 　　年　月　日　　　　　年　月　日	
3	第二部分　建设工程造价咨询合同标准条件	词语定义、适用语言和法律、法规 第一条　下列名词和用语，除上下文另有规定外具有如下含义。 1．"委托人"是指委托建设工程造价咨询业务和聘用工程造价咨询单位的一方，以及其合法继承人。 2．"咨询人"是指承担建设工程造价咨询业务和工程造价咨询责任的一方，以及其合法继承人。 3．"第三人"是指除委托人、咨询人以外与本咨询业务有关的当事人。 4．"日"是任何一天零时至第二天零时的时间段。 第二条　建设工程造价咨询合同适用的是中国的法律、法规，以及专用条件中议定的部门规章、工程造价有关计价办法和规定或项目所在地的地方法规、地方规章。 第三条　建设工程造价咨询合同的书写、解释和说明，以汉语为主导语言。当不同语言文本发生不同解释时，以汉语合同文本为准。 　　　　　　咨询人的义务 第四条　向委托人提供与工程造价咨询业务有关的资料，包括工程造价咨询的资质证书及承担本合同业务的专业人员名单、咨询工作计划等，并按合同专用条件中约定的范围实施咨询业务。 第五条　咨询人在履行本合同期间，向委托人提供的服务包括正常服务、附加服务和额外服务。 1．"正常服务"是指双方在专用条件中约定的工程造价咨询工作； 2．"附加服务"是指在"正常服务"以外，经双方书面协议确定的附加服务； 3．"额外服务"是指不属于"正常服务"和"附加服务"，但根据合同标准条件第十三条、第二十条和第二十二条的规定，咨询人应增加的额外工作量。 第六条　在履行合同期间或合同规定期限内，不得泄露与本合同规定业务活动有关的保密资料。 　　　　　　委托人的义务 第七条　委托人应负责与本建设工程造价咨询业务有关的第三人的协调，为咨询人工作提供外部条件。 第八条　委托人应当在约定的时间内，免费向咨询人提供与本项目咨询业务有关的资料。 第九条　委托人应当在约定的时间内就咨询人书面提交并要求做出答复的事宜做出书面答复。咨询人要求第三人提供有关资料时，委托人应负责转达及资料转送。 第十条　委托人应当授权胜任本咨询业务的代表，负责与咨询人联系。	①《标准条件》适用于各类建设工程项目造价咨询委托，委托人和咨询人都应当遵守。 ②"合同标准条件"应全文引用，一般不得删改。"合同专用条件"应按其条款编号和内容，根据咨询项目的实际情况进行修改和补充，但不得违反公正、公平原则。 ③第24条约定了3种酬金的支付方法，只要双方协商一致，符合合同法的要求，均可以填写，例如一次性支付，分阶段分比例支付等等。总之，关键是要符合合同法的要求。

续表

序号	合同组成部分	合同文本内容	操作要点
3		咨询人的权利 第十一条　委托人在委托的建设工程造价咨询业务范围内，授予咨询人以下权利： 1. 咨询人在咨询过程中，如委托人提供的资料不明确时可向委托人提出书面报告。 2. 咨询人在咨询过程中，有权对第三人提出与本咨询业务有关的问题进行核对或查问。 3. 咨询人在咨询过程中，有到工程现场勘察的权利。 委托人的权利 第十二条　委托人有下列权利： 1. 委托人有权向咨询人询问工作进展情况及相关的内容。 2. 委托人有权阐述对具体问题的意见和建议。 3. 当委托人认定咨询专业人员不按咨询合同履行其职责，或与第三人串通给委托人造成经济损失的，委托人有权要求更换咨询专业人员，直至终止合同并要求咨询人承担相应的赔偿责任。 咨询人的责任 第十三条　咨询人的责任期即建设工程造价咨询合同有效期。如因非咨询人的责任造成进度的推迟或延误而超过约定的日期，双方应进一步约定相应延长合同有效期。 第十四条　咨询人责任期内，应当履行建设工程造价咨询合同中约定的义务。因咨询人的单方过失造成的经济损失，应当向委托人进行赔偿。累计赔偿总额不应超过建设工程造价咨询酬金总额（除去税金）。 第十五条　咨询人对委托人或第三人所提出的问题不能及时核对或答复，导致合同不能全部或部分履行，咨询人应承担责任。 第十六条　咨询人向委托人提出赔偿要求不能成立时，则应补偿由于该赔偿或其他要求所导致委托人的各种费用的支出。 委托人的责任 第十七条　委托人应当履行建设工程造价咨询合同约定的义务，如有违反则应当承担违约责任，赔偿给咨询人造成的损失。 第十八条　委托人如果向咨询人提出赔偿或其他要求不能成立时，则应补偿由于该赔偿或其他要求所导致咨询人的各种费用的支出。 合同生效，变更与终止 第十九条　本合同自双方签字盖章之日起生效。 第二十条　由于委托人或第三人的原因使咨询人工作受到阻碍或延误以致增加了工作量或持续时间，则咨询人应当将此情况与可能产生的影响及时书面通知委托人。由此增加的工作量视为额外服务，完成建设工程造价咨询工作的时间应当相应延长，并得到额外的酬金。 第二十一条　当事人一方要求变更或解除合同时，则应当在14日前通知对方；因变更或解除合同使一方遭受损失的，应由责任方负责赔偿。	

续表

序号	合同组成部分	合同文本内容	操作要点
3		第二十二条　咨询人由于非自身原因暂停或终止执行建设工程造价咨询业务，由此而增加的恢复执行建设工程造价咨询业务的工作，应视为额外服务，有权得到额外的时间和酬金。 第二十三条　变更或解除合同的通知或协议应当采取书面形式，新的协议未达成之前，原合同仍然有效。 咨询业务的酬金 第二十四条　正常的建设工程造价咨询业务，附加工作和额外工作的酬金，按照建设工程造价咨询合同专用条件约定的方法计取，并按约定的时间和数额支付。 第二十五条　如果委托人在规定的支付期限内未支付建设工程造价咨询酬金，自规定支付之日起，应当向咨询人补偿应支付的酬金利息。利息额按规定支付期限最后一日银行活期贷款乘以拖欠酬金时间计算。 第二十六条　如果委托人对咨询人提交的支付通知书中酬金或部分酬金项目提出异议，应当在收到支付通知书两日内向咨询人发出异议的通知，但委托人不得拖延其无异议酬金项目的支付。 第二十七条　支付建设工程造价咨询酬金所采取的货币币种、汇率由合同专用条件约定。 其他 第二十八条　因建设工程造价咨询业务的需要，咨询人在合同约定外的外出考察，经委托人同意，其所需费用由委托人负责。 第二十九条　咨询人如需外聘专家协助，在委托的建设工程造价咨询业务范围内其费用由咨询人承担；在委托的建设工程造价咨询业务范围以外经委托人认可其费用由委托人承担。 第三十条　未经对方的书面同意，各方均不得转让合同约定的权利和义务。 第三十一条　除委托人书面同意外，咨询人及咨询专业人员不应接受建设工程造价咨询合同约定以外的与工程造价咨询项目有关的任何报酬。 咨询人不得参与可能与合同规定的与委托人利益相冲突的任何活动。 合同争议的解决 第三十二条　因违约或终止合同而引起的损失和损害的赔偿，委托人与咨询人之间应当协商解决；如未能达成一致，可提交有关主管部门调解；协商或调解不成的，根据双方约定提交仲裁机关仲裁，或向人民法院提起诉讼。	

续表

序号	合同组成部分	合同文本内容	操作要点
4	第三部分 建设工程造价咨询合同专用条件	第二条 本合同适用的法律、法规及工程造价计价办法和规定： 第四条 建设工程造价咨询业务范围： "建设工程造价咨询业务"是指以下服务类别的咨询业务： （A类）建设项目可行性研究投资估算的编制、审核及项目经济评价； （B类）建设工程概算、预算、结算、竣工结（决）算的编制、审核； （C类）建设工程招标标底、投标报价的编制、审核； （D类）工程洽商、变更及合同争议的鉴定与索赔； （E类）编制工程造价计价依据及对工程造价进行监控和提供有关工程造价信息资料等。 第八条 双方约定的委托人应提供的建设工程造价咨询材料及提供时间： 第九条 委托人应在　　日内对咨询人书面提交并要求做出答复的事宜做出书面答复。 第十四条 咨询人在其责任期内如果失职，同意按以下办法承担因单方责任而造成的经济损失。 赔偿金＝直接经济损失 酬金比率（扣除税金） 第二十四条 委托人同意按以下的计算方法、支付时间与金额，支付咨询人的正常服务酬金： 委托人同意按以下计算方法、支付时间与金额，支付附加服务酬金： 委托人同意按以下计算方法、支付时间与金额，支付额外服务酬金： 第二十七条 双方同意用　　　　支付酬金，按　　　　汇率计付。 第三十二条 建设工程造价咨询合同在履行过程中发生争议，委托人与咨询人应及时协商解决；如未能达成一致，可提交有关主管部门调解；协商或调解不成的，按下列第＿种方式解决： （一）提交　　　　仲裁委员会仲裁； （二）依法向人民法院起诉。	①《专用条件》是根据建设工程项目特点和条件，由委托人和咨询人协商一致后进行填写。双方如果认为需要，还可在其中增加约定的补充条款和修正条款。 ②《专用条件》应当对应《标准条件》的顺序进行填写。例如：第二条要根据建设工程的具体情况，如工程类别、建设地点等填写所适用的部门或地方法律法规及工程造价有关办法和规定。 ③第四条在协商和写明"建设工程造价咨询业务范围"时首先应明确项目范围如工程项目、单项工程或单位工程以及所承担咨询业务与工程总承包合同或分包合同所涵盖工程范围相一致。其次应明确项目建设不同阶段如可行性研究、设计、招投标阶段或全过程工程造价咨询中投资估算、概算或预算的内容等。 ④在填写建设工程造价咨询酬金标准时应根据委托人委托的建设工程项目内容繁简程度、工作量大小，双方约定，一般应当在签订合同时预付30%预付款＿＿＿元，当工作量完成70%时，预付70%的工程款＿＿＿元，剩余部分待咨询结果定案时一次付清。如果由于委托人及第三人的阻碍或延误而使咨询人发生额外服务也应当支付酬金，并应约定好酬金的计算方法及支付时间，在写明其支付时间时应写明其后的多少天内支付。

续表

序号	合同组成部分	合同文本内容	操作要点
4			⑤如果经双方协商同意,可以设立奖罚条款,但必须是对等的。
5	附加协议条款		专用条件中的附加协议条款是合同双方用来填写合同条款中未涵盖的内容,只要双方协商一致,符合合同法要求,均可以填写在此,具体填什么,需要双方协商确定,没有的话可以不填。

2.3.2 操作实例

【实例2-3-1】某工程造价咨询合同实例。

<h2 style="text-align:center">第一部分 建设工程造价咨询合同</h2>

××房地产公司(以下简称委托人)与××造价咨询有限责任公司(以下简称咨询人)经过双方协商一致,签订本合同。

一、委托人委托咨询人为以下项目提供建设工程造价咨询服务:

1. 项目名称:×××

2. 服务类别:工程结算编制、工程结算审核。

二、本合同的措辞和用语与所属建设工程造价咨询合同条件及有关附件同义。

三、下列文件均为本合同的组成部分:

1. 建设工程造价咨询合同标准条件;

2. 建设工程造价咨询合同专用条件;

3. 建设工程造价咨询合同执行中共同签署的补充与修正文件。

四、咨询人同意按照本合同的规定,承担本合同专用条件中议定范围内的建设工程造价咨询业务。

五、委托人同意按照本合同规定的期限、方式、币种、额度向咨询人支付酬金。

六、本合同的建设工程造价咨询业务自××××年××月××日开始实施,至××××年××月××日终结。

七、本合同一式四份,具有同等法律效力,双方各执两份。

委 托 人:(盖章)　　　　　咨 询 人:(盖章)
法定代表人:(签字)　　　　法定代表人:(签字)
委托代理人:(签字)　　　　委托代理人:(签字)
住　　 所:　　　　　　　　住　　 所:
开户银行:　　　　　　　　开户银行:
账　　 号:　　　　　　　　账　　 号:
邮政编码:　　　　　　　　邮政编码:
电　　 话:　　　　　　　　电　　 话:
传　　 真:　　　　　　　　传　　 真:

电子信箱：　　　　　　　　电子信箱：
　　年　　月　　日　　　　　　年　　月　　日

第二部分　建设工程造价咨询合同标准条件

略。

第三部分　建设工程造价咨询合同专用条件

第二条　本合同适用的法律、法规及工程造价计价办法和规定：《中华人民共和国建筑法》、《中华人民共和国合同法》、××省建设工程计价规则（2003版）、××省建设工程预算定额（2003版）、与施工单位签订的造价议标文件、施工图及经业主签证的设计技术变更联系单、业主代表关于施工现场若干问题的书面答复材料。

第四条　建设工程造价咨询业务范围：B类
"建设工程造价咨询业务"是指以下服务类别的咨询业务：
（A类）建设项目可行性研究投资估算的编制、审核及项目经济评价；
（B类）建设工程概算、预算、结算、竣工结（决）算的编制、审核；
（C类）建设工程招标标底、投标报价的编制、审核；
（D类）工程洽商、变更及合同争议的鉴定与索赔；
（E类）编制工程造价计价依据及对工程造价进行监控和提供有关工程造价信息资料等。

第八条　双方约定的委托人应提供的建设工程造价咨询材料及提供时间：审价报告，××××年××月××日前。

第九条　委托人应在 7 日内对咨询人书面提交并要求做出答复的事宜做出书面答复。

第十四条　咨询人在其责任期内如果失职，同意按以下办法承担因单方责任而造成的经济损失。
赔偿金＝直接经济损失×酬金比率（扣除税金）；累计赔偿总额不应超过建设工程造价咨询酬金总额。

第二十四条　委托人同意按以下的计算方法、支付时间与金额，支付咨询人的正常服务酬金：
委托人同意按以下计算方法、支付时间与金额，支付附加服务酬金：按×价服[2001]262号文中规定（本工程结算编制为工程造价的0.7‰、工程结算审核为送审工程造价的1.6‰）计取酬金。暂定工程造价4000万元，计玖万贰仟元整（总额以最终结算为准）。
合同签订7天后预付55%，工程结算报告（或审价报告）提交委托人后付15%，报告经三方签字认可后结清酬金及核减（增）的追加费用。
委托人同意按以下计算方法、支付时间与金额，支付额外服务酬金：核减追加费率按核减超过送审造价5%的幅度以外的核减额为基数收费，费用由业主从工程价款中扣除，核增部分由施工单位支付审查费用。

第二十七条　双方同意用人民币支付酬金，按　/　汇率计付。

第三十二条　建设工程造价咨询合同在履行过程中发生争议，委托人与咨询人应及时协商解决；如未能达成一致，可提交有关主管部门调解；协商或调解不成的，按下列第1种方式解决：
（一）提交××市仲裁委员会仲裁；
（二）依法向人民法院起诉。
附加协议条款：　/　。

2.3.3 老造价工程师的话

老造价工程师的话 12	建设单位对咨询合同的控制

> 建设单位对咨询合同的控制，关键在于签订咨询款的支付方式。可在合同签订后支付一定的预付款；然后按照单体楼施工形象进度造价的一定比例支付造价咨询单位。如签订合同后先支付一定比例的预付款（比如暂定造价咨询费的 10%~20%），然后按照工程形象进度造价的一定比例（本阶段支付形象进度造价的 40% 左右）支付给造价咨询单位即可。按进度支付咨询款对双方都有益。

2.4 建设工程勘察合同的操作

【能力等级】☆
【适用单位】勘察单位、建设单位
建设工程勘察合同的种类较多，包括岩土工程勘察、水文地质勘察（含凿井）工程测量、工程物探、岩土工程设计、治理、监测等。

2.4.1 工作表格、数据、资料

（1）现行的相关合同文本
【依据 2-4-1】建设工程勘察合同（一）（示范文本）（GF-2000-0203）。

建设工程勘察合同（一）（示范文本）

GF-2000-0203

[岩土工程勘察、水文地质勘察（含凿井）工程测量、工程物探]

工程名称：_____

工程地点：_____

合同编号：_____

（由勘察人编填）

勘察证书等级：_____

发包人：_____

勘察人：_____

签订日期：_____

中华人民共和国建设部、国家工商行政管理局　　监制

发包人_____

勘察人_____

发包人委托勘察人承担_____任务。

根据《中华人民共和国合同法》及国家有关法规规定，结合本工程的具体情况，为明确责任，协作配合，确保工程勘察质量，经发包人、勘察人协商一致，签订本合同，共同遵守。

第一条：工程概况
1.1 工程名称：＿＿＿＿＿＿＿＿＿＿＿＿＿＿＿＿＿＿＿＿＿＿＿＿＿＿
1.2 工程建设地点：＿＿＿＿＿＿＿＿＿＿＿＿＿＿＿＿＿＿＿＿＿＿＿
1.3 工程规模、特征：＿＿＿＿＿＿＿＿＿＿＿＿＿＿＿＿＿＿＿＿＿
1.4 工程勘察任务委托文号、日期：＿＿＿＿＿＿＿＿＿＿＿＿＿＿＿
1.5 工程勘察任务（内容）与技术要求：＿＿＿＿＿＿＿＿＿＿＿＿＿
1.6 承接方式：＿＿＿＿＿＿＿＿＿＿＿＿＿＿＿＿＿＿＿＿＿＿＿＿
1.7 预计勘察工作量：＿＿＿＿＿＿＿＿＿＿＿＿＿＿＿＿＿＿＿＿＿

第二条：发包人应及时向勘察人提供下列文件资料，并对其准确性、可靠性负责。
2.1 提供本工程批准文件（复印件），以及用地（附红线范围）、施工、勘察许可等批件（复印件）。
2.2 提供工程勘察任务委托书、技术要求和工作范围的地形图、建筑总平面布置图。
2.3 提供勘察工作范围已有的技术资料及工程所需的坐标与标高资料。
2.4 提供勘察工作范围地下已有埋藏物的资料（如电力、通信电缆、各种管道、人防设施、洞室等）及具体位置分布图。
2.5 发包人不能提供上述资料，由勘察人收集的，发包人需向勘察人支付相应费用。

第三条：勘察人向发包人提交勘察成果资料并对其质量负责。
勘察人负责向发包人提交勘察成果资料四份，发包人要求增加的份数另行收费。

第四条：开工及提交勘察成果资料的时间和收费标准及付费方式
4.1 开工及提交勘察成果资料的时间
4.1.1 本工程的勘察工作定于＿＿＿年＿＿＿月＿＿＿日开工，＿＿＿年＿＿＿月＿＿＿日提交勘察成果资料，由于发包人或勘察人的原因未能按期开工或提交成果资料时，按本合同第六条规定办理。
4.1.2 勘察工作有效期限以发包人下达的开工通知书或合同规定的时间为准，如遇特殊情况（设计变更，工作量变化，不可抗力影响以及非勘察人原因造成的停、窝工等）时，工期顺延。
4.2 收费标准及付费方式
4.2.1 本工程勘察按国家规定的现行收费标准＿＿＿＿＿＿计取费用；或以"预算包干"、"中标价加签证"、"实际完成工作量结算"等方式计取收费。国家规定的收费标准中没有规定的收费项目，由发包人、勘察人另行议定。
4.2.2 本工程勘察费预算为＿＿＿＿＿＿元（大写＿＿＿＿＿＿），合同生效后3天内，发包人应向勘察人支付预算勘察费的20%作为定金，计＿＿＿＿＿＿元（本合同履行后，定金抵作勘察费）；勘察规模大、工期长的大型勘察工程，发包人还应按实际完成工程进度＿＿＿＿＿＿%时，向勘察人支付预算勘察费的＿＿＿＿＿＿%的工程进度款，计＿＿＿＿＿＿元；勘察工作外业结束后＿＿＿＿＿＿天内，发包人向勘察人支付预算勘察费的＿＿＿＿＿＿%，计＿＿＿＿＿＿元；提交勘察成果资料后10天内，发包人应一次付清全部工程费用。

第五条：发包人、勘察人责任
5.1 发包人责任
5.1.1 发包人委托任务时，必须以书面形式向勘察人明确勘察任务及技术要求，并按

第二条规定提供文件资料。

5.1.2 在勘察工作范围内，没有资料、图纸的地区（段），发包人应负责查清地下埋藏物，若因未提供上述资料、图纸，或提供的资料图纸不可靠、地下埋藏物不清，致使勘察人在勘察工作过程中发生人身伤害或造成经济损失时，由发包人承担民事责任。

5.1.3 发包人应及时为勘察人提供并解决勘察现场的工作条件和出现的问题（如：落实土地征用、青苗树木赔偿、拆除地上地下障碍物、处理施工扰民及影响施工正常进行的有关问题、平整施工现场、修好通行道路、接通电源水源、挖好排水沟渠以及水上作业用船等），并承担其费用。

5.1.4 若勘察现场需要看守，特别是在有毒、有害等危险现场作业时，发包人应派人负责安全保卫工作，按国家有关规定，对从事危险作业的现场人员进行保健防护，并承担费用。

5.1.5 工程勘察前，若发包人负责提供材料的，应根据勘察人提出的工程用料计划，按时提供各种材料及其产品合格证明，并承担费用和运到现场，派人与勘察人的人员一起验收。

5.1.6 勘察过程中的任何变更，经办理正式变更手续后，发包人应按实际发生的工作量支付勘察费。

5.1.7 为勘察人的工作人员提供必要的生产、生活条件，并承担费用；如不能提供时，应一次性付给勘察人临时设施费_____元。

5.1.8 由于发包人原因造成勘察人停、窝工，除工期顺延外。发包人应支付停、窝工费（计算方法见6.1）；发包人若要求在合同规定时间内提前完工（或提交勘察成果资料）时，发包人应按每提前一天向勘察人支付_____元计算加班费。

5.1.9 发包人应保护勘察人的投标书、勘察方案、报告书、文件、资料图纸、数据、特殊工艺（方法）、专利技术和合理化建议，未经勘察人同意，发包人不得复制、不得泄露、不得擅自修改、传送或向第三人转让或用于本合同外的项目；如发生上述情况，发包人应负法律责任，勘察人有权索赔。

5.1.10 本合同有关条款规定和补充协议中发包人应负的其他责任。

5.2 勘察人责任

5.2.1 勘察人应按国家技术规范、标准、规程和发包人的任务委托书及技术要求进行工程勘察，按本合同规定的时间提交质量合格的勘察成果资料，并对其负责。

5.2.2 由于勘察人提供的勘察成果资料质量不合格，勘察人应负责无偿给予补充完善使其达到质量合格；若勘察人无力补充完善，需另委托其他单位时，勘察人应承担全部勘察费用；或因勘察质量造成重大经济损失或工程事故时，勘察人除应负法律责任和免收直接受损失部分的勘察费外，并根据损失程度向发包人支付赔偿金，赔偿金由发包人、勘察人商定为实际损失的_____%。

5.2.3 在工程勘察前，提出勘察纲要或勘察组织设计，派人与发包人的人员一起验收发包人提供的材料。

5.2.4 勘察过程中，根据工程的岩土工程条件（或工作现场地形地貌、地质和水文地质条件）及技术规范要求，向发包人提出增减工作量或修改勘察工作的意见，并办理正式变更手续。

5.2.5 在现场工作的勘察人的人员，应遵守发包人的安全保卫及其他有关的规章制度，承担其有关资料保密义务。

5.2.6 本合同有关条款规定和补充协议中勘察人应负的其他责任。

第六条：违约责任

6.1 由于发包人未给勘察人提供必要的工作生活条件而造成停、窝工或来回进出场地，发包人除应付给勘察人停、窝工费（金额按预算的平均工日产值计算），工期按实际工日顺延外，还应付给勘察人来回进出场费和调遣费。

6.2 由于勘察人原因造成勘察成果资料质量不合格，不能满足技术要求时，其返工勘察费用由勘察人承担。

6.3 合同履行期间，由于工程停建而终止合同或发包人要求解除合同时，勘察人未进行勘察工作的，不退还发包人已付定金；已进行勘察工作的；完成的工作量在50%以内时，发包人应向勘察人支付预算额50%的勘察费，计_____元；完成的工作量超过50%时，则应向勘察人支付预算额100%的勘察费。

6.4 发包人未按合同规定时间（日期）拨付勘察费，每超过一日，应偿付未支付勘察费的千分之一逾期违约金。

6.5 由于勘察人原因未按合同规定时间（日期）提交勘察成果资料，每超过一日，应减收勘察费千分之一。

6.6 本合同签订后，发包人不履行合同时，无权要求退还定金；勘察人不履行合同时，双倍返还定金。

第七条：本合同未尽事宜，经发包人与勘察人协商一致，签订补充协议，补充协议与本合同具有同等效力。

第八条：其他约定事项：_____

第九条：本合同发生争议，发包人、勘察人应及时协商解决，也可由当地建设行政主管部门调解，协商或调解不成时，发包人、勘察人同意由_____仲裁委员会仲裁。发包人、勘察人未在本合同中约定仲裁机构，事后又未达成书面仲裁协议的，可向人民法院起诉。

第十条：本合同自发包人、勘察人签字盖章后生效；按规定到省级建设行政主管部门规定的审查部门备案；发包人、勘察人认为必要时，到项目所在地工商行政管理部门申请鉴证。发包人、勘察人履行完合同规定的义务后，本合同终止。

本合同一式_____份，发包人_____份、勘察人_____份。

发包人名称：	勘察人名称：
（盖章）	（盖章）
法定代表人：（签字）	法定代表人：（签字）
委托代理人：（签字）	委托代理人：（签字）
住　　所：	住　　所：
邮政编码：	邮政编码：
电　　话：	电　　话：
传　　真：	传　　真：
开户银行：	开户银行：
银行账号：	银行账号：
建设行政主管部门备案：	鉴证意见：
（盖章）	（盖章）

备案号：_____　　　　　经办人：_____

备案日期：___年___月___日　　　鉴证日期：___年___月___日

【依据2-4-2】建设工程勘察合同（二）（示范文本）（GF-2000-0204）。

建设工程勘察合同（二）（示范文本）

GF-2000-0204

［岩土工程设计、治理、监测］

发包人：_____

承包人：_____

发包人委托承包人承担_____工程项目的岩土工程任务，根据《中华人民共和国合同法》及国家有关法规，经发包人、承包人协商一致签订本合同。

第一条：工程概况

1.1 工程名称：_____

1.2 工程地点：_____

1.3 工程立项批准文件号、日期：_____

1.4 岩土工程任务委托文号、日期：_____

1.5 工程规模、特征：_____

_____

1.6 岩土工程任务（内容）与技术要求：_____

_____

1.7 承接方式：_____

1.8 预订的岩土工程工作量：_____

_____

第二条：发包人向承包人提供的有关资料文件

序号	资料文件名称	份数	内容要求	提交时间

第三条：承包人应向发包人交付的报告、成果、文件

序号	资料文件名称	份数	内容要求	提交时间

第四条：工期

本岩土工程自_____年_____月_____日开工至_____年_____月_____日完工，工期为_____天。由于发包人或承包人的原因，未能按期开工、完工或交付成果资料时，按本合同第八条规定执行。

第五条：收费标准及支付方式

5.1 本岩土工程收费按国家规定的现行收费标准_____计取；或以"预算包干"、"中标价加签证"、"实际完成工作量结算"等方式计取收费。国家规定的收费标准中没有规定的收费项目，由发包人、承包人另行议定。

5.2 本岩土工程费总额为_____元（大写_____），合同生效后3天内，发包人应向承包人支付预算工程费总额的20%，计_____元作为定金（本合同履行后，定金抵作工程费）。

5.3 本合同生效后，发包人按下表约定分_____次向承包人预付（或支付）工程费，发包人不按时向承包人拨付工程费，从应拨付之日起承担应拨付工程费的滞纳金。

拨付工程费时间（工程进度）	占合同总额百分比	金额人民币（元）

第六条：变更及工程费的调整

6.1 本岩土工程进行中，发包人对工程内容与技术要求提出变更，发包人应在变更前_____天向承包人发出书面变更通知，否则承包人有权拒绝变更；承包人接通知后于_____天内，提出变更方案的文件资料，发包人收到该文件资料之日起_____天内予以确认，如不确认或不提出修改意见的，变更文件资料自送达之日起第_____天自行生效，由此延误的工期顺延外，因变更导致承包人经济支出和损失，由发包人承担。

6.2 变更后，工程费按如下方法（或标准）进行调整：_____

第七条：发包人、承包人责任

7.1 发包人责任

7.1.1 发包人按本合同第二条规定的内容，在规定的时间内向承包人提供资料文件，并对其完整性、正确性及时限性负责；发包人提供上述资料、文件超过规定期限15天以内，承包人按合同规定交付报告、成果、文件的时间顺延，规定期限超过15天以上时，承包人有权重新确定交付报告、成果、文件的时间。

7.1.2 发包人要求承包人在合同规定时间内提前交付报告、成果、文件时，发包人应按每提前一天向承包人支付_____元计算加班费。

7.1.3 发包人应为承包人现场工作人员提供必要的生产、生活条件；如不能提供时，应一次性付给承包人临时设施费_____元。

7.1.4 开工前，发包人应办理完毕开工许可、工作场地使用、青苗、树木赔偿、坟地迁移、房屋构筑物拆迁、障碍物清除等工作，及解决扰民和影响正常工作进行的有关问题，并承担费用；

发包人应向承包人提供工作现场地下已有埋藏物（如电力、通信电缆、各种管道、人防设施、洞室等）的资料及其具体位置分布图，若因地下埋藏物不清，致使承包人在现场工作中发生人身伤害或造成经济损失时，由发包人承担民事责任；

在有毒、有害环境中作业时，发包人应按有关规定，提供相应的防护措施，并承担有关的费用；

以书面形式向承包人提供水准点和坐标控制点；

发包人应解决承包人工作现场的平整，道路通行和用水用电，并承担费用。

7.1.5 发包人应对工作现场周围建筑物、构筑物、古树名木和地下管道、线路的保护负责，对承包人提出书面具体保护要求（措施），并承担费用。

7.1.6 发包人应保护承包人的投标书、报告书、文件、设计成果、专利技术、特殊工艺和合理化建议，未经承包人同意，发包人不得复制泄露或向第三人转让或用于本合同外的项目，如发生以上情况，发包人应负法律责任，承包人有权索赔。

7.1.7 本合同中有关条款规定和补充协议中发包人应负的责任。

7.2 承包人责任

7.2.1 承包人按本合同第三条规定的内容、时间、数量向发包人交付报告、成果、文件，并对其质量负责。

7.2.2 承包人对报告、成果、文件出现的遗漏或错误负责修改补充；由于承包人的遗漏、错误造成工程质量事故，承包人除负法律责任和负责采取补救措施外，应减收或免收直接受损失部分的岩土工程费，并根据受损失程度向发包人支付赔偿金，赔偿金额由发包人、承包人商定为实际损失的＿＿＿＿＿＿％。

7.2.3 承包人不得向第三人扩散、转让第二条中发包人提供的技术资料、文件。发生上述情况，承包人应负法律责任，发包人有权索赔。

7.2.4 遵守国家及当地有关部门对工作现场的有关管理规定，做好工作现场保卫和环卫工作，并按发包人提出的保护要求（措施），保护好工作现场周围的建、构筑物，古树、名木和地下管线（管道）、文物等。

7.2.5 本合同有关条款规定和补充协议中承包人应负的责任。

第八条：违约责任

8.1 由于发包人提供的资料、文件错误、不准确，造成工期延误或返工时，除工期顺延外，发包人应向承包人支付停工费或返工费，造成质量、安全事故时，由发包人承担法律责任和经济责任。

8.2 在合同履行期间，发包人要求终止或解除合同，承包人未开始工作的，不退还发包人已付的定金；已进行工作的，完成的工作量在50%以内时，发包人应支付承包人工程费的50%的费用；完成的工作量超过50%时，发包人应支付承包人工程费的100%的费用。

8.3 发包人不按时支付工程费（进度款），承包人在约定支付时间10天后，向发包人发出书面催款的通知，发包人收到通知后仍不按要求付款，承包人有权停工，工期顺延，发包人还应承担滞纳金。

8.4 由于承包人原因延误工期或未按规定时间交付报告、成果、文件，每延误一天应承担以工程费千分之一计算的违约金。

8.5 交付的报告、成果、文件达不到合同约定条件的部分，发包人可要求承包人返工，承包人按发包人要求的时间返工，直到符合约定条件，因承包人原因达不到约定条件，由承包人承担返工费，返工后仍不能达到约定条件，承包人承担违约责任，并根据因此造成的损失程度向发包人支付赔偿金，赔偿金额最高不超过返工项目的收费。

第九条：材料设备供应

9.1 发包人、承包人应对各自负责供应的材料设备负责，提供产品合格证明，并经发包人、承包人代表共同验收认可，如与设计和规范要求不符的产品，应重新采购符合要求的产品，并经发包人、承包人代表重新验收认定，各自承担发生的费用。若造成停、窝工的，原因是承包人的，则责任自负；原因是发包人的，则应向承包人支付停、窝工费。

9.2 承包人需使用代用材料时，须经发包人代表批准方可使用，增减的费用由发包人、承包人商定。

第十条：报告、成果、文件检查验收

10.1 由发包人负责组织对承包人交付的报告、成果、文件进行检查验收。

10.2 发包人收到承包人交付的报告、成果、文件后＿＿＿天内检查验收完毕，并出具检查验收证明，以示承包人已完成任务，逾期未检查验收的，视为接受承包人的报告、成果、文件。

10.3 隐蔽工程工序质量检查，由承包人自检后，书面通知发包人检查；发包人接通知后，当天组织质检，经检验合格，发包人、承包人签字后方能进行下一道工序；检验不合格，承包人在限定时间内修补后重新检验，直至合格；若发包人接通知后 24 小时内仍未能到现场检验，承包人可以顺延工程工期，发包人应赔偿停、窝工的损失。

10.4 工程完工，承包人向发包人提交岩土治理工程的原始记录、竣工图及报告、成果、文件，发包人应在＿＿＿＿＿＿＿＿天内组织验收，如有不符合规定要求及存在质量问题，承包人应采取有效补救措施。

10.5 工程未经验收，发包人提前使用和擅自动用，由此发生的质量、安全问题，由发包人承担责任，并以发包人开始使用日期为完工日期。

10.6 完工工程经验收符合合同要求和质量标准，自验收之日起＿＿＿＿＿＿＿天内，承包人向发包人移交完毕，如发包人不能按时接管，致使已验收工程发生损失，应由发包人承担，如承包人不能按时交付，应按逾期完工处理，发包人不得因此而拒付工程款。

第十一条：本合同未尽事宜，经发包人与承包人协商一致，签订补充协议，补充协议与本合同具有同等效力。

第十二条：其他约定事项：＿＿＿＿＿＿＿＿＿＿＿＿＿＿＿＿

第十三条：争议解决办法

本合同发生争议时，发包人、承包人应及时协商解决，也可由当地建设行政主管部门调解，协商或调解不成时，发包人、承包人同意由＿＿＿＿＿＿＿仲裁委员会仲裁。发包人、承包人未在本合同中约定仲裁机构，事后又未达成书面仲裁协议的，可向人民法院起诉。

第十四条：合同生效与终止

本合同自发包人、承包人签字盖章后生效；按规定到省级建设行政主管部门规定的审查部门备案；发包人、承包人认为必要时，到项目所在地工商行政管理部门申请鉴证。发包人、承包人履行完合同规定的义务后，本合同终止。

本合同一式＿＿＿＿＿＿＿份，发包人＿＿＿＿＿＿份、承包人＿＿＿＿＿＿份。

发包人名称：　　　　　　　　　　承包人名称：
　　（盖章）　　　　　　　　　　　　（盖章）
法定代表人：（签字）　　　　　　法定代表人：（签字）
委托代理人：（签字）　　　　　　委托代理人：（签字）
住　　所：　　　　　　　　　　　住　　所：

邮政编码：　　　　　　　　　　　邮政编码：
电　　话：　　　　　　　　　　　电　　话：
传　　真：　　　　　　　　　　　传　　真：
开户银行：　　　　　　　　　　　开户银行：
银行账号：　　　　　　　　　　　银行账号：
建设行政主管部门备案：　　　　　鉴证意见：
（盖章）　　　　　　　　　　　　（盖章）
备案号：　　　　　　　　　　　　经办人：
备案日期：　　年　月　日　　　　鉴证日期：　　年　月　日

（2）《建设工程勘察设计合同管理办法》

【依据2－4－3】《建设工程勘察设计合同管理办法》（建设［2000］50号）。

第一条　为了加强对工程勘察设计合同的管理，明确签订《建设工程勘察合同》、《建设工程设计合同》（以下简称勘察设计合同）双方的技术经济责任，保护合同当事人的合法权益，以适应社会主义市场经济发展的需要，根据《中华人民共和国合同法》，制定本办法。

第二条　凡在中华人民共和国境内的建设工程（包括新建、扩建、改建工程和涉外工程等），其勘察设计应当按本办法签订合同。

第三条　签订勘察设计合同应当执行《中华人民共和国合同法》和工程勘察设计市场管理的有关规定。

第四条　勘察设计合同的发包人（以下简称甲方）应当是法人或者自然人，承接方（以下简称乙方）必须具有法人资格。甲方是建设单位或项目管理部门，乙方是持有建设行政主管部门颁发的工程勘察设计资质证书、工程勘察设计收费资格证书和工商行政管理部门核发的企业法人营业执照的工程勘察设计单位。

第五条　签订勘察设计合同，应当采用书面形式，参照文本的条款，明确约定双方的权利义务。对文本条款以外的其他事项，当事人认为需要约定的，也应采用书面形式。对可能发生的问题，要约定解决办法和处理原则。

双方协商同意的合同修改文件、补充协议均为合同的组成部分。

第六条　双方应当依据国家和地方有关规定，确定勘察设计合同价款。

第七条　乙方经甲方同意，可以将自己承包的部分工作分包给具有相应资质条件的第三人。第三人就其完成的工作成果与乙方向甲方承担连带责任。

禁止乙方将其承包的工作全部转包给第三人或者肢解以后以分包的名义转包给第三人。禁止第三人将其承包的工作再分包。严禁出卖图章、图签等行为。

第八条　建设行政主管部门和工商行政管理部门，应当加强对建设工程勘察设计合同的监督管理。主要职能为：

一、贯彻国家和地方有关法律、法规和规章；

二、制定和推荐使用建设工程勘察设计合同文本；

三、审查和鉴证建设工程勘察设计合同，监督合同履行，调解合同争议，依法查处违法行为；

四、指导勘察设计单位的合同管理工作，培训勘察设计单位的合同管理人员，总结交流经验，表彰先进的合同管理单位。

第九条　签订勘察设计合同的双方,应当将合同文本送所在地省级建设行政主管部门或其授权机构备案,也可以到工商行政管理部门办理合同鉴证。

第十条　合同依法成立,即具有法律效力,任何一方不得擅自变更或解除。单方擅自终止合同的,应当依法承担违约责任。

第十一条　在签订、履行合同过程中,有违反法律、法规,扰乱建设市场秩序行为的,建设行政主管部门和工商行政管理部门要依照各自职责,依法给予行政处罚。构成犯罪的,提请司法机关追究其刑事责任。

第十二条　当事人对行政处罚决定不服的,可以依法提起行政复议或行政诉讼,对复议决定不服的,可向人民法院起诉。逾期不申请复议或向人民法院起诉,又不执行处罚决定的,由作出处罚的部门申请人民法院强制执行。

第十三条　本办法解释权归建设部和国家工商行政管理局。

第十四条　各省、自治区、直辖市建设行政主管部门和工商行政管理部门可根据本办法制定实施细则。

第十五条　本办法自发布之日起施行。

2.4.2　操作实例

【实例2-4-1】　某工程勘察合同。

建设工程勘察合同

[岩土工程勘察、水文地质勘察(含凿井)工程测量、工程物探]

工程名称：<u>××发电厂技改工程</u>

工程地点：<u>××发电厂</u>

合同编号：<u>2006-22</u>

(由勘察人编填)

勘察证书等级：<u>乙级</u>（证书号：<u>×××</u>）

发包人：<u>××环保工程有限公司</u>

勘察人：<u>××省××岩土工程有限公司</u>

签订日期：<u>2006年12月30日</u>

<u>××环保工程有限公司</u>

<u>××岩土工程有限公司</u>

二〇〇六年十二月三十日

发包人：<u>××环保工程有限公司</u>

勘察人：<u>××岩土工程有限公司</u>

发包人委托勘察人承担<u>××发电厂2×100MW机组脱硫技改工程 岩土工程详细勘察</u>任务。

根据《中华人民共和国合同法》及国家有关法规规定,结合本工程的具体情况,为明确责任,协作配合,确保工程勘察质量,经发包人、勘察人协商一致,签订本合同,共同遵守。

第一条　工程概况

工程名称：<u>××发电厂2×100MW机组脱硫技改工程</u>。

工程建设地点：××发电厂。

工程规模、特征：主要拟建建构筑物有：GGH 支架，吸收塔，石膏楼，石灰石制浆车间及石灰石筒仓等，且荷载较大。其中 GGH 支架：构架，15m×15m 左右，高 15m，荷载 10000kN。吸收塔：基础为刚性圆板，$R=7.5m$，荷载 30000~35000kN。石膏楼：8m×20m，二层，高 20m，地面堆载 8m 左右。石灰石制浆车间及石灰石筒仓：单层，8m×20m，筒仓荷载 10000kN，筒仓高 20m，车间高 12m。预计基础形式拟采用天然基础，基础埋深 2~5m。

工程勘察任务委托文号、日期：SYHB-TB072A-T06-401、2006 年 12 月 28 日。

工程勘察任务（内容）与技术要求：按照附件所示区域，进行地质施设勘测工作，为土建专业烟气脱硫施工图设计阶段地基处理及地基基础设计提供资料。本区域拟采用天然浅基础，要求按此条件对本区域进行详勘并提供相关地质勘测资料。1. 提出各层土的物理力学指标，地层结构，地质评价，设计计算参数。查明地基持力层及持力层上部土层的分布、深度及厚度，为地基处理及基础设计提供意见及计算参数资料。2. 查清地基土的固结程度，给出基础影响范围内上层土高压固结下 ES 值，提供地基变形计算参数。3. 查明地下水类别及埋藏深度，侵蚀性和主要地层的渗透性及渗透系数。4. 未尽事宜及要求，按现行有关规程、规范进行。5. 主要建构筑物简介：GGH 支架，吸收塔，石膏楼，石灰石制浆车间及石灰石筒仓，且荷载较大。GGH 支架：构架，15m×15m 左右，高 15m，荷载 10000kN。吸收塔：基础为刚性圆板，$R=7.5m$，荷载 30000~35000kN。石膏楼：8m×20m，二层，高 20m，地面堆载 8m 左右。石灰石制浆车间及石灰石筒仓：单层，8m×20m，筒仓荷载 10000kN。筒仓高 20m。车间高 12m。6. 勘察报告成果应符合岩土工程勘察规范 GB50021-2001 要求。7. 应对本工程不良地质作用及地质灾害作出评价。8. 总平面见附件。

承接方式：按实际完成工作量结算方式。

预计勘察工作量：18 个钻孔，总进尺约 356m 及配套的岩、土取样试验，原位测试，压水试验等。

工程内容：勘察工作主要针对 GGH 支架、吸收塔、石膏楼、石灰石制浆车间及石灰石筒仓等荷载较大的拟建建筑（构筑）物进行岩土工程详细勘察。

第二条　发包人应及时向勘察人提供下列文件资料，并对其准确性、可靠性负责。

2.1 提供本工程批准文件（复印件），以及用地（附红线范围）、施工、勘察许可等批件（复印件）。

2.2 提供工程勘察任务委托书、技术要求和工作范围的地形图、建筑总平面布置图。

2.3 提供勘察工作范围已有的技术资料及工程所需的坐标与标高资料。

2.4 提供勘察工作范围地下已有埋藏物的资料（如电力、通信电缆、各种管道、人防设施、洞室等）及具体位置分布图。

第三条　勘察人向发包人提交勘察成果资料并对其质量负责。

勘察人负责向发包人提交勘察成果资料四份，发包人要求增加的份数另行收费。

第四条　开工及提交勘察成果资料的时间和收费标准及付费方式

4.1 开工及提交勘察成果资料的时间

4.1.1 本工程的勘察工作定于 2005 年 12 月 31 日开工，2006 年 1 月 10 日提交勘察成果资料，由于发包人或勘察人的原因未能按期开工或提交成果资料时，按本合同第六条规定办理。

4.1.2 勘察工作有效期限以发包人下达的开工通知书或合同规定的时间为准，如遇特殊情况（设计变更、工作量变化、不可抗力影响以及非勘察人原因造成的停、窝工等）时，工期顺延。

4.2 收费标准及付费方式

4.2.1 本工程勘察按双方商定的细目工作单价，以实际完成工作量结算方式计取收费。勘察工作中增加有新工作细目，其细目单价，由发包人、勘察人另行议定。

4.2.2 本工程勘察费预算为58882.00元（大写伍万捌仟捌佰捌拾贰元），合同生效后3天内，发包人应向勘察人支付预算勘察费的20%作为定金，计11776.00元（本合同履行后，定金抵作勘察费）；提交勘察成果资料后10天内，发包人应一次付清全部工程费用。

第五条 发包人、勘察人责任

5.1 发包人责任

5.1.1 发包人委托任务时，必须以书面形式向勘察人明确勘察任务及技术要求，并按第二条规定提供文件资料。

5.1.2 在勘察工作范围内，没有资料、图纸的地区（段），发包人应负责查清地下埋藏物，若因未提供上述资料、图纸，或提供的资料图纸不可靠、地下埋藏物不清，致使勘察人在勘察工作过程中发生人身伤害或造成经济损失时，由发包人承担民事责任。

5.1.3 发包人应及时为勘察人提供并解决勘察现场的工作条件和出现的问题（如：落实土地征用、青苗树木赔偿、拆除地上地下障碍物、处理施工扰民及影响施工正常进行的有关问题、平整施工现场、修好通行道路、接通电源水源、挖好排水沟渠以及水上作业用船等），并承担其费用。

5.1.4 若勘察现场需要看守，特别是在有毒、有害等危险现场作业时，发包人应派人负责安全保卫工作，按国家有关规定，对从事危险作业的现场人员进行保健防护，并承担费用。

5.1.5 工程勘察前，若发包人负责提供材料的，应根据勘察人提出的工程用料计划，按时提供各种材料及其产品合格证明，并承担费用和运到现场，派人与勘察人的人员一起验收。

5.1.6 勘察过程中的任何变更，经办理正式变更手续后，发包人应按实际发生的工作量支付勘察费。

5.1.7 为勘察人的工作人员提供必要的生产、生活条件，并承担费用；如不能提供时，应一次性付给勘察人临时设施费(无)元。

5.1.8 由于发包人原因造成勘察人停、窝工，除工期顺延外，发包人应支付停、窝工费（计算方法见6.1）；发包人若要求在合同规定时间内提前完工（或提交勘察成果资料）时，发包人应按每提前一天向勘察人支付(无)元计算加班费。

5.1.9 发包人应保护勘察人的投标书、勘察方案、报告书、文件、资料图纸、数据、特殊工艺（方法）、专利技术和合理化建议，未经勘察人同意，发包人不得复制、不得泄露、不得擅自修改、传送或向第三人转让或用于本合同外的项目；如发生上述情况，发包人应负法律责任，勘察人有权索赔。

5.1.10 本合同有关条款规定和补充协议中发包人应负的其他责任。

5.2 勘察人责任

5.2.1 勘察人应按国家技术规范、标准、规程和发包人的任务委托书及技术要求进行工程勘察，按本合同规定的时间提交质量合格的勘察成果资料，并对其负责。

5.2.2 由于勘察人提供的勘察成果资料质量不合格，勘察人应负责无偿给予补充完善使其达到质量合格；若勘察人无力补充完善，需另委托其他单位时，勘察人应承担全部勘察费用；或因勘察质量造成重大经济损失或工程事故时，勘察人除应负法律责任和免收直接受损失部分的勘察费外，并根据损失程度向发包人支付赔偿金，赔偿金由发包人、勘察人商定为实际损失的30%。

5.2.3 在工程勘察前，提出勘察纲要或勘察组织设计，派人与发包人的人员一起验收发包人提供的材料。

5.2.4 勘察过程中，根据工程的岩土工程条件（或工作现场地形地貌、地质和水文地质条件）及技术规范要求，向发包人提出增减工作量或修改勘察工作的意见，并办理正式变更手续。

5.2.5 在现场工作的勘察人的人员，应遵守发包人的安全保卫及其他有关的规章制度，承担其有关资料保密义务。

5.2.6 本合同有关条款规定和补充协议中勘察人应负的其他责任。

第六条 违约责任

6.1 由于发包人未给勘察人提供必要的工作条件而造成停、窝工或来回进出场地，发包人除应付给勘察人停、窝工费（金额按预算的平均工日产值计算），工期按实际工日顺延外，还应付给勘察人来回进出场费和调遣费。

6.2 由于勘察人原因造成勘察成果资料质量不合格，不能满足技术要求时，其返工勘察费用由勘察人承担。

6.3 合同履行期间，由于工程停建而终止合同或发包人要求解除合同时，勘察人未进行勘察工作的，不退还发包人已付定金；已进行勘察工作的，完成的工作量在50%以内时，发包人应向勘察人支付预算额50%的勘察费，计29441.00元；完成的工作量超过50%时，则应向勘察人支付预算额100%的勘察费。

6.4 发包人未按合同规定时间（日期）拨付勘察费，每超过一日，应偿付未支付勘察费的千分之一逾期违约金。

6.5 由于勘察人原因未按合同规定时间（日期）提交勘察成果资料，每超过一日，应减收勘察费千分之一。

6.6 本合同签订后，发包人不履行合同时，无权要求退还定金；勘察人不履行合同时，双倍返还定金。

第七条 本合同未尽事宜，经发包人与勘察人协商一致，签订补充协议，补充协议与本合同具有同等效力。

第八条 其他约定事项：1.勘察费用结算依据双方认可的实际工作量，按本合同附件（一）《勘察费用预算细目表》中所商定的单价进行结算。2.承包人在勘察过程中需要增添附件（一）中未列项目时，应征得发包人同意并协商确定单价和数量。3.发包人对勘察工作内容另有具体要求，应及时通知承包人，承包人应遵照执行。

第九条 本合同发生争议，发包人、勘察人应及时协商解决，也可由当地建设行政主管部门调解，协商或调解不成时，发包人、勘察人同意由××市仲裁委员会仲裁。发包人、勘察人未在本合同中约定仲裁机构，事后又未达成书面仲裁协议的，可向人民法院起诉。

第十条 本合同自发包人、勘察人签字盖章后生效；按规定到省级建设行政主管部门规定的审查部门备案；发包人、勘察人认为必要时，到项目所在地工商行政管理部门申请鉴证。发包人、勘察人履行完合同规定的义务后，本合同终止。

本合同一式陆份，发包人叁份、勘察人叁份。

合同附件一：××发电厂2×100MW燃煤机组烟气脱硫技改工程岩土工程详细勘察预算费用明细表（略）。

合同附件二：××发电厂2×100MW燃煤机组烟气脱硫总平面勘察布孔布置图（略）。

（本页无正文）

发包人名称：××环保工程有限公司　　勘察人名称：××省××岩土工程有限公司
　　　　　　　（盖章）　　　　　　　　　　　　　　（盖章）
法定代表人：（签字）　　　　　　　　　法定代表人：（签字）
委托代理人：（签字）　　　　　　　　　委托代理人：（签字）
住　　　所：××省××市××路××号　　住　　　所：××省××市××路×号
邮政编码：××××××　　　　　　　　邮政编码：××××××
电　　　话：　　　　　　　　　　　　　电　　　话：
传　　　真：　　　　　　　　　　　　　传　　　真：
开户银行：　　　　　　　　　　　　　　开户银行：
银行账号：　　　　　　　　　　　　　　银行账号：
建设行政主管部门备案：　　　　　　　　鉴证意见：
　　　　　（盖章）　　　　　　　　　　　　　（盖章）
备案号：　　　　　　　　　　　　　　　经办人：
备案日期：　　年　月　日　　　　　　　鉴证日期：　　年　月　日

2.4.3　老造价工程师的话

老造价工程师的话13　　勘察、设计合同审查要点

（1）审查合同当事人是否具备主体资格

委托方必须是具有法人资格的建设单位，承包方必须是具备与其承担的委托工作相符的资格证书的勘察设计单位。

建设工程勘察、设计合同由于其主体严格性的要求与特点，合同双方当事人在签订合同之前应互相了解对方的资格、资信和履约能力，再就合同的主要条款进行磋商、谈判。这类合同的发包人通常是工程建设项目的业主（建设单位），主要了解其为建设工程项目所准备的投资条件和投资能力。

较简单的工程项目的勘察、设计合同，如果当事人彼此了解对方的签约资格、资信和履约能力，只要一方对他方的要约作出承诺，双方即可订立正式合同。如果合同的内容较复杂，权利和义务条款有待进一步洽谈，或当事人的资格、资信及履约能力尚需了解，可以由当事人草签订立勘察、设计合同的意向书或协议书，待其他事宜准备就绪后，再根据意向书或协议书起草正式合同。

（2）订立合同时必须以批准的设计任务书为依据

建设工程勘察设计合同包括勘察合同与设计合同。勘察合同由建设单位、设计单位或有关单位提出委托，经与勘察单位协商，达成一致意见后即可订立。设计合同，双方必须根据有关主管部门批准的设计任务书订立。对于不同建设规模和投资额的建设项目的设计任务书，要通过相应的国家有关主管部门的审批，没有经过有关部门批准的设计任务书，不得订立设计合同。如单独委托施工图设计任务，政府同时具有有关部门批准的设计任务书和选点报告等初步设计文件才能订立合同。勘察与设计是内容不同但又有密切联系的两个工作阶段。勘察工作及其成果是开展设计工作的基础条件之一。设计工作开始前要向勘察单位提出技术要求，勘察工作要根据这些技术要求进行并满足这些要求。设计要依据勘察工作所查明的工作所在地地质、水文等研究、评价报告和资料来进行工作。

(3) 注意订立合同的程序是否符合国家规定

订立建设工程勘察设计合同必须符合国家规定基本建设程序。采用委托承包方式的，依法经双方协商一致即订立合同。实行招标承包方式的，在订立程序上，首先要经过招标、投标、中标的订约准备阶段，从中标到开始订立合同还有一个签约期限。招标、投标、中标的过程，就是要约和承诺的过程。中标单位要在规定期限内与发包单位订立合同，明确双方的权利和义务。

(4) 订立建设工程勘察设计合同应注意的问题

1) 对大中型或技术复杂的建设工程勘察设计合同，当事人双方均承担着重大责任，签约双方应在合同中明确双方在合同履行过程中的协调与联络工作。双方除了要谨慎行事外，还需要进行密切的配合使合同得以顺利进行。在这种活动中，双方要根据工作开展的不同阶段，相互提交不同的内容的技术性资料、建议、报告等文件。委托方要及时复核确认或提出修改意见，委托方还要根据承包方完成并提交的不同阶段的设计成果，进行必要的审核与汇签。

2) 对于合同中重复出现两次及两次以上的关键性技术术语和技术性专有名词的定义要在合同书中加以明确。因为合同签约双方分属不同的部门，一方是建设单位，另一方是勘察、设计部门，双方对某些具体的技术术语和技术性专用名词的概念在理解与认识上的深度不同，往往这些看起来细微的出入，造成了合同履行过程中的分歧，最终导致了纠纷。为了清除这些潜在的诱发纠纷的因素，只有将其定义写入合同，使双方在这些问题上事先达成一致认识。这一问题对大中型建设工程勘察设计合同尤为重要。

3) 有关主设计方的问题。建设工程勘察设计合同订立时，有时会有由两个或两个以上的设计单位同时承包同一项工程设计的情况。如委托方与承包方没有采用订立总包合同，再由总包方与分包方订立分包合同的形式，那么在合同中一定要明确主设计方。主设计方的职责是对工程项目的总体设计负责，平衡各承包方之间的设计工作，协调总体设计进度。

2.5 建设工程设计合同

【能力等级】☆
【适用单位】设计单位、建设单位

2.5.1 工作表格、数据、资料

(1) 建设工程设计合同（一）（民用工程）（GF-2000-0209）示范文本

民用工程设计合同操作要点

表 2-5-1

序号	合同文本组成	合同文本内容	操作要点
1	封面	建设工程设计合同范本（一） [民用建设工程设计合同] 工程名称：_____ 工程地点：_____ 合同编号：_____ （由设计人编填） 设计证书等级：_____ 发 包 人：_____ 设 计 人：_____ 签 订 日 期：_____ 二〇〇〇年三月	
2	第一条	发包人：_____ 设计人：_____ 第一条 发包人委托设计人承担_____工程设计，经双方协商一致，签订本合同。 本合同依据下列文件签订 1.1《中华人民共和国合同法》《中华人民共和国建筑法》、《建设工程勘察设计市场管理规定》。 1.2 国家及地方有关建设工程勘察设计管理法规和规章。 1.3 建设工程批准文件。	
3	第二条	第二条 本合同设计项目的内容：名称、规模、阶段、投资及设计费等见下表。 | 序号	分项目名称	建设规模		设计阶段			估算总投资（万元）	费率 %	估算设计费（元）
---	---	---	---	---	---	---	---	---	---
		层数	建筑面积（m²）	方案	初步设计	施工图			
										 说明	合同当事人在确定设计费时，应遵循以下原则： ①设计合同或相关文件中双方对设计费予以确认的，应尊重双方当事人的选择。工程设计合同为《合同法》所规定的有名合同的一种，发包人和设计人是具有平等地位的民事主体，应当由《合同法》调整，并应最大限度地遵循合同自由的原则。实践中的工程设计收费标准及相关统一定额并非强制性规范，而是任意性规范。 ②在不能证明设计合同或相关文件中双方就设计费率达成一致的情况下，可以根据《工程设计收费标准》确定设计费。这只是在无相应合同条款援引的情况下，用以解决纠纷的技术性手段。

续表

序号	合同文本组成	合同文本内容	操作要点
4	第三条	第三条 发包人应向设计人提交的有关资料及文件： | 序号	资料及文件名称	份数	提交日期	有关事宜 | |---|---|---|---|---| | | | | | | | | | | | |	
5	第四条	第四条 设计人应向发包人交付的设计资料及文件： | 序号	资料及文件名称	份数	提交日期	有关事宜 | |---|---|---|---|---| | | | | | | | | | | | |	应注意明确以下几点： ①明确出图时间（合同附出图计划）； ②明确出图内容； ③明确出图深度； ④明确设计单位服务范围（设计并提供概算、参与图纸交底、变更的处理、参与施工评标、参加竣工验收等）； ⑤明确出图份数、图纸提交方式。
6	第五条	第五条 本合同设计收费估算为 ___ 元人民币。设计费支付进度详见下表。 | 付费次序	占总设计费%	付费额（元）	付费时间（由交付设计文件所决定） | |---|---|---|---| | 第一次付费 | | | | | 第二次付费 | | | | | 第三次付费 | | | | | 第四次付费 | | | | | 第五次付费 | | | | 说明： 1. 提交各阶段设计文件的同时支付各阶段设计费。 2. 在提交最后一部分施工图的同时结清全部设计费，不留尾款。 3. 实际设计按初步设计概算（施工图设计概算）核定，多退少补。实际设计费与估算设计费出现差额时，双方另行签订补充协议。 4. 本合同履行后，定金抵作设计费。	第五条规定了定金条款，结合本文中第七条第7.5款和第八条第8、9款的规定，该定金兼有成约定金和解约定金的性质。如果双方同意对定金额度进行修改，超过20%的部分只能作为预付款，而不具有定金的效力。当事人不完全履行合同时，可按比例适用定金罚则。《最高人民法院关于适用〈担保法〉若干问题的解释》第120条规定："当事人一方不完全履行合同的，应当按照未履行部分所占合同约定内容的比例，适用定金罚则。"可见，在发包人或设计人履行部分合同义务后要求解除合同的，应当按照未履行部分所占约定内容的比例，适用定金罚则。

续表

序号	合同文本组成		合同文本内容	操作要点
7	第六条	第六条 双方责任		①建设工程的设计合理使用年限，主要指建筑主体结构的设计使用年限。根据《建筑结构可靠度设计统一标准》(GB 50068-2001)和《民用建筑设计通则》(GB 50352-2005)的规定，建设工程设计合理使用年限分为四类：对于临时性建筑，其设计使用年限为5年；对于易于替换结构构件的建筑，其设计使用年限为25年；对于普通房屋和构筑物，其设计使用年限为50年；对于纪念性建筑和特别重要的建筑结构，其结构设计使用年限为100年。对于专业建筑工程，则应按照相应的专业技术规范要求确定其设计合理使用年限。对于具体建设工程项目的建设工程设计合理使用年限则应根据工程项目的建筑等级、重要性来确定。在建设工程承包人应当对设计工程的设计合理使用年限(包括地基础)进行保修。 ②在填写设计使用年限时，设计人应当注意其与土地使用年限的区别。我国土地实行有偿、有限使用的制度。国务院《城镇国有土地使用权出让和转让暂行条例》第12条规定："土地使用权出让最高年限按下列用途确定：(一)居住用地70年；(二)工业用地50年；(三)教育、科技、文化、卫生、体育用地50年；(四)商业、旅游、娱乐用地40年；(五)综合或者其他用地50年"。土地使用年限与土地使用权有关，与建筑物建筑等级和重要性没有关系。
		6.1 发包人责任：		
		6.1.1 发包人按本合同第三条规定的内容，在规定的时间内向设计人提交资料及文件，并对其完整性、正确性及时限负责，发包人不得要求设计人违反国家有关标准进行设计。发包人提交上述资料及文件超过规定期限15天以内，设计人按合同第四条规定交付设计文件的时间顺延；超过规定期限15天以上时，设计人员有权重新确定提交设计文件的时间。	
		6.1.2 发包人变更委托设计项目、规模、条件或因提交的资料有错误，或所提交资料有较大修改，以致造成设计人设计需返工时，双方除另行协商签订补充协议(或另订合同)，重新明确有关条款外，发包人应按设计人所耗工作量向设计人增付设计费。	
		在未签合同前发包人已同意，设计人为发包人所做的各项设计工作，应按收费标准，相应支付设计费。	
		6.1.3 发包人要求设计人比合同规定时间提前交付设计资料及文件时，如果设计人能够做到，发包人应根据设计人提前投入的工作量，向设计人支付赶工费。	
		6.1.4 发包人应为派赴现场处理有关问题的工作人员，提供必要的工作生活及交通等方便条件。	
		6.1.5 发包人应保护设计人的投标书、设计方案、文件、资料图纸、数据、计算软件和专利技术。未经设计人同意，发包人对设计人交付的设计资料及文件不得向第三人转让或用于本合同外的项目，如发生以上情况，发包人应负法律责任，设计人有权向发包人提出索赔。	
		6.2 设计人责任：		
		6.2.1 设计人应按国家技术规范、标准、规程及发包人提出的设计要求，进行工程设计，按合同规定的进度要求提交合格的设计资料，并对其负责。	
		6.2.2 设计人采用的主要技术标准是：_____	
		6.2.3 设计合理使用年限为_____年。	
		6.2.4 设计人交付设计资料及文件后，按规定时间内参加设计审查，并根据审查结论负责不超出原定范围内容做必要调整补充。设计人按合同规定时限交付设计资料及文件，本年内项目开始施工，负责向发包人及施工单位进行设计交底，处理有关设计问题和竣工验收。在一年内项目尚未开始施工，设计人仍应负责上述工作，但应按所需工作量向发包人适当收取咨询服务费，收费额由双方商定。	
		6.2.5 发包人应保护设计人的知识产权，不得向第三人泄露、转让发包人提交的产品图纸等技术经济资料。如发生以上情况并给发包人造成经济损失，发包人有权向设计人索赔。	

续表

序号	合同文本组成	合同文本内容	操作要点
8	第七条 违约责任	7.1 在合同履行期间,发包人要求终止或解除合同,设计人未开始设计工作的,不退还发包人已付的定金;已开始设计工作的,发包人应根据设计人已进行的实际工作量,不足一半时,按该阶段设计费的一半支付;超过一半时,按该阶段设计费的全部支付。 7.2 发包人应按本合同第五条规定的金额和时间向设计人支付设计费,每逾期支付一天,应承担支付金额千分之二的逾期违约金。逾期超过30天以上时,设计人有权暂停履行下阶段工作,并书面通知发包人。发包人的上级或上级主管部门对设计审批或本合同项目停缓建,发包人均按7.1条规定支付设计费。 7.3 设计人对设计资料及文件出现的遗漏或错误负责修改或补充。由于设计人员错误造成工程质量事故损失,设计人除负责采取补救措施外,应免收直接受损失部分的设计费,并根据损失的严重程度和设计人责任大小向发包人支付赔偿金,赔偿金由双方商定为实际损失的_____%。 7.4 由于设计人自身原因,延误了按本合同第四条规定的设计资料及设计文件的交付时间,每延误一天,应减收该项目应收设计费千分之一。 7.5 合同生效后,设计人要求终止或解除合同,设计人应双倍返还定金。	① 第7.3款需要由当事人确定赔偿金金额,实践中相当一部分合同回避了本条关于赔偿金的约定,或空白,或直接删去7.3款的最后关于赔偿金的规定。在当事人未对损害赔偿的定金的计算方法时,应适用法律的规定。关于损害赔偿的范围,《合同法》第113条贯彻了完全赔偿原则,其赔偿范围既包括因违约所造成的损失,也包括因违约而使对方失去的可得利益,同时其也要受合理预见规则的限制,即损害赔偿额不得超过违约一方在订立合同,依当时的各观情况能预见到或应当预见其违反合同义务所可能造成的损失。 ② 如果发包人和设计人在合同中事先约定了损害赔偿金的计算方法,应当按约定支付赔偿金。本条赔偿金的计算方法为实际损失的一定比例。在约定赔偿金时,应充分考虑设计文件错误给发包人造成的一定金额。
9	第八条 其他	8.1 发包人要求设计人派专人留驻施工现场进行配合与解决有关问题时,双方应另行签订补充协议或技术咨询服务合同。 8.2 设计人为本合同项目所采用的设计资料及文件份数超过《工程设计收费标准》规定的份数,设计人另收工本费。 8.3 本工程设计资料及文件中,建筑材料、建筑构配件和设备,应当注明其规格、型号、性能等技术指标,设计人不得指定生产厂、供应商。发包人需要设计人员配合加工定货时,所需要费用由发包人承担。	设计人应为业主提供设计变更服务,一般设计变更分四种情况: ① 甲方根据实际情况或市场需求,对于原设计的一些变动; ② 由于便于施工,或缩短工期,或降低成本等原因,由施工单位提出的对原图纸的变动; ③ 由于设计失误,引发设计图纸的完善;

续表

序号	合同文本组成	合同文本内容	操作要点
9	第八条	8.4 发包人委托设计配合引进项目的设计任务,从询价、对外谈判、国内外技术考察直至建成投产的各个阶段,应收收设计任务的设计人参加。出国费用,除制装费外,其他费用由发包人支付。 8.5 发包人委托设计人承担本合同内容之外的工作服务,另行支付费用。 8.6 由于不可抗力因素致使合同无法履行时,双方应及时反映,协商解决。 8.7 本合同在履行过程中发生的争议,由双方当事人协商解决,协商不成,按下列第＿＿＿＿种方式解决: 　(一)提交＿＿＿＿仲裁委员会仲裁; 　(二)依法向人民法院起诉。 8.8 本合同一式＿＿＿份,发包人＿＿＿份,设计人＿＿＿份。 8.9 本合同经双方签章并在发包人向设计人支付订金后生效。 8.10 本合同生效后,按规定到项目所在地工商行政主管部门规定的审查部门备案。双方履行完合同规定的义务后,本合同即行终止。 8.11 本合同未尽事宜,双方可签订补充协议,有关协议及双方认可的来往电报、传真、会议纪要等,均为本合同组成部分,与本合同具有同等法律效力。 8.12 其他约定事项:＿＿＿＿＿＿＿＿＿＿＿＿＿	④基础开挖后,需要对基底进行处理的,应由设计院出处理方案。一般设计变更是不收费的,但是对于设计的严重失误是应该进行扣减设计费。
10	签署页	发包人名称: 　(盖章) 法定代表人:(签字) 委托代理人:(签字) 住　　所: 邮政编码: 电　　话: 传　　真: 开户银行: 银行账号: 建设行政主管部门备案: 　(盖章) 备案号: 备案日期:　　年　月　日	设计人名称: 　(盖章) 法定代表人:(签字) 委托代理人:(签字) 住　　所: 邮政编码: 电　　话: 传　　真: 开户银行: 银行账号: 鉴证意见: 　(盖章) 经办人: 鉴证日期:　　年　月　日	

(2) 建设工程设计合同（二）（示范文本）

【依据 2-5-1】专业建设工程设计合同（GF-2000-0210）（专业建设工程设计合同）。

专业建设工程设计合同

工程名称：_____
工程地点：_____
合同编号：_____
（由设计人编填）
设计证书等级：_____
发包人：_____
设计人：_____
签订日期：_____

中华人民共和国建设部　监制
国家工商行政管理局

发包人：_____
设计人：_____
发包人委托设计人承担_____工程设计，工程地点为_____，经双方协商一致，签订本合同，共同执行。

第一条　本合同签订论据

1.1 《中华人民共和国合同法》、《中华人民共和国建筑法》和《建设工程勘察设计市场管理规定》。

1.2 国家及地方有关建设工程勘察设计管理法规和规章。

1.3 建设工程批准文件。

第二条　设计依据

2.1 发包人给设计人的委托书或设计中标文件

2.2 发包人提交的基础资料

2.3 设计人采用的主要技术标准是：_____

第三条　合同文件的优先次序

构成本合同的文件可视为是能互相说明的，如果合同文件存在歧义或不一致，则根据如下优先次序来判断：

3.1 合同书

3.2 中标函（文件）

3.3 发包人要求及委托书

3.4 投标书

第四条　本合同项目的名称、规模、阶段、投资及设计内容（根据行业特点填写）

第五条　发包人向设计人提交的有关资料、文件及时间

第六条　设计人向发包人交付的设计文件、份数、地点及时间

第七条　费用

7.1 双方商定，本合同的设计费为_____万元。收费依据和计算方法按国家和地方有关规定执行，国家和地方没有规定的，由双方商定。

7.2 如果上述费用为估算设计费，则双方在初步设计审批后，按批准的初步设计概算核算设计费。工程建设期间如遇概算调整，则设计费也应做相应调整。

第八条　支付方式

8.1 本合同生效后三天内，发包人支付设计费总额的20%，计_____万元作为定金（合同结算时，定金抵作设计费）。

8.2 设计人提交_____设计文件后三天内，发包人支付设计费总额的30%，计_____万元；之后，发包人应按设计人所完成的施工图工作量比例，分期分批向设计人支付总设计费的50%，计_____万元，施工图完成后，发包人结清设计费，不留尾款。

8.3 双方委托银行代付代收有关费用。

第九条　双方责任

9.1 发包人责任

9.1.1 发包人按本合同第五条规定的内容，在规定的时间内向设计人提交基础资料及文件，并对其完整性、正确性及时限负责。发包人不得要求设计人违反国家有关标准进行设计。

发包人提交上述资料及文件超过规定期限15天以内，设计人按本合同第六条规定的交付设计文件时间顺延；发包人交付上述资料及文件超过规定期限15天以上时，设计人有权重新确定提交设计文件的时间。

9.1.2 发包人变更委托设计项目、规模、条件或因提交的资料错误，或所提交资料作较大修改，以致造成设计人设计返工时，双方除另行协商签订补充协议（或另订合同）、重新明确有关条款外，发包人应按设计人所耗工作量向设计人支付返工费。

在未签订合同前发包人已同意，设计人为发包人所做的各项设计工作，发包人应支付相应设计费。

9.1.3 在合同履行期间，发包人要求终止或解除合同，设计人未开始设计工作的，不退还发包人已付的定金；已开始设计工作的，发包人应根据设计人已进行的实际工作量，不足一半时，按该阶段设计费的一半支付；超过一半时，按该阶段设计费的全部支付。

9.1.4 发包人必须按合同规定支付定金，收到定金作为设计人设计开工的标志。未收到定金，设计人有权推迟设计工作的开工时间，且交付文件的时间顺延。

9.1.5 发包人应按本合同规定的金额和日期向设计人支付设计费，每逾期支付一天，应承担应支付金额千分之二的逾期违约金，且设计人提交设计文件的时间顺延。逾期超过30天以上时，设计人有权暂停履行下阶段工作，并书面通知发包人。发包人的上级或设计审批部门对设计文件不审批或本合同项目停缓建，发包人均应支付应付的设计费。

9.1.6 发包人要求设计人比合同规定时间提前交付设计文件时，须征得设计人同意，不得严重背离合理设计周期，且发包人应支付赶工费。

9.1.7 发包人应为设计人派驻现场的工作人员提供工作、生活及交通等方面的便利条

件及必要的劳动保护装备。

9.1.8 设计文件中选用的国家标准图、部标准图及地方标准图由发包人负责解决。

9.1.9 承担本项目外国专家来设计人办公室工作的接待费（包括传真、电话、复印、办公等费用）。

9.2 设计人责任

9.2.1 设计人应按国家规定和合同约定的技术规范、标准进行设计，按本合同第六条规定的内容、时间及份数向发包人交付设计文件（出现9.1.1、9.1.2、9.1.4、9.1.5规定有关交付设计文件顺延的情况除外）。并对提交的设计文件的质量负责。

9.2.2 设计合理使用年限为_____年。

9.2.3 负责对外商的设计资料进行审查，负责该合同项目的设计联络工作。

9.2.4 设计人对设计文件出现的遗漏或错误负责修改或补充。由于设计人设计错误造成工程质量事故损失，设计人除负责采取补救措施外，应免收受损失部分的设计费，并根据损失程度向发包人支付赔偿金，赔偿金数额由双方商定为实际损失的_____%。

9.2.5 由于设计人原因，延误了设计文件交付时间，每延误一天，应减收该项目应收设计费的千分之二。

9.2.6 合同生效后，设计人要求终止或解除合同，设计人应双倍返还发包人已支付的定金。

9.2.7 设计人交付设计文件后，按规定参加有关上级的设计审查，并根据审查结论负责不超出原定范围的内容做必要调整补充。设计人按合同规定时限交付设计文件一年内项目开始施工，负责向发包人及施工单位进行设计交底、处理有关设计问题和参加竣工验收。在一年内项目尚未开始施工，设计人仍负责上述工作，可按所需工作量向发包人适当收取咨询服务费，收费额由双方商定。

第十条 保密

双方均应保护对方的知识产权，未经对方同意，任何一方均不得对对方的资料及文件擅自修改、复制或向第三人转让或用于本合同项目外的项目。如发生以上情况，泄密方承担一切由此引起的后果并承担赔偿责任。

第十一条 仲裁

本建设工程设计合同发生争议，发包人与设计人应及时协商解决。也可由当地建设行政主管部门调解，调解不成时，双方当事人同意由_____仲裁委员会仲裁。双方当事人未在合同中约定仲裁机构，当事人又未达成仲裁书面协议的，可向人民法院起诉。

第十二条 合同生效及其他

12.1 发包人要求设计人派专人长期驻施工现场进行配合与解决有关问题时，双方应另行签订技术咨询服务合同。

12.2 设计人为本合同项目的服务至施工安装结束为止。

12.3 本工程项目中，设计人不得指定建筑材料、设备的生产厂或供货商。发包人需要设计人配合建筑材料、设备的加工订货时，所需费用由发包人承担。

12.4 发包人委托设计人配合引进项目的设计任务，从询价、对外谈判、国内外技术考察直至建成投产的各个阶段，应吸收承担有关设计任务的设计人员参加。出国费用，除制装费外，其他费用由发包人支付。

12.5 发包人委托设计人承担本合同内容以外的工作服务，另行签订协议并支付费用。

12.6 由于不可抗力因素致使合同无法履行时，双方应及时协商解决。

12.7 本合同双方签字盖章即生效，一式_____份，发包人_____份，设计人_____份。

12.8 本合同生效后，按规定应到项目所在地省级建设行政主管部门规定的审查部门备案；双方认为必要时，到工商行政管理部门鉴证。双方履行完合同规定的义务后，本合同即行终止。

12.9 双方认可的来往传真、电报、会议纪要等，均为合同的组成部分，与本合同具有同等法律效力。

12.10 未尽事宜，经双方协商一致，签订补充协议，补充协议与本合同具有同等效力。

发包人名称：	设计人名称：
（盖章）	（盖章）
法定代表人：（签字）	法定代表人：（签字）
委托代理人：（签字）	委托代理人：（签字）
项目经理：（签字）	项目经理：（签字）
住　　所：	住　　所：
邮政编码：	邮政编码：
电　　话：	电　　话：
传　　真：	传　　真：
开户银行：	开户银行：
银行账号：	银行账号：
建设行政主管部门备案：	鉴证意见：
（盖章）	（盖章）
备案号：	经办人：
备案日期：　年　月　日	鉴证日期：　年　月　日

2.5.2 操作实例

【实例2-5-1】A公司为一家房地产开发企业，B公司为一家具有甲级资质的工程设计单位，C公司为一家丙级资质的工程设计单位。2000年初，A公司与B、C两家设计单位（B、C作为共同一方）签订了某开发项目的工程设计合同，该项目是设计等级为一级的民用建筑。合同约定，由B、C两家公司共同承担项目的设计工作，由A公司按约定分期向B、C两家公司支付设计费用。2000年底，B、C两家公司之间签订一份备忘录，并通知债务人A公司按新的约定由A公司分别向B、C两家公司支付各自在分界日（2002年12月31日）前所完成的工作量而应付未付的设计费以及分界日后新发生的设计费。2001年底，因为A公司尚有部分工程设计费未按期向C公司支付，于是C公司向市第一中级人民法院提起诉讼，要求A公司支付相应设计费用并承担滞纳金。该案中，B公司作为第三人参加诉讼。

经法院审理认定，A公司与B、C两家公司之间签订的工程设计合同中，关于A公司与 B 公司的约定内容还是有效的,但合同中涉及到 C 公司的权利义务关系的约定是无效的,即合同属于部分无效,设计合同并不能因为 B、C 两家公司从主体上捆绑在一起而全部有效。在该合同中,C 公司之所以与 B 公司作为共同一方主体来签订合同,原因是 C 公司的建筑设计资质为丙级,建设部《建筑工程设计资质分级标准》明确规定,关于丙级设计资质单位承担任务的范围为"承担工程等级为三级的民用建筑设计项目",而双方涉案项目等级为民用建筑工程一级,只有设计资质为甲级的设计单位才有资格承揽。因此 C 公司根本不能从事相关设计工作,属于建筑法规定超越本单位资质等级承揽工程的行为,其诉讼未得到法院的支持。

2.5.3 老造价工程师的话

老造价工程师的话 14	如何通过设计合同控制工程造价
设计阶段控制造价,主要技巧如下: (1) 结构选择:重点控制基础选型、柱网布置、持力层特征值的选取等结构设计环节; (2) 钢筋含量:通过资料收集,确定一个合理上限,实行奖罚制度,实行钢筋含量限额设计,此项要列入设计合同中; (3) 新材料、新技术要合理使用; (4) 通过专家会议进行审查; (5) 结构工程师或总工进行审查; (6) 选择在造价控制方面有好口碑的设计院和优秀的设计人员,避免日后的"后遗症"。	

2.6 建设工程委托监理合同

【能力等级】☆☆
【适用单位】监理单位、建设单位

2.6.1 工作表格、数据、资料

(1) 建设工程委托监理合同示范文本
【依据 2-6-1】监理合同示范文本(建建 [2000] 44 号)。

建设工程委托监理合同

(GF-2000-0202)

第一部分　建设工程委托监理合同

委托人_____与监理人_____工程监理有限责任公司经双方协商一致,签订本合同。

一、委托人委托监理人监理的工程（以下简称"本工程"）概况如下：

工程名称：

工程地点：

工程规模：

总投资：

二、本合同中的有关词语含义与本合同第二部分《标准条件》中赋予它们的定义相同。

下列文件均为本合同的组成部分：

① 监理投标书或中标通知书；

② 本合同标准条件；

③ 本合同专用条件；

④ 在实施过程中双方共同签署的补充与修正文件。

三、监理人向委托人承诺，按照本合同的规定，承担本合同专用条件中议定范围内的监理业务。

委托人向监理人承诺按照本合同注明的期限、方式、币种，向监理人支付报酬。

本合同自_____年_____月_____日开始实施，至_____年_____月_____日完成。

本合同一式_____份，具有同等法律效力，双方各执_____份。

委托人：（签章）　　　　　　　　　监理人：（签章）

住所：　　　　　　　　　　　　　　住所：

法定代表人：（签章）　　　　　　　法定代表人：（签章）

开户银行：　　　　　　　　　　　　开户银行：

账号：　　　　　　　　　　　　　　账号：

邮编：　　　　　　　　　　　　　　邮编：

电话：　　　　　　　　　　　　　　电话：

本合同签订于：　　年　月　日　　　签订地：

工商行政管理机关鉴证意见：

　　　　　　　　　　　　　　　　　　　　　　　　鉴证机关（章）

经办人：

　　　　　　　　　　　　　　　　　　　　　　　　年　　月　　日

第二部分　标准条件

词语定义、适用范围和法规

第一条　下列名词和用语，除上下文另有规定外，有如下含义：

(1)"工程"是指委托人委托实施监理的工程。

(2)"委托人"是指承担直接投资责任和委托监理业务的一方以及其合法继承人。

(3)"监理人"是指承担监理业务和监理责任的一方，以及其合法继承人。

(4)"监理机构"是指监理人派驻本工程现场实施监理业务的组织。

(5)"总监理工程师"是指经委托人同意,监理人派到监理机构全面履行本合同的全权负责人。

(6)"承包人"是指除监理人以外,委托人就工程建设有关事宜签订合同的当事人。

(7)"工程监理的正常工作"是指双方在专用条件中约定,委托人委托的监理工作范围和内容。

(8)"工程监理的附加工作"是指①委托人委托监理范围以外,通过双方书面协议另外增加的工作内容;②由于委托人或承包人原因,使监理工作受到阻碍或延误,因增加工作量或持续时间而增加的工作。

(9)"工程监理的额外工作"是指政党工作和附加工作以外或非监理人自己的原因而暂停或终止监理业务,其善后工作及恢复监理业务的工作。

(10)"日"是指任何一天零时至第二天零时的时间段。

(11)"月"是指根据公历从一个月份中任何一天开始到下一个月相应日期的前一天的时间段。

第二条 建设工程委托监理合同适用的法律是指国家的法律、行政法规,以及专用条件中议定的部门规章或工程所在地的地方法规、地方规章。

第三条 本合同文件使用汉语语言文字书写、解释和说明。如专用条件约定使用两种以上(含两种)语言文字时,汉语应为解释和说明本合同的标准语言文字。

监理人义务

第四条 监理人按合同约定派出监理工作需要的监理机构及监理人员,向委托人报送委派的总监理工程师及其监理机构主要成员名单、监理规划,完成监理合同专用条件中约定的监理工程范围内的监理业务。在履行合同义务期间,应按合同约定定期向委托人报告监理工作。

第五条 监理人在履行本合同的义务期间,应认真、勤奋地工作,为委托人提供与其水平相适应的咨询意见,公正维护各方面的合法权益。

第六条 监理人使用委托人提供的设施和物品属委托人的财产。在监理工作完成或中止时,应将其设施和剩余的物品按合同约定的时间和方式移交给委托人。

第七条 在合同期内或合同终止后,未征得有关方同意,不得泄露与本工程、本合同业务有关的保密资料。

委托人义务

第八条 委托人在监理人开展监理业务之前应向监理人支付预付款。

第九条 委托人应当负责工程建设的所有外部关系的协调,为监理工作提供外部条件。根据需要,如将部分或全部协调工作委托监理人承担,则应在专用条件中明确委托的工作和相应的报酬。

第十条 委托人应当在双方约定的时间内免费向监理人提供与工程有关的为监理工作所需要的工程资料。

第十一条 委托人应当在专用条款约定的时间内就监理人书面提交并要求作出决定的一切事宜作出书面决定。

第十二条 委托人应当授权一名熟悉工程情况、能在规定时间内作出决定的常驻代表

(在专用条款中约定)，负责与监理人联系。更换常驻代表，要提前通知监理人。

第十三条　委托人应当将授予监理人的监理权利，以及监理人主要成员的职能分工、监理权限及时书面通知已选定的承包合同的承包人，并在与第三人签订的合同中予以明确。

第十四条　委托人应在不影响监理人开展监理工作的时间内提供如下资料：

(1) 本工程合作的原材料、构配件、设备等生产厂家名录。

(2) 提供与本工程有关的协作单位、配合单位的名录。

第十五条　委托人应免费向监理人提供办公用房、通讯设施、监理人员工地住房及合同专用条件约定的设施，对监理人自备的设施结予合理的经济补偿（补偿金额＝设施在工地使用时间占折旧年限的比例×设施原值＋管理费）。

第十六条　根据情况需要，如果双方约定，由委托人免费向监理人提供其他人员，应在监理合同专用条件中予以明确。

监理人权利

第十七条　监理人在委托人委托的工程范围内，享有以下权利：

(1) 选择工程总承包人的建议权。

(2) 选择工程分包人的认可权。

(3) 对工程建设有关事项包括工程规模、设计标准、规划设计、生产工艺设计和使用功能要求，向委托人的建议权。

(4) 对工程设计中的技术问题，按照安全和优化的原则，向设计人提出建议；如果拟提出的建议可能会提高工程造价，或延长工期，应当事先征得委托人的同意。当发现工程设计不符合国家颁布的建设工程质量标准或设计合同约定的质量标准时，监理人应当书面报告委托人并要求设计人更正。

(5) 审批工程施工组织设计和技术方案，按照保质量、保工期和降低成本的原则，向承包人提出建议，并向委托人提出书面报告。

(6) 主持工程建设有关协作单位的组织协调，重要协调事项应当事先向委托人报告。

(7) 征得委托人同意，监理人有权发布开工令、停工令、复工令，但应当事先向委托人报告。如在紧急情况下未能事先报告时，则应在24小时内向委托人作出书面报告。

(8) 工程上使用的材料和施工质量的检验权。对于不符合设计要求和合同约定及国家质量标准的材料、构配件、设备，有权通知承包人停止使用；对于不符合规范和质量标准的工序、分部、分项工程和不安全施工作业，有权通知承包人停工整改、返工。承包人得到监理机构复工令后才能复工。

(9) 工程施工进度的检查、监督权，以及工程实际竣工日期提前或超过工程施工合同规定的竣工期限的签认权。

(10) 在工程施工合同约定的工程价格范围内，工程款支付的审核和签认权，以及工程结算的复核确认权与否决权。未经总监理工程师签字确认，委托人不支付工程款。

第十八条　监理人在委托人授权下，可对任何承包人合同规定的义务提出变更。如果由此严重影响了工程费用或质量、或进度，则这种变更须经委托人事先批准。在紧急情况下未能事先报委托人批准时，监理人所做的变更也应尽快通知委托人。在监理过程中如发现工程承包人人员工作不力，监理机构可要求承包人调换有关人员。

第十九条　在委托的工程范围内，委托人或承包人对对方的任何意见和要求（包括索赔要求），均必须首先向监理机构提出，由监理机构研究处置意见，再同双方协商确定。当委托人和承包人发生争议时，监理机构应根据自己的职能，以独立的身份判断，公正地进行调解。当双方的争议由政府建设行政主管部门调解或仲裁机构仲裁时，应当提供作证的事实材料。

委托人权利

第二十条 委托人有选定工程总承包人，以及与其订立合同的权利。

第二十一条 委托人有对工程规模、设计标准、规划设计、生产工艺设计和设计使用功能要求的认定权，以及对工程设计变更的审批权。

第二十二条 监理人调换总监理工程师须事先经委托人同意。

第二十三条 委托人有权要求监理人提交监理工作、月报及监理业务范围内的专项报告。

第二十四条 当委托人发现监理人员不按监理合同履行监理职责，或与承包人串通给委托人或工程造成损失的，委托人有权要求监理人更换监理人员，直到终止合同并要求监理人承担相应的赔偿责任或连带赔偿责任。

监理人责任

第二十五条 监理人的责任期即委托监理合同有效期。在监理过程中，如果因工程建设进度的推迟或延误而超过书面约定的日期，双方应进一步约定相应延长的合同期。

第二十六条 监理人在责任期内，应当履行约定的义务。如果因监理人过失而造成了委托人的经济损失，应当向委托人赔偿。累计赔偿总额（除本合同第二十四条规定以外）不应超过监理报酬总额（除去税金）。

第二十七条 监理人对承包人违反合同规定的质量要求和完工（交图、交货）时限，不承担责任。因不可抗力导致委托监理合同不能全部或部分履行，监理人不承担责任。但对违反第五条规定引起的与之有关的事宜，向委托人承担赔偿责任。

第二十八条 监理人向委托人提出赔偿要求不能成立时，监理人应当补偿由于该索赔所导致委托人的各种费用支出。

委托人责任

第二十九条 委托人应当履行委托监理合同约定的义务，如有违反则应当承担违约责任，赔偿给监理人造成的经济损失。监理人处理委托业务时，因非监理人原因的事由受到损失的，可以向委托人要求补偿损失。

第三十条 委托人如果向监理人提出赔偿的要求不能成立，则应当补偿由该索赔引起的监理人的各种费用支出。

合同生效、变更与终止

第三十一条 由于委托人或承包人的原因使监理工作受到阻碍或延误，以致发生了附加工作或延长了持续时间，则监理人应当将此情况与可能产生的影响及时通知委托人。完成监理业务的时间相应延长，并得到附加工作的报酬。

第三十二条 在委托监理合同签订后，实际情况发生变化，使得监理人不能全部或部分执行监理业务时，监理人应当立即通知委托人。该监理业务的完成时间应予延长。当恢复执行监理业务时，应当增加不超过42日的时间用于恢复执行监理业务，并按双方约定的数量支付监理报酬。

第三十三条 监理人向委托人办理完竣工验收或工程移交手续，承包和委托人已签订工程保修责任书，监理人收到监理报酬尾款，本合同即终止。保修期间的责任，双方在专用条款中约定。

第三十四条 当事人一方要求变更或解除合同时，应当在42日前通知对方，因解除合同使一方遭受损失的，除依法可以免除责任的外，应由责任方负责赔偿。

变更或解除合同的通知或协议必须采取书面形式，协议未达成之前，原合同仍然有效。

第三十五条 监理人在应当获得报酬之日起30日内仍未收到支付单据，而委托人又未对监理人提出任何书面解释时，或根据第三十三条及第三十四条已暂停执行监理业务时限超过六个月的，监理人可向委托人发出终止合同的通知，发出通知后14日内仍未得到委托人答复，可进一步发出终止合同的通知，如果第二份通知发出后42日内仍未得到委托人答复，可终止合同或自行暂停或继续暂停执行全部或部分监理业务。委托人承担违约责任。

第三十六条 监理人由于非自己的原因而暂停或终止执行监理业务，其善后工作以及恢复执行监理业务的工作，应当视为额外工作，有权得到额外的报酬。

第三十七条 当委任人认为监理人无正当理由而又未履行监理义务时，可向监理人发出指明其未履行义务的通知。若委托人发出通知后21日内没有收到答复，可在第一个通知发出后35日内发出终止委托监理合同的通知，合同即行终止。监理人承担违约责任。

第三十八条 合同协议的终止并不影响各方应有的权利和应当承担的责任。

监理报酬

第三十九条 正常的监理工作、附加工作和额外工作的报酬，按照监理合同专用条件中约定的方法计算，并按约定的时间和数额支付。

第四十条 如果委托人在规定的支付期限内未支付监理报酬，自规定之日起，还应向监理人支付滞纳金。滞纳金从规定支付期限最后一日起计算。

第四十一条 支付监理报酬所采取的货币币种、汇率由合同专用条件约定。

第四十二条 如果委托人对监理人提交的支付通知中报酬或部分报酬项目提出异议，应当在收到支付通知书24小时内向监理人发出表示异议的通知，但委托人不得拖延其他无异议报酬项目的支付。

其他

第四十三条 委托和建设工程监理所必要的监理人员出外考察、材料设备复试，其费用支出经委托人同意的，在预算范围内向委托人实报实销。

第四十四条 在监理业务范围内，如需聘用专家咨询或协助，由监理人聘用的，其费用由监理人承担；由委托人聘用的，其费用由委托人承担。

第四十五条 监理人在监理工作过程中提出的合理化建议，使委托人得到了经济效益，委托人应按专用条件中的约定给予经济奖励。

第四十六条 监理人驻地监理机构及其职员不得接受监理工程项目施工承包人的任何报酬或者经济利益。

监理人不得参与可能与合同规定的与委托人的利益相冲突的任何活动。

第四十七条 监理人在监理过程中，不得泄露委托人申明的秘密，监理人亦不得泄露设计人、承包人等提供并申明的秘密。

第四十八条 监理人对于由其编制的所有文件拥有版权，委托人仅有权为本工程使用或复制此类文件。

争议的解决

第四十九条 因违反或终止合同而引起的对对方损失和损害的赔偿，双方应当协商解决，如未能达成一致，可提交主管部门协调，如仍未能达成一致时，根据双方约定提交仲裁机构仲裁，或向人民法院起诉。

第三部分 专用条件

第二条 本合同适用的法律及监理依据：_____

第四条 监理范围和监理工作内容：_____

第九条 外部条件包括：_____

第十条 委托人应提供的工程资料及提供时间：_____

第十一条 委托人应当在____天内对监理人书面提交并要求作出决定的事宜作出书面答复。

第十二条 委托人的常驻代表为_____

第十五条 委托人免费向监理机构提供如下设施：_____

监理人自备的、委托人给予补偿的设施如下：_____

补偿金额＝_____

第十六条 在监理期间，委托人免费向监理机构提供____名工作人员，由总监理工程师安排其工作，凡涉及服务时，此类职员只应从总监理工程师处接受指示。并免费提供____名服务人员。监理机构应与此类服务的提供者合作，但不对此类人员及其行为负责。

第二十六条 监理人在责任期内如果失职，同意按以下办法承担责任，赔偿损失［累计赔偿额不超过监理报酬总额（扣税）］：

赔偿金＝直接经济损失×报酬比率（扣除税金）

第三十九条 委托人同意按以下的计算方法、支付时间与金额，支付监理人的报酬：_____

委托人同意按以下的计算方法、支付时间与金额，支付附加工作报酬：（报酬＝附加工作日数×合同报酬/监理服务日）_____

委托人同意按以下的计算方法、支付时间与金额，支付额外工作报酬：_____

第四十一条 双方同意用_____支付报酬，按_____汇率计付。

第四十五条 奖励办法：

奖励金额＝工程费用节省额×报酬比率

第四十九条 本合同在履行过程中发生争议时，当事人双方应及时协商解决。协商不成时，双方同意由仲裁委员会仲裁（当事人双方不在合同中约定仲裁机构，事后又未达成书面仲裁协议的，可向人民法院起诉）。

附加协议条款：_____

2.6.2 操作实例

【实例2-6-1】 某工程监理合同。

第一部分　建设工程委托监理合同（略）

第二部分　标准条件（略）

第三部分　专用条件

第二条　本合同适用的法律及监理依据：

《中华人民共和国建筑法》、《中华人民共和国合同法》；国家计委《工程建设监理规定》；国家物价局、建设部（92）价费字479号文《工程建设监理费用有关规定的通知》；《××省工程建设管理条例》；《××省监理实施细则》和省、市建委发布的建设监理的规定及国家和地方现行的其他有关法律、法规；本工程项目的上级各部门的批准文件；建筑安装工程的标准、规范和规程；工程设计文件以及设计变更；工程承包合同及协议等。

第四条　监理范围和监理工作内容：

（一）监理范围：桩基、土建安装工程施工阶段及保修阶段全过程监理，对工程进行投资、工期、质量三控制和合同、信息管理、组织协调施工现场各方关系及安全生产监督等。

（二）监理工作内容：

1. 由总监主持编写监理规划并及时报委托人审批；
2. 协助委托人与施工单位签订施工承包合同；
3. 协助委托人做好开工前的准备工作；
4. 审查施工组织设计，对工程进度严格控制；
5. 审定施工单位的施工组织计划，并编写有针对性的监理细则；
6. 协调各施工单位各工种间的配合；
7. 参与有关材料、设备供货厂家的考察及订货；核验其合格证、质保书及试验报告等；核定施工单位开具的材料设备清单，检查工程所用材料、构件、设备的规格、质量、数量，并对质量有疑问的材料，采取实物抽样复试，不合格的材料不得用于工程。材料的价格控制，乙购材料、设备价格需签证；
8. 主持工程图纸会审、设计交底，确认工程设计变更及签证、核定工程量，且每周定期主持召开监理例会，并整理会议纪要；
9. 做好现场旁站，督促工程施工进度。负责检查工程质量，采取实物见证送样，抽验数据并记录；
10. 组织工程初验，并提出整改意见报委托人；参与工程竣工验收，并由总监签署竣工报告；
11. 督促履行工程承包合同，主持协商合同条款变更，调解合同双方的争议；
12. 根据合同付款办法，由总监出具工程付款签证；定期报送监理月报，记录监理日志；根据情况需要，不定期出具监理业务范围内的专项报告（包括质量分析报告）；

13. 按月核定工程变更工程量及价款，并于每月20日前书面报送委托人确认；

14. 对施工决算及施工图的初审并负责核对竣工图并签字盖章；

15. 完善监理资料，建立监理工作台账制度；

16. 负责监督检查工程的文明施工和安全防护；

17. 切实做好"三控、两管、一协调"。

第九条 外部条件包括：

委托人负责与主管部门、规划、环保等管理部门的关系协调，以确保施工的正常进行。

委托人负责本工程项目的可行性研究及报批；工程用地的征用与拆迁；场地"三通一平"工作；确定设计单位并完成方案和施工图的设计；完成标底的计算与确定；施工占地的申请与报批，以及与建设主管部门、当地质量监督部门、招标办、工商局、消防、交通管理、供水、供电等部门的关系沟通等。

第十条 委托人应提供的工程资料及提供时间：

1. 开工前提供本工程项目批文及《建设工程规划许可证》；

2. 在本合同签订的一周内委托人提供工程地质勘察报告；

3. 在施工前提供与设计、施工单位和材料、设备供货单位签订的合同文件附件。

第十一条 委托人应当在 __7__ 天内对监理人书面提交并要求作出决定的事宜作出书面答复。

第十二条 委托人的常驻代表为<u>李三</u>。

第十五条 委托人免费向监理机构提供如下设施：

办公及住宿房各一间，电话机一部（话费自理），办公桌椅等必要设施。

监理人自备的、委托人给予补偿的设施如下：__/__

补偿金额 = __/__

第十六条 在监理期间，委托人免费向监理机构提供 __/__ 名工作人员，由总监理工程师安排其工作，凡涉及服务时，此类职员只应从总监理工程师处接受指示。并免费提供 __/__ 名服务人员。监理机构应与此类服务的提供者合作，但不对此类人员及其行为负责。

第二十六条 监理人在责任期内如果失职，同意按以下办法承担责任，赔偿损失［累计赔偿额不超过监理报酬总额（扣税）：

赔偿金 = 直接经济损失×报酬比率（扣除税金）

第三十九条 委托人同意按以下的计算方法、支付时间与金额，支付监理人的报酬：

委托人同意按以下的计算方法、支付时间与金额，支付附加工作报酬：（报酬 = 附加工作日数×合同报酬/监理服务日）

委托人同意按以下的计算方法、支付时间与金额，支付额外工作报酬：

本工程监理酬金，按照国家物价局和建设部（92）价费字479号文的规定计收，5000万元$\leq M <10000$万元，取费率b：为$1.20\% < b \leq 1.4\%$。

1. 本工程监理酬金：本工程暂定监理费为工程概算价9200万元（暂定）×费率 = 元人民币，最后实际监理费以施工单位报送委托人审计后的结算价为计费基数，按投标报价时所报的费率进行计算。

2. 监理费酬金支付如下：按形象进度付款，±0.000 以下完成并完善施工资料后支付合同价款的20%，主体完成并完善施工资料后支付合同价款的20%，工程竣工验收合格并完善施工资料后支付合同价款的30%，审计完成，资料归档半年内付清余款。

监理费中已包括了为实施和完成本项目全部监理咨询工作所需的全部费用：监理成本、税金和利润（包括办公及检测仪器费、工资、加班费、食宿、通讯、交通及其他后勤保障）。

第四十一条　双方同意用人民币支付报酬，按　／　汇率计付。

第四十五条　奖励办法：

奖励金额＝工程费用节省额×报酬比率

监理人有义务提请委托人注意图纸中的错误及功能上的不完善部分，并提出合理化建议。若监理人或个人在审查设计方案或施工图以及施工组织设计时提供合理化建议，已经采纳，委托人按工程费用节省额给予监理人或个人奖励，奖励金额＝工程费用节省额×报酬比率。如造成委托人损失，罚款为修改工程费用的5%（以此项修改工程费用总额（扣除税金）为限）。

第四十九条　本合同在履行过程中发生争议时，当事人双方应及时协商解决。协商不成时，双方同意由仲裁委员会仲裁（当事人双方不在合同中约定仲裁机构，事后又未达成书面仲裁协议的，可向人民法院起诉）。

附加协议条款：

1. 投标人应充分考虑监理人员的组成，确保总监驻现场每天不少于8小时，每周不少于5天的承诺，违反承诺按1000元（人民币）/天处罚。

2. 经过考察的总监和各专业非可兼监理人员不得变更，否则将在阶段监理费用中按2万元/人次扣除。投标文件中承诺的监理工程师资质与事实不符的，按不符的人数，每人扣减3000元监理费，并更换监理工程师，更换后的监理工程师应满足招标文件要求，更换后仍然不能满足招标文件要求的，委托人有权单方解除合同。监理人更换总监理工程师或监理工程师须事先征得委托人书面同意，否则总监理工程师每次更换，扣减10000元监理费，监理工程师每人每次更换，扣减3000元监理费。监理人未经委托人同意擅自更换人员后，人员资质不能满足招标文件要求的，委托人有权单方解除合同。

3. 合同双方为各自现场人员人身安全投保，以防意外安全事故发生。

4. 任何需委托人决定的事项，监理人必须事先提出书面报告，特殊情况下可口头请示并在72小时内补写书面报告，委托人须在收到报告后48小时内答复，否则视为委托人许可。

5. 在监理人行使职权的24小时前，委托人对监理人的授权应以书面形式通知本工程的承包人，同时抄送监理人，并在授权范围内支持监理工程师工作。

6. 委托人对该工程施工监理范围内任何工程款的支付，须持有总监的付款签证后，并经委托人审核同意方予以支付。

7. 所有修改变更、月工程形象进度核定及主材消耗量，均应在每月30日前核报委托人，并作为结算资料。

8. 每月进场的地材数量和质量应及时检查核定后报委托人。

9. 所有关键事宜，如对投资、质量、工期有重大影响的签证文件，必须由总监审定和签发，并经委托人代表同意，否则委托人有权对监理人进行罚款（5000元/次）。

10. 因监理人对工期控制不严，使本工程在规定的时间内不能竣工，每延误一天按监理费的1%向委托人支付违约金。非监理人原因，工期延误的除外。

11. 隐蔽工程及重要部位施工时，旁站监理人员必须保证跟班监理并做好监理检测记录和抽检试验记录。委托人在查看现场时如发现施工现场无旁站监理人员，委托人有权对监理人进行相应的经济处罚（1000元/次）并要求更换人员。

12. 竣工决算初审与终审差额≥10%，扣除总监理费用的4%。

13. 现场监理办公室备有混凝土回弹仪，监理人员必须对浇筑的每层混凝土（含地下室及桩基）及时进行回弹，并及时将记录备案和汇报给委托人。在施工招标阶段或工程开工前，总监理工程师应组织测量专业监理人员对委托人提供的勘察单位的地形测量资料进行审查，使用自备仪器按一定的比例随机抽点复核地形图的准确性，并就地形图的可靠性、真实性和存在的问题等向委托人提交书面意见和建议。现场监理工程师应使用自备仪器独立测量，复核承包单位报送的控制桩的校核成果、控制桩的保护措施以及平面控制网、高程控制网和临时水准点的测量成果，保证测量精度。检测仪器及设备等未按投标文件承诺的数量、规格、时间进场的，每件每日扣减1000元监理费。检测仪器及设备等在监理责任期间，不能保持良好运作性能的，应及时更换，否则每件每天扣减1000元监理费。

14. 监理周期即国家定额工期内完成本工程，不考虑监理费用调整；由于非委托人的原因（含设计院）而造成的工期拖延，监理费用不增加。

15. 所有资料及结算审核交付委托人后，视为完成监理工作内容。

16. 施工招标阶段或工程开工前，总监理工程师应组织各专业监理人员对工程设计文件进行详细的审查。重点审查各专业施工图纸出现遗漏、缺项、错误以及各专业施工图之间相互矛盾的问题，并就存在的问题分类列出，向委托人提出书面意见和建议。保证施工过程中能按图施工，最大限度地减少施工过程中的设计变更。施工过程中监理人应根据基础工程的实际施工情况，复核勘察资料的真实性，并每月向委托人上报勘察成果的复核情况。对工程勘察费的支付签署意见。未尽监理职责，对勘察人提供虚假或错误勘察资料而未发现或未提出意见的，扣减5000元监理费。

17. 未能在相应工程项目开工前组织施工图纸会审或审查承包单位报送的施工组织设计（方案）的，扣减3000元监理费。

18. 怠于履行工程质量控制监理工作，导致工程施工出现工程质量事故的，每次扣减10000元监理费。

19. 对工程计量、现场签证及工程进度款支付出现较大错误的，每次扣减5000元监理费。

20. 未按时提交监理月报、监理总结、质量评估报告的，扣减5000元监理费。

21. 利用监理职权谋取任何不正当利益，包括无偿使用承包人提供的工作、生活、娱乐设施等，每发现一次扣减5000元监理费。

2.6.3 老造价工程师的话

老造价工程师的话 15	工程监理合同操作要点

(1) 避免监理范围大而笼统，界定不清。

在签订合同时，一定要把工程项目写清楚，一是一，二是二，千万不要因为一字之差，使索赔监理费无着。当然，如果业主没想到或故意不写的项目，监理要善意地提醒他。只要没有"及其"、"等"之类字眼，监理公司就有了日后索赔的条件。如某项目，锅炉房工程并没有在监理范围内表示出来，但因有"××等"的字眼，就很难界定监理范围内含不含锅炉房项目。

(2) 工程实际建筑面积大于合同约定面积。

有的业主为了压低监理费，在签订合同时有意压低建筑面积，少写工程投资。作为监理方，既要看合同，又要看实量，依照合同范围内工程量约定的收费比例，有根据地向业主索赔。如某项目，实际面积比合同面积多了3000多平米，多出合同面积的的17%，工程造价相应超过了合同约定数。

(3) 工期延长时要约定是否有报酬。

一些合同只约定"由于非监理的原因合同期（工期）可以延长"，但没有约定在延长期内对监理的劳动报酬。在监理合同中，通常应约定监理合同有效期（一般与施工合同工期相同）和由于非监理的原因导致停工或工期延长时监理的权利义务。在工程建设过程中，也时常发生因业主资金不到位以及设计、材料、地方关系协调等意外情况，使工期拖延甚至停工。但此时，监理方工程师不可能立即离场，这就无形中加大了监理公司的成本，使原本有利可图的监理项目变成无利可图甚至赔本。因此在签订监理合同时，应注明合同有效期，以及非监理的原因导致工程延期或停工时，对监理人员报酬的补偿办法。

(4) 约定合同款增加，监理费是否增加。

对因重大设计变更而增加的工程量，在监理合同中宜有监理费的补偿办法。

(5) 注意积累合理化建议奖资料。

在承担监理项目中，监理合同一般都有"因监理单位的合理化建议使业主节省建设资金时，业主给监理公司一定比例的奖励"的条款。在项目实际中，监理公司要注意保存相关原始资料，以便向业主索赔时提供依据。

2.7 建筑施工物资租赁合同

【能力等级】☆
【适用单位】施工单位

2.7.1 工作表格、数据、资料

【依据2-7-1】建筑施工物资租赁合同示范文本。

建筑施工物资租赁合同（示范文本）

合同编号：_____ 出租人：_____ 签订地点：_____

承租人：_____ 签订时间：____年__月__日

根据《中华人民共和国合同法》的有关规定，按照平等互利的原则，为明确出租人与承租人的权利义务，经双方协商一致，签订本合同。

第一条 租赁物资的品名、规格、数量、质量（详见合同附件）：_____
_____

第二条 租赁物资的用途及使用方法：_____
_____

第三条 租赁期限：自____年____月____日至____年____月____日，共计____天。承租人因工程需要延长租期，应在合同届满前____日内，重新签订合同。

第四条 租金、租金支付方式和期限

收取租金的标准：_____

租金的支付方式和期限：_____

第五条 押金（保证金）

经双方协商，出租人收取承租人押金____元。承租人交纳押金后办理提货手续。租赁期间不得以押金抵作租金；租赁期满，承租人返还租赁物资后，押金退还承租人。

第六条 租赁物资交付的时间、地点及验收方法：_____。

第七条 租赁物资的保管与维修

一、承租人对租赁物资要妥善保管。租赁物资返还时，双方检查验收，如因保管不善造成租赁物资损坏、丢失的，要按照双方议定的《租赁物资缺损赔偿办法》，由承租人向出租人偿付赔偿金。

二、租赁期间，租赁物资的维修及费用由_____人承担。

第八条 出租人变更

一、在租赁期间，出租人如将租赁物资所有权转移给第三人，应正式通知承租人，租赁物资新的所有权人即成为本合同的当然出租人。

二、在租赁期间，承租人未经出租人同意，不得将租赁物资转让、转租给第三人使用，也不得变卖或作抵押品。

第九条 租赁期满租赁物资的返还时间为：_____。

第十条 本合同解除的条件：_____。

第十一条 违约责任

一、出租人违约责任：

1. 未按时间提供租赁物资，应向承租人偿付违约期租金_____%的违约金。

2. 未按质量提供租赁物资，应向承租人偿付违约期租金_____%的违约金。

3. 未按数量提供租赁物资，致使承租人不能如期正常使用的，除按规定如数补齐外，还应偿付违约期租金_____%的违约金。

4. 其他违约行为：_____。

二、承租人违约责任：

1. 不按时交纳租金，应向出租人偿付违约期租金_____%的违约金。
2. 逾期不返还租赁物资，应向出租人偿付违约期租金_____%的违约金。
3. 如有转让、转租或将租赁物资变卖、抵押等行为，除出租人有权解除合同，限期如数收回租赁物资外，承租人还应向出租人偿付违约期租金_____%的违约金。
4. 其他违约行为：_____。

第十二条　本合同在履行过程中发生的争议，由双方当事人协商解决；也可由当地工商行政管理部门调解；协商或调解不成的，按下列第_____种方式解决：

（一）提交_____仲裁委员会仲裁；

（二）依法向人民法院起诉。

第十三条　其他约定事项：_____。

第十四条　本合同未作规定的，按照《中华人民共和国合同法》的规定执行。

第十五条　本合同一式_____份，合同双方各执_____份。本合同附件_____份都是合同的组成部分，与合同具有同等效力。

出租人		承租人		鉴（公）证意见：
出租人（章）：		承租人（章）：		
住所：		住所：		
法定代表人（签名）：		法定代表人（签名）：		
委托代理人（签名）：		委托代理人（签名）：		
电话：		电话：		
传真：		传真：		
开户银行：		开户银行：		鉴（公）证机关（章）
账号：		账号：		经办人：
邮政编码：		邮政编码：		年　月　日

2.7.2　操作实例

【实例2-7-1】 某工程机械租赁合同。

甲方：××建筑公司

乙方：××设备租赁公司

甲乙双方经友好协商，签订本合同。

一、租机范围及内容

甲方租用乙方钻机两台，乙方根据甲方要求及施工设计图纸进行施工，保证质量、包安全按期完成甲方分配的成孔任务。

二、甲方责任

1. 乙方进场前，做好场地的三通一平；
2. 派张三为驻工地代表，负责现场签证，并协调解决施工中遇到的问题，协调与业主、总包、设计及监理的关系；
3. 协助解决工人住宿。

三、乙方责任

1. 根据施工要求，保证质量、包安全，按甲方要求的工期完成钻孔；
2. 做好施工原始记录；
3. 按照甲方的进度计划施工，服从甲方驻工地代表的管理；
4. 严格把好质量关，如因乙方施工原因造成工程质量不合格，乙方必须返工，费用自理；
5. 严格按照操作规程进行作业，确保施工安全，如发生安全事故，乙方负责解决，费用由乙方承担。

四、质量标准

按照现行有关规范要求及施工设计图施工。

五、付款及结算方式

1. 成孔按××元/米计价，按实际完成工作量结算。该单价不含税，乙方只向甲方开具收据。成孔用的泥粉及套管由乙方负责承担费用。钻孔穿导墙和旧桩基础时，给予补偿，补偿原则为：甲方与业主协商后，其补偿金额的全部支付给乙方。
2. 乙方全部钻机进场开钻后，甲方按每台钻机壹万元支付预付款。
3. 锚杆施工进度达到50%时，甲方再按乙方已经完成工作量的70%支付进度款。
4. 工程完工后，甲方按乙方完成工作量的70%支付价款，但此时应扣除已经支付的款项。尾款在六个月内结清。
5. 乙方不负责施工用水、电费用，但水、电表由乙方提供并按甲方的要求安装。
6. 未尽事宜，双方协商解决。

本合同自签订之日起生效，至工程结清款项之日失效。

本合同一式四份，甲乙双方各执二份。

甲方签章：×××   乙方签章：×××

时间：××××年××月××日   时间：××××年××月××日

2.7.3 老造价工程师的话

老造价工程师的话16　建设物资租赁合同操作禁忌

（1）出租人提供的租赁合同为格式条款，承租人一般在签订合同时不严格审查违约条款，尤其是没有写明"违约"字样的违约条款。签订合同的当事人往往注意不到条款的细微变化，当承租人面对"巨额"赔偿，往往感觉难以接受。合同双方要高度关注对逾期支付违约金的约定，尽量降低违约金的比例。虽然《合同法》第114条规定，"约定的违约金过分高于造成的损失的，当事人可以请求人民法院或者仲裁机构予以适当减少。"但从目前的司法实践来看，愈来愈多的是倾向于支持合同双方对违约金的约定。

如2003年，某建筑器材加工公司（甲方）与某建设集团公司下属的项目部（乙方）签订了《建筑物资租赁合同》，合同约定甲方向乙方出租模板、钢管、扣件、油托、碗扣等器材。在此租赁合同中，双方约定了两个租金计算方法，首先按合同约定的协商价格计算租金，如果乙方公司未按时给付租金，则按合同的附表重新计算租金。

在合同履行过程中，乙方公司未按时给付租金，故甲方公司另行主张计算租金的方法。乙方公司辩称，租金应该到 2004 年 12 月为止、维修费为 8000 元，但未能提供相关证据证明。此例中，合同条款未写明是违约条款，而是约定当承租人不按时交纳租金时，另行计算租金标准，而按照第二种方法计算的租金竟超出原租金近 6 倍。

（2）出租方拆卸大型建筑器材时发生事故，承租方拒绝给付租金。一般的出租合同中多约定出租方提供符合技术要求、性能安全的租赁设备，并给承租方提供技术指导，因器材质量原因造成的事故责任，由出租方负责。出租方拆卸器材时发生事故责任的承担问题往往在合同中未明确，承租方则当然认为出租方造成的事故，应当赔偿经济损失，而拒绝给付租金。

如 2004 年，一家建筑工程公司的项目经理部（甲方）与一家机械公司（乙方）签订吊篮有偿租用合同，约定甲方因工程需要向乙方租用电动吊篮，合同期限自合同签字盖章后生效，至甲方用完设备，结清款项为止；甲方在使用吊篮过程中，要严格按照吊篮安全操作规程合理使用，甲方负责配合吊篮安装、位移、拆卸和搬运；乙方及时向甲方提供符合技术要求、性能安全可靠的吊篮设备及相关技术资料，如因吊篮设备质量原因造成的事故责任，由乙方负责；甲方在吊篮进场前预付押金 10 万元，全部款项在吊篮退场时一次性付清，吊篮租金每台每天 75 元；合同还对其他条款进行了约定。合同签订后，乙方公司及时向甲方的工地提供了吊篮，吊篮使用到 2004 年 8 月 13 日。甲方支付过部分租金。双方签订了吊篮租赁工程结算书，写明甲方的应付租金为 39.6 余元，已付款 21 万元，尚欠款 18.6 万余元。2006 年 5 月，乙方公司委托律师向甲方公司发出催款函后，甲方公司回函称承认欠款事实，但由于乙方公司拆吊篮时造成施工周边地区停电，受损失单位已到法院起诉，待损失问题解决后再谈支付租金一事。

（3）关于租期届满后租金递增的风险。签订租赁合同时不能仅仅约定一个固定的租期，应写明租期仅为暂定租期，最终以项目的实际工期为准，以规避租期届满后租金递增的风险。

（4）建筑公司不仅应在签订合同时尽量避免签署租赁公司可以暂存物件的条款，在具体履行合同时，尤其是归还周转材料时应明确要求租赁公司出具归还证明，而非物件的暂存单，以免操作人员因不了解暂存和归还的区别而白白支付期间的租金。

（5）关于施工期间灭失或毁损的周转材料，建筑公司应及时向租赁公司进行书面通告知其灭失或毁损的数量以及同意向租赁公司进行赔偿，同时租赁公司不应再计取租金。当然，同时需要准备有关的证明文件以应对租赁公司仍然要求计取这部分的租金，对于灭失的周转材料可以通过向派出所报案形成有效证据，对于损坏的周转材料则可采用拍照或第三方公证等方式固定有效证明。

（6）在租赁合同纠纷诉讼产生之后，建筑公司应首先核对租赁公司所主张的周转材料的数量、租金、租期、未归还数量是否准确，如果数据准确，由于违约金部分和未归还周转材料的租金部分在诉讼期间仍在计取和增加，因此应尽可能在较短时间达成调解，降低损失。

2.8 建筑安装工程分（清）包合同

【能力等级】 ☆☆☆
【适用单位】 施工单位

2.8.1 工作表格、数据、资料

（1）房屋建筑和市政基础设施工程施工分包管理办法

【依据2-8-1】 房屋建筑和市政基础设施工程施工分包管理办法（建设部令第124号）。

第一条　为了规范房屋建筑和市政基础设施工程施工分包活动，维护建筑市场秩序，保证工程质量和施工安全，根据《中华人民共和国建筑法》、《中华人民共和国招标投标法》、《建设工程质量管理条例》等有关法律、法规，制定本办法。

第二条　在中华人民共和国境内从事房屋建筑和市政基础设施工程施工分包活动，实施对房屋建筑和市政基础设施工程施工分包活动的监督管理，适用本办法。

第三条　国务院建设行政主管部门负责全国房屋建筑和市政基础设施工程施工分包的监督管理工作。

县级以上地方人民政府建设行政主管部门负责本行政区域内房屋建筑和市政基础设施工程施工分包的监督管理工作。

第四条　本办法所称施工分包，是指建筑业企业将其所承包的房屋建筑和市政基础设施工程中的专业工程或者劳务作业发包给其他建筑业企业完成的活动。

第五条　房屋建筑和市政基础设施工程施工分包分为专业工程分包和劳务作业分包。

本办法所称专业工程分包，是指施工总承包企业（以下简称专业分包工程发包人）将其所承包工程中的专业工程发包给具有相应资质的其他建筑业企业（以下简称专业分包工程承包人）完成的活动。

本办法所称劳务作业分包，是指施工总承包企业或者专业承包企业（以下简称劳务作业发包人）将其承包工程中的劳务作业发包给劳务分包企业（以下简称劳务作业承包人）完成的活动。

本办法所称分包工程发包人包括本条第二款、第三款中的专业分包工程发包人和劳务作业发包人；分包工程承包人包括本条第二款、第三款中的专业分包工程承包人和劳务作业承包人。

第六条　房屋建筑和市政基础设施工程施工分包活动必须依法进行。

鼓励发展专业承包企业和劳务分包企业，提倡分包活动进入有形建筑市场公开交易，完善有形建筑市场的分包工程交易功能。

第七条　建设单位不得直接指定分包工程承包人。任何单位和个人不得对依法实施的分包活动进行干预。

第八条　分包工程承包人必须具有相应的资质，并在其资质等级许可的范围内承揽业务。

严禁个人承揽分包工程业务。

第九条　专业工程分包除在施工总承包合同中有约定外，必须经建设单位认可。专业分包工程承包人必须自行完成所承包的工程。

劳务作业分包由劳务作业发包人与劳务作业承包人通过劳务合同约定。劳务作业承包人必须自行完成所承包的任务。

第十条　分包工程发包人和分包工程承包人应当依法签订分包合同，并按照合同履行约定的义务。分包合同必须明确约定支付工程款和劳务工资的时间、结算方式以及保证按期支付的相应措施，确保工程款和劳务工资的支付。

分包工程发包人应当在订立分包合同后7个工作日内，将合同送工程所在地县级以上地方人民政府建设行政主管部门备案。分包合同发生重大变更的，分包工程发包人应当自变更后7个工作日内，将变更协议送原备案机关备案。

第十一条　分包工程发包人应当设立项目管理机构，组织管理所承包工程的施工活动。

项目管理机构应当具有与承包工程的规模、技术复杂程度相适应的技术、经济管理人员。其中，项目负责人、技术负责人、项目核算负责人、质量管理人员、安全管理人员必须是本单位的人员。具体要求由省、自治区、直辖市人民政府建设行政主管部门规定。

前款所指本单位人员，是指与本单位有合法的人事或者劳动合同、工资以及社会保险关系的人员。

第十二条　分包工程发包人可以就分包合同的履行，要求分包工程承包人提供分包工程履约担保；分包工程承包人在提供担保后，要求分包工程发包人同时提供分包工程付款担保的，分包工程发包人应当提供。

第十三条　禁止将承包的工程进行转包。不履行合同约定，将其承包的全部工程发包给他人，或者将其承包的全部工程肢解后以分包的名义分别发包给他人的，属于转包行为。

违反本办法第十一条规定，分包工程发包人将工程分包后，未在施工现场设立项目管理机构和派驻相应人员，并未对该工程的施工活动进行组织管理的，视同转包行为。

第十四条　禁止将承包的工程进行违法分包。下列行为，属于违法分包：

（一）分包工程发包人将专业工程或者劳务作业分包给不具备相应资质条件的分包工程承包人的；

（二）施工总承包合同中未有约定，又未经建设单位认可，分包工程发包人将承包工程中的部分专业工程分包给他人的。

第十五条　禁止转让、出借企业资质证书或者以其他方式允许他人以本企业名义承揽工程。

分包工程发包人没有将其承包的工程进行分包，在施工现场所设项目管理机构的项目负责人、技术负责人、项目核算负责人、质量管理人员、安全管理人员不是工程承包人本单位人员的，视同允许他人以本企业名义承揽工程。

第十六条　分包工程承包人应当按照分包合同的约定对其承包的工程向分包工程发包人负责。分包工程发包人和分包工程承包人就分包工程对建设单位承担连带责任。

第十七条　分包工程发包人对施工现场安全负责，并对分包工程承包人的安全生产进行管理。专业分包工程承包人应当将其分包工程的施工组织设计和施工安全方案报分包工程发包人备案，专业分包工程发包人发现事故隐患，应当及时作出处理。

分包工程承包人就施工现场安全向分包工程发包人负责，并应当服从分包工程发包人对施工现场的安全生产管理。

第十八条　违反本办法规定，转包、违法分包或者允许他人以本企业名义承揽工程的，按照《中国人民共和国建筑法》、《中华人民共和国招标投标法》和《建设工程质量管理条例》的规定予以处罚；对于接受转包、违法分包和用他人名义承揽工程的，处1万元以上3万元以下的罚款。

第十九条　未取得建筑业企业资质承接分包工程的，按照《中华人民共和国建筑法》第六十五条第三款和《建设工程质量管理条例》第六十条第一款、第二款的规定处罚。

第二十条　本办法自2004年4月1日起施行。原城乡建设环境保护部1986年4月30日发布的《建筑安装工程总分包实施办法》同时废止。

（2）示范文本

1）专业分包合同

【依据2－8－2】建设工程施工专业分包合同示范文件（GF－2003－0213）。

第一部分　协议书

承包人（全称）：

分包人（全称）：

依照《中华人民共和国合同法》、《中华人民共和国建筑法》及其他有关法律、行政法规，遵循平等、自愿、公平和诚实信用的原则，鉴于_____（以下简称为"发包人"）与承包人已经签订施工总承包合同（以下称为"总包合同"），承包人和分包人双方就分包工程施工事项经协商达成一致，订立本合同。

一、分包工程概况

分包工程名称：_____

分包工程地点：_____

分包工程承包范围：_____

二、分包合同价款

大写：人民币_____元；

小写：_____元。

三、工期

开工日期：本分包工程定于____年____月____日开工；

竣工日期：本分包工程定于____年____月____日竣工；

合同工期总日历天数为：____天。

四、工程质量标准

本分包工程质量标准双方约定为：_____

五、组成分包合同的文件包括：_____

1. 本合同协议书；

2. 中标通知书（如有时）；

3. 分包人的报价书；

4. 除总包合同工程价款之外的总包合同文件；

5. 本合同专用条款；

6. 本合同通用条款；

7. 本合同工程建设标准、图纸及有关技术文件；

8. 合同履行过程中，承包人和分包人协商一致的其他书面文件。

六、本协议书中有关词语的含义与本合同第二部分《通用条款》中分别赋予它们的定义相同。

七、分包人向承包人承诺，按照合同约定的工期和质量标准，完成本协议书第一条约定的工程（以下简称为"分包工程"），并在质量保修期内承担保修责任。

八、承包人向分包人承诺，按照合同约定的期限和方式，支付本协议书第二条约定的合同价款（以下简称"分包合同价"），以及其他应当支付的款项。

九、分包人向承包人承诺，履行总包合同中与分包工程有关的承包人的所有义务，并与承包人承担履行分包工程合同以及确保分包工程质量的连带责任。

十、合同的生效

合同订立时间：_____年_____月_____日；

合同订立地点：_____

本合同双方约定_____后生效。

承包人：（公章）　　　　　　分包人：（公章）

住所：　　　　　　　　　　　住所：

法定代表人：　　　　　　　　法定代表人：

委托代理人：　　　　　　　　委托代理人：

电话：　　　　　　　　　　　电话：

传真：　　　　　　　　　　　传真：

开户银行：　　　　　　　　　开户银行：

账号：　　　　　　　　　　　账号：

邮政编码：　　　　　　　　　邮政编码：

第二部分　通用条款

一、词语定义及合同文件

1. 词语定义

下列词语除专用条款另有约定外，应具有本条款所赋予的定义：

1.1 通用条款：是根据法律、行政法规规定及建设工程施工的需要订立，通用于分包工程施工的条款。

1.2 专用条款：是承包人与分包人根据法律、行政法规规定，结合具体工程实际，经协商达成一致意见的条款，是对通用条款的具体化、补充或修改。

1.3 发包人：指在总包合同协议书中约定的具有工程发包主体资格和支付工程价款能力的当事人，以及取得该当事人资格的合法继承人。

1.4 承包人：指在总包合同协议书中约定的，被发包人接受的具有工程施工总承包主体资格的当事人，以及取得该当事人资格的合法继承人。

1.5 分包人：指在本分包合同协议书中约定的，被承包人接受的具有分包该工程资格的当事人，以及取得该当事人资格的合法继承人。

1.6 总包工程：指由发包人和承包人在总包合同协议书中约定的承包范围内的工程。

1.7 分包工程：指由承包人和分包人在本合同协议书中约定的分包范围内的工程。

1.8 工程师：指在总包合同中约定的由工程监理单位委派的工程师或发包人指定的履行总包合同的代表，其具体身份和职权由发包人和承包人在总包合同专用条款中约定。

1.9 项目经理：指承包人在总包合同专用条款和本合同专用条款中指定的负责施工管理、履行总包合同及本合同的代表。

1.10 分包项目经理：指由分包人在分包合同专用条款中指定的负责施工管理和履行分包合同的代表。

1.11 总包合同：指发包人与承包人之间签订的施工总承包合同，由协议书、通用条款和专用条款组成。

1.12 总包合同条款：指中华人民共和国建设部和国家工商行政管理局于1999年修订印发的《建设工程施工合同文本》（建建［1999］313号）中的施工合同通用条款，以及经发包人和承包人协商一致的专用条款。

1.13 分包合同：指承包人和分包人之间签订的施工专业分包合同，由协议书、通用条款和专用条款组成。

1.14 工程建设标准：指与分包工程相关的工程建设标准，以及经承包人确认的，对工程建设标准进行的任何修改或增补。

1.15 图纸：指由承包人提供的符合总包合同要求及分包合同需要的所有图纸、计算书、配套说明以及相关的技术资料。

1.16 报价书：指由分包人根据分包合同的规定，为完成分包工程，向承包人提出的分包合同报价。在承包人采用招标方式确定分包人时，该报价书应与中标通知书中的中标价格一致。

1.17 中标通知书：指由承包人发出的确定分包人中标的通知。

1.18 开工日期：指承包人和分包人在本合同协议书中约定的，分包人开始施工的绝对或相对的日期。

1.19 竣工日期：指承包人和分包人在本合同协议书中约定的，分包人完成分包工程的绝对或相对的日期。

1.20 合同价款：指承包人与分包人在本合同协议书中约定，承包人用以支付分包人按照分包合同完成分包范围内全部工程并承担质量保修责任的款项。

1.21 追加合同价款：指在分包合同履行过程中发生需要增加合同款项的情况，经承包人确认后，按双方约定的计算合同价款的方法增加的合同价款。

1.22 施工场地：指由承包人提供的用于分包工程施工的场所，以及承包人在现场总平面图中具体指定的供分包人施工使用的任何其他场所。

1.23 书面形式：指分包合同、信件和数据电文（包括电报、电传、传真、电子数据交换和电子邮件）等可以有形地表现所载内容的形式。

1.24 违约责任：指合同一方不履行合同义务或履行合同义务不符合约定内容，所应承担的责任。

1.25 索赔:指在合同履行过程中,对于并非自己的过错,而是应由对方承担责任的情况造成的实际损失,向对方提出经济补偿和(或)工期顺延的要求。

1.26 不可抗力:指不能预见、不能避免并不能克服的客观情况。

1.27 小时或天:本合同中规定按小时计算时间的,从事件有效开始时计算(不扣除休息时间);规定按天计算时间的,开始当天不计入,从次日开始计算。时限的最后一天是休息日或者其他法定节假日的,以休息日或节假日次日为时限的最后一天,但竣工日期除外。时限的最后一天的截止时间为当日24时。

2. 合同文件及解释顺序

2.1 合同文件应能互相解释,互为说明。除本合同专用条款另有约定外,组成本合同的文件及优先解释顺序如下:

(1) 本合同协议书;
(2) 中标通知书(如有时);
(3) 分包人的投标函及报价书;
(4) 除总包合同工程价款之外的总包合同文件;
(5) 本合同专用条款;
(6) 本合同通用条款;
(7) 本合同工程建设标准、图纸;
(8) 合同履行过程中,承包人和分包人协商一致的其他书面文件。

2.2 当合同文件内容出现含糊不清或不相一致时,应在不影响工程正常进行的情况下,由分包人和承包人协商解决。双方协商不成时,按本合同通用条款第28条关于争议的约定处理。

3. 语言文字和适用法律、行政法规及工程建设标准

3.1 语言文字

除本合同专用条款中另有约定,本合同文件使用的语言文字应与总包合同文件使用的语言文字相同。

3.2 适用法律和行政法规

除本合同专用条款中另有约定,本合同适用的法律、法规应与总包合同中规定适用的法律、法规相同。需要明示的法律、行政法规在专用条款内约定。

3.3 适用工程建设标准

双方在本合同专用条款内约定适用的工程建设标准的名称;本合同专用条款没有具体约定的,应使用总包合同中所规定的与分包工程有关的工程建设标准。承包人应按本合同专用条款约定的时间向分包人提供一式两份约定的工程建设标准。

本合同中没有相应工程建设标准的,应由承包人按照本合同专用条款约定的时间向分包人提出施工技术要求,分包人按约定的时间和要求提出施工工艺,经承包人确认后执行。

4. 图纸

4.1 承包人应按照本合同专用条款约定的日期和套数,向分包人提供图纸。分包人需要增加约定以外图纸套数的,承包人应代为复制,复制费用由分包人承担;如根据总包合同,承包人对工程图纸负有保密义务的,分包人应负责分包工程范围内图纸的保密工作,

分包人的保密义务在分包合同终止后，应当继续履行。

4.2 如分包工程的图纸不能完全满足施工需要，并且承包人委托分包人进行深化施工图设计的，分包人应在其设计资质等级和业务允许的范围内，在原分包工程图纸的基础上，根据国家有关工程建设标准进行深化设计，分包人的深化设计须经过承包人确认后方可进行施工。如分包人不具备相应的设计资质，应由承包人委托具有相应资质的单位进行深化设计。分包人应对自行设计的图纸负有全部的法律责任。

关于承包人委托分包人进行深化施工图设计的范围及发生的费用，双方应在专用条款中约定。

4.3 承包人提供的图纸不能满足分包工程施工需要时，双方在专用条款内约定复制、重新绘制、翻译、购买标准图纸等的责任和费用承担。

二、双方一般权利和义务

5. 总包合同

5.1 分包人对总包合同的了解

承包人应提供总包合同（有关承包工程的价格内容除外）供分包人查阅。当分包人要求时，承包人应向分包人提供一份总包合同（有关承包工程的价格内容除外）的副本或复印件。分包人应全面了解总包合同的各项规定（有关承包工程的价格内容除外）。

5.2 分包人对有关分包工程的责任

除本合同条款另有约定，分包人应履行并承担总包合同中与分包工程有关的承包人的所有义务与责任，同时应避免因分包人自身行为或疏漏造成承包人违反总包合同中约定的承包人义务的情况发生。

5.3 分包人与发包人的关系

分包人须服从承包人转发的发包人或工程师与分包工程有关的指令。未经承包人允许，分包人不得以任何理由与发包人或工程师发生直接工作联系，分包人不得直接致函发包人或工程师，也不得直接接受发包人或工程师的指令。如分包人与发包人或工程师发生直接工作联系，将被视为违约，并承担违约责任。

6. 指令和决定

6.1 承包人指令

就分包工程范围内的有关工作，承包人随时可以向分包人发出指令，分包人应执行承包人根据分包合同所发出的所有指令。分包人拒不执行指令，承包人可委托其他施工单位完成该指令事项，发生的费用从应付给分包人的相应款项中扣除。

6.2 发包人或工程师指令

就分包工程范围内的有关工作，分包人应执行经承包人确认和转发的发包人或工程师发出的所有指令和决定。

7. 项目经理

7.1 项目经理的姓名、职称在本合同专用条款内写明。

7.2 项目经理可授权具体的管理人员行使自己的部分权利，并在认为有必要时可撤回授权，授权和撤回均应提前7天以书面形式通知分包人，委派书及撤回通知作为分包合同的附件。

7.3 承包人所发出的指令、通知，由项目经理（或其授权人）签字后，以书面形式交给分包人，分包项目经理在回执上签署自己的姓名及收到时间后生效。确有必要时，项目经理可发出口头指令，并在48小时内给予书面确认。项目经理在48小时后未予书面确认的，分包人应于承包人发出口头指令后7天内提出书面确认要求，项目经理在分包人提出确认要求后7天内不予答复，应视为分包人要求已被确认。分包人认为承包人指令不合理，应在收到指令后24小时内提出书面申告，承包人在收到分包人申告后24小时内作出修改指令或继续执行原指令的决定，并以书面形式通知分包人。紧急情况下，项目经理可发出要求分包人立即执行的指令，分包人如有异议也应执行。如承包人发出错误的指令，并给分包人造成经济损失的，则承包人应给予分包人相应的补偿，但因分包人违反分包合同引起的损失除外。

7.4 项目经理应按分包合同的约定，及时向分包人提供所需的指令、批准、图纸并履行其他约定的义务，否则分包人应在约定时间后24小时内将具体要求、需要的理由及延误的后果通知承包人，项目经理在收到通知后48小时内不予答复，应承担因延误造成的损失。

7.5 承包人如需更换项目经理，应至少提前7天以书面形式通知分包人，后任继续行使前任的职权，履行前任的义务。

8. 分包项目经理

8.1 分包项目经理的姓名、职称在本合同专用条款内写明。

8.2 分包人依据合同发出的请求和通知，以书面形式由分包项目经理签字后送交项目经理，项目经理在回执上签署姓名和收到的时间后生效。

8.3 分包项目经理按项目经理批准的施工组织设计（或施工方案）和依据分包合同发出的指令组织施工。在情况紧急且无法与项目经理取得联系时，分包项目经理应采取保证人员生命和工程、财产安全的紧急措施，并在采取措施后48小时内向项目经理送交报告。责任在承包人或第三人，由承包人承担由此发生的追加合同价款，相应顺延工期；责任在分包人，由分包人承担费用，不顺延工期。

8.4 分包人如需更换分包项目经理，应至少提前7天以书面形式通知承包人，并征得承包人同意，后任继续行使前任的职权，履行前任的义务。

8.5 承包人可与分包人协商，建议更换其认为不称职的分包项目经理。

9. 承包人的工作

9.1 承包人应按本合同专用条款约定的内容和时间，一次或分阶段完成下列工作：

（1）向分包人提供根据总包合同由发包人办理的与分包工程相关的各种证件、批件、各种相关资料，向分包人提供具备施工条件的施工场地。

（2）按本合同专用条款约定的时间，组织分包人参加发包人组织的图纸会审，向分包人进行设计图纸交底。

（3）提供本合同专用条款中约定的设备和设施，并承担因此发生的费用。

（4）随时为分包人提供确保分包工程的施工所要求的施工场地和通道等，满足施工运输的需要，保证施工期间的畅通。

（5）负责整个施工场地的管理工作，协调分包人与同一施工场地的其他分包人之间的交叉配合，确保分包人按照经批准的施工组织设计进行施工。

（6）承包人应做的其他工作，双方在本合同专用条款内约定。

9.2 承包人未履行前款各项义务,导致工期延误或给分包人造成损失的,承包人赔偿分包人的相应损失,顺延延误的工期。

10. 分包人的工作

10.1 分包人应按本合同专用条款约定的内容和时间,完成下列工作:

(1) 分包人应按照分包合同的约定,对分包工程进行设计(分包合同有约定时)、施工、竣工和保修。分包人在审阅分包合同和(或)总包合同时,或在分包合同的施工中,如发现分包工程的设计或工程建设标准、技术要求存在错误、遗漏、失误或其他缺陷,应立即通知承包人。

(2) 按照本合同专用条款约定的时间,完成规定的设计内容,报承包人确认后在分包工程中使用。承包人承担由此发生的费用。

(3) 在本合同专用条款约定的时间内,向承包人提供年、季、月度工程进度计划及相应进度统计报表。分包人不能按承包人批准的进度计划施工时,应根据承包人的要求提交一份修订的进度计划,以保证分包工程如期竣工。

(4) 分包人应在专用条款约定的时间内,向承包人提交一份详细施工组织设计,承包人应在专用条款约定的时间内批准,分包人方可执行。

(5) 遵守政府有关主管部门对施工场地交通、施工噪声以及环境保护和安全文明生产等的管理规定,按规定办理有关手续,并以书面形式通知承包人,承包人承担由此发生的费用,因分包人责任造成的罚款除外。

(6) 分包人应允许承包人、发包人、工程师及其三方中任何一方授权的人员在工作时间内,合理进入分包工程施工场地或材料存放的地点,以及施工场地以外与分包合同有关的分包人的任何工作或准备的地点,分包人应提供方便。

(7) 已竣工工程未交付承包人之前,分包人应负责已完分包工程的成品保护工作,保护期间发生损坏,分包人自费予以修复;承包人要求分包人采取特殊措施保护的工程部位和相应的追加合同价款,双方在本合同专用条款内约定。

(8) 分包人应做的其他工作,双方在本合同专用条款内约定。

10.2 分包人未履行前款各项义务,造成承包人损失的,分包人赔偿承包人有关损失。

11. 总包合同解除

11.1 如在分包人没有全面履行分包合同义务之前,总包合同解除,则承包人应及时通知分包人解除分包合同,分包人接到通知后应尽快撤离现场。

11.2 因本合同第11.1款原因终止分包合同,分包人可以得到:已完工程价款、分包人员工的遣散费、二次搬运费等补偿。如本合同第11.1款约定的总包合同终止是因为分包人的严重违约,则只能得到已完工程价款补偿。

11.3 在本合同第11.1款解除分包合同的情况下,分包人经承包人同意为分包工程已采购或已运至施工场地的材料设备,应全部移交给承包人,由承包人按本合同专用条款约定的价格支付给分包人。

12. 转包与再分包

12.1 除12.2款规定的情况外,分包人不得将其承包的分包工程转包给他人,也不得将其承包的分包工程的全部或部分再分包给他人。如分包人将其承包的分包工程转包或再分包,将被视为违约,并承担违约责任。

12.2 分包人经承包人同意可以将劳务作业再分包给具有相应劳务分包资质的劳务分包企业。

12.3 分包人应对再分包的劳务作业的质量等相关事宜进行督促和检查，并承担相关连带责任。

三、工期

13. 开工与延期开工

13.1 分包人应当按照本合同协议书约定的开工日期开工。分包人不能按时开工，应当不迟于本合同协议书约定的开工日期前5天，以书面形式向承包人提出延期开工的理由。承包人应当在接到延期开工申请后的48小时内以书面形式答复分包人。承包人在接到延期开工申请后48小时内不答复，视为同意分包人要求，工期相应顺延。承包人不同意延期要求或分包人未在规定时间内提出延期开工要求，工期不予顺延。

13.2 因承包人原因不能按照本合同协议书约定的开工日期开工，项目经理应以书面形式通知分包人，推迟开工日期。承包人赔偿分包人因延期开工造成的损失，并相应顺延工期。

14. 工期延误

14.1 因下列原因之一造成分包工程工期延误，经项目经理确认，工期相应顺延：

(1) 承包人根据总包合同从工程师处获得与分包合同相关的竣工时间延长；

(2) 承包人未按本合同专用条款的约定提供图纸、开工条件、设备设施、施工场地；

(3) 承包人未按约定日期支付工程预付款、进度款，致使分包工程施工不能正常进行；

(4) 项目经理未按分包合同约定提供所需的指令、批准或所发出的指令错误，致使分包工程施工不能正常进行；

(5) 非分包人原因的分包工程范围内的工程变更及工程量增加；

(6) 不可抗力的原因；

(7) 本合同专用条款中约定的或项目经理同意工期顺延的其他情况。

14.2 分包人应在14.1款约定情况发生后14天内，就延误的工期以书面形式向承包人提出报告。承包人在收到报告后14天内予以确认；逾期不予确认也不提出修改意见，视为同意顺延工期。

15. 暂停施工

15.1 发包人或工程师认为确有必要暂停施工时，应以书面形式通过承包人向分包人发出暂停施工指令，并在提出要求后48小时内提出书面处理意见。分包人停工和复工程序以及暂停施工所发生的费用，按总包合同相应条款履行。

16. 工程竣工

16.1 分包人应按照本合同协议书约定的竣工日期或承包人同意顺延的工期竣工。

16.2 因分包人原因不能按照本合同协议书约定的竣工日期或承包人同意顺延的工期竣工的，分包人承担违约责任。

16.3 提前竣工程序按总包合同相应条款履行。

四、质量与安全

17. 质量检查与验收

17.1 分包工程质量应达到本合同协议书和本合同专用条款约定的工程质量标准,质量评定标准按照总包合同相应条款履行。因分包人原因工程质量达不到约定的质量标准,分包人应承担违约责任,违约金计算方法或额度在本合同专用条款内约定。

17.2 双方对工程质量的争议,按照总包合同相应的条款履行。

17.3 分包工程的检查、验收及工程试车等,按照总包合同相应的条款履行。分包人应就分包工程向承包人承担总包合同约定的承包人应承担的义务,但并不免除承包人根据总包合同应承担的总包质量管理的责任。

17.4 分包人应允许并配合承包人或工程师进入分包人施工场地检查工程质量。

18. 安全施工

18.1 分包人应遵守工程建设安全生产有关管理规定,严格按照安全标准组织施工,承担由于自身安全措施不力造成事故的责任和因此发生的费用。

18.2 在施工场地涉及危险地区或需要安全防护措施施工时,分包人应提出安全防护措施,经承包人批准后实施,发生的相应费用由承包人承担。

18.3 发生安全事故,按照总包合同相应条款处理。

五、合同价款与支付

19. 合同价款及调整

19.1 招标工程的合同价款由承包人与分包人依据中标通知书中的中标价格在本合同协议书内约定;非招标工程的合同价款由承包人与分包人依据工程报价书在本合同协议书内约定。

19.2 分包工程合同价款在本合同协议书内约定后,任何一方不得擅自改变。下列三种确定合同价款的方式,双方可在本合同专用条款内约定采用其中一种(应与总包合同约定的方式一致):

(1) 固定价格。双方在本合同专用条款内约定合同价款包含的风险范围和风险费用的计算方法,在约定的风险范围内合同价款不再调整。风险范围以外的合同价款调整方法,应当在专用条款内约定。

(2) 可调价格。合同价款可根据双方的约定而调整,双方在本合同专用条款内约定合同价款调整方法。

(3) 成本加酬金。合同价款包括成本和酬金两部分,双方在本合同专用条款内约定成本构成和酬金的计算方法。

19.3 可调价格计价方式中合同价款的调整因素包括:

(1) 法律、行政法规和国家有关政策变化影响合同价款;

(2) 工程造价管理部门公布的价格调整;

(3) 一周内非分包人原因停水、停电、停气造成停工累计超过8小时;

(4) 双方约定的其他因素。

19.4 分包人应当在19.3款情况发生后10天内,将调整原因、金额以书面形式通知承包人,承包人确认调整金额后作为追加合同价款,与工程价款同期支付。承包人收到通知后10天内不予确认也不提出修改意见,视为已经同意该项调整。

19.5 分包合同价款与总包合同相应部分价款无任何连带关系。

20. 工程量的确认

20.1 分包人应按本合同专用条款约定的时间向承包人提交已完工程量报告,承包人接到报告后7天内自行按设计图纸计量或报经工程师计量。承包人在自行计量或由工程师计量前24小时应通知分包人,分包人为计量提供便利条件并派人参加。分包人收到通知后不参加计量,计量结果有效,作为工程价款支付的依据;承包人不按约定时间通知分包人,致使分包人未能参加计量,计量结果无效。

20.2 承包人在收到分包人报告后7天内未进行计量或因工程师的原因未计量的,从第8天起,分包人报告中开列的工程量即视为被确认,作为工程价款支付的依据。

20.3 分包人未按本合同专用条款约定的时间向承包人提交已完工程量报告,或其所提交的报告不符合承包人要求且未做整改的,承包人不予计量。

20.4 对分包人自行超出设计图纸范围和因分包人原因造成返工的工程量,承包人不予计量。

21. 合同价款的支付

21.1 实行工程预付款的,双方应在本合同专用条款内约定承包人向分包人预付工程款的时间和数额,开工后按约定的时间和比例逐次扣回。

21.2 在确认计量结果后10天内,承包人应按专用条款约定的时间和方式,向分包人支付工程款(进度款)。按约定时间承包人应扣回的预付款,与工程款(进度款)同期结算。

21.3 分包合同约定的工程变更调整的合同价款、合同价款的调整、索赔的价款或费用以及其他约定的追加合同价款,应与工程进度款同期调整支付。

21.4 承包人超过约定的支付时间不支付工程款(预付款、进度款),分包人可向承包人发出要求付款的通知。

21.5 承包人不按分包合同约定支付工程款(预付款、进度款),导致施工无法进行,分包人可停止施工,由承包人承担违约责任。

六、工程变更

22. 工程变更

22.1 分包人应根据以下指令,以更改、增补或省略的方式对分包工程进行变更:

(1) 工程师根据总包合同作出的变更指令。该变更指令由工程师作出并经承包人确认后通知分包人;

(2) 除上述(1)项以外的承包人作出的变更指令。

22.2 分包人不执行从发包人或工程师处直接收到的未经承包人确认的有关分包工程变更的指令。如分包人直接收到此类变更指令,应立即通知项目经理并向项目经理提供一份该直接指令的复印件。项目经理应在24小时内提出关于对该指令的处理意见。

22.3 分包工程变更价款的确定应按照总包合同的相应条款履行。分包人应在工程变更确定后11天内向承包人提出变更分包工程价款的报告,经承包人确认后调整合同价款。

22.4 分包人在双方确定变更后11天内不向承包人提出变更分包工程价款的报告,视为该项变更不涉及合同价款的变更。

22.5 承包人在收到变更分包工程价款报告之日起17天内予以确认,无正当理由逾期未予确认时,视为该报告已被确认。

七、竣工验收及结算

23. 竣工验收

23.1 分包工程具备竣工验收条件的，分包人应向承包人提供完整的竣工资料及竣工验收报告。双方约定由分包人提供竣工图的，应在专用条款内约定提交日期和份数。

23.2 承包人应在收到分包人提供的竣工验收报告之日起3日内通知发包人进行验收，分包人应配合承包人进行验收。根据总包合同无需由发包人验收的部分，承包人应按照总包合同约定的验收程序自行验收。发包人未能按照总包合同及时组织验收的，承包人应按照总包合同规定的发包人验收的期限及程序自行组织验收，并视为分包工程竣工验收通过。

23.3 分包工程竣工验收未能通过且属于分包人原因的，分包人负责修复相应缺陷并承担相应的质量责任。

23.4 分包工程竣工日期为分包人提供竣工验收报告之日。需要修复的，为提供修复后竣工报告之日。

24. 竣工结算及移交

24.1 分包工程竣工验收报告经承包人认可后14天内，分包人向承包人递交分包工程竣工结算报告及完整的结算资料，双方按照本合同协议书约定的合同价款及本合同专用条款约定的合同价款调整内容，进行工程竣工结算。

24.2 承包人收到分包人递交的分包工程竣工结算报告及结算资料后28天内进行核实，给予确认或者提出明确的修改意见。承包人确认竣工结算报告后7天内向分包人支付分包工程竣工结算价款。分包人收到竣工结算价款之日起7天内，将竣工工程交付承包人。

24.3 承包人收到分包人竣工结算报告及结算资料后28天内无正当理由不支付工程竣工结算价款，从第29天起按分包人同期向银行贷款利率支付拖欠工程价款的利息，并承担违约责任。

25. 质量保修

25.1 在包括分包工程的总包工程竣工交付使用后，分包人应按国家有关规定对分包工程出现的缺陷进行保修，具体保修责任按照分包人与承包人在工程竣工验收之前签订的质量保修书执行。

八、违约、索赔及争议

26. 违约

26.1 当发生下列情况之一时，视为承包人违约：

（1）本合同通用条款第21.5款提到的承包人不按分包合同的约定支付工程预付款、工程进度款，导致施工无法进行；

（2）本合同通用条款第24.3款提到的承包人不按分包合同的约定支付工程竣工结算价款；

（3）承包人不履行分包合同义务或不按分包合同约定履行义务的其他情况。

承包人承担违约责任，赔偿因其违约给分包人造成的经济损失，顺延延误的工期。双方在本合同专用条款内约定承包人赔偿分包人损失的计算方法或承包人应当支付违约金的数额。

26.2 当发生下列情况之一时，视为分包人违约：

（1）本合同通用条款第5.3款提到的如分包人与发包人或工程师发生直接工作联系；

（2）本合同通用条款第 12.1 款提到的分包人将其承包的分包工程转包或再分包；

（3）本合同通用条款第 16.2 款提到的因分包人原因不能按照本合同协议书约定的竣工日期或承包人同意顺延的工期竣工的；

（4）本合同通用条款第 17.1 款提到的因分包人原因工程质量达不到约定的质量标准；

（5）分包人不履行分包合同义务或不按分包合同约定履行义务的其他情况。

分包人承担违约责任，赔偿因其违约给承包人造成的经济损失。双方在本合同专用条款内约定分包人赔偿承包人损失的计算方法或分包人应当支付违约金的数额。

26.3 分包人违反本合同可能产生的后果

如分包人有违反分包合同的行为，分包人应保障承包人免于承担因此违约造成的工期延误、经济损失及根据总包合同承包人将负责的任何赔偿费，在此情况下，承包人可从本应支付分包人的任何价款中扣除此笔经济损失及赔偿费，并且不排除采用其他补救方法的可能。

27. 索赔

27.1 当一方向另一方提出索赔时，要有正当的索赔理由，且有索赔事件发生时的有效证据。

27.2 承包人未能按分包合同的约定履行自己的各项义务或发生错误以及应由承包人承担责任的其他情况，造成工期延误和（或）分包人不能及时得到合同价款或分包人的其他经济损失，分包人可按总包合同约定的程序以书面形式向承包人索赔。

27.3 在分包工程施工过程中，如分包人遇到不利外部条件等根据总包合同可以索赔的情况，分包人可按照总包合同约定的索赔程序通过承包人提出索赔要求。在承包人收到分包人索赔报告后 21 天内给予分包人明确的答复，或要求进一步补充索赔理由和证据。索赔成功后，承包人应将相应部分转交分包人。

分包人应按照总包合同的规定及时向承包人提交分包工程的索赔报告，以保证承包人可以及时向发包人进行索赔。承包人在 35 天内未能对分包人的索赔报告给予答复，视为分包人的索赔报告已经得到批准。

27.4 承包人根据总包合同的约定向工程师递交任何索赔意向通知或其他资料，要求分包人协助时，分包人应就分包工程方面的情况，以书面形式向承包人发出相关通知或其他资料以及保持并出示同期施工记录，以便承包人能遵守总包合同有关索赔的约定。

分包人积极配合，使得承包人涉及到分包工程的索赔未获成功，则承包人可在按分包合同约定应支付给分包人的金额中扣除上述本应获得的索赔款项中适当比例的部分。

28. 争议

28.1 承包人分包人在履行合同时发生争议，可以和解或者要求有关部门调解。当事人不愿和解、调解或者和解、调解不成的，双方可以在本合同专用条款内约定以下一种方式解决争议：

（1）双方达成仲裁协议，向约定的仲裁委员会申请仲裁；

（2）向有管辖权的人民法院起诉。

28.2 发生争议后，除非出现下列情况，双方应继续履行合同，保持分包工程施工连续，保护好已完工程：

（1）单方违约导致合同确已无法履行，双方协议停止施工；

(2) 调解要求停止施工，且为双方接受；
(3) 仲裁机构要求停止施工；
(4) 法院要求停止施工。

九、保障、保险及担保

29. 保障

29.1 除应由承包人承担的风险外，分包人应保障承包人免于承受在分包工程施工过程中及修补缺陷引起的下列损失、索赔及与此有关的索赔、诉讼、损害赔偿：
(1) 人员的伤亡；
(2) 分包工程以外的任何财产的损失或损害。
上列损失应由造成损失的责任方承担。

29.2 承包人应保障分包人免于承担与下列事宜有关的索赔、诉讼、损害赔偿费、诉讼费、指控费和其他开支：
(1) 按分包合同约定，实施和完成分包合同以及保修过程当中所导致的无法避免的对财产的损害；
(2) 由于发包人、承包人或其他分包商的行为或疏忽造成的人员伤亡或财产损失或损害，或与此相关的索赔、诉讼等。
上列损失应由造成损失的责任方承担。

30. 保险

30.1 承包人应为运至施工场地内用于分包工程的材料和待安装设备办理保险。发包人已经办理的保险视为承包人办理的保险。

30.2 分包人必须为从事危险作业的职工办理意外伤害保险，并为施工场地内自有人员生命财产和施工机械设备办理保险，支付保险费用。

30.3 保险事故发生时，承包人分包人均有责任尽力采取必要的措施，防止或者减少损失。

30.4 具体投保内容和相关责任，承包人分包人在本合同专用条款内约定。

31. 担保

31.1 如分包合同要求承包人向分包人提供支付担保时，承包人应与分包人协商担保方式和担保额度，在本合同专用条款内约定。

31.2 如分包合同要求分包人向承包人提供履约担保时，分包人应与承包人协商担保方式和担保额度，在本合同专用条款内约定。

31.3 分包人提供的履约担保，不应超过总包合同中承包人向发包人提供的履约担保的额度。

十、其他

32. 材料设备供应

32.1 有关材料设备供应的数量、程序及责任均按总包合同中发包人与承包人的有关约定履行。

32.2 总包合同约定就分包工程部分由发包人供应的材料设备，视为承包人供应的材料设备。

32.3 除32.2款外的材料设备应由分包人按照本合同专用条款的约定采购，并提供产品合格证明，承包人不得指定生产厂或供应商。

33. 文物

33.1 承包人根据总包合同，应将涉及分包人施工场地以内需要保护的文物或古树名木通知分包人，分包人在施工中应认真保护，需要采取保护措施时，由承包人承担所需费用。

33.2 分包人在其施工场地内发现文物，应采取保护措施，并按照总包合同约定的时间和程序报告承包人。

34. 不可抗力

34.1 不可抗力包括的范围以及事件处理同总包合同相应条款。

34.2 不可抗力事件发生涉及分包人施工场地的，分包人应立即通知承包人，在力所能及的条件下，迅速采取措施，尽力减少损失。

34.3 分包人承担自身的人员和财产的损失。

34.4 因合同一方延迟履行合同后发生不可抗力的，不能免除延迟履行方的相应责任。

35. 分包合同解除

35.1 承包人和分包人协商一致，可以解除分包合同。

35.2 发生本合同通用条款21.5款情况，停止施工超过28天，承包人仍不支付工程款（预付款、进度款），分包人有权解除合同。

35.3 如分包人再分包或转包其承包的工程，承包人有权解除合同。

35.4 有下列情形之一的，承包人分包人可以解除合同：

（1）因不可抗力导致合同无法履行；

（2）因一方违约（包括因发包人原因造成工程停建或缓建）导致合同无法履行。

35.5 分包合同解除程序以及善后处理均按总包合同相应条款履行。

35.6 分包合同解除后，不影响双方在合同中约定的结算条款的效力。

36. 合同生效与终止

36.1 承包人分包人在本合同协议书中约定合同生效方式。

36.2 承包人分包人履行合同全部义务，竣工结算价款支付完毕，分包人向承包人交付竣工的分包工程后，本合同即告终止。

36.3 分包合同的权利义务终止后，承包人分包人应遵循诚实信用原则，履行通知、协助、保密等义务。

37. 合同份数

37.1 本合同正本两份，具有同等效力，由承包人分包人分别保存一份。

37.2 本合同副本份数，由双方根据需要在本合同专用条款内约定。

38. 补充条款

双方根据有关法律、行政法规规定，结合工程实际，经协商一致后，可对本合同通用条款内容具体化、补充或修改，在本合同专用条款内约定。

<h2 style="text-align:center">第三部分　专用条款</h2>

一、词语定义及合同文件

2. 合同文件及解释顺序

合同文件及解释顺序：＿＿＿＿＿＿＿＿＿＿＿＿＿＿＿＿＿

3. 语言文字和适用法律、行政法规及工程建设标准

3.1 除总包合同文件规定的语言文字外，本合同还使用＿＿＿＿＿语言

3.2 本合同需要明示的法律、行政法规和规章：＿＿＿＿＿＿

3.3 本分包工程适用的工程建设标准：＿＿＿＿＿＿＿＿＿

除以上工程建设标准以外，总包合同中约定的与分包工程相关的工程标准均适用于本分包工程。

承包人向分包人提出施工技术要求的内容和时间＿＿＿＿年＿＿月＿＿日

分包人向承包人提出相应的施工工艺的时间＿＿＿＿年＿＿月＿＿日

4. 图纸

4.1 承包人向分包人提供图纸的日期：＿＿＿＿年＿＿月＿＿日；承包人向分包人提供图纸的套数：＿＿＿＿＿＿＿＿＿＿＿＿＿

4.2 承包人委托分包人进行深化施工图设计的委托范围及费用承担：＿＿＿＿＿＿＿＿＿＿＿＿＿＿＿＿＿＿

4.3 复制、重新绘制、翻译、购买标准图纸的责任和费用承担：＿＿＿＿＿＿＿＿＿＿＿＿＿＿＿＿＿＿＿

4.4 关于使用国外图纸的要求及费用承担：＿＿＿＿＿＿＿＿＿＿

二、双方一般权利和义务

7. 项目经理

姓名：＿＿＿＿＿＿职称：＿＿＿＿＿＿＿（任命书作为分包合同附件）。

8. 分包项目经理

姓名：＿＿＿＿＿＿职称：＿＿＿＿＿＿＿（任命书作为分包合同附件）。

9. 承包人的工作

9.1 承包人应完成下列工作：

（1）向分包人提供施工场地和施工所需的证件、批件的名称和完成时间：＿＿＿＿＿＿＿＿＿＿＿＿＿＿＿＿＿＿＿＿＿＿＿

（2）组织分包人参加发包人会审图纸的时间：＿＿＿＿年＿＿月＿＿日；

向分包人进行设计图纸交底的时间：＿＿＿＿年＿＿月＿＿日。

（3）承包人为本分包工程的实施提供的机械设备和（或）其他设施（如有时），及费用承担：＿＿＿＿＿＿＿＿

（6）双方约定承包人应做的其他工作：＿＿＿＿＿＿＿＿＿＿

10. 分包人的工作

10.1 分包人应完成下列工作：

（2）需完成的设计内容和提交时间：＿＿＿＿＿＿＿＿＿＿＿

（3）分包人应在本合同签定生效后＿＿＿＿＿＿＿＿天内向项目经理提交分包工程总体进度计划。分包人向承包人提交年、季度、月度、周工程进度计划及相应的进度统计报表时间为：＿＿＿＿＿＿＿＿＿＿＿＿

承包人批准工程进度计划的时间：＿＿＿＿年＿＿月＿＿日。

（4）向承包人提交施工组织设计的时间：＿＿年＿月＿日。
承包人批准施工组织设计的时间：＿＿年＿月＿日。
（7）已完工程成品保护的特殊要求及费用承担：＿＿＿＿＿＿＿＿＿＿
（8）双方约定分包人应做的其他工作：＿＿＿＿＿＿＿＿＿＿＿＿＿

三、工期

14. 工期延误

14.1 双方约定工期顺延的其他情况：＿＿＿＿＿＿＿＿＿＿＿

四、质量与安全

17. 质量检查与验收

17.1 双方关于分包工程质量标准的约定：＿＿＿＿＿＿＿＿＿＿＿

五、合同价款与支付

19. 合同价款及其调整

19.2 本合同价款采用＿＿＿＿＿＿＿＿＿＿＿＿种方式确定。
（1）采用固定价格的，合同价款包括的风险范围：＿＿＿＿＿＿＿
风险费用的计算方法：＿＿＿＿＿＿＿＿＿＿
风险范围以外合同价款调整方法为：＿＿＿＿＿＿＿＿＿＿
（2）采用可调价格的，合同价款的调整方法：＿＿＿＿＿＿＿＿＿
（3）采用成本加酬金的，有关成本加酬金的约定为：＿＿＿＿＿＿
＿＿＿＿＿＿
19.3 双方约定合同价款的其他调整因素：＿＿＿＿＿＿＿＿＿＿＿

20. 工程量确认

20.1 分包人向承包人提交已完工程量报告的时间：＿＿＿＿＿＿＿

21. 合同价款的支付

21.1 承包人向分包人预付工程款的时间和数量：＿＿＿＿＿＿扣回时间和比例：＿＿＿＿＿＿＿＿＿＿＿
21.2 承包人向分包人支付工程款（进度款）的时间和方式：＿＿＿＿
＿＿＿＿＿＿

七、竣工验收及结算

23. 竣工验收

23.1 分包人提供竣工图的日期＿＿年＿月＿日。
分包人提供竣工图的份数＿＿＿＿＿＿＿＿份。

八、违约、索赔及争议

26. 违约

26.1 本合同关于承包人违约的具体责任：
（1）本合同通用条款第21.5款约定的承包人违约应承担的违约责任：＿＿＿
＿＿＿＿＿＿
（2）本合同通用条款第24.3款约定的承包人违约应承担的违约责任：＿＿＿
＿＿＿＿＿＿
（3）双方约定的承包人的其他违约责任：＿＿＿＿＿＿＿＿＿＿＿

26.2 本合同关于分包人违约的具体责任：_____
(1) 本合同通用条款第5.3款约定的分包人违约应承担的违约责任：_____
_____
(2) 本合同通用条款第12.1款约定的分包人违约应承担的违约责任：_____
_____
(3) 本合同通用条款第16.2款约定的分包人违约应承担的违约责任：_____
_____
(4) 本合同通用条款第17.1款约定的分包人违约应承担的违约责任：_____
_____
(5) 双方约定的分包人的其他违约责任：_____
28. 争议
28.1 双方约定，在履行分包合同过程中发生争议，双方协商解决或者调解不成时，按下列第_____种方式解决争议：
(1) 将争议提交_____仲裁委员会申请仲裁；
(2) 依法向有管辖权的人民法院提起诉讼。
九、保障、保险及担保
30. 保险
30.1 承包人投保内容和责任：_____
30.2 分包人投保内容和责任：_____
31. 担保
31.1 承包人向分包人提供支付担保，担保方式：_____
担保额度：_____
31.2 分包人向承包人提供履约担保，担保方式：_____
担保额度：_____
十、其他
32. 材料设备供应
32.3 由分包人采购材料设备的约定：_____
37. 合同份数
37.2 双方约定本合同副本_____份，其中，承包人_____份，分包人_____份。
38. 补充条款：_____
2) 劳务分包合同
【依据2-8-3】建设工程施工劳务分包合同示范文本（GF-2003-0214）。
工程承包人（施工总承包人或专业工程承（分）包人）：_____
劳务分包人：_____
依照《中华人民共和国合同法》、《中华人民共和国建筑法》及其他有关法律、行政法规，遵循平等、自愿、公平和诚实信用的原则，鉴于_____（以下简称为"发包人"）与工程承包人已经签订施工总承包合同或专业承（分）包合同（以下称为"总（分）包合同"），双方就劳务分包事项协商达成一致，订立本合同。

1. 劳务分包人资质情况
资质证书号码：_____
发证机关：_____
资质专业及等级：_____
复审时间及有效期：_____
2. 劳务分包工作对象及提供劳务内容
工程名称：_____
工程地点：_____
分包范围：_____
提供分包劳务内容：_____
3. 分包工作期限
开始工作日期：____年__月__日
结束工作日期：____年__月__日
总日历工作天数为：____天
4. 质量标准
工程质量：按总（分）包合同有关质量的约定、国家现行的《建筑安装工程施工及验收规范》和《建筑安装工程质量评定标准》，本工作必达到质量评定____等级。
5. 合同文件及解释顺序
组成本合同的文件及优先解释顺序如下：
（1）本合同；
（2）本合同附件；
（3）本工程施工总承包合同；
（4）本工程施工专业承（分）包合同。
6. 标准规范
除本工程总（分）包合同另有约定外，本合同适用标准规范如下：
（1）_____
（2）_____
7. 总（分）包合同
7.1 工程承包人应提供总（分）包合同（有关承包工程的价格细节除外），供劳务分包人查阅。当劳务分包人要求时，工程承包人应向劳务分包人提供一份总包合同或专业分包合同（有关承包工程的价格细节除外）的副本或复印件。
7.2 劳务分包人应全面了解总（分）包合同的各项规定（有关承包工程的价格细节除外）。
8. 图纸
8.1 工程承包人应在劳务分包工作开工_____天前，向劳务分包人提供图纸_____套，以及与本合同工作有关的标准图_____套。
9. 项目经理
9.1 工程承包人委派的担任驻工地履行本合同的项目经理为_____，职务：_____，职称：_____。

9.2 劳务分包人委派的担任驻工地履行本合同的项目经理为＿＿＿＿，职务：＿＿＿＿，职称：＿＿＿＿。

10. 工程承包人义务

10.1 组建与工程相适应的项目管理班子，全面履行总（分）包合同，组织实施施工管理的各项工作，对工程的工期和质量向发包人负责；

10.2 除非本合同另有约定，工程承包人完成劳务分包人施工前期的下列工作并承担相应费用：

（1）在＿＿年＿月＿日前向劳务分包人交付具备本合同项下劳务作业开工条件的施工场地，具备开工条件的施工场地交付要求为：＿＿＿＿＿＿＿＿＿＿＿＿＿＿＿＿＿；

（2）在＿＿年＿月＿日前完成水、电、热、电讯等施工管线和施工道路，并满足完成本合同劳务作业所需的能源供应、通讯及施工道路畅通的时间和质量要求；

（3）在＿＿年＿月＿日前向劳务分包人提供相应的工程地质和地下管网线路资料；

（4）在＿＿年＿月＿日前完成办理下列工作手续（包括各种证件、批件、规费，但涉及劳务分包人自身的手续除外）：＿＿＿＿＿＿＿＿＿＿＿＿＿＿；

（5）在＿＿年＿月＿日前向劳务分包人提供相应的水准点与坐标控制点位置，其交验要求与保护责任为：＿＿＿＿＿＿＿＿＿＿；

（6）在＿＿年＿月＿日前向劳务分包人提供下列生产、生活临时设施：＿＿＿＿＿＿＿其交验要求与保护责任为：＿＿＿＿＿＿＿。

10.3 负责编制施工组织设计，统一制定各项管理目标，组织编制年、季、月施工计划、物资需用量计划表，实施对工程质量、工期、安全生产、文明施工、计量析测、实验化验的控制、监督、检查和验收；

10.4 负责工程测量定位、沉降观测、技术交底，组织图纸会审，统一安排技术档案资料的收集整理及交工验收；

10.5 统筹安排、协调解决非劳务分包人独立使用的生产、生活临时设施、工作用水、用电及施工场地；

10.6 按时提供图纸，及时交付应供材料、设备，所提供的施工机械设备、周转材料、安全设施保证施工需要；

10.7 按本合同约定，向劳务分包人支付劳动报酬；

10.8 负责与发包人、监理、设计及有关部门联系，协调现场工作关系。

11. 劳务分包人义务

11.1 对本合同劳务分包范围内的工程质量向工程承包人负责，组织具有相应资格证书的熟练工人投入工作；未经工程承包人授权或允许，不得擅自与发包人及有关部门建立工作联系；自觉遵守法律法规及有关规章制度；

11.2 劳务分包人根据施工组织设计总进度计划的要求，每月底前＿＿＿＿天提交下月施工计划，有阶段工期要求的提交阶段施工计划，必要时按工程承包人要求提交旬、周施工计划，以及与完成上述阶段、时段施工计划相应的劳动力安排计划，经工程承包人批准后严格实施；

11.3 严格按照设计图纸、施工验收规范、有关技术要求及施工组织设计精心组织施工，确保工程质量达到约定的标准；科学安排作业计划，投入足够的人力、物力，保证工期；加强安全教育，认真执行安全技术规范，严格遵守安全制度，落实安全措施，确保施工安全；加强现场管理，严格执行建设主管部门及环保、消防、环卫等有关部门对施工现场的管理规定，做到文明施工；承担由于自身责任造成的质量修改、返工、工期拖延、安全事故、现场脏乱造成的损失及各种罚款；

11.4 自觉接受工程承包人及有关部门的管理、监督和检查；接受工程承包人随时检查其设备、材料保管、使用情况，及其操作人员的有效证件、持证上岗情况；与现场其他单位协调配合，照顾全局；

11.5 按工程承包人统一规划堆放材料、机具，按工程承包人标准化工地要求设置标牌，搞好生活区的管理，做好自身责任区的治安保卫工作；

11.6 按时提交报表、完整的原始技术经济资料，配合工程承包人办理交工验收；

11.7 做好施工场地周围建筑物、构筑物和地下管线和已完工程部分的成品保护工作，因劳务分包人责任发生损坏，劳务分包人自行承担由此引起的一切经济损失及各种罚款；

11.8 妥善保管、合理使用工程承包人提供或租赁给劳务分包人使用的机具、周转材料及其他设施；

11.9 劳务分包人须服从工程承包人转发的发包人及工程师的指令；

11.10 除非本合同另有约定，劳务分包人应对其作业内容的实施、完工负责，劳务分包人应承担并履行总（分）包合同约定的、与劳务作业有关的所有义务及工作程序。

12. 安全施工与检查

12.1 劳务分包人应遵守工程建设安全生产有关管理规定，严格按安全标准进行施工，并随时接受行业安全检查人员依法实施的监督检查，采取必要的安全防护措施，消除事故隐患。由于劳务分包人安全措施不力造成事故的责任和因此而发生的费用，由劳务分包人承担。

12.2 工程承包人应对其在施工场地的工作人员进行安全教育，并对他们的安全负责。工程承包人不得要求劳务分包人违反安全管理的规定进行施工。因工程承包人原因导致的安全事故，由工程承包人承担相应责任及发生的费用。

13. 安全防护

13.1 劳务分包人在动力设备、输电线路、地下管道、密封防震车间、易燃易爆地段以及临街交通要道附近施工时，施工开始前应向工程承包人提出安全防护措施，经工程承包人认可后实施，防护措施费用由工程承包人承担。

13.2 实施爆破作业，在放射、毒害性环境中工作（含储存、运输、使用）及使用毒害性、腐蚀性物品施工时，劳务分包人应在施工前10天以书面形式通知工程承包人，并提出相应的安全防护措施，经工程承包人认可后实施，由工程承包人承担安全防护措施费用。

13.3 劳务分包人在施工现场内使用的安全保护用品（如安全帽、安全带及其他保护用品），由劳务分包人提供使用计划，经工程承包人批准后，由工程承包人负责供应。

14. 事故处理

14.1 发生重大伤亡及其他安全事故，劳务分包人应按有关规定立即上报有关部门并报告工程承包人，同时按国家有关法律、行政法规对事故进行处理。

14.2 劳务分包人和工程承包人对事故责任有争议时，应按相关规定处理。

15. 保险

15.1 劳务分包人施工开始前，工程承包人应获得发包人为施工场地内的自有人员及第三人人员生命财产办理的保险，且不需劳务分包人支付保险费用。

15.2 运至施工场地用于劳务施工的材料和待安装设备，由工程承包人办理或获得保险，且不需劳务分包人支付保险费用。

15.3 工程承包人必须为租赁或提供给劳务分包人使用的施工机械设备办理保险，并支付保险费用。工程承包人自行投保的范围（内容）为：＿＿＿＿＿＿＿＿＿＿＿。

15.4 劳务分包人必须为从事危险作业的职工办理意外伤害保险，并为施工场地内自有人员生命财产和施工机械设备办理保险，支付保险费用。劳务分包人自行投保的范围（内容）为：＿＿＿＿＿＿＿。

15.5 保险事故发生时，劳务分包人和工程承包人有责任采取必要的措施，防止或减少损失。

16. 材料、设备供应

16.1 劳务分包人应在接到图纸后＿＿＿＿＿＿天内，向工程承包人提交材料、设备、构配件供应计划（具体表式见附件一）；经确认后，工程承包人应按供应计划要求的质量、品种、规格、型号、数量和供应时间等组织货源并及时交付；需要劳务分包人运输、卸车的，劳务分包人必须及时进行，费用另行约定。如质量、品种、规格、型号不符合要求，劳务分包人应在验收时提出，工程承包人负责处理。

16.2 劳务分包人应妥善保管、合理使用工程承包人供应的材料、设备。因保管不善发生丢失、损坏，劳务分包人应赔偿，并承担因此造成的工期延误等发生的一切经济损失。

16.3 工程承包人委托劳务分包人采购下列低值易耗性材料（列明名称、规格、数量、质量或其他要求）：

＿＿＿＿＿＿＿＿＿＿采购材料费用为：＿＿＿＿＿＿＿＿（单价）

＿＿＿＿＿＿＿＿＿＿采购材料费用为：＿＿＿＿＿＿＿＿（单价）

＿＿＿＿＿＿＿＿＿＿采购材料费用为：＿＿＿＿＿＿＿＿（单价）

＿＿＿＿＿＿＿＿＿＿采购材料费用为：＿＿＿＿＿＿＿＿（单价）

16.4 工程承包人委托劳务分包人采购低值易耗性材料的费用，由劳务分包人凭采购凭证，另加＿＿＿＿＿%的管理费向工程承包人报销。

17. 劳务报酬

17.1 本工程的劳务报酬采用下列任何一种方式计算：

（1）固定劳务报酬（含管理费）；

（2）约定不同工种劳务的计时单价（含管理费），按确认的工时计算；

（3）约定不同工作成果的计件单价（含管理费），按确认的工程量计算。

17.2 本工程的劳务报酬，除本合同17.6规定的情况外，均为一次包死，不再调整。

17.3 采用第（1）种方式计价的，劳务报酬共计＿＿＿＿＿元。

17.4 采用第（2）种方式计价的，不同工种劳务的计时单价分别为：

＿＿＿＿＿＿＿＿，单价为＿＿＿＿＿＿＿＿元；

＿＿＿＿＿＿＿＿，单价为＿＿＿＿＿＿＿＿元；

＿＿＿＿＿＿＿＿，单价为＿＿＿＿＿＿＿＿元；

_____，单价为_____元；
_____，单价为_____元。

17.5 采用第（3）种方式计价的，不同工作成果的计件单价分别为：
_____，单价为_____元；
_____，单价为_____元；
_____，单价为_____元；
_____，单价为_____元。

17.6 在下列情况下，固定劳务报酬或单价可以调整：

（1）以本合同约定价格为基准，市场人工价格的变化幅度超过_____%，按变化前后价格的差额予以调整；

（2）后续法律及政策变化，导致劳务价格变化的，按变化前后价格的差额予以调整；

（3）双方约定的其他情形：_____

18. 工时及工程量的确认

18.1 采用固定劳务报酬方式的，施工过程中不计算工时和工程量。

18.2 采用按确定的工时计算劳务报酬的，由劳务分包人每日将提供劳务人数报工程承包人，由工程承包人确认。

18.3 采用按确认的工程量计算劳务报酬的，由劳务分包人按月（或旬、日）将完成的工程量报工程承包人，由工程承包人确认。对劳务分包人未经工程承包人认可，超出设计图纸范围和因劳务分包人原因造成返工的工程量，工程承包人不予计量。

19. 劳务报酬的中间支付

19.1 采用固定劳务报酬方式支付劳务报酬的，劳务分包人与工程承包人约定按下列方法支付：

（1）合同生效即支付预付款_____元；

（2）中间支付：

第一次支付时间为____年__月__日，支付_____元；

第二次支付时间为____年__月__日，支付_____元；

19.2 采用计时单价或计件单价方式支付劳务报酬的，劳务分包人与工程承包人双方约定支付方法为_____。

19.3 本合同确定调整的劳务报酬、工程变更调整的劳务报酬及其他条款中约定的追加劳务报酬，应与上述劳务报酬同期调整支付。

20. 施工机具、周转材料供应

20.1 工程承包人提供给劳务分包人劳务作业使用的机具、设备，性能应满足施工的要求，及时运入场地，安装调试完毕，运行良好后交付劳务分包人使用。周转材料、低值易耗材料（由工程承包人依据本合委托劳务分包人采购的除外）应按时运入现场交付劳务分包人，保证施工需要。如需要劳务分包人运输、卸车、安拆调试时，费用另行约定。

20.2 工程承包人应提供施工使用的机具、设备一览表见附件二。

20.3 工程承包人应提供的周转材料、低值易耗材料一览表见附件三。

21. 施工变更

21.1 施工中如发生对原工作内容进行变更，工程承包人项目经理应提前 7 天以书面形式向劳务分包人发出变更通知，并提供变更的相应图纸和说明。劳务分包人按照工程承包人（项目经理）发出的变更通知及有关要求，进行下列需要的变更：

（1）更改工程有关部分的标高、基线、位置和尺寸；

（2）增减合同中约定的工程量；

（3）改变有关的施工时间和顺序；

（4）其他有关工程变更需要的附加工作。

21.2 因变更导致劳务报酬的增加及造成的劳务分包人损失，由工程承包人承担，延误的工期相应顺延；因变更减少工程量，劳务报酬应相应减少，工期相应调整。

21.3 施工中劳务分包人不得对原工程设计进行变更。因劳务分包人擅自变更设计发生的费用和由此导致工程承包人的直接损失，由劳务分包人承担，延误的工期不予顺延。

21.4 因劳务分包人自身原因导致的工程变更，劳务分包人无权要求追加劳务报酬。

22. 施工验收

22.1 劳务分包人应确保所完成施工的质量，应符合本合同约定的质量标准。劳务分包人施工完毕，应向工程承包人提交完工报告，通知工程承包人验收；工程承包人应当在收到劳务分包人的上述报告后 7 天内对劳务分包人施工成果进行验收，验收合格或者工程承包人在上述期限内未组织验收的，视为劳务分包人已经完成了本合同约定工作。但工程承包人与发包人间的隐蔽工程验收结果或工程竣工验收结果表明劳务分包人施工质量不合格时，劳务分包人应负责无偿修复，不延长工期，并承担由此导致的工程承包人的相关损失。

22.2 全部工程竣工（包括劳务分包人完成工作在内）一经发包人验收合格，劳务分包人对其分包的劳务作业的施工质量不再承担责任，在质量保修期内的质量保修责任由工程承包人承担。

23. 施工配合

23.1 劳务分包人应配合工程承包人对其工作进行的初步验收，以及工程承包人按发包人或建设行政主管部门要求进行的涉及劳务分包人工作内容、施工场地的检查、隐蔽工程验收及工程竣工验收；工程承包人或施工场地内第三方的工作必须劳务分包人配合时，劳务分包人应按工程承包人的指令予以配合。除上述初步验收、隐蔽工程验收及工程竣工验收之外，劳务分包人因提供上述配合而发生的工期损失和费用由工程承包人承担。

23.2 劳务分包人按约定完成劳务作业，必须由工程承包人或施工场地内的第三方进行配合时，工程承包人应配合劳务分包人工作或确保劳务分包人获得该第三方的配合，且工程承包人应承担因此而发生的费用。

24. 劳务报酬最终支付

24.1 全部工作完成，经工程承包人认可后 14 天内，劳务分包人向工程承包人递交完整的结算资料，双方按照本合同约定的计价方式，进行劳务报酬的最终支付。

24.2 工程承包人收到劳务分包人递交的结算资料后 14 天内进行核实，给予确认或者提出修改意见。工程承包人确认结算资料后 14 天内向劳务分包人支付劳务报酬尾款。

24.3 劳务分包人和工程承包人对劳务报酬结算价款发生争议时，按本合同关于争议的约定处理。

25. 违约责任

25.1 当发生下列情况之一时，工程承包人应承担违约责任：

（1）工程承包人违反本合同第19条、第24条的约定，不按时向劳务分包人支付劳务报酬；

（2）工程承包人不履行或不按约定履行合同义务的其他情况。

25.2 工程承包人不按约定核实劳务分包人完成的工程量或不按约定支付劳务报酬或劳务报酬尾款时，应按劳务分包人同期向银行贷款利率向劳务分包人支付拖欠劳务报酬的利息，并按拖欠金额向劳务分包人支付每日_____‰的违约金。

25.3 工程承包人不履行或不按约定履行合同的其他义务时，应向劳务分包人支付违约金_____元，工程承包人尚应赔偿因其违约给劳务分包人造成的经济损失，顺延延误的劳务分包人工作时间。

25.4 当发生下列情况之一时，劳务分包人应承担违约责任：

（1）劳务分包人因自身原因延期交工的，每延误一日，应向工程承包人支付_____元的违约金；

（2）劳务分包人施工质量不符合本合同约定的质量标准，但能够达到国家规定的最低标准时，劳务分包人应向工程承包人支付_____的违约金；

（3）劳务分包人不履行或不按约定履行合同的其他义务时，应向工程承包人支付违约金_____元，劳务分包人尚应赔偿因其违约给工程承包人造成的经济损失，延误的劳务分包人工作时间不予顺延。

25.5 一方违约后，另一方要求违约方继续履行合同时，违约方承担上述违约责任后仍应继续履行合同。

26. 索赔

26.1 工程承包人根据总（分）包合同向发包人递交索赔意向通知或其他资料时，劳务分包人应予以积极配合，保持并出示相应资料，以便工程承包人能遵守总（分）包合同。

26.2 在劳务作业实施过程中，如劳务分包人遇到不利外部条件等根据总（分）包合同可以索赔的情形出现，则工程承包人应该采取一切合理步骤，向发包人主张追加付款或延长工期。当索赔成功后，工程承包人应该将索赔所得的相应部分转交给劳务分包人。

26.3 当本合同的一方向另一方提出索赔时，应有正当的索赔理由，并有索赔事件发生时有效的相应证据。

26.4 工程承包人未按约定履行自己的各项义务或发生错误，以及应由工程承包人承担责任的其他情况，造成工作时间延误和（或）劳务分包人不能及时得到合同报酬及劳务分包人的其他经济损失，劳务分包人可按下列程序以书面形式向工程承包人索赔：

（1）索赔事件发生后21天内，向工程承包人项目经理发出索赔意向通知；

（2）发出索赔意向通知后21天内，向工程承包人项目经理提出延长工作时间和（或）补偿经济损失的索赔报告及有关资料；

（3）工程承包人项目经理在收到劳务分包人送交的索赔报告和有关资料后，于21天内给予答复，或要求劳务分包人进一步补充索赔理由和证据；

（4）工程承包人项目经理在收到劳务分包人送交的索赔报告和有关资料后21天内未

予答复或未对劳务分包人作进一步要求，视为该项索赔已经认可；

（5）当该项索赔事件持续进行时，劳务分包人应当阶段性地向工程承包人发出索赔意向，在索赔事件终了后21天内，向工程承包人项目经理送交索赔的有关资料和最终索赔报告。索赔答复程序与（3）、（4）规定相同。

26.5 劳务分包人未按约定履行自己的各项义务或发生错误，给工程承包人造成经济损失，工程承包人可按上述程序和时限以书面形式向劳务分包人索赔。

27. 争议

27.1 工程承包人和劳务分包人在履行合同时发生争议，可以自行和解或要求有关主管部门调解，任何一方不愿和解、调解或和解、调解不成的，双方约定采用下列第_____种方式解决争议：

（1）双方达成仲裁协议，向_____仲裁委员会申请仲裁；

（2）向有管辖权的人民法院起诉。

27.2 发生争议后，除非出现下列情况，双方都应继续履行合同，保持工作连续，保护好已完工作成果：

（1）单方违约导致合同确已无法履行，双方协议终止合同；

（2）调解要求停止合同工作，且为双方接受；

（3）仲裁机构要求停止合同工作；

（4）法院要求停止合同工作。

28. 禁止转包或再分包

28.1 劳务分包人不得将本合同项下的劳务作业转包或再分包给他人。否则，劳务分包人将依法承担责任。

29. 不可抗力

29.1 本合同中不可抗力的定义与总包合同中的定义相同。

29.2 不可抗力事件发生后，劳务分包人应立即通知工程承包人项目经理，并在力所能及的条件下迅速采取措施，尽力减少损失，工程承包人应协助劳务分包人采取措施。工程承包人项目经理认为劳务分包人应当暂停工作，劳务分包人应暂停工作。不可抗力事件结束后48小时内劳务分包人向工程承包人项目经理通报受害情况和损失情况，及预计清理和修复的费用。不可抗力事件持续发生，劳务分包人应每隔7天向工程承包人项目经理通报一次受害情况。不可抗力结束后14天内，劳务分包人应向工程承包人项目经理提交清理和修复费用的正式报告和有关资料。

29.3 因不可抗力事件导致的费用和延误的工作时间由双方按以下办法分别承担：

（1）工程本身的损害、因工程损害导致第三人人员伤亡和财产损失以及运至施工场地用于劳务作业的材料和待安装的设备的损害由工程承包人承担；

（2）工程承包人和劳务分包人的人员伤亡由其所在单位负责，并承担相应费用；

（3）劳务分包人自有机械设备损坏及停工损失，由劳务分包人自行承担；

（4）工程承包人提供给劳务分包人使用的机械设备损坏，由工程承包人承担，但停工损失由劳务分包人自行承担；

（5）停工期间，劳务分包人应工程承包人项目经理要求留在施工场地的必要的管理人员及保卫人员的费用由工程承包人承担；

（6）工程所需清理、修复费用，由工程承包人承担；

（7）延误的工作时间相应顺延。

29.4 因合同一方迟延履行合同后发生不可抗力的，不能免除迟延履行方的相应责任。

30. 文物和地下障碍物

30.1 在劳务作业中发现古墓、古建筑遗址等文物和化石或其他有考古、地质研究价值的物品时，劳务分包人应立即保护好现场并于4小时内以书面形式通知工程承包人项目经理，工程承包人项目经理应于收到书面通知后24小时内报告当地文物管理部门，工程承包人和劳务分包人按文物管理部门的要求采取妥善保护措施。工程承包人承担由此发生的费用，顺延合同工作时间。如劳务分包人发现后隐瞒不报或哄抢文物，致使文物遭受破坏，责任者依法承担相应责任。

30.2 劳务作业中发现影响工作的地下障碍物时，劳务分包人应于8小时内以书面形式通知工程承包人项目经理，同时提出处置方案，工程承包人项目经理收到处置方案后24小时内予以认可或提出修正方案，工程承包人承担由此发生的费用，顺延合同工作时间。所发现的地下障碍物有归属单位时，工程承包人应报请有关部门协同处置。

31. 合同解除

31.1 如果工程承包人不按照本合同的约定支付劳务报酬，劳务分包人可以停止工作。停止工作超过28天，工程承包人仍不支付劳务报酬，劳务分包人可以发出通知解除合同。

31.2 如在劳务分包人没有完全履行本合同义务之前，总包合同或专业分包合同终止，工程承包人应通知劳务分包人终止本合同。劳务分包人接到通知后尽快撤离现场，工程承包人应支付劳务分包人已完工程的劳务报酬，并赔偿因此而遭受的损失。

31.3 如因不可抗力致使本合同无法履行，或因一方违约或因发包人原因造成工程停建或缓建，致使合同无法履行的，工程承包人和劳务分包人可以解除合同。

31.4 合同解除后，劳务分包人应妥善做好已完工程和剩余材料、设备的保护和移交工作，按工程承包人要求撤出施工场地。工程承包人应为劳务分包人撤出提供必要条件，支付以上所发生的费用，并按合同约定支付已完工作劳务报酬。有过错的一方应当赔偿因合同解除给对方造成的损失。合同解除后，不影响双方在合同中约定的结算和清理条款的效力。

32. 合同终止

32.1 双方履行完合同全部义务，劳务报酬价款支付完毕，劳务分包人向工程承包人交付劳务作业成果，并经工程承包人验收合格后，本合同即告终止。

33. 合同份数

33.1 本合同正本两份，具有同等效力，由工程承包人和劳务分包人各执一份；本合同副本＿＿＿＿份，工程承包人执＿＿＿＿份，劳务分包人执＿＿＿＿份。

34. 补充条款

---

35. 合同生效

合同订立时间：＿＿＿年＿月＿日

合同订立地点：＿＿＿＿＿＿

本合同双方约定＿＿＿＿＿＿后生效。

附件一：工程承包人供应材料、设备、构配件计划
附件二：工程承包人提供施工机具、设备一览表
附件三：工程承包人提供周转、低值易耗材料一览表

工程承包人：（公章）　　　　劳务分包人：（公章）
住　　　所：　　　　　　　　住　　　所：
法定代表人：　　　　　　　　法定代表人：
委托代理人：　　　　　　　　委托代理人：
开户银行：　　　　　　　　　开户银行：
账　　　号：　　　　　　　　账　　　号：
邮政编码：　　　　　　　　　邮政编码：

附件一

工程承包人供应材料、设备、构配件计划　　　表2-8-1

序号	品种	规格型号	单位	数量	单价	质量等级	供应时间	送达地点	备注

附件二

工程承包人提供施工机具、设备一览表　　　表2-8-2

序号	品种	规格型号	单位	数量	供应时间	送达地点	备注

附件三

工程承包人提供周转、低值易耗材料一览表　　　表2-8-3

序号	品种	规格型号	单位	数量	供应时间	送达地点	备注

建设领域的相关合同种类还有很多很多,以上列举了常见类型合同的相关内容。掌握了这些主要内容,工作中上手应该问题不大。

2.8.2 操作实例

【实例2-8-1】建筑工程劳务分包合同(钢筋)。

发包人(全称):　　××　(以下简称:甲方)
承包人(全称):　　××　(以下简称:乙方)

按照《中华人民共和国合同法》、《中华人民共和国建筑法》及有关法律法规的精神。甲乙双方遵循平等、自愿、公平、诚实守信的原则,甲方同意将工程中部分分项工程劳务分包给乙方施工。经双方共同协商,就劳务分包事项达成以下协议:

第一条　工程名称、地点:××住宅。

第二条　分包工程内容形式、单价、付款方式

2.1 甲方将工程中的钢筋制作、安装部分以包清工形式包给乙方施工,乙方自负所需的切割片、扎丝、焊条、塑料马墩、植筋剂等材料。乙方工作内容为工程中所有钢筋制作、安装、焊接、拉结筋的制作、预埋、焊接、植筋;保护层垫块的制作、安装;钢板止水片焊接;场内钢筋的搬运,钢筋材料试验的取样等钢筋工程的工作。

2.2 分包单价:分包单价=基本价+考核价。其中基本价占70%,考核价占30%。

劳务分包单价为商铺、小高层<u>280</u>元/t,半地下室、地下车库(包括支护结构)<u>260</u>元/t。(工程量以实际的制作、绑扎吨数计,并扣除钢筋制作、安装的废料损耗,废料损耗应控制在0.8%以内,超出部分由乙方赔偿钢筋材料费成本,节省部分双方按50%分摊)。

2.3 付款方式:甲、乙双方均应执行建设、劳动等有关部门关于民工工资支付有关规定,即执行项目部《民工工资支付管理办法》(试行)的规定。乙方每月<u>5</u>日,上报上月工作量送甲方审核,甲方应在五日之内审核完毕,按审定工作量的70%进行支付。乙方完成承包的工作量并通过验收,付到工作量的85%。除扣留5%的保修金外,甲方应在3个月内付清余款。付款时间为每月10~15日。班组长按1500元/月支付生活费。

第三条　工程质量管理

3.1 乙方在施工过程中服从甲方的质量管理,并遵循业主、监理公司的监督。具体按项目部《项目质量管理办法》(试行)。

3.2 质量目标:确保本工程的施工质量达到　合格　标准。

3.3 乙方应认真按照规范要求、质量验收标准和设计图纸以及甲方依据合同发出的指令施工,随时接受甲方的监督、检验,为检查验收提供方便条件。

3.4 工程质量若达不到约定质量目标,乙方应按甲方要求立即整改,直至符合约定标准;整改若仍达不到质量标准,乙方应承担因质量原因引起的全部责任、费用和甲方请第三方采取补救措施的费用,且工期不得顺延。

3.5 甲方和工程监理对工程质量的任何验收和检查,不能免除乙方对工程质量所应承担的全部责任。

3.6 隐蔽验收工作:乙方自检后,会同甲方、监理等相关人员做好钢筋工程的隐蔽验收并办好相关的手续,但甲方、监理对乙方工程质量的任何检查、验收、指导,不能免除乙方对工程质量所应承担的责任。

第四条　工程进度管理

4.1 乙方承诺：工程的施工工期完全满足甲方编排的日、旬、月进度计划天数和甲方对整个工程节点计划和总进度计划的要求。

4.2 乙方应严格按甲方编排的日、旬、月进度计划组织施工生产，参加甲方组织的生产例会，并按进度计划的要求按时或提前完成施工任务，接受甲方对进度的督促、检查。

4.3 若甲方需对工程工期顺延或提前，则工程工期应相应顺延或提前，乙方必须无条件服从且不得向甲方索赔任何额外的费用。

4.4 在农忙期间，保证施工生产的正常进行，确保甲方要求的节点工期；若节点工期不能保证，则每延迟一天罚款1000元，在支付乙方的进度款时，直接扣除。

4.5 春节放假、上班，乙方应服从甲方的统一的时间安排，在未得到甲方的同意的情况下，每提前放假或推迟上班一天罚款5000元，在乙方的进度款支付时，直接扣除。

第五条　现场管理

施工现场管理的主要内容为规范场容、文明作业、安全有序、整洁卫生、不损害公众利益。乙方应按照甲方现场管理目标进行落实、分解。做好成品保护工作、产品标识工作。每天对所属的工作面进行检查、监督、验收，做到工完场清。

第六条　履约保证措施

为加强对乙方的管理，保证工程的质量、安全生产、文明施工、工程进度等管理目标的实现。乙方应在签定合同之前向甲方提交承包履约保证金。履约保证金根据承包额确定为<u>壹万元</u>。因乙方违反施工现场有关管理制度而被甲方罚款，将首先从保证金中直接扣除，直至全部扣完为止。保证金的返还在乙方工作量完成并通过验收后一周内付清（不计利息）。

第七条　绩效考核管理

甲方按每周对乙方进行小考核一次，每月进行大考核，工作量全部完成进行总考核。考核结果公开张榜公布。具体办法按《项目班组绩效考核办法》（试行）。

第八条　工程保修管理

乙方对自身的生产产品负有保修责任，保修期限为<u>　1　</u>年。从工程竣工之日起算。

第九条　安全生产、文明施工

9.1 乙方所有进入施工现场的人员都必须持"三证"（本人的身份证、暂住证、计划生育证）方可进场施工，办证费用乙方自理。

9.2 乙方施工人员必须服从甲方管理人员的统一安排，遵守项目部的各项规章制度，爱护公物。现场严禁酗酒、赌博、打架斗殴等违法违规事件。情况严重者清除现场并移交公安机关处理。

9.3 乙方施工人员一律不准带家属、小孩进现场。

9.4 工程施工的全过程中，乙方必须高度重视安全生产，切实做好安全教育宣传工作，全面落实技术交底。严禁违章作业，杜绝冒险操作，严格遵守各级管理部门制定的安全生产规章制度。乙方享受工伤保险待遇（其中意外伤害保险由项目部提供）。如若发生因乙方自身原因造成的伤亡事故，不论受害者是乙方本身或者乙方原因危及其他工种人员的伤亡事故，其医药费均按以下原则分担：

（1）费用在10000元以内（含10000元）的工伤事故，由乙方自行承担。

（2）费用超过10000元（不含10000元）的工伤事故，超过部分项目部承担50%的医药费；其他任何费用，包括另50%的医药费由乙方承担。

第十条　甲、乙双方的责任

10.1 甲方责任

（1）甲方委任×××为履行本协议的全权代表，行使合同约定的权力，履行合同约定的职责。×××为现场负责人，代表甲方对工程的施工生产、进度、质量、安全、文明施工等方面负全职。对乙方各项指标的考核有一票否决权。

（2）提供施工图纸一套给乙方。

（3）负责将工程用水、电源送到工地合理的施工地点。

（4）按施工进度的要求，负责将钢筋加工机械等设备运至现场，由乙方安装就位。

（5）负责定期和不定期的召开生产协调会。

（6）负责对乙方施工质量、进度、安全、现场文明等生产工作上的指导、检查和督促。

（7）负责按协议条款拨付进度款。

10.2 乙方责任

（1）乙方委任×××（身份证号码：××××××××××××××××××）为履行本协议的全权代表，行使合同约定的权力，履行合同约定的职责。合约期内，乙方代表必须常驻施工现场，若确需离开工地，必须得到甲方现场负责人的同意，否则，每缺勤壹天罚款壹佰元整，且在支付当月生活费时直接扣罚。

（2）乙方应组建一个完全胜任施工生产的劳务队伍，服从甲方生产进度计划协调，听从甲方现场管理人员的检查、指导和督促，做到对甲方发现的问题及时整改以使甲方满意，满足工程设计和规范的要求。

（3）乙方应服从甲方生产进度的要求，听从甲方在工作上的布置和调度。如乙方不执行，甲方有权随时指派他人去完成，乙方不得有异议，因此而发生的全部费用，乙方同意他人代替施工每发生的1个工日，以50元×2计算（以一罚一），并在乙方的工程款中直接扣除。

（4）乙方应根据施工图纸和甲方编制的施工组织设计，做好节点放样工作。

（5）乙方对工程的质量、进度、安全工作负全责，应严格按照安全操作规程和质量验收标准控制好工程质量，保证工程进度，确保安全生产。

（6）根据甲方要求，派人参加甲方组织召开的生产协调会，严格执行协调会的决定，在甲方规定的时间内完成施工生产任务。

（7）根据工程进度，向甲方提供准确的工程要料计划。

（8）严格按照××市文明工地的要求组织施工生产，确保施工范围达到"××市文明工地"的要求。

（9）乙方所有人员必须持有上岗证书，特种操作工人必须持有特别工种操作证书。

（10）做好职工的思想工作，认真学习甲方和××市关于施工管理和治安管理等方面的文件、条例，确保综合管理达标。

（11）乙方必须按有关规定为操作人员办理好进××（地区名）施工的有关手续（包括劳务证、操作证、暂住证等），乙方可以书面申请的方式委托甲方代办，但费用由乙方承担（代办的费用在工程结算时扣除）。

第十一条　材料供应与管理

11.1 甲方根据工程的进度,将钢筋原材料分批供应到施工现场,乙方负责按现场管理的要求,将钢筋分批、分规格搬运到加工车间或指定地点,其人工费用已包含在工程的结算单价中。

11.2 甲供到现场的钢筋,乙方应派员参与验收,若(最终进场数－甲方核定的料单数)为负数或进场数小于料单数,视钢筋总量节约数的多少,甲、乙方按节约数的比例分成(分成的比例在施工过程中双方视具体情况,签订补充协议确定)。

11.3 乙方在钢筋制作过程中,分规格堆放,要求做到长料不短用、短料接着用;工程用的施工铁、拉勾等要充分利用短料;通长钢筋对焊长度不小于27m(指底板、梁及顶板等大于27m料的部位)。对乙方在钢筋制作过程中,有不利材料节约或浪费行为的,甲方将视情节,在责令乙方立即整改的同时对乙方处以损失材料费用2倍以上的罚款。

11.4 乙方负责将甲方制作的垫块运到施工现场并垫至施工要求的部位,达到规范和设计要求。砂浆或混凝土等垫块严禁乱丢乱堆在施工现场,要集中堆放,符合文明施工管理的标准。

11.5 因设计变更或制作多余的成型钢筋,乙方在钢筋制作过程中应充分利用,不得堆弃现场,或收回并及时改制,其改制费用已包含在综合结算单价中。

11.6 钢筋废料的总量,乙方必须控制在使用总量(钢筋料单)的1%以内,并集中堆放到现场指定地点,废料总量若小于使用总量(钢筋料单)的1%,其节约的钢筋【计算式:钢筋料单总量×(1%－a%)(a<1))】按1500元/t奖励给乙方;废料总量若超过使用总量(钢筋料单)的1%,其超过部分按1500元/t在乙方结算单中扣罚,乙方无权擅自处理钢筋废料,违者由甲方材料部门按钢筋原材料的市场价加倍处罚,并在乙方的结算价中扣罚。

11.7 绑扎钢筋用的铁丝,由乙方自供(含制作垫块所需的铁丝),铁丝的费用见表一(略)。

11.8 乙方应确保文明施工,对施工范围的材料应按文明施工的要求做到随做随清。一旦发现不洁现象,应及时整改,若整改不到位,甲方可直接派人做好相关工作,因此发生的费用由乙方支付,并在工程结算款中扣除。

第十二条 机械供应、管理

12.1 工程使用的钢筋机械由甲方供应到现场并完好的交付给乙方,甲、乙双方需办理交接手续,乙方按甲方的要求负责安装并调试以达到使用要求,乙方必须确保机械在工程施工中的正常使用,其间所发生修理、日常保养和维护、更换零配件、切断刀片等所需的材料、人工费用均已包含在结算单价中。

12.2 乙方供应的钢筋调直机、弯曲机,其租赁费、日常保养、维护、更换零配件、切断刀片等所需的材料、人工费用均已包含在结算单价中。

12.3 劳动车、配电箱、照明灯具等电器设备均由乙方自理,其费用已包含在相关工程的结算单价中。

第十三条 争议、违约

双方在履行合同时发生争议应通过协商方式进行解决,协商不成可向仲裁机关申请仲裁或向人民法院起诉。

第十四条 其他

14.1 乙方承接本工程后不得再次分包,否则一经发现即取消合同,并赔偿由此给甲方造成的损失。

14.2 乙方在合同履行期内到位率（指按甲方的要求到达施工现场开工）不少于90%，每月下降一个百分数扣100元。

14.3 乙方及时做好落手清工作。如不及时做好落手清工作。甲方有权支配其他人员加以清理，并当月从工资中加倍扣除。

14.4 乙方在每次浇混凝土要安排人员进行值班，加强钢筋保护层、负筋及零散钢筋的整理等工作。

14.5 乙方应自备各种钢筋制作、加工、焊接等工具。

14.6 安全帽、雨衣、工作衣均按甲方规格要求配备，费用由乙方自行负责。

14.7 如乙方在施工期间管理混乱，工程进度拖延、质量不能保证等情况，甲方有权单方解除协议，并由乙方赔偿相应的经济损失。

第十五条　本合同一式三份，甲方二份，乙方一份。

发包人（章）　　　　　　　　承包人（章）
法定代表人（签字）×××　　法定代表人（签字）××
项目经理（签字）×××　　　班组长（签字）×××
地　　址：××××××　　　地　　址：××××××
　　　　　　　　　　　　　　合同订立时间：××××年××月××日

2.8.3　老造价工程师的话

老造价工程师的话17	对分包合同的要求

承包人经发包人同意或按照合同约定，可将承包项目的部分非主体工程、非关键工作分包给具备相应的资质条件的分包人完成，并与之订立分包合同。分包合同应符合下列要求：

（1）分包人应按照分包合同的各项规定，实施和完成分包工程，修补其中的缺陷，提供所需的全部工程监督、劳务、材料、工程设备和其他物品，提供履约担保、进度计划，不得将分包工程进行转让或再分包。

（2）承包人应提供总包合同（工程量清单或费率所列承包人的价格细节除外）供分包人查阅。

（3）分包人应当遵守分包合同规定的承包人的工作时间和规定的分包人的设备材料进出场的管理制度。承包人应为分包人提供施工现场及其通道；分包人应允许承包人和监理工程师等在工作时间内合理进入分包工程的现场，并提供方便，做好协助工作。

（4）分包人延长竣工时间应根据下列条件：承包人根据总包合同延长总包合同竣工时间；承包人指示延长；承包人违约。分包人必须在延长开始昭天内将延长情况通知承包人，同时提交一份证明或报告，否则分包人无权获得延期。

（5）分包人仅从承包人处接受指示，并应执行其指示。如果上述指示从总包合同来分析是监理工程师失误所致，则分包人有权要求承包人补偿由此而导致的费用。

（6）分包人应根据以下指示变更、增补或删减分包工程：监理工程师根据总包合同作出的指示再由承包人作为指示通知分包人；承包人的指示。

第 3 章　概、预、结算编制与审核

工程概、预、结算就是计算和确定拟建工程全部费用的技术经济文件。国家规定每项工程都必须先编制预算造价。概、预、结算包括初步设计阶段编制设计概算；扩初设计阶段编制修正概算；施工阶段编制预算、分段结算、竣工结算。

建筑工程概、预、结算按项目所处的建设阶段可分为：

① 建筑工程概算（设计概算）——这是控制项目投资额的依据，可以凭此选择最优设计方案，进行招投标。

② 施工图预算——确定工程造价，签订工程承包合同，进行工程结算的依据，拨付工程进度款的依据。

③ 施工预算——承包方内部的预算，控制成本，压缩开支，"三对比"采购，下达作业计划的依据。

④ 工程结算——作为一个单项工程、单位工程、分部工程或分项工程完工后结算工程价款的依据，控制工程成本。由于施工中会出现局部变更、增减工作量、调整价差、不可抗拒等因素，结算是可变的，有调整余地。

⑤ 竣工结算——是反映整个建设项目全部实际建设费用的技术经济文件，由承包方编制，发包方审核（监理方会审或审核）、审计部门审定，以此作为竣工价款决算，办理交付使用。

建筑工程概、预、结算按建筑工程概预算编制的对象可分为：

① 单位工程概预算——编制综合概预算的基础；

② 其他工程费用概预算——其他如土地、青苗等补偿，安置补助，建设单位管理、生产职工培训、试运转费用等；

③ 单项工程综合概预算；

④ 建设项目总概算。

3.1　招投标管理

【能力等级】☆☆
【适用单位】建设单位、施工单位、中介单位

3.1.1　工作流程

（1）工程招标（包括招标代理）

我们以招标代理公司代理业主招标的形式来讲述一个完整的招标流程，见图 3-1-1。

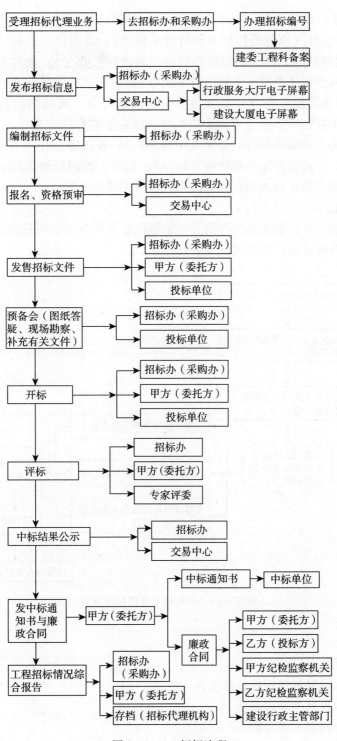

图 3-1-1 招标流程

流程简述如下：洽谈业务，签证代理合同（合同登记存档）；办理招标备案（市建委工程科）；取招标编号（市建委招标办和政府采购办）；发布招标公告（报市建委招标办和交易中心）；编制招标文件（报市建委招标办和政府采购办）；报名和资格预审（地点在交易大厅、资料报市建委招标办和政府采购办）；出售招标文件（报市建委招标办、政府采购办）；召开标前预备会（招标文件答疑、图纸会审、现场踏勘）；组织开标会议；组织评标会议；中标结果公示（市建委招标办、政府采购办和交易中心）；发出中标通知书（市建委招标办、政府采购办、业主及中标单位）；签订廉政合同（甲乙双方签订，报甲乙双方监察机关、建委招标办和政府采购办）；拟写工程招标情况综合报告，整理招标全部资料装订成册（报市建委招标办、政府采购办和委托方）。

（2）工程投标

以下我们以施工单位委托造价咨询公司编制投标文件为例说明其流程（图3-1-2），如施工单位自编投标文件，则省去前期委托过程。

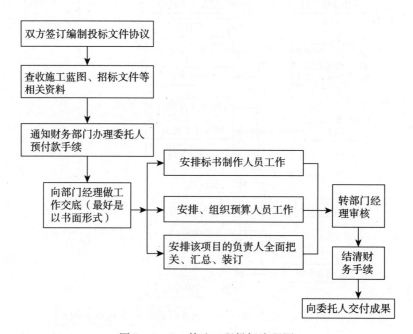

图3-1-2 某地工程投标流程图

3.1.2 工作依据

(1)《中华人民共和国招标投标法》；

(2)《中华人民共和国建筑法》；

(3)《中华人民共和国合同法》；

(4)《工程建设项目施工招标投标办法》；

(5) 建设部颁布的《房屋建筑和市政基础设施工程施工招标投标管理办法》；

(6) 其他相关法律、法规、管理办法。

3.1.3 工作表格、数据、资料

（1）招标

招标文件应当包括下列内容：

① 投标须知及投标须知前附表。包括工程概况，招标范围，资格审查条件，工程资金来源或落实情况，标段划分，工期要求，质量标准，现场踏勘和答疑的时间安排，投标文件编制、提交、修改、撤回的要求，投标报价的要求，投标有效期，开标的时间和地点，评标的方法和标准等。

② 主要合同条款。

③ 合同文件格式。

④ 工程验收规范。

⑤ 施工图纸。

⑥ 采用工程量清单招标的，应当提供工程量清单，编制预算标底。

⑦ 投标格式函。

⑧ 投标文件商务标部分格式。

⑨ 投标文件技术标部分格式。

（2）投标

投标文件应当包括下列内容：

1）投标函部分：

① 法定代表人（或负责人）的身份证明书；

② 授权委托书；

③ 投标函，即投标人对招标文件的具体响应，主要内容有：投标报价、质量保证、工期保证、安全文明施工保证、履约担保保证、投标担保、对招标人的其他承诺；

④ 投标函附录，即投标人以表格形式汇总对投标函中的有关内容作出的承诺；

⑤ 投标保证金银行保函；

⑥ 招标文件要求投标人提交的其他投标资料（例如：电子文档、U 盘、光盘、Excel、Word 等）。

2）商务标部分：

① 招标文件中有关报价规定：报价格式、报价定额（执行定额的标准或清单报价）；

② 市场价格信息（执行何时、何地的价格信息）；

③ 商务标编制说明；

④ 其他资料（投标人营业执照、企业资质、项目经理资质、主要业绩等）。

3）技术标部分：

① 施工组织设计，包括综合说明或工程概况；施工现场平面布置和临时设施布置；完整、详细的施工方法；计划开、竣工日期，施工进度计划网络图；施工机械设备的使用计划；施工现场平面图；冬、雨期施工措施和防护措施；地下管线、地上建筑物、古建筑的保护措施；质量保证措施、安全施工的组织措施；保证安全施工、文明施工、环境保护、降低噪声的防护措施；施工总平面图。

② 项目班子配备情况。

（3）评审

财政投资评审机构在对财政性投资建设项目的招投标进行评审时,应重点评价:建设单位发布的招标文件是否合法、完整、合理、有效,尤其是关于工程量变动和工程价款变动确认的有关专用条款,一定要充分评价其合理性和对工程造价可能造成的影响;评价评标的合法性和有效性,是否将工程项目授予最优秀的投标者;对招标的标底进行审查,评价标底是否合理、正确,编制依据是否恰当;审查中标者在投标报价中所作的各种承诺是否在签订的合同中予以明确,并相应调整了合同价款等。财政投资评审机构必须充分重视对财政性投资建设项目招投标的评审,以防止利用招投标方式将不合理、不合法的工程建设投资合法化,造成财政投资的损失。

3.1.4 操作实例

(1)招标文件

因招标文件一般较长,以下招标文件实例我们未全文列出,仅列出目录。

【实例3-1-1】招标文件。

××大学新校区二期工程第三标段

(××学院楼)施工总承包

招标文件

项目编码:×××××××××

工程编码:×××××××××

工程名称:××大学新校区二期工程第三标段(××学院楼)施工总承包

招 标 人:××大学　　　　　　(盖章)

法定代表人或其委托代理人:×××　　(签字或盖章)

招标代理机构:××招标代理有限责任公司(盖章)

法定代表人或其委托代理人:×××(签字或盖章)

监督机构:××省建设工程招投标管理办公室

日　　期:××××年××月××日

目　录

第一章　投标须知前附表及投标须知

第二章　合同条款

第三章　合同文件格式

第四章　工程技术要求及建设标准

第五章　图纸目录(图纸另册)

第六章　工程量清单

第七章　投标文件投标函部分格式

第八章　投标文件商务标部分格式

第九章　投标文件技术标部分格式

第十章　补遗书及答疑纪要(待发)

第十一章　资格审查

(2) 投标文件

因投标文件一般较长，以下投标文件实例我们未全文列出，仅列出目录。

【实例3－1－2】投标文件。

××市教育局少年宫搬迁工程投标书

××建筑公司有限公司

××××年××月××日

第一部分　商务标

目　录

一、投标保证书

二、××市建设工程施工投标标书情况汇总表

三、施工措施费明细

四、文明施工措施费明细

五、投标标书的综合说明书

六、竞争措施和优惠条件

七、预计使用外来从业人员用工数量汇总表

八、报价书（工程量清单、明细表及费用表）

九、企业及项目经理有关情况

十、近三年业绩清单及联系方法

第二部分　技术标

目　录

一、施工组织设计总说明

二、工程概况

三、施工部署

四、施工总进度计划（附进度计划表）

五、主要施工机械配备

六、施工组织管理机构

七、施工总平面布置（附总平面布置图）

八、主要施工方法及技术措施

九、保证工程质量技术措施

十、保证工程施工安全技术措施

十一、确保文明施工和降低施工对环境干扰的管理措施

附表一：施工管理机构

附表二：项目经理简历表

附表三：主要管理人员

附表四：主要施工机械设备

附表五：预计使用外来从业人员用工数量汇总表

3.1.5 老造价工程师的话

老造价工程师的话 18	投标报价注意事项

编制投标书时以下部分需要注意：
(1) 报价编制说明要符合招标文件要求，繁简得当。
(2) 报价表格式要按照招标文件要求格式，子目排序正确。
(3) "投标报价汇总表合计"、"投标报价汇总表"、"综合报价表"及其他报价表要按照招标文件规定填写，编制人、审核人、投标人按规定签字盖章。
(4) "投标报价汇总表合计"与"投标报价汇总表"的数字必须吻合，避免算术错误。
(5) "投标报价汇总表"与"综合报价表"的数字必须吻合，避免算术错误。
(6) "综合报价表"的单价与"单项概预算表"的指标必须吻合，避免算术错误。"综合报价表"费用齐全，来回改动时更要特别注意。
(7) 工程数量与招标工程量清单要一致，避免算术错误。
(8) 定额套用与施工组织设计安排的施工方法一致，机具配置尽量与施工方案相吻合，避免工料机统计表与机具配置表出现较大差异。
(9) 定额计量单位、数量与报价项目单位、数量相符。
(10) "工程量清单"表中工程项目所含内容与套用定额一致。
(11) "投标报价汇总表"、"工程量清单"采用 Excel 表自动计算，数量乘单价等于合价（合价按四舍五入规则取整）。合计项目反求单价，单价保留两位小数。

3.2 概算编制

【能力等级】☆☆
【适用单位】设计单位、建设单位、中介单位
为了有计划地控制建设投资，在建设前必须先按照设计图编制设计概算。

3.2.1 工作流程

设计概算编制流程见图 3-2-1。

3.2.2 工作依据

（1）《建筑工程设计文件编制深度规定》(2003 年版）
【依据 3-2-1】《建筑工程设计文件编制深度规定》相关内容摘录。
 2.2.9 投资估算编制说明及投资估算表
1 投资估算编制说明资料
1) 编制依据；
2) 编制方法；

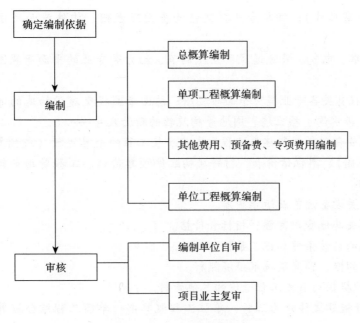

图 3-2-1 设计概算编制流程

3)编制范围(包括和不包括的工程项目与费用);
4)主要技术经济指标;
5)其他必要说明的问题。

2 投资估算表

投资估算表应以一个单项工程为编制单元,由土建、给排水、电气、暖通、空调、动力等单位工程的投资估算和土石方、道路、广场、围墙、大门、室外管线、绿化等室外工程的投资估算两大部分内容组成。编制内容可参照第3.10和4.9两节有关建筑工程概、预算文件的规定。在建设单位有可能提供工程建设其他费用时,可将工程建设其他费用和按适当费率取定的预备费列入投资估算表,汇总成建设项目的总投资。

3.10 概算

3.10.1 设计概算是初步设计文件的重要组成部分。设计概算文件必须完整的反映工程项目初步设计的内容,严格执行国家有关的方针、政策和制度,实事求是地根据工程所在地的建设条件(包括自然条件、施工条件等影响造价的各种因素),按有关的依据性资料进行编制。

3.10.2 概算的编制依据

1 国家有关建设和造价管理的法律、法规和方针政策。

2 批准的建设项目的设计任务书(或批准的可行性研究文件)和主管部门的有关规定。

3 初步设计项目一览表。

4 能满足编制设计概算的各专业经过校审并签字的设计图纸(或内部作业草图)、文字说明和主要设备表,其中:

1)土建工程中建筑专业提交建筑平、立、剖面图和初步设计文字说明(应说明或注明装修标准、门窗尺寸）；结构专业提交结构平面布置图、构件截面尺寸、特殊构件配筋率；

2）给水排水、电气、采暖通风、空气调节、动力等专业的平面布置图或文字说明和主要设备表；

3）室外工程有关各专业提交平面布置图；总图专业提交建设场地的地形图和场地设计标高及道路、排水沟、挡土墙、围墙等构筑物的断面尺寸。

5 当地和主管部门的现行建筑工程和专业安装工程的概算定额（或预算定额、综合预算定额，本节下同）、单位估价表、材料及构配件预算价格、工程费用定额和有关费用规定的文件等资料。

6 现行的有关设备原价及运杂费率。

7 现行的有关其他费用定额、指标和价格。

8 建设场地的自然条件和施工条件。

9 类似工程的概、预算及技术经济指标。

10 建设单位提供的有关工程造价的其他资料。

3.10.3 设计概算文件分为三种：单位工程概算书；单项工程综合概算书；建设项目总概算书。

总概算书由承担建设项目总体设计的单位负责编制。只承担单项工程设计而不承担总体设计的单位，只编制单项工程综合概算书。

建设项目若为一个独立单项工程，则建设项目总概算书与单项工程综合概算书可合并编制。

3.10.4 单位工程概算书

单位工程概算书是计算一个独立建筑物或构筑物（即单项工程）中每个专业工程所需工程费用的文件，分为以下两类：

1 建筑工程概算书；

2 设备及安装工程概算书。

单位工程概算文件应包括：建筑（安装）工程直接费计算表（见表3.10-2、表3.10-3）、建筑（安装）工程人工、材料、机械台班价差表（见表3.10-4）、建筑（安装）工程费用构成表（见表3.10-5）（表本书略，后同）。

3.10.5 单项工程综合概算书

综合概算书是计算一个单项工程（独立建筑物或构筑物）所需建设费用的综合性文件。综合概算书由单项工程内各个专业的单位工程概算书汇总编制而成。

综合概算文件应包括：编制说明（见3.10.7条）、综合概算表（见表3.10-1）、有关专业的单位工程概算书（见3.10.4条）。

3.10.6 建设项目总概算书

1 总概算书由建设项目内各个单项工程的综合概算书和其他费用概算表汇总编制而成。

2 总概算文件应包括：编制说明（见3.10.7条）、总概算表（见表3.10-1）、各单项工程综合概算书（见3.10.5条）、工程建设其他费用概算表（参照表3.10-5）、主要建筑安装材料汇总表（见表3.10-6）。独立装订成册的总概算文件宜加封面、签署页（扉页）和目录。

3 总概算表的项目应按费用划分为以下六个部分：

1）工程费用（建筑安装工程和设备购置费用）

a）主要工程项目；

b）辅助和服务性的工程项目；

c）室外工程项目（红线以内），包括土石方、道路、围墙、挡土墙、排水沟等各种构筑物、给排水管道、动力管网、供电线路、庭园绿化等工程；

d）场外工程项目（红线以外），包括道路、铁路专用线、桥涵、给排水、供热、供电、通讯等工程（与主要工程项目一并立项报建的才列入）。

2）其他费用

不属于建筑安装工程费和设备购置费的其他必要的费用支出，如土地使用费、建设单位管理费、研究试验费、勘察设计费、人员培训费、办公和生活家具购置费、联合试运转费等等（具体内容按工程所在地区和主管部门规定执行）。

3）预备费用

a）基本预备费，指在初步设计及概算内不可预见的工程和费用；

b）价差预备费，是在建设期内由于人工、设备、材料、施工机械的价格及费率、利率、汇率等浮动因素引起工程造价变化的预测预留费用。此费用属工程造价的动态因素，应在总预备费中单独列出。

4）固定资产投资方向调节税。

5）建设期贷款利息。

6）铺底流动资金（生产或经营性建设项目才列入）。

3.10.7 主要建筑安装材料耗用量

一般应提供钢材、水泥（或商品混凝土）、木材和其他材料。

3.10.8 概算编制说明内容

1 工程概况。

2 编制依据。

3 编制方法。

4 其他必要的说明。

3.10.9 概算编制办法

1 建筑工程概算

1）主要工程项目的建筑工程概算应根据初步设计图纸计算主要工程量，按照工程所在地或主管部门规定的定额和取费标准编制；给排水、电气、暖通与空调、热能动力等专业的单位工程概算也可按类似工程预/概算、概算指标、技术经济指标等计价依据编制；

2）辅助、附属或小型单项工程的建筑工程概算可按各类指标编制。

2 设备及安装工程概算

1）主要设备的购置费（含工器具购置费）根据主要设备表的设备项目，按设备原价、运杂费率编制。其安装工程费根据初步设计图纸计算主要工程量，按主管部门规定的定额和取费标准编制；

2) 其他设备的购置和安装工程费可按类似工程预/概算、概算指标、技术经济指标等计价依据及主要材料表进行编制。

3 工程建设其他费用概算

按当地和主管部门规定的指标，以及建设单位提供的资料编制。

4 预备费

1) 基本预备费：以建筑安装工程费、设备购置费、工程建设其他费之和为基数，乘以各地区或主管部门规定的费率计算；

2) 价差预备费：价差预备费根据建设项目分年度投资额，按国家或地区建设行政主管部门定期测定和发布的年投资价格指数计算。

5 固定资产投资方向调节税

按国家各时期的有关规定计算。

6 建设期贷款利息：根据建设项目投资的资金使用计划，按建设单位提供或中国人民银行规定的贷款利率计算。计息贷款额在贷款当年按50%计算，在其余年份按全额计算。

7 铺底流动资金：按流动资金需要量的30%计划；流动资金可采用下述方法估算。

1) 用扩大指标估算：一般可参照同类生产企业流动资金占销售收入、经营成本、固定资产投资的比率，以及单位产量占用流动资金的比率进行估算；

2) 分项详细估算。

注：当采用上述两种估算方法有困难时，可由建设单位提供数值或按原可行性研究报告估算数计列。

(2) 《建设项目设计概算编审规程》（CECA/GC2-2007，中价协 [2007] 004 号）

因篇幅太长，内容本书略去，请读者自行收集。

(3) 当地或行业关于概算编制的规定（如电力、石化等行业）

略，请读者根据各行业或当地规定自行收集。

3.2.3 工作表格、数据、资料

以下列出《建设项目设计概算编审规程》中提供的参考概算编制格式供读者参考。

```
              （工程名称）
                设计概算


              档案号：
              共　册第　册



            （编制单位名称）
          （工程造价咨询单位执业章）
               年　月　日
```

图 3-2-2　设计概算封面

```
          （工程名称）
            设计概算

        档案号：
        共  册第  册

  编制人：_____ ［执业（从业）印章］_____
  审核人：_____ ［执业（从业）印章］_____
  审定人：_____ ［执业（从业）印章］_____
  法定负责人：_____
```

图 3-2-3　设计签署页

目录　　　　　　　　　　　　　　　　　　表 3-2-1

序号	编号	名称	页次
1		编制说明	
2		总概算表	
3		其他费用表	
4		预备费计算表	
5		专项费用计算表	
6		××综合概算表	
7		××综合概算表	
		……	
9		××单项工程概算表	
10		××单项工程概算表	
		……	
11		补充单位估价表	
12		主要材料数量及价格表	
13		概算相关资料	

编制说明

1. 工程概况：
2. 主要技术经济指标：
3. 编制依据：
4. 工程费用计算表
   1) 建筑工程工程费用计算表
   2) 工艺安装工程工程费用计算表
   3) 配套工程工程费用计算表
   4) 其他工程工程费用计算表
5. 引进设备材料有关费率取定及依据：国外运输费、国外运输保险费、海关税费、增值税、国内运杂费、其他有关税费；
6. 其他有关说明的问题：
7. 引进设备材料从属费用计算表。

图 3-2-4　编制说明

总概算表

表 3-2-2

总概算编号：　　　　　工程名称：　　　　　单位：万元　　　　　共　页第　页

序号	概算编号	工程项目或费用名称	设计规模或主要工程量	建筑工程费	设备购转置费	安装工程费	其他费用	合计	其中：引进部分 美元	其中：引进部分 折合人民币	占总投资比例（%）
一		工程费用									
1		主要工程									
		××××									
		××××									
2		辅助工程									
		××××									
3		配套工程									
		××××									
二		其他费用									
1		××××									
2		××××									
三		预备费									
四		专项费用									
1		××××									
2		××××									
		建设项目概算总投资									

编制人：　　　　　审核人：　　　　　审定人：

其他费用表

表 3-2-3

工程名称：　　　　　　　　　　　　　　　单位：万元　　　　　共　页第　页

序号	费用项目编号	费用项目名称	费用计算基数	费率（%）	金额	计算公式	备注
1							
2							
		合计					

编制人：　　　　　审核人：

综合概算表　　　　　　　　　　　表3-2-4

综合概算编号：　　　　　工程名称：　　　　　单位：万元　　共　页第　页

序号	概算编号	工程项目或费用名称	设计规模或主要工程量	建筑工程费	设备购转置费	安装工程费	合计	其中：引进部分	
								美元	折合人民币
一		主要工程							
1		××××							
2		××××							
二		辅助工程							
1		××××							
2		××××							
三		配套工程							
1		××××							
2		××××							
		单项工程概算费用合计							

编制人：　　　　　审核人：　　　　　审定人：

建筑工程概算表　　　　　　　　　　　表3-2-5

单位工程概算编号：　　　　　工程名称（单位工程）：

序号	定额编号	工程项目或费用名称	单位	数量	单价（元）				合价（元）			
					定额基价	人工费	材料费	机械费	金额	人工费	材料费	机械费
一		土石方工程										
1	××	××××										
2	××	××××										
二		砌筑工程										
1	××	××××										
2	××	××××										
三		楼地面工程										
1	××	××××										
2	××	××××										
		小计										
		工程综合取费										
		单位工程概算费用合计										

设备及安装工程概算表 表3-2-6

单位工程概算编号：　　　　　工程名称（单位工程）：　　　　　　　　　　　共　页第　页

序号	定额编号	工程项目或费用名称	单位	数量	单位（元）					合价（元）				
					设备费	主材费	定额基价	其中：		设备费	主材费	定额基价	其中：	
								人工费	机械费				人工费	机械费
一		设备安装												
1	××	××××												
2	××	××××												
二		管道安装												
1	××	××××												
		××												
2	××	××××												
三		防腐保温												
1	××	××××												
2	××	××××												
		小计												
		工程综合取费												
		合计（单位工程概算费用）												

编制人：　　　　　　　　　　审核人：

补充单位估价表 表 3-2-7

子目名称：
工作内容：
共　页第　页

补充单位估价表编号				
定额基价				
人工费				
材料费				
机械费				
名称	单位	单价	数量	
综合工日				
材料				
其他材料费				
机械				

编制人：　　　　　　　审核人：

主要设备材料数量及价格表 表 3-2-8

序号	设备材料名称	规格型号及材质	单位	数量	单价（元）	价格来源	备注

编制人：　　　　　　　审核人：

总概算对比表 表3-2-9

总概算编号：　　　　　工程名称：　　　单位：万元　　共　页第　页

序号	工程项目或费用名称	原批准概算					调整概算					差额（调整概算-原批准概算）	备注
		建筑工程费	设备购置费	安装工程费	其他费用	合计	建筑工程费	设备购置费	安装工程费	其他费用	合计		
一	工程费用												
1	主要工程												
(1)	×× ××												
(2)	×× ××												
2	辅助工程												
(1)	×× ××												
3	配套工程												
(1)	×× ××												
二	其他费用												
1	×× ××												
2	×× ××												
三	预备费												
四	专项费用												
1	×× ××												
2	×× ××												
	建设项目概算总投资												

编制人：　　　　　　　　　审核人：

综合概算对比表

表 3-2-10

综合概算编号：　　　　　　　工程名称：　　　　单位：万元　　　　　共　页第　页

序号	工程项目或费用名称	原批准概算					调整概算					差额（调整概算－原批准概算）	备注
		建筑工程费	设备购置费	安装工程费	其他费用	合计	建筑工程费	设备购置费	安装工程费	其他费用	合计		
一	主要工程												
1	×× ××												
2	×× ××												
二	辅助工程												
1	×× ××												
三	配套工程												
1	×× ××												
	单项工程概算费用合计												

编制人：　　　　　　　　审核人：

进口设备材料货价及从属费用计算表　　　　　表3-2-11

序号	设备材料规格名称及费用名称	单位	数量	单价（美元）	外币金额（美元）					折合人民币（元）	人民币金额（元）					总计（元）
					货价	运输费	保险费	其他费用	合计		关税	增值税	银行财务费	外贸手续费	国内运输费	合计	

编制人：　　　　　审核人：

工程费用计算程序表　　　　　表3-2-12

序号	费用名称	取费基础	费率	计算公式

3.2.4　操作实例

【实例3-2-1】 某汽车加气站投资概算。

（1）目录

目录　　　　　　　　　　　　　　　　　表3-2-13

××设计院		目录	档案号：	××××-001
			设计阶段：	施工图
			日期：	××××年××月××日
			共　　页	第　　页
顺序号	档案号	名称	文字资料（页）	备注
1	××××-001	目录	2	
2	××××-002	编制说明	2	
3	××××-003	总概算表	2	
4	××××-004	总图概算表	1	
5	××××-005	构筑物概算表	1	
6	××××-006	储运设备概算表	3	
7	××××-007	工艺管道概算表	3	
8	××××-008	电气概算表	3	
9	××××-009	自控仪表概算表	3	
		小计	20	

（2）编制说明

××设计院	编制说明	档案号：	××××-002
		设计阶段：	施工图
		日期：	××××年××月××日
		共　　页	第　　页

一、概述

××汽车加气站总投资203.99万元。其中：设备购置费128.61万元；安装工程费35.19万元；土建工程费17.55万元；其他费用22.64万元。

二、概算编制依据

1. ××汽车加气站工程施工图设计概算，编制执行中石化［1991］建字62号印发的《中国石油化工总公司石油化工工程建设设计概算编制办法》。
2. 土建工程执行1996年北京市颁发的《北京市建设工程概算定额》和《北京市建设工程间接费及其他费用定额》。
3. 安装工程执行中石化［1991］建字35号文颁发的《石油化工安装工程概算指标》和《石油化工工程建设其他费用和预备费定额》，安装工程费用定额执行中石化［1995］建字247号文，安装工程施工调整执行中石化［1995］建字203号文，调整后的施工水平为人工费23.64元/工日，辅助材料费195%，机械台班费282%。
4. 国内设备价格按生产厂家询价计取。泵价格执行中石化××设计院技术经济室1995年12月《工业泵价格手册》；电机价格执行中石化××设计院技术经济室1995年《电机价格目录》并按1.5考虑电机综合因素及价格增长因素；阀门价格执行中石化××设计院技术经济室1996年7月《1996年阀门参考价格》。
5. 国内材料价格，非标设备价格，执行中石化［1998］建字268号文的规定。
6. 建设单位管理费，不可预见费执行中石化［1998］建字324号文的规定。
7. 不可预见费费率按5%计取。
8. 根据中国石化［1999］建字29号文的规定，价差预备费不再计列。
9. 工程设计费执行国家物价局、建设部［1992］价费字375号文颁布的《工程设计收费标准》内的商业篇的费率收取。
10. 设备材料运杂费执行中石化［1997］建字324号文，国内设备运杂费为7%，材料运杂费按5.5%考虑。

图3-2-5　编制说明

（3）总概算表

总概算表

表 3-2-14

××设计院　　××加气站工程

单位：元

档案号：××××-003
设计阶段：施工图
日期：××××年××月××日　共　页　第　页

序号	工程项目或费用名称	单位	规模或主要工程量	设备购置费	建筑工程费	安装工程费	其他费用	合计	占总投资%	备注
	总投资			1286100	175500	351900	226400	<u>2039900</u>	100%	
	%			63	9	17	11	100		
I	固定资产投资			1286100	175500	351900	226400	2039900		
一	第一部分：工程费用			1286100	175500	351900	0	1813500	89%	
(一)	总图竖向布置			0	93600	0	0	93600	5%	
1	现场混凝土铺装，混凝土基层厚20cm	m²	1100		80800			80800		
2	缘石	m	70		10800			10800		
3	绿化	m²	200		2000			2000		
(二)	构筑物			0	81900	0	0	81900	4%	
1	设备基础	m³	332		73000			73000		
2	金属结构	综合	1		8900			8900		
(三)	储运设备			1031000	0	56000	0	1087000	53%	
1	加气机	套	2	313200		16600		329800		
2	LPG卸车泵	台	1	1800		500		2300		0.188t
3	潜油泵组和控制管汇系统	套	2	603800		17500		621300		
4	氮气瓶	瓶	2	2100				2100		
5	液化气地下储罐	台	2	110100		21400		131500		11.430t
(四)	工艺管道			8700	0	101000	0	109700	5%	
1	工艺管道	m	751			83000		83000		5.826t
2	聚氯乙烯管	m	26			2400		2400		
3	阀门	个	18			6400		6400		0.046t
4	其他	个	8	8700		9200		17900		

续表

序号	工程项目或费用名称	单位	规模或主要工程量	构成 设备购置费	构成 建筑工程费	构成 安装工程费	构成 其他费用	合计	占总投资%	备注
(五)	电气			1600	0	45400	0	47000	2%	
1	动力配线部分	台	3	1600		33200		34800		
2	照明部分	综合	1			2800		2800		
3	接地部分	综合	1			9400		9400		
(六)	仪表			244800	0	149500	0	394300	19%	
1	仪表设备部分	台	24	238400		35500		273900		
2	仪表器材部分	综合	1	6400		114000		120400		
二	第二部分:工程建设其他费用			0	0	0	129300	129300	6%	
(一)	建设单位管理费	综合					64100	64100		含报建手续费等
1	改扩建工程	综合					64100	64100		
(二)	炼油、化工、化肥						4500	4500		
1	临时设施费						4500	4500		
	改扩建工程						4500	4500		
	炼油、化工、化肥						60700	60700		
(三)	设计费						45300	45300		
1	工程设计费						45300	45300		
2	非标设计费						15400	15400		
三	第三部分:预备费						97100	97100	5%	
(一)	不可预见费						97100	97100		

编制:　　　　　　　校对:　　　　　　　审核:

(4) 总图概算表

总图概算表

表 3-2-15

××设计院

总图概算表（竖向布置）

××加气站工程

档案号：×××-004
设计阶段：施工图
日期：××××年××月××日
共 页 第 页

单位：元

序号	定额编号	工程项目或费用名称	单位	数量	直接费用		其中工资		备注
					单价	合价	单价	合价	
1		现场混凝土铺装,混凝土基层厚20cm	m²	1100	49.66	54626			
		现场混凝土铺装,混凝土基层厚20cm	m²	0.48	54626	26220.48			
		小计				54626			
		综合费用	m²	1100		26220.48			
		合计				80846			
2		缘石	m	70	16.81	1176.7			
		缘石		8.15	1176.7	9590.105			
		小计	m	70		1176.7			
		综合费用				9590.105			
		合计				10766.81			
3		绿化	m²	200	10	2000			
		绿化	m²	200		2000			
		小计				2000			
		综合费用				2000			
		合计				2000			
		共计				93613.29			

编制：　　　　　　　　　　校对：　　　　　　　　　　审核：

(5) 构筑物概算表

构筑物概算表

表 3-2-16

××设计院　　　构筑物概算　　　××加气站工程

档案号：
设计阶段：
日期：　　××××年××月××日
共　　页　　第　　页

单位：元

序号	定额编号	工程项目或费用名称	单位	数量	直接费用		其中工资		备注
					单价	合价	单价	合价	
1		设备基础	m³	332	143.14	47522			
		设备基础	m³	0.5352	47522	47522			
		小计							
		综合费用	m²	332		25433.77			
		合计				72955.77			
2		金属结构	t	0.67	7694.59	5155.38			
		金属结构	t	0.67					
		钢结构防腐	t	0.67	921.18	617.19			
		压型钢板（单层）	m²	10	125	1250			
		小计				7022.57			
		综合费用	m	0.2708	7022.57	1901.71			
		合计		70		8924.28			
		共计				81880.05			

编制：　　　　　　　　　校对：　　　　　　　　　审核：

(6) 储运设备概算表

储运设备概算表

××加气站工程

××设计院

表3-2-17

档案号：××××-006
设计阶段：施工图
日期：××××年××月××日
共 页 第 页

单位：元

指标编号	设备、材料或费用名称	单位	数量	重量(t) 单重	重量(t) 总重	单价(元) 设备购置费	单价(元) 安装工程费	单价(元) 其中 主材费	单价(元) 其中 施工费	单价(元) 其中 人工费	合计(元) 设备购置费	合计(元) 安装工程费	合计(元) 其中 主材费	合计(元) 其中 施工费	合计(元) 其中 人工费
1	加气机	套	2			132370	3971		3971		264740	7942		7942	
2-1043	LPG加气站气动切断阀DN15	台	4			7000	535		535	95	28000	2140		2140	380
	小计	套	2								292740	10082		10082	380
	设备运杂费	%	7								20492				
	人工调整费	%	260									988		988	988
	辅材调整费	%	95									760		760	
	机械调整费	%	182									1747		1747	
	综合取费											2996		2996	1368
	合计	套	2								313232	16573	0	16573	
2	LPG卸车泵	台													
2-1001	LPG卸车泵	t	0.188			8900	430		430	225	1673	81		81	42
	LPG卸车泵	台	1								1673	81		81	42
	小计	套	7								117				
	设备运杂费	%	260									109		109	109
	人工调整费	%	95									32		32	
	辅材调整费	%	182									9		9	
	机械调整费											287		287	
	综合取费											518		518	151
	合计	台	1		0.188						1790				
3	潜油泵组和控制管汇系统	套													

续表

指标编号	设备、材料或费用名称	单位	数量	重量(t) 单重	重量(t) 总重	单价(元) 设备购置费	单价(元) 安装工程费	单价(元) 其中 主材费	单价(元) 其中 施工费	单价(元) 其中 人工费	合计(元) 设备购置费	合计(元) 安装工程费	合计(元) 主材费	合计(元) 其中 施工费	合计(元) 其中 人工费
	潜油泵组和控制管汇系统	套	2			282126	8464		8464		564252	16928		16928	
	小计	套	2								564252	16928		16928	
	设备运杂费	%	7								39498				
	综合取费											577		577	
	合计	台	1	0.188							603750	17505		17505	
	氮气瓶	瓶	2			1000					2000				
	氮气瓶40L150kg/cm² 小计	瓶	2								2000				
	设备运杂费	%	7								140				
	综合取费														
	合计	瓶	2								2140				
4	液化气地下储罐	台	2												
1-1034	一般整体容器	台	2	11.43		102870			225	55	102870	2572		2572	629
	油罐防腐，环氧煤沥青(埋地)特加强级防腐	m²	110				89		89			9790		9790	
	小计	台	2	11.43		102870					102870	12362		12362	629
	设备运杂费	%	7								7201				
	人工调整费	%	260									1635		1635	1635
	辅材调整费	%	95									977		977	
	机械调整费	%	182									1664		1664	
	综合取费											4760		4760	
	合计	台	2	11.43							110071	21398		21398	2264
	共计										1030983	55994		55994	3783

(7) 工艺管道概算表

工艺管道概算表

××设计院　　工艺管道概算　　××加气站工程　　单位:元　　表3-2-18

档案号：××××-007
设计阶段：施工图
日期：××××年××月××日
第　页　共　页

指标编号	设备、材料或费用名称	单位	数量	重量(t) 单重	重量(t) 总重	单价(元) 设备购置费	单价(元) 安装工程费	单价(元) 其中 主材费	单价(元) 其中 施工费	单价(元) 其中 人工费	合计(元) 设备购置费	合计(元) 安装工程费	合计(元) 主材费	合计(元) 施工费	合计(元) 其中 人工费
1	工艺管道														
3-2005	无缝钢管	m	456.9		1.874		8575	7840	735	210		16070	14693	1377	394
3-2005	穿越套管	m	294		3.952		8575	7840	735	210		33888	30983	2905	830
	管道防腐（埋地，特加强级防腐）	m²	171.6				89					15272		15272	
	小计	m	750.9		5.826							65230	45676	19554	1224
	人工调整费	%	260									3182		3182	3182
	辅材调整费	%	95									1771		1771	
	机械调整费	%	182									2174		2174	
	综合取费											10626		10626	4406
	合计	m	750.9									82983	45676	37307	
2	聚氯乙烯管														
3-1320	聚氯乙烯塑料管安装 φ114	m	26.3		0.046		26408	20606	5802	1922		1215	948	267	88
	小计	m	26.3		0.046		26408	20606	5802	1922		1215	948	267	88
	人工调整费	%	260									229		229	229

续表

指标编号	设备、材料或费用名称	单位	数量	重量(t) 单重	重量(t) 总重	单价(元) 设备购置费	单价(元) 安装工程费	单价(元) 主材费	单价(元) 其中 施工费	单价(元) 其中 人工费	合计(元) 设备购置费	合计(元) 安装工程费	合计(元) 主材费	合计(元) 其中 施工费	合计(元) 其中 人工费
	辅材调整费	%	95									49		49	
	机械调整费	%	182									230		230	
	综合取费											646		646	
	合计	m	26.3		0.046							2369	948	1421	317
3	阀门	个													
3-4003	法兰直通式浮动球阀 Q41F-25	个	3				476	460	16	5		1428	1380	48	15
3-4003	法兰直通式浮动球阀 Q41F-25	个	1				321	305	16	5		321	305	16	5
3-4003	法兰直通式浮动球阀 Q41F-25	个	8				226	210	16	5		1808	1680	128	40
3-4003	升降式止回阀 H41H-25	个	1				347	331	16	5		347	331	16	5
3-4003	安全阀 A21H-25 DN15	个	2				216	200	16	5		432	400	32	10
3-4003	压力表管嘴 GZ1/2"-160	个	3				166	150	16	5		498	450	48	15
	小计	个	18									4834	4546	288	90
	材料运杂费	%	5.5									234	250	234	234
	人工调整费	%	260									51		51	
	辅材调整费	%	95									262		262	
	机械调整费	%	182									792		792	
	综合取费														

续表

指标编号	设备、材料或费用名称	单位	数量	重量(t) 单重	重量(t) 总重	单价(元) 设备购置费	单价(元) 安装工程费	单价(元) 其中 主材费	单价(元) 其中 施工费	单价(元) 其中 人工费	合计(元) 设备购置费	合计(元) 安装工程费	合计(元) 其中 主材费	合计(元) 其中 施工费	合计(元) 其中 人工费
	合计				0.046							6423	4796	1627	324
4	其他	个													
3-4003	过滤器 STⅢ-50-2.5RF	个	1				1516	1500	16	5		1516	1500	16	5
3-4003	快速接头及高压耐油毡装橡胶管	个	2						16	5		4732	4700	32	10
3-4003	风动换气扇	套	2			800	57	35	22	10	1600	114	70	44	20
1-1091	管道阻火器	t	5				150	150	500	150	6510	250		250	75
	35kg推车式干粉灭火器	个	3				150					450	450		
	5kg手提式干粉灭火器	个	2				80	80				160	160		
	小计		15								8110	7222	6880	342	110
	设备运杂费	%	7								568				
	材料运杂费	%	5.5										378		
	人工调整费	%	260									286		286	286
	辅材调整费	%	95									122		122	
	机械调整费	%	182									188		188	
	综合取费	个	8									1013		1013	
	合计										8678	9209	7258	1951	396
	共计				0.046						8678	100984	58678	42306	5443

编制：　　　　　　校对：　　　　　　审核：

(8) 电气概算表

电气概算表

表3-2-19

××设计院　　　　　　　　　电气概算　　　　　　　　　　　档案号：××××-008
　　　　　　　　　　　　　　××加气站工程　　　　　　　　　设计阶段：施工图
　　　　　　　　　　　　　　　　　　　　　　　　　　单位：元　日期：××××年××月××日
　　　　　　　　　　　　　　　　　　　　　　　　　　　　　　　共　　页　第　　页

指标编号	设备、材料或费用名称	单位	数量	重量(t) 单重	重量(t) 总重	单价(元) 设备购置费	单价(元) 安装工程费	单价(元) 主材费	单价(元) 其中 施工费	单价(元) 其中 人工费	合计(元) 设备购置费	合计(元) 安装工程费	合计(元) 主材费	合计(元) 其中 施工费	合计(元) 其中 人工费
一	动力配线部分														
7-1004	防爆操作柱 LBZ-10ZWF1	台	1			1500					1500	260		260	130
7-2001	电线电缆 VV22-0.6/1kV 3×10+1×6m²	km	0.08				41708	38620	3088	130		3336	3089	247	104
7-2001	电力电缆 VV-0.6/1kV 3×6m²	km	0.075				18988	15900	3088	1295		1424	1192	232	97
7-2001	电力电缆 VV-0.6/1kV 3×4m²	km	0.333				15688	12600	3088	1295		5224	4196	1028	431
7-2009	控制电缆 KVV22-0.45/0.75kV 10×1.5m²	km	0.096				13426	11780	1646	756		1288	1130	158	73
7-2009	控制电缆 KVV22-0.45/0.75kV 4×1.5m²	km	0.07				9836	8190	1646	756		688	573	115	53
	镀锌钢管 DN 40	m	80				12	12				948	948		
	镀锌钢管 DN 32	m	408				9	9				3741	3741		

续表

指标编号	设备、材料或费用名称	单位	数量	重量(t) 单重	总重	单价(元) 设备购置费	单价(元) 安装工程费	单价(元) 其中 主材费	单价(元) 其中 施工费	单价(元) 其中 人工费	合计(元) 设备购置费	合计(元) 安装工程费	合计(元) 主材费	合计(元) 施工费	合计(元) 其中 人工费
7-1014	镀锌钢管 DN25	m	166				7	7				1099	1099		260
	防爆接线箱	台	2				560	300	260	130		1120	600	520	1148
	小计	台	3			1500						19128	16568	2560	
	设备运杂费	%	7			105									
	材料运杂费	%	5.5										911		
	人工调整费	%	260									2985		2985	2985
	辅材调整费	%	95									979		979	
	机械调整费	%	182									695		695	
	综合取费											8496		8496	
	合计	台	3			1605						33194	17479	15715	4133
二	照明部分														
7-2011	绝缘导线 BV-0.5kV 2.5mm²	100m	0.25				475	285	190	80		119	71	48	20
7-4004	防爆装置照明	套	1				775	680	95	30		775	680	95	30
	镀锌钢管 DN15	m	12				6	6				72	72		
	防爆灯开关 SWC-10	只	1				100	100				100	100		
	防爆接线盒 BH-3/15WF1	个	4				200	200				800	800		
	防爆接线盒 BH-3/15dWF1	个	1				200	200				200	200		
	小计											2066	1923	143	50
	材料运杂费	%	5.5										106		

续表

指标编号	设备、材料或费用名称	单位	数量	重量(t) 单重	重量(t) 总重	单价(元) 设备购置费	单价(元) 安装工程费	单价(元) 其中 主材费	单价(元) 其中 施工费	单价(元) 其中 人工费	合计(元) 设备购置费	合计(元) 安装工程费	合计(元) 其中 主材费	合计(元) 其中 施工费	合计(元) 其中 人工费
	人工调整费	%	260									130		130	130
	辅材调整费	%	95									81		81	
	机械调整费	%	182									14		14	
	综合取费	台	3									415		415	
	合计											2812	2029	783	180
三	接地部分														
7-4028	接地极安装	根	6				69	29	40	3		414	174	240	18
7-4029	接地母线敷设	10m	28				79	45	34	22		2212	1260	952	616
	小计											2626	1434	1192	634
	人工调整费	%	260									1648		1648	1648
	辅材调整费	%	95									277		277	
	机械调整费	%	182									484		484	
	合计	台	3									4397	1434	4397	2282
	共计										1605	9432	20942	7998	24496	6595

编制：　　　　　　　　　　校对：　　　　　　　　　　审核：

(9) 自控仪表概算表

自控仪表概算表

自控仪表概算
××加气站工程

单位:元

表 3-2-20

档案号：×××-009
设计阶段：施工图
日期：×××年××月××日
共　页　第　页

指标编号	设备、材料或费用名称	单位	数量	重量(t) 单重	重量(t) 总重	单价(元) 设备购置费	单价(元) 安装工程费	单价(元) 其中 主材费	单价(元) 其中 施工费	单价(元) 其中 人工费	合计(元) 设备购置费	合计(元) 安装工程费	合计(元) 其中 主材费	合计(元) 其中 施工费	合计(元) 其中 人工费
一	仪表设备部分														
6-1001	温度仪表	台	2			350			44	21	700	88		88	42
6-1002	压力仪表	台	3			300			41	17	900	123		123	51
6-1007	射频导纳物位计	台	2			36000			173	95	72000	346		346	190
6-1007	射频导纳多点物位开关	台	2			18000			173	95	36000	346		346	190
6-1012	闪光信号报警器 XXS-01型	台	1			3000			52	38	3000	52		52	38
6-1012	数字显示信号转换仪 XMB-5066P 型	台	2			360			52	38	7200	104		104	76
6-3004	监控仪	套	1			30000			172	123	30000	172		172	123
6-3004	可燃气体检测探头	套	4			3000			172	123	12000	688		688	492
6-5002	柜式仪表盘 KG-21型	块	1			10000			2439	1246	10000	2439		2439	1246
6-5005	仪表保护箱	个	2			1500			57	18	3000	114		114	36
6-4002	二位四通防爆电磁阀 EF8344G44型	台	8			5000			45	23	40000	360		360	184

××设计院

续表

指标编号	设备、材料或费用名称	单位	数量	重量(t) 单重	重量(t) 总重	单价(元) 设备购置费	单价(元) 安装工程费	单价(元) 其中 主材费	单价(元) 其中 施工费	单价(元) 其中 人工费	合计(元) 设备购置费	合计(元) 安装工程费	合计(元) 主材费	合计(元) 其中 施工费	合计(元) 其中 人工费
6-2001	376系列气动三大件 QSL-15型	台	4			2000				50	8000	448		448	200
	小计	台	32						112		222800	5280		5280	2868
	设备运杂费	%	7								15596				
	人工调整费	%	260									7457		7457	7457
	辅材调整费	%	95									1453		1453	
	机械调整费	%	182									1607		1607	
	综合取费											19658		19658	10325
	合计	台	32								238396	35455		35455	
二	仪表器材部分														
6-6001	镀锌钢管	10m	2				85	36	49	31		170	72	98	62
6-6001	镀锌钢管	10m	100				110	61	49	31		11010	6110	4900	3100
6-6002	无缝钢管	10m	0.2				177	44	133	50		35	8	27	10
6-6002	有缝钢管	10m	0.3				182	49	133	50		55	15	40	15
6-6004	紫铜管	10m	6				114	59	55	42		684	354	330	252
6-6007	聚氯乙烯绝缘聚氯乙烯护套控制电缆 KVV2×1.5mm²	100m	2.2				817	480	337	125		1797	1056	741	275

续表

指标编号	设备、材料或费用名称	单位	数量	重量(t) 单重	重量(t) 总重	单价(元) 设备购置费	单价(元) 安装工程费	单价(元) 主材费	单价(元) 其中 施工费	单价(元) 其中 人工费	合计(元) 设备购置费	合计(元) 安装工程费	合计(元) 主材费	合计(元) 其中 施工费	合计(元) 其中 人工费
6-6007	聚氯乙烯绝缘聚氯乙烯护套控制电缆 KVV4×1.5mm²	100m	2.5				1027.00	690.00	337	125		2568	1725	843	313
6-6007	聚氯乙烯绝缘聚氯乙烯护套控制电缆 KVV7×1.5mm²	100m	7.5				1317.00	980.00	337	125		9878	7350	2528	938
6-6007	铜芯聚氯乙烯绝缘电线 BVV2×2.5mm²	100m	0.3				697.00	360.00	337	125		209	108	101	38
6-6007	铜芯聚氯乙烯绝缘电线 BVV1×1.0mm²	100m	1				497.00	160.00	337	125		497	160	337	125
6-6006	内螺纹截止阀 J11H-40C 型 DN15	个	5				260.00	250.00	10	6		1300	1250	50	30
6-6006	异径球阀 Q915A-40C 型	个	8				160.00	150.00	10	6		1280	1200	80	48
	角钢 L25×25×3	m	5				6.00	6.00				29	29		
	角钢 L50×50×5	m	10				18.00	18.00				177	177		
	普通钢板厚 2m²	m	2				90.00	90.00				179	179		
6-6013	防爆挠性连接管 AN25×1000 型	10m	1.8				1861.00	1800	61	14		3350	3240	110	25

续表

指标编号	设备、材料或费用名称	单位	数量	重量(t) 单重	重量(t) 总重	单价(元) 设备购置费	单价(元) 安装工程费	单价(元) 主材费	单价(元) 其中 施工费	单价(元) 其中 人工费	合计(元) 设备购置费	合计(元) 安装工程费	合计(元) 主材费	合计(元) 其中 施工费	合计(元) 其中 人工费
6-5003	防爆隔离密封盒 BZX 系列	块	18				100.00	100.00				1800	1800		1194
	防爆防腐主令控制器 BZA8030-1000/AI 型	个	2			3000.00			1160	597	6000	2320		2320	
	控制按钮		2				50.00	50.00				100	100		
	小计										6000	37438	24933	12505	6425
	次要材料费	%	25									6233	6233		
	设备运杂费	%	7								420				
	材料运杂费	%	5.5										1714		
	人工调整费	%	260									16705		16705	16705
	辅材调整费	%	95									4704		4704	
	机械调整费	%	182									2054		2054	
	综合取费										6420	45179		45149	23130
	合计										244816	114027	32880	81117	
	共计											149482	32880	116602	33455

编制：　　　　　　　　　　校对：　　　　　　　　　　审核：

3.2.5 老造价工程师的话

> **老造价工程师的话 19　审核设计概算注意事项**
>
> （1）了解建设工程的概况。每个工程的建设，都有其自身的特点和要求，在进行设计概算审核前，要充分了解建设工程的作用、目的，根据各个工程的要求，初步掌握工程建设的标准。要认真阅读设计说明书，充分了解设计意图，必要时需到工程现场实地察看。
>
> （2）加强对建安工程和设备及工器具造价的审核。建安工程和设备及工器具造价是整个建设工程造价的主要部分，由于多种原因，设计单位编制的设计概算中该项的错误也比较多，如不按规定套用定额、工程量多算、定额子目套错、漏项、安装工程中的设备及材料价格与市场价格脱离等等。在审核中要根据设计文件、图纸及国家有关工程造价的计算方法、定额所包含的工作内容、取费标准等，按不同专业分别进行计算。对图纸标注不清楚的和在设计阶段尚未确定的设备、材料的定位等问题，要及时与建设单位沟通，了解他们的要求，并根据有关部门发布的价格信息及价格调整指数，考虑建设期的价格变化因素等，对设计概算进行调整和修正，以使审核后的设计概算尽可能地反映设计内容、施工条件和实际价格，也避免造成设计概算与工程预算严重脱节。
>
> （3）按照国家及地方政府有关部门的规定计算工程建设其他费用。工程建设其他费用是指从工程筹建起到工程竣工验收交付使用的整个建设期，除了建安工程费用和设备、工器具购置费以外的，为保证工程建设顺利完成和交付后能正常发挥效用而发生的各项费用开支。由于有些设计单位对国家或地方政府有关收费规定不是很清楚，编制的设计概算往往出现漏算、少算，甚至不计算工程建设其他费用。有的即使计算了，取费错误、重复计算的问题也比较多。概算审核中一定要严格按照国家和地方政府的有关规定计算，既要避免重复计算，又要防止少算、漏算，切实保证整个工程造价的完整准确。
>
> （4）应包含整个建设项目的投资。由于种种原因，有些设计单位在初步设计中不考虑某些分项工程的设计（如安全监控系统等），但这些分项又是整个建设项目中不可缺少的。由于无设计图纸，所以概算编制人员通常也不将其考虑到总概算中去，无形中出现了概算漏项。为此，在概算审核中，要根据项目要求，将漏项部分计算到总概算中，使审核后的概算充分反映项目的实际投资状况。

3.3 预结算的编制

【能力等级】☆☆☆
【适用单位】中介单位、建设单位、施工单位、其他单位

3.3.1 工作流程

我们以造价咨询公司接受委托编制预结算为例，以图3-3-1说明预结算工作流程。

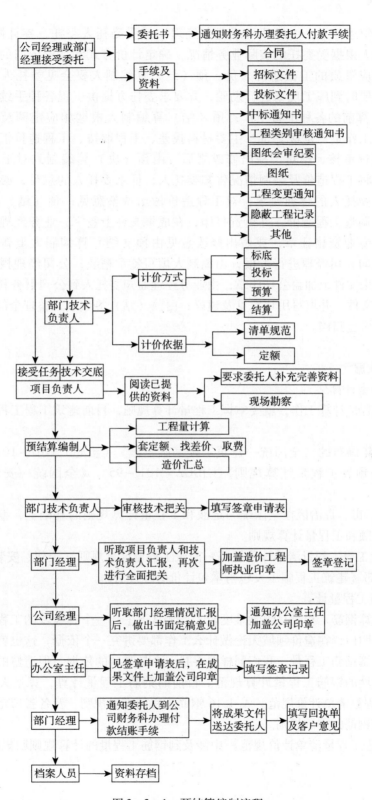

图 3-3-1 预结算编制流程

上述过程叙述如下：由经理（或业务经理）接受委托人委托，签订协议书或合同；部门技术负责人根据受委托的实际业务情况，确定计价方式和计价依据的采用，将业务安排给具有相应资质的工程造价人员；预（结）算编制人要会见委托人，了解工程的详细情况，必要时到施工现场进行勘验，并要求委托方提供工程各种手续及资料，充分做好预（决）算前的各种准备工作；预（结）算编制人根据相应定额及配套文件，手工或软件计算工作量；定额套价、主要材料找差、工程取费、工程造价汇总、互审；由技术负责人进行审核、校对，提出修改之后，由预（决）算编制人对工程造价进行调整；业务经理将工程造价及编制情况告知委托人，征求委托人的意见，必要时可做好解释工作，根据委托人的合理要求，对工程造价做出调整意见；预（结）算编制人员根据反馈意见，调整工程造价，并负责打印，在成果文件上签字；业务经理在审查无误时加盖业务人员专业资格证章，或做出修改意见由预（结）算编制人重新修改；业务经理将具体情况向公司经理进行汇报，由编制人填写签章精装；公司经理授权办公室主任在工程造价成果文件上加盖公司印章；由业务经理通知委托人到公司财务科付款后，领取工程造价成果文件，并填写用户意见及建议；由预（结）算编制人整理全部资料，交与档案人员编制成册后归档。

3.3.2 工作依据

（1）工程量计算

要做好工程量计算工作，就要掌握工程量计算规则，目前建筑工程工程量计算规则主要有：

1）1995 年颁布的《全国统一建筑工程基础定额》（土建）GJD–101–95、《全国统一建筑工程预算工程量计算规则》GJDGZ–101–95、《全国统一安装工程基础定额》。

2）各省、市、自治区在全国统一定额和工程量计算规则的基础上，编制的适用于本地区的预算定额和工程量计算规则。

3）《建设工程工程量清单计价规范》附录工程量计算规则（土建、安装、其他）。

4）建设部《建筑工程施工发包与承包计价管理办法》。

（2）钢筋工程量计算

许多人计算钢筋工程量总感觉难度较大，无从下手。一个有经验的工程造价人员、工程技术人员都明白，在造价领域无论做什么工作都要讲究一个依据，这也就是我们常说的计价依据。计算钢筋工程量，我们同样要寻找一个最基础的依据。但遗憾的是，目前国内尚无一个全国性的钢筋工程量计算规范。目前的钢筋工程量计算，算量人员主要是参考《建设工程工程量清单计价规范》A.4.16 钢筋工程的零星规则，及各省市定额中工程量计算规则中涉及钢筋的零散规则。

《建设工程工程量清单计价规范》中涉及到钢筋工程量的计算规则归集如表 3–3–1。

《计价规范》中钢筋工程量计算规则汇总　　　　表 3-3-1

4.16 钢筋工程（编码 010416）

项目编码	项目名称	计量单位	工程量计算规则
10416001	现浇混凝土钢筋	t	按设计图示钢筋（网）长度（面积）乘以单位理论质量计算
10416002	预制构件钢筋		按设计图示钢筋长度乘以单位理论质量计算
10416003	钢筋网片		按设计图示钢筋（丝束、绞线）长度乘以单位理论质量计算。1. 低合金钢筋两端均采用螺杆锚具时，钢筋长度按孔道长度减 0.35m 计算，螺杆另行计算；2. 低合金钢筋一端采用墩头插片、另一端采用螺杆锚具时，钢筋长度按孔道长度计算，螺杆另行计算；3. 低合金钢筋一端采用墩头插片、另一端采用螺杆锚具时，钢筋长度按孔道长度增加 0.15m 计算；两端均采用螺杆锚具时，钢筋长度按孔道长度增加 0.3m 计算；4. 低合金钢筋采用后张混凝土自锚时，钢筋长度按孔道长度增加 0.35m 计算；5. 低合金钢筋（钢绞线）采用 JM、XM、QM 型锚具，孔道长度在 20m 以内时，钢筋长度（按孔道长度）增加 1m 计算；孔道长度在 20m 以外时，钢筋（钢绞线）长度按孔道长度增加 1.8m 计算；6. 碳素钢丝采用锥形锚具，孔道长度在 20m 以内时，钢丝束长度按孔道长度增加 1m 计算；孔道长度在 20m 以上时，钢丝束长度按孔道长度增加 1.8m 计算；7. 碳素钢丝束采用墩头锚具时，钢丝束长度按孔道长度增加 0.35m 计算
10416004	钢筋笼		
10416005	先张法预应力钢筋		
10416006	后张法预应力钢筋		
10416007	预应力钢筋		
10416008	预应力钢绞线		

注：现浇构件中固定位置的支撑钢筋、双层钢筋用的"铁马"、伸出构件的锚固钢筋、预制构件的吊钩等，应并入钢筋工程量内。

4.17 螺栓、铁件（编码 010417）

项目编码	项目名称	计量单位	工程量计算规则
10417001	螺栓	t	按设计图示尺寸以质量计算
10417002	预埋铁件		

事实上，仅以这些粗略的规则，我们要完成一个相对精确的钢筋工程量计算是不可能的。我们必须为下一步的计算工作寻找更细致可靠的计算依据。

1）工程领域依据层次

工程领域各种依据的优先级别关系如图 3-3-2 所示。

图 3-3-2　工程领域依据层次图

理论板块：包括基础理论和应用理论，是其他板块的基础。

规范规程板块：主要为国家的技术法规。改革开放以来，我国对规范规程采取追踪、引进国外版本的路子，在现阶段奇怪地走在建筑科学技术的最前沿，而实际缺少国内理论板块的支撑，因此内容不稳定，修订频繁，出现明显板块错位。这种板块错位现象是我国在特殊历史发展阶段的特殊现象。

技术规则板块：由政府主管部门批准的技术指导性文件。它是规范规程的应用细则延伸，更具体化和更加细化，具有明确且实际的技术指导作用。目前国家建筑标准设计承担起了这个重要功能，如G101系列与G329。其内容主要有设计制图规则和作为图形化构造规则的标准构造详图。

技术监督板块：主要对设计、施工与材料的质量实行监督。技术监督板块属于新兴板块，主要由设计审图单位和质量监督部门行使职责。

技术措施板块：指工程技术类专著，用于辅助解决工程问题。是我国比较成熟的板块，其内容主要用于工程界，尚未收进高等教育的教学内容。

2）标准、规范、规程的概念区别

工程建设标准是对建设活动或其结果规定共同的和重复使用的规则、导则或特性的文件，该文件经协商一致制定并经一个公认机构批准，以科学、技术和实践经验的综合成果为基础，以促进最佳社会效益为目的。规范是在工农业生产和工程建设中，对设计、施工、制造、检验等技术事项所做的一系列规定。规程是对作业、安装、鉴定、安全、管理等技术要求和实施程序所做的统一规定。

标准、规范、规程都是标准的一种表现形式，习惯上统称为标准，只有针对具体对象才加以区别。当针对产品、方法、符号、概念等时，一般采用标准；当针对工程勘察、规划、设计、施工等技术事项所做的规定时，通常采用规范；当针对操作、工艺、管理等技术要求时，一般采用规程。

同等条件下，效力级别是：标准 > 规范 > 规程。

3）钢筋工程量计算的依据

钢筋工程量计算依据的优先等级见图3-3-3。

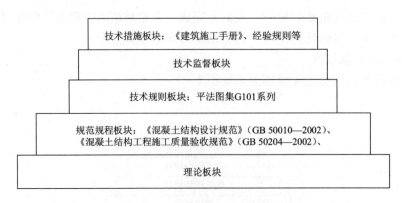

图3-3-3 钢筋工程量计算依据层次图

从计算依据层次图中,我们可以知道钢筋工程量的各类依据的层次关系。下面的层次是上面层次的依据基础,上一个层次依据是在下一层依据基础上产生的。当上下两层计算依据发生矛盾时,以下一层次依据为准。

目前,钢筋工程量计算中,还有一些有待探讨的问题。如对平法设计钢筋工程量计算时,我们按所引用的平法节点图中标示的数据为抽筋依据,但这些数据依据往往不是具体的数值(如锚固值为 300、300mm),而是表示为大于等于多少倍锚固值或大于等于多少倍构件高。我们在计算时往往取的是"="号,但实际施工中会以最小值下料吗?

(3) 清单编制与投标报价

清单编制的依据:

1)《建设工程工程量清单计价规范》GB 50500—2003;
2) 招标文件;
3) 设计文件;
4) 有关的工程施工规范与工程验收规范;
5) 拟采用的施工组织设计和施工技术方案。

投标报价编制依据:

1) 工程量清单;
2) 招标文件;
3) 各地造价管理部门印发的《清单计价指引》(各地名称叫法略有不同,即提示每个清单分项可能综合的定额子目的图书);
4) 企业造价资料(成本或企业定额资料等);
5) 材料价格信息;
6) 施工组织设计;
7) 有关手册、工具书等。

(4) 定额计价施工图预算的编制

编制的依据:

1) 已批准的施工图和施工方案;
2) 建设场地中的自然条件和施工条件;
3) 建筑工程的预算定额或单位估价表,主管部门颁布的现行建筑工程和安装工程预算定额、材料与构配件预算价格、工程费用定额和有关费用规定等文件;
4) 地区或某项工程材料预算价格;
5) 工程量计算规则;
6) 各项间接费及利润的取费标准;
7) 有关手册、工具书等。

3.3.3 工作表格、数据、资料

(1) 工程量计算

×××工程工程量初步审计算表　　　　　　　　　　　表3－3－2

项目名称：　　　　　　　　　　　　　　　　　　　　　　　　　　共____页第____页

序号	图号	分部、分项名称	单位	倍数	尺寸	数量	初步计算式

审核：　　　　　　　　　　　　　计算：

（2）钢筋工程量计算

钢筋汇总表　　　　　　　　　　　　　　　　　　　　　　　　表3－3－3

单体工程名称：　　　　　　　　　　　　　　　　　　　　　　　　　　　　页码：

序号	名称	钢筋类型											接头数
		一级钢（kg）					二级钢（kg）						
		φ6	φ6.5	φ8	φ10	φ12	φ12	φ14	φ16	φ18	φ10	φ22	φ25	（后略）	

编制人：　　　　　　　　　　　　　　　　　　　　　　　　　　　　　日期：

(3) 清单编制与投标报价

以下列出《建设工程工程量清单计价规范》中提供的清单编制与投标报价格式供读者参考。

1) 清单编制

工程量清单

招　标　人：　　　　　　（单位签字盖章）

法　定　代　表　人：　　　　　　（签字盖章）

中　介　机　构：　　　　　　（签字盖章）

法　定　代　表　人：　　　　　　_____

造价工程师及注册证号：　　　　　　（签字盖执业专用章）

编　制　时　间：　　　　　　_____

填表须知

1. 工程量清单及其计价格式中所有要求签字、盖章的地方必须由规定的单位和人员签字、盖章。

2. 工程量清单及其计价格式中的任何内容不得随意删除或涂改。

3. 工程量清单计价格式中列明的所有需填报的单价和合价，投标人均应填报，未填报的单价和合价，视为此项费用已包含在工程量清单的其他单价和合价中。

4. 金额（价格）均应以_____币表示。

总说明　　　　　　表 3-3-4

工程名称：　　　　　　　　　　　　　　　　　第　页共　页

分部分项工程量清单　　　　　　　　　　　　　表3-3-5

工程名称：　　　　　　　　　　　　　　　　　　　　　　　第　页共　页

序号	项目编码	项目名称	计量单位	工程数量

措施项目清单　　　　　　　　　　　　　　　　表3-3-6

工程名称：　　　　　　　　　　　　　　　　　　　　　　　第　页共　页

序号	项目名称

其他项目清单　　　　　　　　　　　　　　　　表3-3-7

工程名称：　　　　　　　　　　　　　　　　　　　　　　　第　页共　页

序号	项目名称

零星工作项目表　　　　　　　　　　　　　　　　表3-3-8

工程名称：　　　　　　　　　　　　　　　　　　　　　　　　　　第　页共　页

序号	名称	计量单位	数量
1	人工		
2	材料		
3	机械		

2）投标报价

_____工程

工程量清单报价表

投　标　人：　　　　（单位签字盖章）
法定代表人：　　　　　（签字盖章）
造价工程师及证注册证号：（签字盖执业专用章）
编制时间：

投标总价

建设单位：
工程名称：
投标总价（小写）：
　　　（大写）：

投　标　人：_____（单位签字盖章）
法人代表：_____（签字盖章）
编制时间：

工程项目总价表　　　　　　　　　　　　　　　　表3-3-9

工程名称：　　　　　　　　　　　　　　　　　　　　　　　　　　第　页共　页

序号	单项工程名称	金额（元）
	合　计	

单项工程费汇总表   表 3-3-10

工程名称：   第　页共　页

序号	单项工程名称	金额（元）
	合　计	

单位工程费汇总表   表 3-3-11

工程名称：   第　页共　页

序号	单项工程名称	金额（元）
1	分部分项工程量清单计价合计	
2	措施项目清单计价合计	
3	其他项目清单计价合计	
4	规费	
5	税金	
	合　计	

分部分项工程量清单计价表   表 3-3-12

工程名称：   第　页共　页

序号	项目编码	项目名称	计量单位	工程数量	金额（元）	
					综合单价	合价
		本页小计				
		合　计				

措施项目清单计价表

表 3-3-13

工程名称: 　　　　　　　　　　　　　　　　　　　　　　　　　　　　　　　　第　页共　页

序号	项目名称	金额（元）
	合　计	

其他项目清单计价表

表 3-3-14

工程名称: 　　　　　　　　　　　　　　　　　　　　　　　　　　　　　　　　第　页共　页

序号	项目名称	金额（元）
1	招标人部分	
	小　计	
2	投标人部分	
	小　计	
	合　计	

零星工作项目计价表

表 3-3-15

工程名称: 　　　　　　　　　　　　　　　　　　　　　　　　　　　　　　　　第　页共　页

序号	名称	计量单位	数量	金额（元）	
				综合单价	合价
1	人工				
	小计				
2	材料				
	小计				
3	机械				
	小计				
	合计				

分部分项工程量清单综合单价分析表　　　　　表3-3-16

工程名称：　　　　　　　　　　　　　　　　　　　　　　　　第　页共　页

序号	项目编码	项目名称	工程内容	综合单价分析，其中：					综合单价
				人工费	材料费	机械使用费	管理费	利润	

措施项目费分析表　　　　　表3-3-17

工程名称：　　　　　　　　　　　　　　　　　　　　　　　　第　页共　页

序号	措施项目名称	单位	数量	金额（元）					
				人工费	材料费	机械使用费	管理费	利润	小计
	合　计								

主要材料价格表　　　　　表3-3-18

工程名称：　　　　　　　　　　　　　　　　　　　　　　　　第　页共　页

序号	材料编码	材料名称	规格、型号等特殊要求	单位	单价（元）

（4）造价软件

目前，造价领域的电算化已经比较普及，定额套价与清单套价基本上已全部电算化，很少有人再用手工套价。工程量计算（包括土建、安装专业）电算化也在普及之中，包括最简单的利用Excel软件、模块化算量软件及相对复杂的图形算量软件等。但因软件尚在成熟完善中等原因，工程量的计算，目前造价人员的主流方式仍是手工计算，或手工计算加部分电算。算量软件中，鲁班软件、广联达软件等已相对成熟。学习软件，读者可以通过学习各软件公司的试用版软件自学，或参加软件公司组织的免费培训（一般软件公司为争取潜在客户，多数会对潜在用户进行软件免费学习培训）。

3.3.4　操作实例

（1）工程量计算

【实例3-3-1】某综合楼工程量计算底稿（1~2层建筑部分部分项目）。

说明：以下计算式的排列顺序按地毯式算量顺序顺次列出数据。表3-3-19计算表达式中，不再区分"（）"、"[ ]"、"{ }"，一律用"（）"表示。"[ ]"内文字是对数字的注解，不参与计算。

第3章 概、预、结算编制与审核

工程量计算底稿(逐结点搜索顺序)

表3-3-19

序号	项目编码 (第1~9位)	项目名称	复件数	计算表达式	单位	工程量
				※§1※ 一层平面图(建施02)→轴线G上伸→台阶		
1.1	清020102001	石材楼地面	1	(12-0.3×3×2)×(1.32-0.12-0.3)	m^2	9.18
1.2	清020108001	石材台阶面	1	(11.76+0.24)×(1.32-0.12+2×0.3)-9.18	m^2	12.42
				※§2※ 一层平面图(建施02)→轴线G→1砖墙		
2.1	清010302001	实心砖墙	1	([墙长]11.76×([墙高][一层高]3.6-[导墙高])-([C-1面积]8.096×2[樘])+[M-1面积]8.1×1[樘])×[墙厚]0.24	m^3	4.331
2.2	清020406003	金属固定窗:{C-1全玻固定窗}	2[樘]×1		樘	2
2.3	清020402003	金属地弹门:{M-1平开铝门}	1[樘]×1		樘	1
				※§3※ 一层平面图(建施02)→轴线D→1砖墙		
3.1	清010302001	实心砖墙	1	([墙长](11.76-0.24)×([墙高][一层高]3.6-[导墙高])-(([M-2洞底宽]1-0.2)×1[樘])×[导墙高])×[墙厚]0.24-(([M-2洞顶宽]1+0.5)×[过梁高]0.12×1[樘])×[墙厚]0.24	m^3	9.406
3.2	清010410003	过梁	1	([M-2洞顶宽]1+0.5)×[过梁高]0.12×1[樘]×[墙厚]0.12	m^3	0.022
3.3	清020401004	胶合板门:{M-2夹板门}	1[樘]×1		樘	1
				※§4※ 一层平面图(建施02)→轴线C→1砖墙		
4.1	清010302001	实心砖墙:{C2:C5}	1	([墙长](1.2+1.2-0.24)×([墙高][一层高]3.6-[导墙高])-([M-3面积]1.68×1[樘])-(([M-3洞顶宽]0.8+0.5)×[过梁高]0.12×1[樘]))×[墙厚]0.24	m^3	1.426
4.2	清020402005	塑钢门:{M-3塑钢门}	1	1[樘]×1	樘	1
4.3	清010410003	过梁:{C2:C5}	1	(([M-3洞顶宽]0.8+0.5)×[过梁高]0.12×1[樘])×[墙厚]0.12	m^3	0.019
				※§5※ 一层平面图(建施02)→轴线B→120墙		
5.1	清010302001	实心砖墙:{B2:B5}	1	([墙长](2.4-0.24)×([墙高][一层高]3.6-[M-3面积]1.68×2[樘])-(([M-3洞顶宽]0.8+0.5)×[过梁高]0.12×2[樘]))×[墙厚]0.115	m^3	0.472

续表

序号	项目编码（第1~9位）	项目名称	复件数	计算表达式	单位	工程量
5.2	清010410003	过梁	1	（（[M-3洞顶宽]0.8+0.5）×[过梁高]0.12×2[樘]）×[墙厚]0.115	m³	0.036
5.3	清020402005	塑钢门:{M-3塑钢门}	1	2[樘]×1	樘	2
				※§6※ 一层平面图（建施02）→轴线A→1砖墙		
6.1	清010302001	实心砖墙	1	（（[墙长]11.76×[墙高][一层高]3.6）-（[M-4面积]2.1×1[樘]+[C-3面积]0.9×2[樘]+[C-2面积]2.7×2[樘]）-（（[M-4洞顶宽]1+0.5）×[过梁高]0.12×1[樘]+（[C-3洞顶宽]0.6+0.5）×[过梁高]0.12×2[樘]+（[C-2洞顶宽]1.8+0.5）×[过梁高]0.12×2[樘]））×[墙厚]0.24	m³	7.69
6.2	清010410003	过梁	1	（（（[M-4洞顶宽]1+0.5）×[过梁高]0.12×1[樘]+（[C-3洞顶宽]0.6+0.5）×[过梁高]0.12×2[樘]+（[C-2洞顶宽]1.8+0.5）×[过梁高]0.12×2[樘]）×[墙厚]0.24	m³	0.239
6.3	清020402006	防盗门:{M-4钢防盗门}	1	1[樘]×1	樘	1
6.4	清020406002	金属平开窗:{C-3铝推拉窗}	1	2[樘]×1	樘	2
6.5	清020406001	金属推拉窗:{C-2铝推拉窗}	1	2[樘]×1	樘	2
				※§7※ 一层平面图（建施02）→轴线A下伸→散水明沟		
7.1	清010407002	散水、坡道	1	（11.76+0.24+0.6）×0.6	m²	7.56
7.2	清010306002	砖地沟、明沟	1	11.76+0.24+0.6×2+0.26	m	13.46
				※§8※ 一层平面图（建施02）→轴线1左伸→散水明沟		
8.1	清010407002	散水、坡道	1	（12.26+0.24+0.3）×0.6	m²	7.68
8.2	清010306002	砖地沟、明沟	1	12.26+0.12+0.6+0.26÷2	m	13.11
				※§9※ 一层平面图（建施02）→轴线1→1砖墙		
9.1	清010302001	实心砖墙	1	[墙长]12.26×[墙高][一层高]3.6×[墙厚]0.24	m³	10.593
				※§10※ 一层平面图（建施02）→轴线2→1砖墙		
10.1	清010302001	实心砖墙:{C2:A2}	1	[墙长]（1.5+2.3）×[墙高][一层高]3.6×[墙厚]0.24	m³	3.283

续表

序号	项目编码（第1~9位）	项目名称	复件数	计算表达式	单位	工程量
				※ §11 ※ 一层平面图（建池02）→轴线3→120墙		
11.1	清010302001	实心砖墙：{A3:B3}	1	[墙长](1.5−0.12−0.115÷2)×[墙高]3.6×[墙厚]0.115	m³	0.548
				※ §12 ※ 一层平面图（建池02）→轴线5→1砖墙		
12.1	清010302001	实心砖墙：{D5:A5}	1	([墙长](5.16−0.24)×[墙高]3.6−([M−2面积]2.1×1[榕])−(([M−2洞顶宽]1+0.5)×[过梁高]0.12×1[榕]))×[墙厚]0.24	m³	3.704
12.2	清010410003	过梁：{D5:A5}	1	(([M−2洞顶宽]1+0.5)×[过梁高]0.12×1[榕])×[墙厚]0.24	m³	0.043
12.3	清020401004	胶合板门：{M−2夹板门}	1	1[榕]×1	榕	1
				※ §13 ※ 一层平面图（建池02）→轴线7→1砖墙		
13.1	清010302001	实心砖墙：{D7:A7}	1	([墙长](5.16−0.24)×[墙高]3.6−([M−2面积]2.1×1[榕])−(([M−2洞顶宽]1+0.5)×[过梁高]0.12×1[榕]))×[墙厚]0.24	m³	3.704
13.2	清020401004	胶合板门：{M−2夹板门}	1	1[榕]×1	榕	1
13.3	清010410003	过梁：{D7:A7}	1	(([M−2洞顶宽]1+0.5)×[过梁高]0.12×1[榕])×[墙厚]0.24	m³	0.043
				※ §14 ※ 一层平面图（建池02）→轴线8→1砖墙		
14.1	清010302001	实心砖墙	1	[墙长]12.26×[墙高]3.6×[墙厚]0.24	m³	10.593
				※ §15 ※ 一层平面图（建池02）→轴线8右伸→散水明沟		
15.1	清010407002	散水、坡道	1	(12.26+0.24+0.3)×0.6	m²	7.68
15.2	清010306002	砖池沟、明沟	1	12.26+0.12+0.6+0.26÷2	m	13.11
				※ §16 ※ 一层平面图（建池02）→房间G1:D8→房间G1:D8		
16.1	清020102002	块料楼地面	1	[房间净长](11.76−0.24)×[房间净宽](2.3+2.4×2−0.24)	m²	79.027
16.2	清020201001	墙面一般抹灰	1	2×([房间净长](11.76−0.24)+[房间净宽](2.3+2.4×2−0.24))×[房间净高][一层净高]3.48−([C−1面积]8.096×2[榕]+[M−1面积]8.1×1[榕]+[M−2面积]2.1×1[榕])	m²	101.533
16.3	清020301001	顶棚抹灰	1	[房间净长](11.76−0.24)×[房间净宽](2.3+2.4×2−0.24)	m²	79.027

续表

序号	项目编码（第1~9位）	项目名称	复件数	计算表达式	单位	工程量
16.4	清 020105003	块料踢脚线	1	[踢脚板高]0.15×(([房间净长](11.76−0.24)+[房间净宽](2.3+2.4×2−0.24))×2−(([M−1洞底宽]3−0.2)×1[樘])+(([M−2洞底宽]1−0.2)×1[樘])	m²	4.974
16.5	清 010103001	土(石)方回填:{室内回填土}	1	79.027×(0.45−0.115)	m³	26.474
※ §17 ※ 一层平面图(建施02)→房间 D1:A8→房间 D1:A2						
17.1	清 020102002	块料楼地面:{D1:A2}	1	[房间净长](2.6−0.24)×[房间净宽](1.5+2.3+1.36−0.24+0.019)	m²	11.656
17.2	清 020201001	墙面一般抹灰:{D1:A2}	1	(2×([房间净长](2.6−0.24)+[房间净宽](1.5+2.3+1.36−0.24+0.019))−([M−4面积]2.1×1[樘])+[M−2面积]2.1×1[樘])×[一层净高]3.48−(([M−4面积]2.1×1[樘])+[M−2洞底宽]1−0.2)×1[樘]))	m²	42.703
17.3	清 020301001	顶棚抹灰:{D1:C2}	1	(1.36−0.24)×(2.6−0.24)	m²	2.643
17.4	清 020105003	块料踢脚线:{D1:A2}	1	[踢脚板高]0.15×((([房间净长](2.6−0.24)+[房间净宽](1.5+2.3+1.36−0.24+0.019))×2−(1.36−0.24))×2−(([M−4洞底宽]1.36−0.24)−(([M−2洞底宽]1−0.2)×1[樘]))	m²	1.782
17.5	清 010103001	土(石)方回填:{室内回填土}	1	11.656×(0.45−0.115)	m³	3.905
※ §18 ※ 一层平面图(建施02)→房间 D1:A8→房间 D2:C5						
18.1	清 020102002	块料楼地面:{D2:C5}	1	[房间净长](1.2+1.2)×[房间净宽](1.36−0.24)	m²	2.688
18.2	清 020201001	墙面一般抹灰:{D2:C5}	1	(2×([房间净长](1.2+1.2)+[房间净宽](1.36−0.24))×[房间净高]3.48−([M−2面积]2.1×1[樘])+[M−3面积]1.68×1[樘])	m²	16.822
18.3	清 020301001	顶棚抹灰:{D2:C5}	1	[房间净长](1.2+1.2)×[房间净宽](1.36−0.24)	m²	2.688
18.4	清 020105003	块料踢脚线:{D2:C5}	1	[踢脚板高]0.15×(2×([房间净长](1.2+1.2)+[房间净宽](1.36−0.24)−(([M−2洞底宽]1−0.2)×1[樘])+([M−3洞底宽]0.8−0.2)×1[樘]))	m²	0.678
18.5	清 010103001	土(石)方回填:{室内回填土}	1	2.688×(0.45−0.115)	m³	0.9

续表

序号	项目编码（第1~9位）	项目名称	复件数	计算表达式	单位	工程量
				※ §19 ※ 一层平面图（建施02）→房间 C2:A5		
19.1	清 020102002	块料楼地面	1	[房间净长](1.2+1.2-0.24)×[房间净宽](1.5+2.3-0.24)	m²	7.69
19.2	清 020301001	顶棚抹灰	1	[房间净长](1.2+1.2-0.24)×[房间净宽](1.5+2.3-0.24)	m²	7.69
19.3	清 020201001	墙面一般抹灰	1	(2.4-0.24+2.3-0.24)×2×([一层净高]3.48-1.5)-[M-3洞底宽]0.8×([M-3洞高]2.1-1.5)×3	m²	15.271
19.4	清 020201001	墙面一般抹灰：｛盥洗间内墙裙｝	1	(2×(1.2-0.12-0.06+1.5-0.12-0.06)×([一层净高]3.48-1.5)-[M-3洞底宽]0.8×([M-3洞底宽]2.1-1.5)-[C-2洞高]1.5-1.5))×2	m²	14.333
19.5	清 020204003	块料墙面：｛盥洗间内墙裙｝	1	(2.4-0.24+2.3-0.24)×2×1.5-[M-3洞底宽]0.8×1.5×3	m²	9.06
19.6	清 020204003	块料墙面：｛2间蹲便间内墙裙｝	1	(2×(1.2-0.12-0.06+1.5-0.12-0.06)×1.5-[M-3洞底宽]0.8×1.5-[C-2洞底宽]1.8×(1.5-0.9))×2	m²	9.48
19.7	清 010103001	土（石）方回填土：｛室内回填土｝	1	7.69×(0.45-0.115)	m³	2.576
				※ §20 ※ 一层平面图（建施02）→房间 D5:A7		
20.1	清 020102002	块料楼地面	1	[房间净长](3.4-0.24)×[房间净宽](5.16-0.24)	m²	15.547
20.2	清 020201001	墙面一般抹灰	1	2×([房间净长](3.4-0.24)+[房间净宽](5.16-0.24))×[房间净高]3.48-[M-2面积]2.1×2[樘]+[C-2面积]2.7×1[樘])	m²	49.337
20.3	清 020301001	顶棚抹灰	1	[房间净长](3.4-0.24)×[房间净宽](5.16-0.24)	m²	15.547
20.4	清 020105003	块料踢脚线	1	[踢脚板高]0.15×(([房间净长](3.4-0.24)+[房间净宽](5.16-0.24))×2-(([M-2洞底宽]1-0.2)×2[樘]))	m²	2.184
20.5	清 010103001	土（石）方回填土：｛室内回填土｝	1	15.547×(0.45-0.115)	m³	5.208
				※ §21 ※ 一层平面图（建施02）→房间 D7:A8		
21.1	清 020102002	块料楼地面	1	[房间净长](3.36-0.24)×[房间净宽](5.16-0.24)	m²	15.35

续表

序号	项目编码（第1~9位）	项目名称	复件数	计算表达式	单位	工程量
21.2	清 020201001	墙面一般抹灰	1	2×（[房间净长]（3.36－0.24）+[房间净宽]（5.16－0.24））×[房间净高][一层净高]3.48－（[M－2面积]2.1×1[樘]+[C－2面积]2.7×1[樘]）	m²	51.158
21.3	清 020301001	顶棚抹灰	1	[房间净长]（3.36－0.24）×[房间净宽]（5.16－0.24）	m²	15.35
21.4	清 020105003	块料踢脚线	1	[踢脚板高]0.15×（([房间净长]（3.36－0.24）+[房间净宽]（5.16－0.24））×2－（([M－2洞底宽]1－0.2)×1[樘]））	m²	2.292
21.5	清 010103001	土（石）方回填：{室内回填土}	1	15.35×（0.45－0.115）	m³	5.142
※ §22 ※ 二层平面图（建施03）→轴线G上伸→YP－1						
22.1	清 010405008	雨篷，阳台板	1	[板宽]1.3×（[中线长]11.76－[翻边宽]0.24）×[板厚]0.12+[翻边宽]0.24×（[中线长]11.76+[翻边宽]0.24+[板宽]1.3×2)×[翻边高]0.4	m³	3.199
22.2	清 020203001	零星项目一般抹灰：{雨篷粉刷}	1	（1.3+0.24）×（11.76+0.24）	m²	18.48
22.3	清 010407001	其他构件：{混凝土栏墩}	1	0.1×0.2×0.2×14	m³	0.056
22.4	清 010407001	其他构件：{混凝土压顶}	1	(11.76+0.24+1.3×2)×0.3×0.1	m³	0.438
※ §23 ※ 二层平面图（建施03）→轴线G→1 砖墙						
23.1	清 010302001	实心砖墙	1	（[墙长]11.76×（[二层高][墙高]3.6－[[C－6面积]5.28×2[樘]+[C－4面积]5.04×1[樘]]）×[墙厚]0.24	m³	6.417
23.2	清 020406001	金属推拉窗：{C－6铝推拉窗}	1	2[樘]×1	樘	2
23.3	清 020406001	金属推拉窗：{C－6铝推拉窗}	1	1[樘]×1	樘	1
※ §24 ※ 二层平面图（建施03）→轴线D→1 砖墙						
24.1	清 010302001	实心砖墙	1	（[墙长]（11.76－0.24）×[墙高][二层高]3.6－[M－2面积]2.1×2[樘]）－（[M－2洞顶宽]1+0.5)×[过梁高]0.12×2[樘]）×[墙厚]0.24	m³	8.859
24.2	清 010410003	过梁	1	([M－2洞顶宽]1+0.5)×[过梁高]0.12×2[樘]×[墙厚]0.24	m³	0.086
24.3	清 020401004	胶合板门：{M－2夹板门}	1	2[樘]×1	樘	2

续表

序号	项目编码（第1~9位）	项目名称	复件数	计算表达式	单位	工程量
25.1	清010302001	实心砖墙:{C2;C5}	1	※§25※ 二层平面图(建施03)→轴线C→1砖墙　([墙长](1.2+1.2-0.24)×[二层高]3.6-([M-3面积]1.68×1[樘])-([M-3洞顶宽]0.8+0.5)×[过梁高]0.12×1[樘])×[墙厚]0.24	m³	1.426
25.2	清020402005	塑钢门:{M-3塑钢门}	1	1[樘]×1	樘	1
26.1	清010302001	实心砖墙	1	※§26※ 二层平面图(建施03)→轴线B→120墙　([墙长](2.4-0.24)×[二层高]3.6-([M-3面积]1.68×2[樘])-([M-3洞顶宽]0.8+0.5)×[过梁高]0.12×2[樘])×[墙厚]0.115	m³	0.472
26.2	清020402005	塑钢门:{M-3塑钢门}	1	2[樘]×1	樘	2
27.1	清010302001	实心砖墙	1	※§27※ 二层平面图(建施03)→轴线A→1砖墙　([墙长]11.76×[二层高]3.6-([C-5面积]2.7×2[樘])-(([C-5洞顶宽]0.9×2[樘]+[C-2洞顶宽]2.25×1[樘])+[C-3面积]0.6×0.5)×[过梁高]0.12×2[樘])+(([C-3洞顶宽]1.5+0.5)×[过梁高]0.12×2[樘]+([C-2洞顶宽]1.8+0.5)×[过梁高]0.12×2[樘])×[墙厚]0.24	m³	7.639
27.2	清010410003	过梁	1	(((([C-5洞顶宽]1.5+0.5)×[过梁高]0.12×2[樘])+(([C-3洞顶宽]0.6+0.5)×[过梁高]0.12×1[樘])+(([C-2洞顶宽]1.8+0.5)×[过梁高]0.12×2[樘]))×[墙厚]0.24	m³	0.253
27.3	清020406001	金属推拉窗:{C-5铝推拉窗}	1	1[樘]×1	樘	1
27.4	清020406001	金属推拉窗:{C-3铝推拉窗}	1	2[樘]×1	樘	2
27.5	清020406001	金属推拉窗:{C-2铝推拉窗}	1	2[樘]×1	樘	2

安装工程量的计算较土建简单,不再赘述,请读者自行收集计算底稿进行学习。

(2) 钢筋工程量计算

钢筋工程量计算一般按地毯式计算量的顺序,分楼层,分构件种类分别计算,以下为某住宅楼一层柱的抽筋示例。

【实例3-3-2】某住宅楼钢筋预算表(部分)。

说明:抽筋时,先按地毯式计算量顺序,顺次统计出每层的构件类型与数量,再对每个构件进行抽筋,最后按构件数量对钢筋量进行汇总。表3-3-20列出某住宅楼一层KZ1柱(焊接连接方式)的抽筋底稿。

表 3-3-20 抽筋底稿(局部)

构件名称:KZ1

钢筋编号	外形尺寸(mm)	钢筋规格(mm)	计算长度(mm)	一个构件使用根数(根)	构件数量(个)	总根数(根)	重量(kg)	公式
1	360 / 260	8	1368	23	32	720	389	$260 \times 2 + 360 \times 2 + 8 \times 16$
2	276	8	428	23	32	720	122	$276 + 8 \times 19$
3	376	8	528	23	32	720	150	$376 + 8 \times 19$
4	2900	16	2900	6	32	192	879	
5	2900	18	2900	2	32	64	371	
……								

(3) 清单编制与投标报价

【实例3-3-3】清单编制实例(部分)。

分部分项工程量清单(A.3 砌筑工程部分)　　　　表3-3-21

序号	项目编码	项目名称	计量单位	工程数量
3.1	10301001001	砖基础 (1) 实心黏土砖基础、240×115×53、Mu10 (2) 无放脚砖基础 (3) 基础高0.65m (4) M10 水泥砂浆	m³	10.828
3.2	10302001001	实心砖墙 (1) 实心黏土砖、240×115×43、Mu10 (2) 一、二层墙体 (3) 墙厚240 (4) 墙高3.6m (5) M7.5 混合砂浆	m³	94.894
3.3	10302001001	实心砖墙 (1) 实心黏土砖、240×115×43、Mu10 (2) 三层墙体 (3) 墙厚240 (4) 墙高3.3m (5) M7.5 混合砂浆	m³	47.806
3.4	10302001001	实心砖墙 (1) 实心黏土砖、240×115×43、Mu10 (2) 屋面墙体 (3) 墙厚240 (4) 墙高最高2.16m (5) M7.5 混合砂浆	m³	33.204
3.5	10302001001	实心砖墙 (1) 实心黏土砖、240×115×43、Mu10 (2) 一、二层墙体 (3) 墙厚120 (4) 墙高3.6m (5) M7.5 混合砂浆	m³	1.784
3.6	10302001001	实心砖墙 (1) 实心黏土砖、240×115×43、Mu10 (2) 三层墙体 (3) 墙厚120 (4) 墙高3.3m (5) M7.5 混合砂浆	m³	0.655
3.7	10303004001	砖水池、化粪池 (1) 高1.5m (2) C25 混凝土垫层、200厚 (3) Mu10 黏土砖 (4) M7.5 水泥砂浆	座	1

续表

序号	项目编码	项目名称	计量单位	工程数量
3.8	10306002001	砖地沟、明沟 (1) 截面尺寸 190×150 (2) C10 混凝土垫层、100 厚 (3) Mu10 黏土砖 (4) M7.5 混合砂浆	m	39.68

(4) 定额计价施工图预算的编制

【实例 3-3-4】 某住宅楼定额计价实例。

建筑工程费用汇总表　　　　　　　表 3-3-22

工程名称：砖混住宅楼　　　　　　　　　　　　　　　　　第 1 页共 1 页

序号	费用名称	取费基数	费率	金额
1	综合基价合计	实体项目费		1659640.29
2	施工项目	[3~4]		52726.77
3	技术措施费	技术措施费		
4	组织措施费	组织措施项目费		52726.77
5	专项费用	[6~7]		78335.03
6	社会保险费	([1] + [3]) ×4.58%	4.58	76011.53
7	工程定额测定费	([1] + [3]) ×0.14%	0.14	2323.50
8	差价	[9~11]		99156.36
9	人工价差	工日数×0		
10	主要材料价差	材料价差合计 + 技术措施费材料价差合计 - 机械费价差合计		99156.36
11	机械费价差	机械费价差合计		
12	工程成本	[1~2] + [5] + [8]		1889858.45
13	利润	([12] - [8]) ×6%	6.00	107442.13
14	税金	([12~13]) ×3.413%	3.413	68167.87
15	甲供材料	甲供预算价合计		
16	含税工程造价	[12~14] - [15]		2065468.45
	含税工程造价：贰佰零陆万伍仟肆佰陆拾捌元肆角伍分			小写：2065468.45

表 3-3-23

建筑工程预算表

第 页共 页

工程名称：砖混住宅楼

序号	编号	定额项目	单位	工程量	定额直接费 单价	定额直接费 合价	其中 人工合价	其中 材料合价	其中 机械合价	人工附加费	综合费合价	定额工日 工日	定额工日数 合计
一、		第一分部 土、石方工程											
1	1-9	人工挖土方 坚土 深度1.5m以内	100m³	1.441	984.9	1419.23	852.75			253.80	312.68	28.18	40.61
2	1-54	回填土 夯填	100m³	5.251	680.64	3574.05	2004.73		237.56	596.67	735.09	18.18	95.46
3	1-56	场地平整	100m²	8.736	218.44	1908.29	1146.60			341.23	420.46	6.25	54.60
4	1-120	反铲挖掘机挖土 一、二类土	1000m³	1.297	1769.51	2295.05	91.52		2063.16	62.89	77.48	3.36	4.36
		分部小计[第一分部 土、石方工程]				9196.62	4095.60		2300.72	1254.59	1545.71		195.03
二、		第三分部 砖石工程											
1	3-1	M5.0水泥砂浆砖基础	10m³	4.061	1461.08	5933.44	996.93	4205.49	50.64	304.82	375.56	11.69	47.47
2	3-4	墙基防潮层	100m²	2.369	826.07	1956.96	408.44	1242.11	25.85	125.70	154.86	8.21	19.45
3	3-5	M2.5混合砂浆混水砖墙 一砖以上	10m³	20.622	1518.95	31323.79	5764.06	21392.44	249.11	1755.55	2162.63	13.31	274.48
4	3-6	M2.5混合砂浆混水砖墙 一砖	10m³	107.923	1524.14	164489.76	30777.48	111553.53	1261.62	9362.32	11534.81	13.58	1465.59
5	3-8	M5混合砂浆混水砖墙 1/2砖	10m³	1.327	1656.17	2197.73	484.05	1374.57	12.94	146.14	180.03	17.37	23.05
6	3-39	M5水泥砂浆零星砖砌体	10m³	0.028	1771.12	49.59	12.13	29.02	0.28	3.66	4.50	20.63	0.58
7	3-47	M5水泥砂浆砖砌台阶	10m²	0.448	409.49	183.45	45.72	105.22	1.57	13.86	17.08	4.86	2.18
8	3-50	砖砌体钢筋加固 不绑扎	t	4.033	2979.5	12016.32	855.40	10592.67		254.60	313.65	10.1	40.73
		分部小计[第三分部 砖石工程]				218151.04	39344.21	150495.05	1602.01	11966.65	14743.12		1873.53
三、		第四分部 脚手架工程											
1	4-1	外墙单排钢管脚手架 墙高10m以内	100m²	2.973	526.79	1566.15	431.41	683.17	122.67	132.12	196.78	6.91	20.54
2	4-5	外墙双排钢管脚手架 墙高24m以内	100m²	34.481	1109.91	38270.81	7965.11	22491.61	1778.19	2424.36	3611.54	11	379.29
3	4-14	混凝土单梁脚手架 高3.6m以内	100m²	3.658	271.86	994.46	248.12	481.36	75.46	76.12	113.40	3.23	11.82

续表

序号	编号	定额项目	单位	工程量	定额直接费 单价	定额直接费 合价	人工合价	材料合价	机械合价	人工附加费	综合费 合价	定额工日数 工日	定额工日数 合计
4	4-16	满堂脚手架 顶棚高 5.2m	100m²	0.588	494.63	290.84	122.62	70.85	6.06	36.68	54.63	9.93	5.84
5	4-20	里脚手架 墙高 3.6m以内	100m²	45.740	147.98	6768.61	2612.67	901.08	1226.75	814.63	1213.48	2.72	124.41
6	B-1	外墙涂料	m²	1636.074	22	35993.63		35993.63					
		分部小计 [第四分部 脚手架工程]				83884.50	11379.93	60621.70	3209.13	3483.91	5189.83		541.90
四、		第五分部 混凝土及钢筋混凝土工程											
1	5-4换	C20(40)现浇碎石钢筋混凝土无梁式带形基础	10m³	17.866	4450	79503.71	7072.26	60218.78	2849.63	2273.45	7089.59	18.85	336.77
2	5-7换	C20(40)现浇碎石钢筋混凝土独立基础	10m³	0.232	3642.41	845.04	86.92	609.05	34.05	27.93	87.09	17.84	4.14
3	5-14	C10(40)现浇碎石混凝土垫层	10m³	6.417	2631.58	16886.85	2549.60	10176.21	824.46	810.21	2526.37	18.92	121.41
4	5-20	C20(40)现浇碎石钢筋混凝土矩形柱 周长≤1.2m	10m³	0.212	10952.56	2321.94	375.57	1383.16	88.19	115.34	359.68	84.36	17.88
5	5-21	C20(40)现浇碎石钢筋混凝土矩形柱 周长≤1.8m	10m³	2.302	10319.1	23754.56	3089.05	16006.17	735.56	952.75	2971.03	63.9	147.10
6	5-26	C20(40)现浇碎石钢筋混凝土构造柱	10m³	14.217	8152.27	115900.82	19110.63	68973.35	3681.21	5860.53	18275.10	64.01	910.03
7	5-28	C20(40)现浇碎石钢筋混凝土单梁连续梁	10m³	3.175	8620.08	27368.75	3331.75	18819.91	952.69	1035.46	3228.94	49.97	158.65
8	5-30	C20(40)现浇碎石钢筋混凝土圈梁	10m³	12.691	6288.29	79804.06	12947.00	46839.32	3478.70	4015.91	12523.13	48.58	616.52
9	5-31	C20(40)现浇碎石钢筋混凝土过梁	10m³	3.785	9676	36623.66	6776.89	20133.82	1194.02	2068.50	6450.43	85.26	322.71
10	5-41	C20(20)现浇碎石钢筋混凝土有梁板 δ≤10cm	10m³	2.367	7904.9	18710.90	2205.00	12913.52	755.03	688.94	2148.41	44.36	105.00

续表
第　页共　页

序号	编号	定额项目	单位	工程量	定额单价	定额直接费合价	人工合价	材料合价	机械合价	人工附加费	综合费合价	定额工日	合计
11	5-43	C20(20)现浇碎石钢筋混凝土平板 δ≤10cm	10m³	11.717	7215.61	84545.31	12152.76	54164.76	2761.93	3755.30	11710.56	49.39	578.70
12	5-44	C20(40)现浇碎石钢筋混凝土平板 δ>10cm	10m³	2.691	5976.54	16082.87	2172.85	10510.80	608.49	677.62	2113.11	38.45	103.47
13	5-46	C20(20)现浇碎石混凝土板缝（宽≤15cm,δ≤10cm)	10m³	0.321	6226.18	1998.61	252.72	1352.93	68.27	78.84	245.85	37.49	12.03
14	5-52	C20(40)现浇碎石钢筋混凝土整体楼梯	10m²	11.030	1632.75	18009.23	3627.33	9071.62	715.74	1115.57	3478.97	15.66	172.73
15	5-56	C10(40)现浇碎石钢筋混凝土台阶	10m²	0.336	609.33	204.73	38.67	108.99	8.12	11.89	37.06	5.48	1.84
16	5-65	C20(20)现浇碎石钢筋混凝土挑檐天沟	10m³	2.490	17554.92	43711.74	8561.96	23405.10	1100.18	2584.62	8059.88	163.74	407.71
17	5-66	C20(40)现浇碎石钢筋混凝土压顶	10m³	0.643	8882.2	5711.26	1200.42	2847.84	158.53	365.31	1139.16	88.9	57.16
18	5-87	C20(40)预制碎石钢筋混凝土过梁	10m³	0.346	7281.51	2519.40	324.57	1648.90	126.81	101.77	317.35	44.67	15.46
19	5-123	C30(16)预制碎石预应力钢筋混凝土空心板（先张法）L≤4m	10m³	11.218	4881.3	54758.43	5974.26	36411.61	4275.97	1965.95	6130.64	25.36	284.49
20	5-124	C30(16)预制碎石预应力钢筋混凝土空心板（先张法）L>4m	10m³	2.970	5406.25	16056.57	1667.15	11002.13	1136.65	546.48	1704.16	26.73	79.39
21	5-220	钢筋调整	t	1.458	3142.35	4581.55	243.11	3979.73	54.72	73.82	230.17	7.94	11.58
22	5-222	冷拔钢丝调整	t	-0.153	3815.57	-583.79	-45.11	-459.00	-22.61	-13.86	-43.21	14.04	-2.15
		分部小计[第五分部 钢筋混凝土工程]				649316.20	93715.36	410118.70	25586.34	29112.33	90783.47		4462.64
五、		第六分部　钢筋混凝土构件运输、安装工程											
1	6-2	钢筋混凝土构件汽车运输 构件 运输距离 5km 以内 一类	10m³	14.528	518.84	7537.70	805.43	81.21	5728.83	370.46	551.77	2.64	38.35

续表

序号	编号	定额项目	单位	工程量	定额直接费 单价	定额直接费 合价	其中 人工合价	其中 材料合价	其中 机械合价	人工附加费	综合费合价	定额工日 工日	定额工日 合计
2	6-65	预制钢筋混凝土构件 天窗架、端壁(包括挡表) 综合	10m³	0.585	4826.59	2823.56	534.27	528.34	1272.76	196.09	292.10	43.49	25.44
3	6-115	预制钢筋混凝土构件 过梁 其中灌缝	10m³	0.215	281.02	60.42	19.10	27.17		5.68	8.47	4.23	0.91
4	6-115换	预制钢筋混凝土构件 过梁 其中灌缝	10m³	0.046									
5	6-116	预制钢筋混凝土构件 挑檐(履带式起重机) 综合	10m³	0.079	3758.13	296.89	55.31	61.75	129.47	20.23	30.13	33.34	2.63
6	6-132	预制钢筋混凝土构件 空心板 综合	10m³	14.049	1338.97	18811.19	5856.33	5892.99	2464.90	1846.46	2750.51	19.85	278.87
		分部小计[第六分部 钢筋混凝土构件运输、安装工程]				29529.76	7270.44	6591.46	9595.96	2438.92	3632.98		346.21
六、		第七分部 门窗及木结构工程											
1	7-11	窗框上安装铁栅(圆钢)	100m²	0.099	3197.47	316.55	34.16	246.41		10.17	25.81	16.43	1.63
2	7-164	成品钢门窗安装 普通钢门窗	100m²	0.468	14340.2	6711.21	271.25	6106.89	37.41	83.54	212.12	27.6	12.92
3	7-184	成品塑钢窗安装 推拉	100m²	8.043	22027.73	177173.44	4644.95	167595.51	40.22	1382.47	3510.29	27.5	221.19
4	7-260	铁栏杆带木扶手	10m	8.121	934.3	7587.44	1120.45	4910.28	297.47	355.78	903.46	6.57	53.36
5	7-261	铁栏杆带钢管扶手	10m	25.024	918.25	22978.29	3452.56	14728.88	916.63	1096.30	2783.92	6.57	164.41
		分部小计[第七分部 门窗及木结构工程]				214766.93	9523.37	193587.97	1291.73	2928.26	7435.60		453.49
七、		第八分部 楼地面工程											
1	8-2	地面垫层 灰土	10m³	2.058	666.91	1372.50	320.68	766.58	47.62	95.45	142.17	7.42	15.27
2	8-14	垫层 混凝土 无筋	10m³	2.300	1947.08	4478.29	606.17	3099.76	277.40	198.81	296.15	12.55	28.87
3	8-15	垫层 混凝土 无筋 救水	10m³	0.823	2453.85	2019.51	283.61	1403.63	105.74	90.99	135.54	16.41	13.51
4	8-78	伸缩缝,止水带 沥青砂浆	100m	2.066	598.25	1235.99	292.86	726.14		87.16	129.83	6.75	13.95
5	8-94	找平层 1:3水泥砂浆 在填无料土上 厚2cm	100m²	4.384	706.72	3098.27	684.04	1830.89	54.67	212.36	316.31	7.43	32.57

续表

序号	编号	定额项目	单位	工程量	定额单价	定额直接费合价	人工合价	材料合价	机械合价	人工附加费	综合费合价	定额工日	合计工日数
6	8-95	找平层 1:3 水泥砂浆 在混凝土或硬基层上 厚2cm	100m²	1.365	584.4	797.71	184.89	457.19	13.31	57.17	85.15	6.45	8.80
7	8-105	整体面层及明沟 水泥砂浆 楼地面 2cm厚	100m²	6.882	863.1	5939.86	1508.81	3204.26	77.77	461.51	687.51	10.44	71.85
8	8-109	整体面层及明沟 水泥砂浆 踢脚线高 15cm	100m	5.962	264.69	1578.08	657.31	414.18	13.95	197.88	294.76	5.25	31.30
9	8-110	整体面层及明沟 水泥砂浆 楼梯 20mm厚	100m²	1.136	4074.4	4628.52	1906.33	1261.37	34.53	572.90	853.39	79.91	90.78
10	8-111	整体面层及明沟 水泥砂浆 台阶(砖面) 20mm厚	100m²	0.045	1795.28	80.78	30.50	26.87	0.58	9.17	13.66	32.28	1.45
11	8-112	整体面层及明沟 水泥砂浆 台阶(泥凝土面) 20mm厚	100m²	0.034	1958.89	66.61	25.16	22.19	0.44	7.56	11.26	35.24	1.20
12	8-114	整体面层及明沟 水泥砂浆(毛面) 楼地面 15mm	100m²	27.117	624.02	16921.55	4458.85	8744.96	295.85	1374.56	2047.33	7.83	212.33
13	8-115	整体面层及明沟 水泥砂浆(毛面) 踢脚线	100m	24.490	185.85	4551.45	2026.30	970.29	38.20	609.31	907.35	3.94	96.49
		分部小计[第八分部 楼地面工程]				46769.12	12985.51	22928.31	960.06	3974.83	5920.41		618.36
	八、	第九分部 屋面工程											
1	9-2	保温层 加气混凝土块	10m³	3.920	1685.39	6606.73	373.73	5956.05		111.25	165.70	4.54	17.80
2	9-3	保温层 水泥加气混凝土碎渣 1:8	10m³	1.301	1633.05	2124.60	274.58	1646.57		81.72	121.73	10.05	13.08
3	9-11	保温层 现浇水泥珍珠岩 1:8	10m³	1.031	1637.13	1687.88	217.59	1309.06		64.76	96.47	10.05	10.36
4	9-47	卷材屋面 高聚物改性沥青防水卷材屋面(热溶单层) 3mm厚	100m²	11.498	2837.12	32621.21	1318.36	30325.98		392.43	584.44	5.46	62.78

续表
第 页共 页

序号	编号	定额项目	单位	工程量	定额直接费 单价	定额直接费 合价	人工合价	材料合价	其中 机械合价	人工附加费	综合费合价	定额工日 工日	定额工日 合计
5	9-119	屋面排水 硬聚氯乙烯(PVC)矩形水斗(10个)3"	10个	1.200	206.66	248.00	33.77	189.19		10.06	14.98	1.34	1.61
6	9-121	屋面排水 塑料水落管 φ100	10m	19.880	175.25	3483.97	688.84	2284.81		204.96	305.36	1.65	32.80
7	9-125	屋面排水 塑料弯头 φ100	10个	1.200	136.72	164.06	33.01	106.58		9.83	14.64	1.31	1.57
8	9-126	屋面排水 阳台雨蓬出水口	10个	1.200	74.7	89.64	20.16	54.54		6.00	8.94	0.8	0.96
		分部小计[第九分部 屋面工程]				47026.09	2960.04	41872.78		881.01	1312.26		140.95
九、		第十一分部 装饰工程											
1	11-15	水泥砂浆粉砖墙面 15+5	100m²	4.908	978.01	4800.07	1598.58	1935.37	58.36	485.11	722.65	15.51	76.12
2	11-16	混合砂浆粉砖墙面 15+5	100m²	71.471	910.16	65050.05	23729.09	22549.82	849.79	7198.56	10722.79	15.81	1129.96
3	11-17	水泥砂浆粉砖墙面(毛面) 15	100m²	18.777	747.69	14039.38	4857.99	5366.84	153.78	1470.43	2190.34	12.32	231.33
4	11-29	水泥砂浆粉梁柱面	100m²	1.343	1182.45	1588.03	616.52	495.66	13.60	185.67	276.58	21.86	29.36
5	11-32	水泥砂浆粉混凝土顶棚零星项目 15+5	100m²	8.309	2801.76	23279.83	11449.97	3178.28	119.82	3426.96	5104.80	65.62	545.24
6	11-38	水泥砂浆粉混凝土顶棚 7+5	100m²	6.582	873.32	5748.20	2402.30	1490.49	53.91	723.63	1077.87	17.38	114.40
7	11-39	混合砂浆粉混凝土顶棚 7+5	100m²	28.108	849.36	23873.81	10394.62	5455.20	230.20	3130.67	4663.12	17.61	494.98
8	11-123	凸凹限麻石块(砂浆粘贴)墙面墙裙	100m²	4.421	3801.58	16806.77	4494.43	6709.04	56.85	1346.77	4199.68	48.41	214.02
9	11-135	镶贴块料面层 外墙面砖(周长70cm以内) 墙面、墙裙 密贴	100m²	20.868	5809.61	121234.93	26915.96	60827.92	300.92	8059.01	25131.12	61.42	1281.71
10	11-520	底油一遍,刮腻子,木扶手不带托板	100m	0.812	286.29	232.47	85.26	42.70		25.38	79.13	5	4.06
11	11-671	金属面油漆 红丹防锈漆一遍 其他金属面	t	12.495	105.45	1317.60	296.51	657.74		88.21	275.14	1.13	14.12
12	11-680	金属面油漆 银粉漆二遍 其他金属面	t	12.495	195.07	2437.40	682.23	919.01		203.04	633.12	2.6	32.49
13	11-732	888仿瓷涂料 内墙面	100m²	4.347	515.9	2242.61	702.91	678.13		209.22	652.35	7.7	33.47
14	11-733	888仿瓷涂料 顶棚面	100m²	1.701	541.27	920.70	292.91	268.76		87.18	271.85	8.2	13.95
15	B-2	成品风道	m	73.680	60	4420.80		4420.80					

续表

第 页共 页

序号	编号	定额项目	单位	工程量	定额单价	定额直接费合价	人工合价	材料合价	机械合价	人工附加费	综合费综合价	定额工日	合计工日数
16	B-3	风帽	个	4.000	255	1020.00		1020.00					
		分部小计[第十一分部 装饰工程]				289012.65	88519.28	116015.76	1837.23	26639.84	56000.54		4215.20
十、		第十二分部 金属构件制作、安装、运输											
1	12-24	栏杆 型钢为主	t	0.607	4079.3	2476.14	282.60	1770.47	126.80	92.91	203.36	22.17	13.46
2	12-83	Ⅲ类构件运输 运距(5km以内)	10t	0.731	581.33	424.96	33.62	25.10	309.86	17.68	38.70	2.19	1.60
		分部小计[第十二分部 金属构件制作、安装、运输]				2901.10	316.22	1795.57	436.66	110.59	242.06		15.06
十一、		第十三分部 室外工程及建筑配件											
1	13-321	彩色人行道板 浆砌1:4水泥砂浆(25mm)	100m²	1.770	4308.98	7626.89	494.36	6706.92	47.75	151.78	226.08	13.3	23.54
		分部小计[第十三分部 室外工程及建筑配件]				7626.89	494.36	6706.92	47.75	151.78	226.08		23.54
十二、		第十四分部 建筑工程垂直运输											
1	14-28	檐高20m(6层)以上工程 住宅 混合结构 檐高30(7~10)m(层数)以内	100m²	39.644	1451.44	57540.89			49352.02	2106.29	6082.58		
		分部小计[第十四分部 建筑工程垂直运输]				57540.89			49352.02	2106.29	6082.58		
十三、		第十五分部 建筑物超高增加费											
1	15-1	多层建筑物超高增加费(7~9层) 檐高(30m以内)	100m²	2.484	1577.5	3918.50	736.03	794.88	1485.43	219.06	683.10	14.11	35.05
		分部小计[第十五分部 建筑物超高费用]				3918.50	736.03	794.88	1485.43	219.06	683.10		35.05
		合计				1659640.29	271340.35	1011529.10	97705.04	85268.06	193797.74		12920.97

项目文件：砖混住宅楼

材料价差表

表 3-3-24

序号	材料名	单位	数量	预算单价	预算价合计	市场单价	市场价合计	价差	价差合计
	材料类别								
1	彩色人行道板	m²	179.655	32.00	5748.96	20.80	3736.82	-11.20	-2012.14
2	水泥 32.5 级	t	522.423	230.00	120157.27	274.22	143258.81	44.22	23101.54
3	水泥 42.5 级	t	60.772	265.00	16104.45	384.00	23336.26	119.00	7231.81
4	白水泥	kg	66.315	0.37	24.54	0.40	26.53	0.03	1.99
5	面砖 60×240×8	千块	147.829	350.00	51740.12	270.00	39913.80	-80.00	-11826.31
6	凸凹假麻石块 197×76	m²	450.942	10.58	4770.97	37.00	16684.85	26.42	11913.89
7	加气混凝土块	m³	41.944	142.00	5956.05	145.00	6081.88	3.00	125.83
8	碎石 0.5~1cm	m³	122.695	48.00	5889.34	66.00	8097.84	18.00	2208.50
9	碎石 0.5~2cm	m³	144.087	48.00	6916.17	66.00	9509.73	18.00	2593.56
10	碎石 2~4cm	m³	597.981	43.00	25713.20	66.00	39466.77	23.00	13753.57
11	黏土	m³	23.904	16.00	382.46			-16.00	-382.46
12	杉圆木 三等	m³	0.066	1200.00	79.20	1308.00	86.33	108.00	7.13
13	板方材 二等中小方中板	m³	0.615	1525.00	938.33	1308.00	804.81	-217.00	-133.52
14	模板料	m³	17.186	1500.00	25778.85	1308.00	22479.16	-192.00	-3299.69
15	硬木 一等中小方	m³	0.936	1500.00	1403.85	1308.00	1224.16	-192.00	-179.69
16	钢筋 Ⅰ级钢 φ10 以内	t	23.906	2550.00	60961.07	3888.79	92966.58	1338.79	32005.52

续表

序号	材料名	单位	数量	预算单价	预算价合计	市场单价	市场价合计	价差	价差合计
17	钢筋 Ⅰ级钢 φ10 以上	t	17.538	2520.00	44195.51	3757.76	65903.22	1237.76	21707.71
18	钢筋 Ⅱ、Ⅲ级钢 φ10 以上	t	29.382	2750.00	80800.78	3833.97	112650.09	1083.97	31849.32
19	冷拔丝 综合	t	0.570	3000.00	1708.80	4100.00	2335.36	1100.00	626.56
20	预应力冷拔钢丝	t	5.153	3050.00	15715.43	4100.00	21125.66	1050.00	5410.23
21	扁钢 综合	t	0.073	2700.00	196.56	3800.00	276.64	1100.00	80.08
22	角钢 综合	t	0.571	2550.00	1455.03	3800.00	2168.28	1250.00	713.25
23	普通钢门 单层	m²	45.022	123.00	5537.66	183.33	8253.81	60.33	2716.15
24	塑钢推拉窗 含玻璃配件	m²	777.295	210.00	163231.91	150.00	116594.22	-60.00	-46637.69
25	铁栏杆	kg	4176.270	3.30	13781.69	5.00	20881.35	1.70	7099.66
26	阳台雨蓬出水口 短管	个	12.120	4.50	54.54	7.50	90.90	3.00	36.36
27	硬聚氯乙烯水斗 3″	个	12.120	8.10	98.17	7.50	90.90	-0.60	-7.27
28	硬聚氯乙烯落管 φ100×3×4000	m	208.740	8.48	1770.12	15.00	3131.10	6.52	1360.99
29	硬聚氯乙烯弯头 φ100	个	12.120	7.86	95.26	7.50	90.90	-0.36	-4.36
30	高聚物改性沥青卷材 2mm	m²	126.478	15.00	1897.17	18.00	2276.60	3.00	379.43
31	高聚物改性沥青卷材 3mm	m²	1282.027	19.00	24358.51	18.00	23076.49	-1.00	-1282.03

价差合计：99157.91

3.3.5 老造价工程师的话

(1) 工程量计算

| 老造价工程师的话20 | 工程量计算计量单位选择的一般原则 |

　　工程量是以物理计量单位或自然计量单位表示各分项工程或结构构件的实物数量，如 m^3、m^2、m、t 等。确定以何种计量单位计算工程量的一般原则如下：

　　(1) 当 L、B、H 的尺寸不固定，常用 m^3 为计量单位，如土方、混凝土、砌体等。

　　(2) 当 L、B、H 中有一个尺寸固定，另两个经常变化时，常用 m^2 作计量单位，如楼地面、屋面防水层、内墙抹灰、外墙贴面等。

　　(3) 当 L、B、H 中有两个尺寸固定，另一个经常变化时，常用 m 为计量单位，如楼梯、栏杆扶手等。

　　(4) 当物体体积变化不大，重量差异较大时，常用 t 为计量单位，如散装水泥、黄砂、石子、石灰等。

　　(5) 无法以物理计量单位表示的、具有自然属性的单位，称自然计量单位，如个、台、套、组等。

| 老造价工程师的话21 | 工程量计算的点滴经验 |

　　以下列出工程量计算的一些零散经验供大家参考：

　　(1) 分项工程列项时，应详细书写其内容，包括做法、厚度、深度、周长、材料强度等级、配合比、材料规格和类型、构件形状等。

　　(2) 计算结构工程量时，尽可能地计算出与之相联系的装饰装修工程量的计算数据（即模块化计算工程量）。

　　(3) 熟练使用科学计算器的连乘方法和部分清除键 C 的用法。

　　(4) 室内外有高差时，在计算出基础工程量的同时，应一次算出埋入室外设计地面以下的基础体积，以方便基础回填土工程量的计算。

　　(5) 内墙地槽和其下垫层工程量计算中，应使用"L 内槽"。

　　(6) 横墙较密的住宅开挖地槽需留设工作面和放坡时，应注意"挖空气"的现象，若计算出的工程量＞大开挖体积，应按大开挖体积确定挖地槽工程量（定额算量）。

　　(7) 屋面工程量计算中，应注意乘屋面坡度系数。另外，凡属屋面施工图内的分项工程，应全部在本分部计算，如屋面找平层、保温层、防水层、架空隔热板、女儿墙、压顶、天沟等。

　　(8) 套用定额时，每当在预算价值表中填写完一个分项工程的工程量后，应同时在工程量计算表中的该项划一"√"，表明此项已从工程量计算表中消除了。

　　(9) 注意数字的读法应按自然数字读数，不宜念成几万几千几百。

老造价工程师的话22	养成良好的工程量计算习惯

以下列出工程量计算时应养成的一些良好习惯供大家参考：
(1) 采用"工程量计算书"的统一规格。
(2) 计算式应按图索骥，注明部位、轴线编号、便于核对。
(3) 计算精度，算到小数点后两位，钢材、木材、贵重材料可算到小数点后三位，余数四舍五入。
(4) 计算式的尺寸顺序应统一，宽（B）×高（H）×长（L）。
(5) 计算书底稿要整齐，数字清楚，标点明确，切忌草率零乱，辨认不清。

老造价工程师的话23	欧式风格建筑装修面积的速算简化公式

一些欧式风格建筑，线角等比较多，算装修面积时（如涂料面积）比较繁琐。为此可以总结出一些实用的参考公式计算面积，保证计算准确度的同时提高效率。

罗马花瓶 =（max 直径 + min 直径）/2 × 3.14 × 高 ×（1.1~1.3）
半瓶 =（max 直径 + min 直径）/4 × 3.14 × 高 ×（1.1~1.3）
檐线 = 投影面积 ×（1.5~2）
希腊柱 = 展开面积 ×（1.1~1.2）
罗马柱 = 展开面积 ×（1.2~1.3）
柱头 = 展开面积 ×（1.3~1.5）
窗套 = 展开面积 ×（1.3~1.5）
雕花 = 投影面积 ×（1.5~1.8）
蘑菇石 = 投影面积 ×（1.5~1.8）
重叠面 = 投影面积 ×（1.5~2）
凹凸图案 = 投影面积 ×（1.3~1.5）

老造价工程师的话24	工程量间的相关性经验数据

小王将做好的一份预算给一位老师傅看，老师傅一看，立即指出这份预算工程量的混凝土或模板的工程量计算有误。这份预算中的混凝土总量是60000m³，而模板总量是3000m²。根据老师傅的经验，两者间的比例关系约是：模板面积∶混凝土体积 = 1∶10（注：指模板、混凝土的总量；单个构件，模板与混凝土的量可能并不是相对固定的比例关系）。小王又重新计算了一遍工程量，发现果然是自己算错了。

一些有经验的老造价工程师，拿到一份预算，大致扫几眼，就能指出哪些工程量计算可能有错误。他们使用的是什么"秘密武器"呢？原来他们脑袋中积累了很多工作量间的相关比例数据。经大量的数理统计规律研究发现，工程量间往往是有相关性的，许多工程量间有一定的比例关系。从他们间的比例关系就能发现工程量计算是否出了问题。

下面列一些工程量相关经验数据，供读者工作中参考：

(1) 普通多层住宅楼室外门窗（不包括单元门、防盗门）面积约为建筑面积的 0.20~0.24 倍；

(2) 普通多层住宅楼模板面积约为建筑面积的 2.2 倍左右；

(3) 普通多层住宅楼室外抹灰面积约为建筑面积的 0.4 倍左右；

(4) 普通多层住宅楼室内抹灰面积约为建筑面积的 2.5~3.8 倍左右；

(5) 欧式风格住宅外墙涂料面积约为建筑面积的 0.6~0.7 倍左右；

(6) 总模板面积/总混凝土体积约为 10；

(7) 强电：电线和线管的比值关系是 2.5~3（在没有图的情况下，用房间的周长×3=线管长度）；

(8) 弱电：电线和线管的比值关系是 1；

(9) 模板支撑体系的门式脚手架用量约为 17kg/m。

注：以上经验数据只是数值关系，不考虑计量单位。

老造价工程师的话 25　钢结构如何计算工程造价

(1) 门式刚架、框架钢结构的工程造价

1) 工程计量：此类钢结构的计量常常以 t 为计量单位，工程量的计算并不算复杂，难点在于识图，许多搞土建预算的看不懂钢结构施工图，从而在工程量计算上造成障碍。接触钢结构计量不多的最好熟悉一下相关制图规范，或找一些钢结构识图的书学习一下，如果识图的问题解决了，计量使用一般的电子表格就能解决问题。

2) 工程计价：目前钢结构的计价有两种方式，一种是套定额，另一种是按市场价。目前各地都没有专门的钢结构计价定额，所套定额多是土建定额中零星的几个相关子目，这些子目往往与工程实际相去甚远，需要换算，比较麻烦。

(2) 网架结构的工程造价

1) 工程计量：网架工程量计算一般包括杆件、封板或锥头、螺栓球、支托、檩条、支座和预埋件等。檩条、支座和预埋件需按图示尺寸实算，其他可直接按图纸中的材料表工程量计算。

2) 工程计价：套价可以参考土建定额相关子目，或按吨以市场价计。实践中，一些规格比较标准的矩形网架，常常按平米以市场单价计价。

(3) 索膜结构的工程造价

1) 工程计量：一般按图示尺寸计算工程量。

2) 工程计价：一般按市场价计价。据了解，PVC涂层覆盖聚酯纤维膜材市场价为 80~140 元/m²，加工费为 50~70 元/m²。膜结构支承结构用钢量一般在 10~30kg/m²。含配套钢结构，一般膜结构的市场报价为 650~1000 元/m²。

(2) 钢筋工程量计算

| 老造价工程师的话26 | 一语双关的"抽筋" |

常见的钢筋工程量计算有:
(1) 施工下料:编制施工现场钢筋下料表。
(2) 概算抽料:建设前期评价结构设计方案,主动控制工程造价。
(3) 招标抽料:编制钢筋工程量清单,招标单位确定钢筋合同量。
(4) 投标抽料:核算投标工程钢筋工程量,要确定钢筋合同量。
(5) 审核抽料:审核施工单位报送的预结算钢筋用量。
(6) 结算抽料:总包与钢筋班组或总包与建设单位之间的钢筋结算对数工作。

钢筋工程量计算由于有着较强的独立性,与一般工程量计算不同,有着自己的特点。钢筋工程量计算在工程造价行业俗称"钢筋抽料",又称"抽钢筋"、"抽筋"。"抽筋"一词可谓一语双关,既有技术含义又透露出钢筋工程量计算过程之繁烦。在施工现场,钢筋工程量计算常称为"钢筋下料"或"钢筋翻样"。

| 老造价工程师的话27 | 学习钢筋工程量计算的方法 |

钢筋工程量计算的学习主要从以下两方面着手:
(1) 看懂各种钢筋施工图
目前主流的钢筋施工图表示方法有两种:传统透视法结构图、平法结构图。两种图都要求能看得懂看得快。
(2) 掌握钢筋抽筋的流程
学习钢筋工程量计算应由简单到复杂。一般流程是:单根钢筋工程量的计算→单个构件钢筋工程量的计算→整体钢筋工程量的计算。

实际抽筋时是由整体到个体,其流程是:整体→单个构件→单根钢筋。即由整体建筑中分离出单个构件,由单个构件能分离出单根钢筋。

| 老造价工程师的话28 | 钢筋计价算量与钢筋施工算量的区别 |

钢筋计算长度有预算长度(计价用量)与下料长度(施工用量)之分。预算长度指的是钢筋工程量的计算长度,而下料长度指的是钢筋施工备料配制的计算尺寸,两者既有联系又有区别。预算长度和下料长度都是同一构件的同一钢筋实体,下料长度可由预算长度调整计算而来。两者主要区别在于内涵不同、精度不同。从内涵上说,预算长度按设计图示尺寸计算,它包括设计已规定的搭接长度,对设计未规定的搭接长度不计算(设计未规定的搭接长度考虑在定额损耗量里,清单计价则考虑在价格组成里),不过实际操作时都按定尺长度计算搭接长度;而下料长度,则是根据施工进料的定尺情况、实际采用的钢筋连接方式,并按照施工规范对钢筋接头数量、位置等具体规定要求,考虑全部搭接在内的计算长度(相对定额消耗量不包括制作损耗)。如柱、墙竖向构件基础插筋、上下层间钢筋的搭接,封闭圈梁纵筋以及圆形箍筋、焊接封闭箍筋的首

尾搭接，均视为设计规定的搭接，要计算在工程量内。对钢筋定尺（或既有长度）相对构件布筋长度较短而产生的钢筋搭接属于设计未规定的搭接，清单工程量里不计算。如50m长的筏形基础，一根钢筋中间需要多少搭接接头，施工下料却要根据构件钢筋受力情况考虑。从精度上讲，预算长度按图示尺寸计算，即构件几何尺寸、钢筋保护层厚度和弯勾调整值，并不考虑所读出的图示尺寸与钢筋制作的实际尺寸之间的量度差值，下料长度对这些全都要考虑。如一个矩形箍筋，预算长度只考虑构件截面宽、截面高，钢筋保护层厚度及两个135°弯钩，不考虑那三个90°直弯，下料长度则都要考虑。施工下料有几个关键要素：可操作性、规范化、优化下料。能用于施工下料的钢筋算量软件一定可以用来做预算，反之则不然。

老造价工程师的话29 常见建筑结构钢筋含量

对于新毕业的大学生，掌握一些常见建筑结构的钢筋量经验数据，对初步判断钢筋工程量计算是否有误大有帮助，见表3-3-25。

常见建筑结构钢筋含量　　　　　　　　　　表3-3-25

序号	类型	参考钢筋含量（kg/m²）
一、	桩	
1	围护灌注桩	100~120
2	工程灌注桩	30~60
二、	住宅楼	
1	砖混住宅（6层内）	20~30
2	其他混合结构住宅楼	40~55
3	框架别墅	40~50
4	短肢剪力墙小高层住宅	60~120
5	框剪	50~70
6	框架住宅（12层左右）带地下车库（人防）	80~90
7	小高层11~12层	50~52
8	高层17~18层	54~60
9	高层30层 $H=94m$	65~75
10	高层酒店式公寓28层 $H=90m$	65~70
三、	办公楼	
1	框架结构办公楼（10层以下）	60~80
四、	厂房	
1	排架厂房	40~60
2	混凝土框架厂房	100~115
五、	其他	
1	框架结构礼堂（跨度25m内）	80~90

注：面积指建筑面积。

老造价工程师的话 30　　钢材理论用量简易计算方法

各种钢材的规格重量数据非常多，但我们做造价咨询不可能各种工具书都带齐，而许多有经验的老师傅根本不用带五金手册之类的资料，用计算器轻轻一按甚至口算，就能迅速报出钢筋或钢材的使用量。他们使用的又是什么秘密武器呢？原来是一些经验计算公式（表3-3-26）。你最好将这些公式记下来，这样，谁让你计算一个结构或构件的钢材用量时，你也能按几下计算器，在现场就给报出个结果。那时，大家可都要对你刮目相看哟。

钢材理论用量速算经验公式　　　　　　表3-3-26

品种	简易计算方法（尺寸单位为mm）	品种	简易计算方法（尺寸单位为mm）
角钢	每米重量（kg）= 0.00785 × (边宽 + 边宽 - 边厚) × 边厚	方钢	每米重量（kg）= 0.00785 × 边宽 × 边宽
圆钢	每米重量（kg）= 0.00617 × 直径 × 直径	扁钢	每米重量（kg）0.00785 × 边宽 × 厚
螺纹钢	每米重量（kg）= 0.00617 × 直径 × 直径	六角钢	每米重量（kg）= 0.0068 × 直径 × 直径（内切圆）
八角钢	每米重量（kg）= 0.0065 × 直径 × 直径（内切圆）	中厚钢板	每平方米重量（kg）= 7.85 × 厚度
薄钢板	每平方米重量（kg）= 7.85 × 厚度	无缝钢管	每米重量（kg）= 0.02466 × 壁厚 × (外径 - 壁厚)
焊接钢管	每米重量（kg）= 0.02466 × 壁厚 × (外径 - 壁厚)		

老造价工程师的话 31　　深入工地，快速掌握抽筋

做好以下几个方面有助于更好地掌握抽筋技能：

（1）经常深入现场观察施工单位钢筋下料、绑扎钢筋的工作。施工单位钢筋下料是否规范、绑扎钢筋是否按设计要求进行，钢筋接头长度有多少，有无钢筋的代换，这些信息对你计算施工图中的钢筋用量非常重要。有时候还要采用，比如拍照、摄像等方法，它能起到一种震慑作用，让施工单位不敢乱来。

（2）认真计算施工图中的钢筋用量，计算时从最简单算起，不要一上来什么都想算却什么都算不好，要一个构件一个构件的进行，对照你的记录，查找出入的原因。

（3）重视变更部位的钢筋用量。图纸变更，结构是否也变更了，这是关键，有哪些钢筋出现了变化，变更后钢筋是增是减？为什么？都要心中有数。

(3) 清单编制与投标报价

| 老造价工程师的话 32 | 磨刀不误投标功 |

(1) 切忌资料不齐就下手。

很多预算人员，拿来图纸熟悉完，还没有拿到招标文件的复印件就开始算工程量，这是不对的。正常情况下，首先要详细阅读招标文件，特别是招标文件中对投标范围的描述，一定要看清。模糊不清有疑问的都要记下来，在答疑的时候提出来。

(2) 分析图纸很重要。

清单报价，预算人员不用仔细算工程量，但结构形式、细部构造等问题要弄明白。比如大体积混凝土施工，就可以适当地降低报价，有利于中标。单价上，各单位有各单位的绝招。

(4) 定额计价施工图预算的编制

| 老造价工程师的话 33 | 定额子目的选用技巧 |

定额子目的选用，也就是我们平时所说的套定额，看似简单的问题，其实还是有一定的技巧需要把握。

(1) 熟悉设计、施工规范

必须按设计图纸与定额说明，避免高套定额脱离实际。例如，现浇悬臂梁压入墙身部分与圈梁连接者，多数定额规定，压入部分按圈过梁计算，悬挑部分按悬臂梁计算。而不可全部套用单价是圈过梁单价两倍多的悬臂梁子目。

(2) 熟悉定额说明

作为新手，学习套定额时，应注意以下几点：

1) 定额的适用原则

一般在定额最前面给会给出定额的适用原则，如"《×× 省建筑工程预算定额（××××年）》系在《×× 省建筑工程预算定额（××××年）》的基础上，在合理确定定额水平的前提下，适当综合扩大，作为编制施工图预算，进行工程拨款和办理工程结算以及编制概算定额和指标的基础，也是编制工程标底的依据。本定额是按建筑安装工程施工及验收规范、质量评定标准、安全操作规程、×× 省地方标准和统一措施编制的。"

2) 定额的编制依据

定额必须是在"正常施工条件下"来取定的。对于明显不符合"地方标准和统一措施"的工程内容，就可以要求不套死定额执行。这种定额编制与实际施工的出入，在定额套用的各个阶段都存在。

如某住宅工程毛坯交房，分户门只刷半边油漆，另半边的油漆含量，需从定额含量中扣除（定额子目内含量的调整）。原定额子目中外墙砌筑中已综合粉刷，现在改贴面砖，则套面砖定额的同时，应该把墙体综合的粉刷扣除（这相当于重新综合了定额项目）。外墙贴石材，综合单价指定分包，放入税前，这相当于使用了全新的定额项目。

3）定额水平

定额编制，是"社会平均先进水平"。平均两个字，包含了太多与实际施工不相符合的东西。可以说定额计价，最头疼而不能解决的，就是这个与实际施工不相符合。虽然许多省定额规定"不得因施工方法的不同而调整的规定"，但是也不可能面面俱到。这时往往需要调整或补充定额。

4）熟悉定额子目消耗量组成

如《××定额》第五章楼地面顶棚工程中，预制板项目中综合了40mm厚板石，计算时C20细石混凝土就不能再次计算板面细石混凝土项目；而现浇板项目中却未综合该项目，在设计图纸中要求做细石混凝土找平层时，就必须单列项目另外计算。

(3) 定额子目选用原则

1) 工作内容不重原则。

凡是预算项目中综合的工作内容，编制预算时均不能再另列目计算。这就要求造价人员必须熟悉定额子目中所含工作内容，材料的类别、数量及价格。考虑正常工作程序并把定额的总说明、分目说明及有关说明了解透彻，不然会造成重复计算或漏算的错误。

2) 项目的工程量计量单位要与定额项目一致。

3) 区分"以内"、"以下"和"以外"、"以上"。以内、以下者包括本身，以上、以外不包括本身。

老造价工程师的话 34　定额换算方法

定额项目的换算，就是把定额中规定的内容与设计要求的内容调整到一致的换算过程。定额中规定允许换算的主要项目有运距、断面、强度等级、厚度和重量等。

（1）运距换算：在预算定额中各种项目运输定额，一般分为基本定额和增加定额，超过基本运距时另行计算。

（2）断面换算：预算定额中取定的构件断面，是根据不同设计标准，通过综合加权计算确定，如果设计断面与定额中取定的不符时，应按预算定额规定进行换算。

由于设计施工图的主要材料规格与定额中主要材料规格不一定相同，而规格的变化就引起用量的变化，也就引起了定额价的变化，这时候就必须进行调整。

【实例3-3-5】某外墙贴150×75釉面砖，砂浆粘贴，密缝。而市场上相同品牌的只有200×150面砖类型，市场价为450元/千块，需换算定额基价。

换算过程：查××省1999年装饰综合定额，编号2-75项，基价5298.81元/100m，面砖150×75的消耗量（含量）9.11千块/100m，定额价331.16元/千块

1) 定额规格的主材费=定额消耗量×定额材料价=9.11×331.16=3016.86元
2) 图纸规格的主材费=实际消耗量（含损耗）×市场单价

200×150规格的面砖100m²的块数= {100/0.2×0.15 = } 3.33千块×1.025（损耗率）=3.42千块

注：{ }内为注释内容，不参与计算。

主材费=3.42×450=1539元

差价=1539元-3016.86元=-1477.86元（调减）

换算后定额基价=5298.81-1477.86=3830.95元/100m²

(3) 强度等级、厚度换算：砖石工程的砌筑砂浆强度等级、楼地板面的抹灰砂浆强度等级、混凝土及混凝土强度等级，当设计与预算定额中的强度等级不同时，一般允许换算（见表3-3-27）。

(4) 重量换算：如钢筋混凝土含钢量与设计不同时，应按施工规定的用量进行调整。

(5) 乘系数换算：是指在使用预算定额项目时，定额的一部分或全部乘以规定的系数。由于施工图纸设计的工程项目内容，与定额规定的工程项目内容不尽相同，定额规定：在定额规定的范围内人工、机械的费用可以进行调整。这部分内容一般常常容易漏算，这就要求你在平时多看定额的总说明、分部分项工程的说明和定额子目下的注或说明，记住或摘录下关于人工、机械调整的内容和系数。

【实例3-3-6】××省预算定额规定，砌弧形砖墙时，定额人工费乘以1.10系数；楼地面垫层用于基础垫层时，定额人工费乘以系数1.20。

换算过程：根据题意按××省预算定额规定，楼地面垫层定额用于基础垫层时，定额人工费乘以1.20系数。

换算后定额基价=原定额基价+定额人工费×（系数-1）=1673.96+258.72×(1.20-1)=1725.7（元/10m）

其中：人工费=258×1.20=310.46元/10m

【实例3-3-7】有一基础梁，设计要求安装采用端头焊接的方法连接；查××省预算定额02-202项预制混凝土基础梁子目，定额基价为6842.6元/10m³，综合工日为25.84元/工日，含量为59.511工日/10m³。电焊条3.14元/kg，含量为0.784kg/10m³。且下有注：预制混凝土基础梁安装，如果有电焊焊接，每10m³构件增加电焊条5.45kg，交流电焊机0.40台班，综合人工0.60工日。这里的定额基价6842.6元/10m³就不能直接采用。

换算过程:

1)换算人工:59.511+0.60=60.111(工日)

工日定额价=60.111×25.84=1553.268元/10m³

2)换算材料:5.45+0.784=6.234kg

电焊条材料定额价=6.234×4.8=29.92元/10m³

3)换算焊机台班:这里只能查到直流电焊机的台班,无交流电焊机的台班,可在定额附录《主要材料及机械单价表》中查,得交流电焊机的台班105元/台班。

定额价:0.40×105=42元/10m³

定额基价换算:6842.6元/10m³-59.511×25.84(定额人工费)+1553.268(换算人工费)-0.784×4.8(定额量)+29.92(换算量)+42(交流电焊机的台班费)= 6926.23元/10m³

换算后的定额基价=6926.23元/10m³

(6)其他换算

其他换算是指不属于上述几种换算情况的定额基价换算。

【实例3-3-8】1:2防水砂浆墙基防潮层,加水泥用量8%的防水粉。但防潮层定额子目含量中不含防水粉,需要换算。

换算过程:根据题意和定额内容应调整防水粉的用量。

防水粉用量=定额砂浆用量×砂浆配合比中的水泥用量×8%=2.07×635×8%= 105.16kg

换算后定额基价=原定额基价+防水粉单价×(防水粉换入量-防水粉换出量)

=675.29+1.20×(105.16-66.38)

=721.83元/100m²

材料用量(每100m²):

32.5级水泥:2.07×635=1314.45kg

中砂:2.07×1.04=2.153m³

防水粉:2.07×635×8%=105.16kg

要注意工程内容与定额不允许换算时,必须执行定额,不得任意修改或调整定额。例如,有些省规定,现浇钢筋混凝土梁柱,定额按钢模板规定其消耗量,而实际施工中采用木模板,不能在套用定额时给予调整。

当工程内容与定额内容不一致但允许换算时,应按定额的换算方法和范围进行换算,然后计算定额直接费,并在定额编号下注明该项目换算,如标为"1-21换"或"1-21H",以便审查时核对。例如,砖砌体中砂浆强度等级、混凝土工程中混凝土强度等级,定额与实际不同时允许换算,但只限于调整材料费,而人工费、机械费不能调整。

表3-3-27 砂浆与混凝土的换算

	砌筑砂浆的换算	抹灰砂浆换算	构件混凝土换算	楼地面混凝土换算
换算原因	设计图纸要求的砌筑砂浆强度等级在预算定额中缺项	设计图纸要求的抹灰砂浆配合比或抹灰厚度与预算定额的抹灰砂浆配合比或厚度不同	设计要求与构件采用的混凝土强度等级,在预算定额中没有相符合的项目时,就产生了混凝土强度等级或石子粒径的换算	楼地面混凝土面层的定额单位一般定m²。当设计厚度与定额厚度不同时,就产生了定额基价的换算
换算特点	由于砂浆用量不变,所以人工费、机械费不变,因而只换算砂浆强度等级和调整砂浆材料费	(1)当抹灰厚度不变只换算配合比时,人工费、机械费不变,只调整材料费; (2)当抹灰厚度发生变化时,砂浆用量要改变,因而人工费、机械费均要换算	混凝土用量不变,人工费、机械费不变,只换算混凝土强度等级或石子粒径	同抹灰砂浆的换算特点
换算公式	换算后定额基价=原定额基价+定额砂浆用量×(换入砂浆基价-换出砂浆基价)	(1)换算后定额基价=原定额基价+抹灰砂浆总用量×(换入砂浆基价-换出砂浆基价); (2)换算后定额基价=原定额基价×(K-1)+∑(各层换入砂浆基价-各层换出砂浆基价)×换入砂浆基价+人工费、机械费换算系数,且K=设计抹灰砂浆总厚度÷定额抹灰砂浆总厚度; 各层换入砂浆用量=(定额砂浆用量÷定额抹灰厚度)×设计抹灰厚度=定额砂浆用量	换算后定额基价=原定额混凝土基价+定额混凝土用量×(换入混凝土基价-换出混凝土基价)	换算后定额基价=原定额基价+(换入混凝土基价+定额人工费+定额机械费)×(K-1)+换入混凝土×换出砂浆基价,机械费换算系数,K=混凝土设计用量/(定额混凝土用量)/(定额混凝土厚度/定额厚度)。 各层换入砂浆用量=(定额混凝土用量÷定额混凝土厚度)×设计混凝土厚度 换出混凝土用量=定额混凝土用量

续表

	砌筑砂浆的换算	抹灰砂浆换算	构件混凝土换算	楼地面混凝土换算
换算实例	[实例3-3-9] M7.5水泥砂浆砌砖基础（原定额子目只有M5.0级，无M7.5级，需从M5.0级换算为M7.5级） 换算后定额基价 = 1115.71 + 2.36 × (144.10 − 124.32) = 1162.39元/10m³ 换算后材料用量（每10m³砌体）： 32.5级水泥：2.36 × 341.00 = 804.76kg 中砂：2.36 × 1.10 = 2.596m³		[实例3-3-10] 现浇C25钢筋混凝土矩形梁（原定额子目只有C20级，无C25级，需由C20级换算为C25级） 换算后定额基价 = 6271.44 + 10.15 × (162.63 − 146.98) = 6880.29元/10m³ 换算后材料用量（每10m³）： 52.5级水泥：10.15 × 313 = 3176.95kg 中砂：10.15 × 0.46 = 4.669m³ 0.5～4炼石：10.15 × 0.89 = 9.034m³	[实例3-3-11] C20混凝土地面面层800mm厚（定额规定厚度为600mm） 人工费、机械费换算系数K = 8/6 = 1.333 换入混凝土用量 = 6.06/6 × 8 = 8.08m³ 换算后定额基价 = 1018.38 + (159.60 + 25.27) × (1.333 − 1) + 8.08 × 146.98 − 6.06 × 136.02 = 1443.26元/100m² 换算后材料用量（100m²）： 42.5级水泥：8.08 × 313 = 2529.04kg 中砂：8.08 × 0.46 = 3.717m³ 0.5～4炼石：8.08 × 0.89 = 7.191m³

注：表中数字均引自《××省预算定额》，仅为示意使用，请读者结合本省市定额思考其换算方法。

老造价工程师的话35	定额的补充

  当工程内容与定额的特征相差甚远，即不能直接套用也不能换算调整时，则必须编制补充定额。按照定额编制原则、步骤和方法，对分部分项工程内容实际发生的人工工日、材料、机械台班等要素消耗进行测定计算，编制补充定额并以此作为计价标准。

  补充定额的编制程序要合规有效。补充定额可以由建设单位、施工单位会同工程建设管理部门进行测定编制，须由工程建设管理部门备案。施工单位往往自行编制就在工程造价中使用，编制审定程序不符合相关规定，这样的补充定额不能成为约束和衡量建设各方的尺度，不具备有效性。补充定额的编制必须符合定额编制原则、步骤及相应的测定方法，必须是在实践的基础上对施工内容的准确反映。许多单位的补充定额仅仅依照相类似工程预算定额进行推测，想当然地确定各种要素的消耗标准，这样的补充定额同样也不具备有效性。

第 4 章 工程实施阶段造价全过程控制

建设项目全过程造价控制是指业主或工程造价咨询机构接受业主的委托，对建设项目从项目可行性研究、项目设计、项目招投标、项目施工实施、项目竣工决算、项目后评价的各个阶段、各个环节的工程造价进行全过程的监督和控制。目前国内工程造价全过程控制还主要局限于施工阶段，本章所讲的控制也主要以施工阶段为背景。

施工阶段的全过程造价控制主要包括：项目的合约管理、期中支付管理、变更签证索赔超支控制、进度款的核发、变更签证索赔价款商定及项目最终结算金额确定等重大事项的控制。

4.1 施工阶段全过程造价控制与进度款支付

> "工程要开工了，如何控制造价，小李，你给拟一下控制方案。"
> "小张，施工单位送过来的造价资料，从造价控制角度你给审核一下。"
> "小陈，施工单位发来支付申请，该付给他吗？"
> ……
> 工作中你是不是经常遇到这些事呢？你是否能从容应对？

【重要程度】★★★
【适用单位】中介单位、建设单位、其他单位

4.1.1 工作流程
（1）施工阶段的全过程造价控制流程

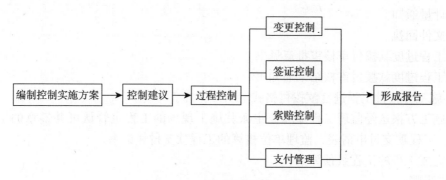

图 4-1-1　全过程造价控制流程

1）编制施工阶段全过程造价控制实施方案

实施方案是进行造价控制的纲领性文件。要结合项目的特点，编制施工阶段全过程造价控制实施方案。其主要内容有：工程概况；造价控制组织机构；造价控制流程；各阶段咨询内容；可行的工作计划等。同时，还要合理有序地安排造价工程师进驻现场咨询服务。

2）就造价控制及降低造价提出合理化建议（主要指接受业主委托的造价咨询机构）

根据现行的有关规定和工程合同的精神，为业主及时提供有关造价控制及降低造价的合理化建议。

3）过程控制

① 审查工程合同（协议）。

首先，审查合同（协议）的合法性。合同（协议）的精神和文本格式，是否符合现行的有关法律、法规、政策和项目招投标的精神等。

其次，审查合同（协议）的合理性。语言文字是否简练、规范、严谨，重点避免日后索赔的"伏笔"；有关条款的描述是否清晰；费用和计算数据有否误差；有关合同附表、附录和签章手续是否齐全等。

② 审查设计变更及签证、索赔费用。

首先定性审查。是否有合法的手续和依据；是否符合现行的有关规定、施工合同和项目招投标精神；内容反映是否准确，是否有变相的重复计取等。

其次定量审查。文字表述是否明了，防止产生新的矛盾和分歧；费用计算方法和结果是否正确；相应的附件是否齐全等。

③ 规范管理、按设定流程操作。

明确业主、审价、施工各方职责范围及有关造价控制的申报、审核、反馈等要求。

明确工作量月报表及工程付款的申报、审核、反馈等程序要求。

明确设计变更及核定单（签证）费用的申报、审核、反馈等要求。

明确材料（设备）价格费用的申报、审核、反馈等程序要求。

明确分阶段办理工程预（结）算的申报、审核、反馈等要求。

严格按流程操作，凡不符合规定的，均退回上一级流程。

4）形成报告，总结成效

（2）工程进度款支付

1）业主方审核工程进度款拨付程序

① 计量通知

② 文件回执

③ 工程进度款拨付审核审批意见书

④ 工程进度款拨付审核结果通知书

2）施工方报批工程进度款拨付格式

① 施工方报送经监理工程师和业主派驻施工现场的工程主管认可并签章的工程形象进度表、工程款支付申请表、监理单位核算的工程款支付凭证书。

② 完成工程的工程量预算书。

操作步骤：

① 由施工方在每月的 30 日（期限根据各单位情况自定）报送《施工方报批工程进度款拨付格式》。

② 业主方发出《计量通知》并附《回执单》让施工方签字，签字后施工方来人与否，业主方都进行审核工程形象进度表、工程款支付申请表、监理单位核算的工程款支付凭证书。并在 7 日内（期限根据各单位情况自定）发出《工程进度款拨付审核结果通知书》并附《回执单》让施工方签字。如有异议，施工方可在 3 日内（期限根据各单位情况自定）以书面的形式写出并报送业主方，如无，视为自动放弃权力。

③ 次月的 4 日（期限根据各单位情况自定）向施工方送达修改后的《工程进度款拨付审核结果通知书》、《工程进度款拨付审核审批意见书》并附《回执单》让施工方签字。

④ 施工方得到上述资料后方可会同预算部前往财务部领取支票。

4.1.2　工作依据

（1）《工程造价咨询业务操作指导规程》：见 6.1.2 节。

（2）各单位管理制度：略。

（3）施工合同。

4.1.3　工作表格、数据、资料

（1）计量通知

【实例 4-1-1】工程量计量通知。

关于××××年××月份工程量计量的通知

××建筑工程有限公司：

××工程项目部：

　　贵单位提交已完××月份（工程进度）工程量的报告和有关文件，已于××月××日收悉。我公司预算部定于××月××日开始核实××月份已完成（工程进度）工程量，届时望贵单位为计量工作提供便利条件并派员参加，如贵单位不参加（工程进度）计量工作，我单位自行进行，计算结果有效，将作为工程价款支付的依据。

　　特此通知，望签收。

××地产开发有限公司（签章）

××地产开发有限公司预算部

××××年××月××日

（2）文件回执

××工程×标段文件送达回执单　　　　表 4-1-1

单位存根：　　　　　　　　　　　　　　　　　　　　　　　编号：

文件名称		份数	___份共___页
文件送达单位			
送达单位项目经理签收并盖章：	发文单位全称（并签章）：		
年 月 日	收到文件份数	送达人	
	收到人	送达时间	

××工程×标段文件送达回执单　　　　　表4-1-2

交送达单位：　　　　　　　　　　　　　　　　　　　　编号：

文件名称			份数	___份共___页
文件送达单位				
送达单位项目经理签收并盖章： 年 月 日	发文单位全称（并签章）：			
	收到文件份数		送达人	
	收到人		送达时间	

（3）工程进度款拨付审核结果通知书

【实例4-1-2】 工程进度款拨付审核结果通知书。

××楼××月份工程进度款审核结果的通知

××建设工程有限公司：

贵单位报送的××标段××楼《××月份工程款支付申请表》，连同有关资料，于××××年××月××日下午××：××收悉。我单位于××××年××月××日上午××：××，发出《关于××××年××月份工程量计量的通知》，要求贵单位派员参加计量。贵单位没按规定派员参加计量。我单位自行进行工程计量。计量结果有效。我单位决定进行工程计量总体审核，具体审核情况如下：

一、审核依据

1. ××标段××楼施工图纸；

2. 工程实际进度纪录；

3. ××标段施工补充合同；

4. ××××年《全国统一建筑工程基础定额××省综合估价表》；

5. 材料差价，按××月份定额站发布信息价计算；

6. 监理签发的××月份工程进度表。

二、审核内容

对××标段××楼，××月份已完工土建工程部分，进行工程量全面计量审查。

（一）土建工程部分

1. ××楼工程进度施工到1层顶以下主体，经审核施工已完工程量造价为××××万元（不包括框架间填充墙）。

2. ××楼工程进度施工到5层顶以下，计算4~5层部分主体，经审核施工已完工程量造价为××××万元（不包括框架间填充墙）。

3. ××楼工程进度施工到3层顶以下，计算2~3层部分主体，经审核施工已完工程量造价为××××万元（不包括框架间填充墙）。

4. 土建工程部分进度工程量造价合计：×××××万元。

（二）水电安装工程部分

由于此部分工程量所占比例小，未作审核，执行施工单位上报进度工程量造价：××

××万元。

三、审核结果

1. ××月份×~××号楼，土建工程部分、水电安装工程部分进度工程量造价，总工程款为：××××万元。

按××标段工程施工补充合同第五条第一款规定，应支付工程款为：×××××万元×75% = ××××万元。

2. 其他支付：

××项目部报告要求我单位支付合同约定的流动施工津帖×××万元，经公司研究决定，建议暂支付×××万元。

3. ××月份累计共支付工程进度款：×××××万元。

四、说明

混凝土工程中，钢材用量工程竣工时一并调整。

五、要求

为了今后能更好地做好工程进度款审核的工作，希望贵单位按要求派员参加工程计量工作。否则，由此引起的工程进度款审核延误和其他后果，由贵公司负责。

××地产开发有限公司工程预算科

××××年××月××日

（4）工程进度款拨付审核审批意见书

【实例4-1-3】工程款审核、审批意见书。

工程款审核、审批意见书　　　　　　　　表4-1-3

工程名称：A标段2~5号楼　　（5月份）　　　　　　第__×__次款

致（承包人）：　××建设工程有限公司

根据A、D标段工程施工补充合同第五条规定，经审核承包单位的付款申请、报表，并扣除有关款项，本期承包人应得工程进度款共计：

人民币（大写）：_×××××_（小写）：_×××××万元_

（详见《×月份工程进度款支付审核结果的通知》）

其中：

1. 本项目累计已付款：_×××××万元_
2. 承包人申报款为：_××××万元_
3. 经审本期应付款：_××××万元_
4. 本期应扣款：_××万元_（该月罚款）
5. 其他应付款(流动施工津帖，公司建议付)：×××万元
6. 本期应得款：_××××万元_

××地产开发有限公司工程部造价审核人（签字）：×××

　　　　　　　　　　　　　　　　××××年××月××日

××地产开发有限公司预算部意见：×××

　　　　　　　　　　　　　　　　××××年××月××日

××地产开发有限公司工程部意见：×××

　　　　　　　　　　　　　　　　××××年××月××日

××地产开发有限公司领导意见：×××	
	××××年××月××日
××地产开发有限公司复核意见：×××	
	××××年××月××日
××集团总公司审批意见：×××	
	××××年××月××日

(5) 工程形象进度表（施工方）

【实例4-1-4】工程形象进度报告书。

××项目经理部工程形象进度报告书

××地产开发有限公司：
××建设监理有限公司：

　　我单位本月完成了×标段××楼的各层工程施工过程，现将本月工程进度情况报告如下：

　　1号楼：2~4层主体结构（到四层结构楼面）业已施工完成。
　　2号楼：3~5层主体结构（到五层结构楼面）业已施工完成。
　　……
　　详见《×月份工程形象进度表》。
　　盼尽快给与审查，审查无误后开具工程进度款拨付凭证。

××项目经理部（签章）
××项目经理（签章）
××××年××月××日

【实例4-1-5】工程款支付申请。

工程款支付申请

致（发包人）：××地产有限公司
××地产开发有限公司：

　　我单位本月完成了A标段××楼的各层工程的施工过程，为确保工程顺利的按照预定的工期竣工，请贵单位在××××年××月××日前支付××月份工程进度款RMB（大写）：××××××××元（小写×× ××万元）。
　　盼复

××项目经理部（签章）
××项目经理（签章）
××××年××月××日

【实例 4-1-6】工程形象进度表。

××月份工程形象进度表　　　　　　　　　表 4-1-4

工程名称：A 标段 1~5 号楼和 4~5 号楼之间附楼

工程名称（或楼号）	工程进度情况	预算造价（或清单造价）	备注
1 号楼	本月施工 2~3 层主体结构业已完成	×××万元	至 3 层楼面顶
×××	×××	×××	×××
工程合计造价：			

【实例 4-1-7】工程进度审批表。

××建设监理有限公司工程进度审批表

致（承包人）：××建设工程有限公司

根据贵单位报送的 A 标段××楼之间附楼《××月份工程形象进度表》、《工程进度款付款申请》和现场施工实际情况记录经审核，同意本期支付承包人工程进度款为：××××万元，其中：

1. 本项目累计已付款：＿＿××××万元＿＿
2. 承包人申报款为：＿＿××××万元＿＿
3. 经审本期应付款：＿＿××××万元＿＿
4. 本期应扣款：＿＿0 万元＿＿（该月罚款）
5. 其他应付款＿＿0 万元＿＿
6. 本期应得款：＿＿××××万元＿＿

具体执行，应以××地产开发有限公司预算部审核结果为准。

下附××××年××月份工程进度完成情况说明：

1 号楼：×××

2 号楼：×××

……

项目监理公司（签章）：×××

总监理工程师（签章）：×××

日期：××××年××月××日

4.1.4　操作实例

【实例 4-1-8】某项目造价控制实施方案。

××项目工程造价控制实施方案

1 目的

1.1 为进一步做好项目施工阶段全过程造价控制，对工程开发过程中的成本进行动态控制，确保各项目工程成本控制在管理公司批准的目标成本范围内，明确各部门及相关人员在工程造价控制中的责任，特制定本规定。本工程成立工程造价控制小组。小组成员由五人组成，包括造价师、会计师、建造师与有大型项目核算经验且有多年造价控制经验的人员等，并可随时根据工程进度安排有关人员进入现场。详见小组成员简历表（略）。

2 适用范围

2.1 适用于××地产公司××项目。

3 职责

3.1 规划部负责施工图预算低于目标合同价及设计变更费用的控制。

3.2 工程部负责现场签证的成本控制。

3.3 成本控制部负责工程项目的预算、结算及审核现场签证单及设计变更单产生的费用，并及时对目标成本的完成情况提出预警。

4 程序

4.1 确定目标合同价、目标设计变更费用、目标现场签证费用。

4.1.1 成本控制部根据已完成工程及同类工程的数据资料提出各项目的目标设计变更费用、目标现场签证费用。

4.1.2 成本控制部根据管理公司批准的目标成本和已定的目标设计变更费用、目标现场签证费用确定各分项工程的目标合同价（目标合同价＝目标成本－目标设计变更费用－目标现场签证费用），并编制成表一（略）。

4.1.3 成本委员会对表一的各分项工程的目标合同价、目标设计变更费用、目标现场签证费用的限额进行确认，确认后的上述费用作为各责任部门成本控制的依据。

4.2 设计阶段成本控制。

4.2.1 规划设计部在与设计院签订委托施工图设计合同时必须将以下成本控制参数写入合同条款中，并明确提出实现下列目标的奖惩办法：

每平方米钢筋含量低于目标钢筋含量；

每平方米混凝土含量低于目标混凝土含量；

项目的施工图预算不超过目标合同价；

属设计质量产生的设计变更费用不超出目标设计变更费用。

4.2.2 施工图完成后，成本控制部在规定时间内完成施工图预算，如施工图预算未超出目标合同价，则按施工图实施；如施工图预算超出目标合同价，则由规划设计部组织成本控制部、设计院分析超出原因。如属设计问题，由设计院修改；如属设计标准太高，则由规划设计部调整标准，使施工图预算低于目标合同价。

4.3 施工阶段成本控制。

4.3.1 施工图确认后，由工程部按管理公司招投标管理规定及××地产公司招标程序组织招标工作。

4.3.2 不提倡采用费率招标，尽可能采取总价或单价包干方式。

4.3.3 与中标单位签订的合同价不得高于目标合同价。

4.3.4 设计变更费用的控制。

4.3.4.1 规划设计部是施工图设计变更费用控制的责任部门，规划设计部各专业工程师是各专业设计变更控制的责任人。

4.3.4.2 设计变更分为设计院设计质量引起的变更和甲方提出的变更两类。

4.3.4.3 因设计质量引起变更时，设计院应在施工前10天提出设计变更，规划部1天内确认其技术可行性和合理性；成本控制部2天内核算出此次变更产生的费用增、减值。

设计变更引起的造价增加：2万元以下需经设计总监批准；2万元~5万元以下需经总经理批准；5万元以上的需经公司技术质量委员会及成本委员会批准后下发实施。确因特定原因无法实施的，工程部应立即反馈给规划发展部及成本控制部。

4.3.4.4 因甲方原因提出变更时，规划设计部应作出设计变更方案，经成本控制部估价后，成本增加2万元以下的需经设计总监批准；2万元~5万元需经总经理批准；5万元以上的需报管理公司批准，批准后由设计院正式出具设计变更单下发实施。确因特定原因无法实施的，工程部应立即反馈给规划发展部及成本控制部。

4.3.4.5 规划设计部每月月中将上月所发生的设计变更费用按因设计质量问题、因甲方提出变更两类分专业汇总报设计总监、总经理及成本委员会各成员并抄送设计院。

4.3.5 现场签证费用的控制。

4.3.5.1 工程部是现场签证费用控制的责任部门，工程部各专业工程师是各专业现场签证费用控制的责任人。

4.3.5.2 工程部在与监理公司签订合同时，应将现场签证费用不超出目标现场签证费用的条款写入合同中，并明确奖惩办法。

4.3.5.3 现场签证审批权限：2万元以下的需经工程总监批准；2万元~5万元的需报总经理批准；5万元以上的需报公司成本委员会批准。

4.3.5.4 现场签证分"正常类"、"特急类"签证。

"正常类"签证的办理应遵循先估价后施工的原则，凡是现场签证事项一经提出十天以后再施工的，都视为正常类签证，必须先定价（估价）后实施；正常签证的办理需在十天内完成。

"特急类"签证的办理是必须立即执行而且延缓实施会造成更大损失的签证。特急类现场签证的办理原则是边施工边洽谈，但必须在开工后十天内办妥全部手续。

4.3.5.5 工程部每月月中将上月所发生的现场签证费用按专业汇总报工程总监、总经理及成本委员会各成员并抄送监理公司。

4.4 分项工程完成一月内，成本控制部应将该项工程成本控制情况书面报告设计总监、工程总监、总经理及成本委员会各成员并抄送设计院、监理公司。

4.5 工程竣工结算后成本控制部在一周内按土建和安装工程统计出分部分项工程单位成本、建筑面积单位成本、可售面积单位成本及总设计变更费用增加比例、各专业设计变更费用增加比例、总现场签证费用增加比例、各专业现场签证费用增加比例，为后续工程的成本控制提供依据。

4.6 造价控制的奖罚。

4.6.1 工程竣工结算完成后，公司根据整个工程的成本控制情况，对成本控制成绩优秀的责任部门和个人按节约成本额的5%提成予以奖励，对成本超过目标成本的责任部门和个人按超出额的2%予以处罚，从年终奖金中扣除。

4.6.2 工程竣工结算完成后，公司根据整个工程的设计变更费用统计，设计变更总费用低于目标设计变更费用时，予以设计院节约额的5%的奖励，设计变更总费用高于目标设计变更费用时,则予以设计院超出金额的5%的罚款,罚款从预留的设计费中扣除。

工程竣工结算完成后,公司根据整个工程的现场签证费用统计,对非设计变更所发生的现场签证费用低于目标现场签证总费用时,予以监理公司节约额的5%的奖励;当现场签证费用高于目标现场签证总费用时,予以监理公司超出金额的2%的罚款。

4.7 建设中财务方面控制方案。

4.7.1 资金来源方面。

4.7.1.1 控制目标:确认基建拨款真实存在、完整记录,基建拨款业务的会计处理正确,资金的取得符合法律规定,计入正确的会计期间。

4.7.1.2 控制方法:查阅项目设计任务书、初步设计概算批复等文件,了解对项目建设资金来源的要求,对照项目拨款总账和明细账记录,检查拨款是否按规定及时足额到位;审查资金拨入时的银行对账单,并与银行存款日记账核对,检查资金到位的真实性;对明细账中出现借方的项目,应审查其记账凭证和原始凭证,查明对项目拨款的冲转是否合规,手续是否完备,有无转移项目拨款的情况。

4.7.2 资金使用方面。

4.7.2.1 控制目标:确认投资真实存在、完整记录;确认对投资业务的会计处理正确、计价准确;支出符合国家法律法规及有关部门的相关规定;投资反映在正确的会计区间。

4.7.2.2 控制方法:

(1) 管理费用的控制:取得或编制管理费用明细表,复核加计正确,与总账明细账核对相符;检查管理费用是否按费用项目进行明细核算;抽取一定项目的记账凭证及原始凭证,检查费用发生的内容是否确实发生,是否应该由该建设项目承担,所发生的支出是否符合国家有关规定;检查分摊的费用是否按规定的比例进行分摊,费用总支出是否超出国家及有关部门规定的比例。

(2) 设备采购的控制:取得或编制设备采购明细表,复核加计正确,与总账明细账核对相符;查阅编制的设备采购供应计划,审查计划采购的设备、工具、器具的种类、规格、型号和数量,与项目设计概算中编列的设备清单相核对,落实采购设备是否符合概算范围,检查有无采购概算范围外的设备;审查设备采购合同是否合法、合规,对大型设备采购是否通过招投标选择设备供应单位,有无采购供应计划之外的设备;查阅设备采购明细账、记账凭证及有关银行付款单、销货单位发票等原始凭证,检查设备采购入账金额是否正确、设备采购成本的核算是否正确。

(3) 材料采购的控制:取得或编制材料采购清单,了解主要材料供应单位、数量及价格等内容,并与总账明细账核对相符;查阅材料采购供应计划,主要材料品种、规格、数量是否与工程建设进度相协调,是否存在盲目采购或过量采购;查阅材料采购招投标资料和材料采购合同,审查材料采购中对供货单位的选择是否合理,是否按批准的计划和材料采购供应计划与供货单位签定订货合同,有无人为指定材料供应单位,分析材料采购价格是否与市场价格相符;核对付款凭证、购货发票等会计资料,检查购进材料的价款计算是否正确,材料价款和运杂费是否已全部付清,采购费用是否真实,所发生采购费用是否全部入账;检查材料采购成本计算是否正确,买价、运杂费和采购保管费是否全部计入,有无漏列或挤占材料采购成本。

(4) 工程款项的控制:审阅是否执行工程价款结算的制度规定,按照规范的工程价款结算程序支付资金。与施工单位签订的施工合同中确定的工程价款结算方式是否符合法律法规及相关部门的有关规定。工程建设期间，与施工单位进行工程价款结算，是否按工程价款结算总额的5%预留工程质量保证金，待工程竣工验收一年后再清算。

4.1.5 老造价工程师的话

老造价工程师的话36　造价咨询公司全过程造价控制要做好的事项

（1）施工现场办公：根据委托合同的约定，造价工程师可以长驻或定期、不定期地去施工现场，对造价控制进行动态的管理。

（2）利用现代化工具办公：造价工程师可远距离利用电话、传真、邮件等进行造价控制。

（3）口头咨询解答：在施工现场或有关施工例会及协调会上，造价工程师直接（间接）地就造价控制问题，进行口头咨询解答。

（4）书面咨询报告：如审查变更、签证费用或材料价格的咨询意见；分阶段工程结算的审价报告；撰写整体工程造价咨询报告等。

老造价工程师的话37　现场费用控制人员的基本处事要领

（1）退一步海阔天高

造价人员做事不可急于求成，要慢工出细活。现场工作不是简单的预算，你提供的数据一方面是要用作结算的依据，另一方面是决策层作为决策的依据。这不仅包含了所有已经发生的，同时还包括对可能发生的有所预期。如果出现漏掉一块，多出一堆这样的硬伤就很不应该了。当然结算还未签字之前还有补救的可能，要是给领导决策带来错误，将会对个人未来的职业发展带来很大的麻烦。所以，控制人员要顶得住压力，不管领导催得多急，都要顶住。不管怎样都得拖到第二天，睡了一晚后，起来再检查一遍，看看有没有要添加的，有没有要减少的。对施工单位或业主都要坚持这样。

（2）学会"脸皮厚"

要明白一点，在施工现场，绝大多数时候，要钱比施工更加困难。施工的难题你可以通过一系列的措施解决，管道和电气仪表的桥架撞了车，加两个弯头也就避开了；但要钱难的多，要是想多要点，或者少给点，只要你能想到合法合理的理由，你都要利用起来。简单的说既要"脸皮厚"，还要"不要命"。口齿伶俐到近乎"胡搅蛮缠"在你的工作中有时很有作用。

4.2 工程变更的审核与控制

"工程的一个分项要发生变更，小李，你从造价角度考虑一下对造价的影响。"

"小张，设计部门发来一个变更手续，你测算一下对工程造价的影响。"

……

工作中你是不是经常遇到这些事呢？你是否能从容应对？

【重要程度】★★
【适用单位】建设单位、中介单位

4.2.1 工作流程

设计变更的管理流程如图4-2-1所示。

设计变更办理流程中需注意的事项有：

(1) 对于设计院发生的结构专业或安装专业的变更指令，一般按与业主或造价咨询公司工程部对接考虑。

(2) 设计部、工程部在填写设计更单时，应根据事件的重要性由部门经理或其授权人签署。非设计院提出的重大设计要求应按当地主管部门的规定，由设计院发出。设计变更若涉及到需要重新报建的需通知相关部门；如涉及到对客户销售承诺的改变需通知营销部。

(3) 设计部、工程部在填写设计变更单时，若因本专业变更导致其他专业需要一同变更的，应发相关通知（如因墙体位置改变导致水电管线移位）。

(4) 预算部在对变更费用进行估算时，应对措词不清，结算时易引起分歧、纠纷的变更单退回，要求提出部门表达清楚，不能引起歧义。

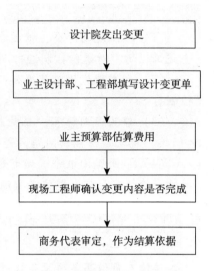

图4-2-1 设计变更流程

(5) 现场工程师确认时，只需要按照相应的设计变更文件确认完成或未完成的事实，而不需要确认具体的工程量。但当无法根据设计变更文件直接计算出工程量，或者相应设计变更文件的某条或某件只完成一部分时，监理工程师及项目组现场工程师（或造价中介机构造价工程师）应直接在变更单中确认相应的工程量。

(6) 对于造价调减的设计变更，发包单位现场工程师（或造价中介机构造价工程师）要及时跟踪、落实、核定减少的具体数额，并与承包单位形成书面记录，防止因漏报而给公司造成损失。

(7) 工程部应严格按变更金额签发的权限报批，为提高效率，公司领导、职能部门经理可根据实际需要，在自身职权范围内，对下属职员作书面授权，但授权人仍为责任人。

(8) 设计变更最后应由商务代表审定签批。

4.2.2 工作依据

(1) 施工合同：略。

(2) 设计变更管理办法。

【实例4-2-1】某单位设计变更管理办法。

1. 设计变更应执行的原则

(1) 权力限制原则：建设单位对设计变更及现场签证管理实行严格的权限规定，不在权限之内的签字一律无效，如对建设单位造成损失，追究越权签字人的责任。

（2）时间限制原则：建设单位对设计变更、现场签证及结算实行严格的时间限制，禁止事后补办。

（3）一单一算原则：一个设计变更及现场签证单应编制一份结算单，且对应一个工程合同。

（4）一月一清原则：每月15日前，建设单位、承包单位应就截止上月末已完工且手续完备的设计变更及现场签证签字确认，交部门领导复核。

（5）完工确认原则：设计变更及现场签证完工后，发包方现场工程师和监理工程师必须在完工后7日内签字确认，如属隐蔽工程，必须在其覆盖之前签字确认。

（6）原件结算原则：设计变更及现场签证的结算必须要有齐备的、有效的原件作为结算的依据。

（7）多级审核原则：设计变更及现场签证的造价结算至少要经过二级以上的审核。

（8）法律约束原则：50万元以上（具体额度合同中约定）的工程合同，发包单位与承包单位签署工程合同的同时，应与承包单位另行签订《关于设计变更及现场签证的协议》（略）作合同补充协议，供双方执行。50万元以下（具体额度合同中约定）的工程合同应有符合本管理办法的相应条款。

（9）标准表格原则：所有的设计变更及现场签证单都必须使用规定的标准表格。

2. 设计变更内容、格式要求

（1）设计变更是对设计内容进行的修改、完善、优化，一般需要设计单位的签字、盖章，或者发包单位的有关职能部门（设计部、工程部）代签。

（2）设计变更的主要类型：

① 由于设计单位的施工图出现错、漏、碰、缺等情况，而导致做法变动、材料代换或其他变更事项；

② 由于发包单位设计部改变建设标准、结构功能、使用功能、增减工程内容，而导致做法变动、材料代换或其他变更事项；

③ 由于工程部、项目组、监理单位、承包单位采用新工艺、新材料或其他技术措施等，而导致做法变动、材料代换或其他变更事项；

④ 由于销售部、购房业主要求提出变更，而导致做法变更、材料代换或其他变更事项。

（3）所有设计变更必须使用公司规定的标准表格，并明确以下内容：编号、工程名称、发生的时间、发生的部位或范围、变更的内容做法及原因说明、增加的工程量、减少的工程量、相关图纸说明。

（4）同设计院对接的部门和经办人员应要求设计院按规定的统一格式填写设计变更单，如设计院未按规定格式填写或另有附图，经办人员应另行按规定格式填写设计变更单作内部审批、结算用，设计院的文件只能作为附件。

（5）所有设计变更只有加盖《设计变更、现场签证协议书》中留有印样的专用章或发包单位公章才能生效，承包单位也应加盖有效印章。

（6）发包单位自行提出的设计变更是否需要设计院盖章签字，由公司根据具体规定执行，如果无须设计单位确认，则由发包单位相关职能部门签字确认。

（7）发包单位、承包单位均应对设计变更单进行编号（可按归属合同连续编号，总承包合同还应分专业连续编号),并整理归档、妥善保存;双方都应设置设计变更、现场签证事项的单据交付记录,即交付对方单据时要求对方签收,接受方不得拒签。

4.2.3 工作表格、数据、资料

设计变更、洽商记录　　　　　　　表 4-2-1

年　月　日　　　第　号

工程名称:		
记录内容:		
建设单位	施工单位	设计单位

技术核定单　　　　　　　表 4-2-2

工程名称:_____　地址:_____　　　第___页共___页

建设单位		编号	
分部工程名称		图号	
核定内容			
核对意见			
复核单位:		技术负责人:	

建设(监理)单位	现场负责人: (公章) 年 月 日	施工单位	专职质检员: 项目经理: (公章) 年 月 日	设计单位	代表: (公章) 年 月 日

设计变更通知单　　　　　　　　　　　　　　　　　表4-2-3

设计单位：		设计编号：	
工程名称			
内容：			
设计单位（公章）：代表：	建设单位（公章）：代表：	监理单位（公章）：代表：	施工单位（公章）：代表：

××房地产开发公司设计变更单　　　　　　　　　　　表4-2-4

施工单位		所属合同		合同编号	
事项名称					
适用范围（注明对应的图纸；适用的房型及楼号）				提出时间	
□技术核定　□设计变更		提出方：(1) 设计院 (2) 建设单位 (3) 购房客户 (4) 其他			
变更原因					
施工前					
变更内容（如附有变更图纸请注明）					

注：1. 变更单审批通过后，由项目部分施工单位、分合同连续编号（总包需分专业）；2. 商务代表未签字、不盖甲方指定印章无效；3. 没有完成情况说明，造价师不予以结算；4. 完成后10个工作日内上报预算，超时扣款（每月15日前汇总呈报）；5. 技术核定以甲方最后认可为准，重要的技术核定需设计院确认；6. 超过5000元的设计变更请在本单空白处加盖会签章。

工程部经理	
预算部经理	
商务代表	
总经理	
变更提出人员	
估价 □<5000元	□≥5000元　　　造价师：

5000元以下建设单位工程部、商务代表同意即可；超过5000元需报公司会签。

施工后				
完成情况	实施完成时间	质量状况	监理工程师	甲方工程师
乙方结算价（附每单的结算书）				
乙方预算				
最终审定价				
双方签认：				

注：本单由设计部（建筑）或工程部（结构安装）填写，提出部门、施工方、监理、项目组、预算部各一份。

4.2.4　操作实例

【实例 4-2-2】设计变更通知。

设计变更通知单　　　　　　　　　　　　　表 4-2-5

设计单位：××设计公司		设计编号：×××	
工程名称：××小区 14 号、15 号、17 号、18 号			
内容：1. 结施 12 中，ML-5 配筋做如下变更： ① 下筋不变； ② 上筋 2ϕ16 为通筋，2ϕ16 延伸至边跨 1400mm 长（至挑梁轴线向外延伸 1400mm）。 2. 六层北阳台的排水采用无组织排水，设 2ϕ50PVC 管，出墙 80mm。			
设计单位（公章）： 代表：×××	建设单位（公章）： 代表：×××	监理单位（公章）： 代表：×××	施工单位（公章）： 代表：××× ××××年××月××日

4.2.5　老造价工程师的话

老造价工程师的话 38　造价人员要参与变更的办理

变更单通常是由施工技术人员来办理，但对于变更中的措词应由造价人员把握。变更单办理的好或不好、及时或不及时都会给竣工结算带来巨大影响。根据工程性质的不同、建设方人员工作能力及态度等的不同，施工单位需要灵活办理变更单。该模糊则模糊，该明确则明确；该及时得及时，该拖延则拖延。很多时候，施工方预算人员报结算时，有数百份的变更，对每一份变更都要计算工程量，编制预算。有时候一个变更金额只有几十元或是几百元，费了很多时间和精力，对总造价影响不大，但对建设方审核预算人员的心情影响却很大。所以有些合同列有对多少元以下的洽商不计算的合同条款。不过，对设计人员来说，变更单还是要做的。

4.3　工程索赔的审核与控制

> "施工单位发来索赔意向，小李，你看一下是否该批准？"
> "我们准备批准施工单位的这项索赔，小张，你审一下我们要支付多少费用？"
> ……
> 工作中你是不是经常遇到这些事呢？你是否能从容应对？

【重要程度】★

【适用单位】建设单位、中介单位

4.3.1 工作流程

索赔的流程如图4-3-1所示。

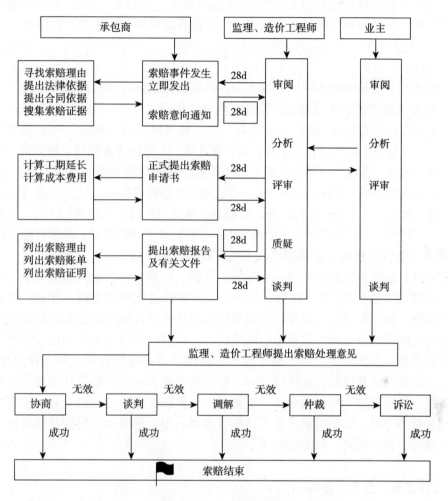

图4-3-1 索赔流程图

业主、造价咨询公司索赔控制人员应对时应注意以下要点：

(1) 索赔事件预防

定期开展履约检查，监督施工单位履约的同时，及时发现业主履约的不足并予提醒，提醒主动提高服务意识，为对方履约创造适当条件。

(2) 索赔事件的处理

要监督施工单位索赔证据是否确凿；依据是否充分；责任是否明晰；是否符合时效；索赔计算值是否合理准确；索赔事件是否作为有经验的承包商可以预见；在索赔事件发生后，是否采取了控制措施。

(3) 索赔风险转移

业主为抵挡不可预见的风险，应投保建安工程一切险与第三方责任险，并应要求承包人为其自身的人员财产投保，以把业主的部分风险进行转移；签订保险合同时，应注意免除责任条款及免赔额度的高低。

(4) 反索赔保障

业主为维护自身权益免遭侵犯并保证反索赔成功,在招标时应要求对方提供履约担保,一旦违约,可立即通过第三方采取措施,保证自己的利益并规范对方履约。

4.3.2 工作依据

索赔成败的关键是索赔依据。其内容应该涵盖法律依据和事实根据两方面。

(1) 索赔的法律依据主要是指强制性规范和约束性文件

全国人大及其常委会制定的法律和法规,如《建筑法》、《合同法》等;国务院颁布的行政法规,如《建设工程质量管理条例》等;建设部、工商行政管理局、财政部等发布的部门规章,如《建设工程施工合同示范文本》、《建设工程价款结算暂行办法》等;地方人大、政府制订的地方性法规,主要指《××省(市)建筑市场管理办法》、《××省(市)建设工程结算管理工作的意见》等;建筑市场、招标办、城建委执行的工程合同文件,主要指合同示范文本;招标文件、投标文件、中标通知书;工程定额、预算说明;技术规范、标准等。

(2) 索赔的事实根据主要是指建设工程资料及原始证据

主要包括:建设单位有关资料,如资质、资信、概算、投资等;施工日志,如施工现场记录、监理现场意见等;往来信件,如有关工程建设过程中的传真、专递、信函、通知等;气象资料,如冬雨期施工记录、天气变化情况反映等;施工备忘录,如建设单位、监理对现场有关问题的口头或电话指示、随笔记载、双方对专题问题的确认意见等;会议纪要,如建设单位、监理单位、施工单位签字的会议记录;视听资料,如工程照片、录像、录音等;工程进度计划资料,如进度计划、材料调拨单、月度产值统计表等;工程技术资料,如图纸、技术交底、技术核定单、变更设计、隐蔽工程验收记录、开工报告、竣工报告等;财务报表资料,如预付款支票、进度款清单、用工记时卡、机械使用台账、收款收据、施工预算、会计账簿、财务报表等。

4.3.3 工作表格、数据、资料

费用索赔申请表　　　　　　　　　　　　　表4-3-1

工程名称:　　　　　　　　　　　　　　　　　编号:

致:_____监理公司

根据施工合同条款____条的规定,由于_____原因,我方要求索赔金额(大写)_____,请予以批准。

1. 索赔的详细理由及经过:

2. 索赔金额的计算:

3. 证明材料:

　　　　　　　　　　　　　　　　　　　　　　承包单位(章)
　　　　　　　　　　　　　　　　　　　　　　项目经理
　　　　　　　　　　　　　　　　　　　　　　日　　期

费用索赔审批表   表 4-3-2

工程名称：　　　　　　　　　　　　　　　　　　　　　　　　　编号：

致：_____（承包单位）
　　根据施工合同条款_____条的规定，你方提出的_____费用索赔申请（第___号），索赔（大写）_____，经我方审核评估：
　　□不同意此项索赔。
　　□同意此项索赔，金额为（大写）_____。
　　同意／不同意索赔的理由：

　　索赔金额的计算：

项目监理机构

总监理工程师

日　　期

工程临时延期申请表   表 4-3-3

工程名称：　　　　　　　　　　　　　　　　　　　　　　　　　编号：

致：_____监理公司
　　根据施工合同条款_____条的规定，由于_____原因，我方申请工程延期，请予以批准。
　　附件：
　　1. 工程延期的依据及工期计算：

　　合同竣工日期：
　　申请延长竣工日期：
　　2. 证明材料：

承包单位（章）

项目经理

日　　期

工程最终延期审批表   表 4-3-4

工程名称：　　　　　　　　　　　　　　　　　　　　　　　　　编号：

致：_____（承包单位）
　　根据施工合同条款_____条的规定，我方对你方提出的_____工程延期申请（第___号）要求延长工期_____日历天的要求，经过审核评估：
　　□最终同意工期延长_____日历天。使竣工日期（包括已指令延长的工期）从原来的___年___月___日延迟到___年___月___日。请你方执行。
　　□不同意延长工期，请按约定竣工日期组织施工。
　　说明：

项目监理机构

总监理工程师

日　　期

4.3.4 操作实例

【实例 4-3-1】费用索赔申请表。

费用索赔申请表　　　　　　　　　　表 4-3-5

工程名称：××××　　　　　　　　　　　　　　　　编号：×××

致：＿＿××××＿＿监理公司

根据施工合同条款＿××＿条的规定，由于本工程一段原土土基下约 2.5m 处有一层淤泥层，导致上层已做好的灰土层无法达到设计要求的密实度原因，我方要求索赔金额（大写）＿＿××××＿＿，请予以批准。

1. 索赔的详细理由及经过：

4 月 14 日，用斗容量 $1m^3$ 的挖掘机将土基层开挖处理，主要工作内容如下：

(1) 斗容量 $1m^3$ 挖掘机挖三类土，8t 自卸车运土 5km：

$40 \times 24 \times 0.6 = 576m^3$，其中作废灰土 $40 \times 24 \times 0.2 = 192m^3$；

(2) 斗容量 $1m^3$ 挖掘机挖探坑体积：$2 \times 2.7 \times 3.5 = 18.9m^3$，其中二类土 $13.5m^3$；淤泥 $5.4m^3$；

(3) 灰土回填探坑 $18.9m^3$，3 寸潜水泵抽水 1 台班；

(4) 推土机平整和碾压前后人工平整及 8t 压路机碾压面积：$40 \times 24 = 960m^2$；

(5) 做 7% 水泥和石灰稳定碎石基础 $40 \times 24 \times 0.6 = 576m^3$，材料运距 1km。

2. 索赔金额的计算：

详见预算书。

3. 证明材料

(1) 建设单位、监理单位总工签字的施工单位的施工方案；

(2) 发生事件地点的简图及其具体的坐标；

(3) 施工方案要求的回填结构简图。

承包单位（章）

项目经理：×××

日　期：××××年××月××日

4.3.5 老造价工程师的话

老造价工程师的话 39　索赔之道

索赔之道，可以用铜钱的"外圆内方"四个字来概括。铜钱外圆内方，"方"是理论，"圆"是实践；"方"是基础，"圆"是升华；"方"是核心业务，"圆"是外围环境。

具体到施工企业的索赔工作，铜钱中间方方正正的钱眼，恰似丝毫不可更改的工程法律依据，处理任何工程管理事务，这都是必须恪守的原则。索赔以财会、法律、公共关系、工程管理等诸多专业学科为基础，具有"铁面无情"的个性，一旦条款生效，便具有不可更改的效力。在索赔过程中，需要相关人员严谨的工作，收集、整理与施工索赔有关的资料，如承、发包双方依法签订的施工合同、施工图、招标文件、标底、定标书、图纸会审纪要、设计变更通知单、施工现场签证、施工进度表、施工备忘录、有关工程的工程照片、隐蔽记录、验收证明书、业主指派的施工现场工程师的指令书和双方来往的书信等。同时还要能分清在什么情况下可以索赔，怎样计算索赔。

铜钱外端的圆，是说在索赔过程中，要在不违背法律规则的前提下，尽量做到圆融、变通，掌握索赔策略，处理好各方面的关系，为企业营造一个良好的维权环境，为自己争取最大利益。索赔过程中有很多技巧性的东西，正确的索赔战略和机动灵活的索赔技巧是索赔成功的关键。索赔方要懂得发现和把握索赔的机会，懂得如何处理索赔事件。索赔的艺术更多地体现在谈判桌上，谈判过程中要讲事实、重证据，既要坚持原则、据理力争，又要适当让步、机动灵活，因此选择和组织好精明强干、有丰富索赔经验的谈判班子极为重要。

索赔重在结果，不在形式。有些业主非常反感"索赔"一词，这时就可适时变通为"签证"一词，以免造成不必要的冲突。

4.4 工程签证的审核与控制

"施工单位送来一个经济签证申请，小李，你看一下我们该不该批准？"

"我们准备批准施工单位的这项签证请求，小张，你审一下我们要支付多少费用？"

……

工作中你是不是经常遇到这些事呢？你是否能从容应对？

【重要程度】★★★
【适用单位】建设单位、中介单位

4.4.1 工作流程

【实例4-4-1】某房地产公司现场签证控制程序

1. 目的

为了加强现场签证管理，有效地控制投资，确保工程质量和工程进度，特制定本管理办法。

2. 范围

本管理办法适用于××房地产开发公司的现场签证管理。

3. 职责

3.1 公司预算部负责本办法的制定、修改、解释、指导、监督检查。

3.2 公司有关部门、人员（包括经办、审批、资料管理等）负责贯彻执行本管理办法。

3.3 商务代表制度

为实现对房地产项目开发全过程（从前期配套、方案设计直至项目竣工结算）结算管理。公司将委派项目的商务代表。商务代表的选配将建立内部专业化造价管理队伍与借助外部专业造价咨询机构相结合的办法。

工程实施阶段商务代表的职责是：
(1) 深入工地现场办公，参加工地例会；
(2) 参与审定项目施工组织设计；
(3) 审核现场技术代表（本单位工程部等）的签证单、设计变更，测算因变更引起的造价增减，并按管理权限报批；
(4) 参与审定月度、季度支付申请。

商务代表制度的构想是公司实施竣工结算筹划管理的一种探索，有待在实践中继续改进、完善，以达到控制成本，提高项目综合效益的目的。

4. 工作程序

4.1 现场签证的内容、格式要求及流程

(1) 现场签证的内容及格式要求

1) 现场签证是指对施工管理中发生的零星事件的确认，例如：因设计变更引起的拆除、地下障碍的清除迁移、现场简易通道的搭建、临时用工等。现场签证的主要类型：

① 因设计变更导致已施工的部位需要拆除（需注明设计变更编号）；

② 施工过程中出现的未包含在合同中的各种技术措施处理；

③ 在施工过程中，由于施工条件变化、地下状况（地质、地下水、构筑物及管线等）变化，导致工程量增减，材料代换或其他变更事项；

④ 发包单位在施工合同之外，委托承包单位施工的2万元以内的零星工程；

⑤ 合同规定需实测工程量的工作项目；

⑥ 其他。

2) 所有的现场签证单都必须使用公司规定的标准表格，并明确以下内容：编号、工程名称、发生的时间、发生的部位或范围、签证的内容做法及原因说明、增加的工程量、减少的工程量、相关图纸说明。

3) 关于临时用工的签证事项，双方应在签证通知单上洽商确定以下问题：工作内容及工作量、工日、工日单价（如属综合单价，则包含人工费、管理费和利润，并明确是否包含税金）。

4) 所有现场签证单只有加盖《设计变更、现场签证协议书》中留有印样的"专用章"或发包单位公章才能生效，承包单位也应加盖有效印章。

5) 发包单位、承包单位均应对现场签证单进行编号（可按归属合同连续编号，总承包合同还应分专业连续编号），并整理归档、妥善保存；双方都应设置设计变更、现场签证事项的单据交付记录，即交付对方单据时要求对方签收，接受方不得拒签。

(2) 现场签证的一般办理流程

1) 监理及项目工程师在签证前必须认真核对签证工程的施工时间、工作内容、发生原因、发生的工程量、工日数、机械台班数以及签证所发生的费用应由何方负担等。特别是对发生的原因以及责任单位的交代应详细、明了。

2) 对于措词含糊容易引起歧义的签证，现场工程师在签署时应征求预算人员意见，预算人员审核重大签证费用也应避免用词不准在结算时造成经济纠纷。

3) 签证内容完成后，工程部和预算部工程师应避免签署类似"情况属实"或"工程量属实"等模糊性内容，而必须实测实量后签字确认完成或未完成的事实或者工程量、材料材质和规格、工日数、机械台班等。原则上监理工程师不应直接在签证上签认有关单价和总价。所有的确认和签证单都需经预算部负责人核准后方为有效。

4）如果签证单附有交工图纸，则监理及项目工程师应核准图纸是否与实际施工结果相符，并在图纸上签字确认，此时可以不对工程量进行确认，由预算部按照图纸核算工程量。

5）预算部经理对签证单上直接签定的工程量的准确性负责。

6）如签证单涉及到隐蔽施工、金额、工日、机械台班及其他事后不可复核的项目时，则应由工程部及预算部工程师共同现场认定。

7）所有签证最后应由商务代表审定签批。

4.2 现场签证办理时间的规定

（1）正常的设计变更和现场签证单，应由有效签字人共同签署完成，并与承包单位核定费用后，才通知承包单位开始实施。特急类（指如果不立即实施将造成更大损失的）现场签证，可以先实施再核定费用；如属隐蔽工程及事后不可复核的工程，则必须要求承包单位在隐蔽部位覆盖之前或拆毁前提出预算并核清工程量。

（2）对于费用未审定的现场签证单，发包单位工程部必须督促承包单位尽快计算变更签证费用，最迟在变更签证内容全部施工完后的 10 日内（自监理及甲方工地代表确认完工情况的日期开始计算），向甲方报送完整的变更结算。现场签证由工程部经理初审，预算部会审。

（3）现场签证协议中应规定"承包方违反变更签证结算上报时间的违约条款"。如：每拖延一天，则扣减上报结算总价的 5%，扣完为止。

（4）监理、现场工程师应在变更签证内容完成后的 5 个工作日内在现场签证单上对完成时间和完成情况进行说明。

（5）承包方应每月 15 日前将上月已经核完费用的变更签证单作一份汇总表上报给发包方，发包方按合同约定的付款比例同期支付。成本管理部应将变更、签证发生的情况分析汇总，报送公司领导、设计部、工程部，并进行数据综合分析，提出相应的管理建议。

4.3 现场签证结算的格式要求

（1）签证的结算书应包括：签证单原件以及与变更签证相关的所有往来函件、结算书、监理审核意见、施工合同中相同工作内容的综合单价、费率合同或合同缺项时应附取费表、材料调差依据、不执行定额的应附工料分析表、其他需要说明的与造价有关的问题等。工程部对变更和签证事实予以认定，预算部对工程量取费标准和价格予以认定。

（2）预算部内部审核不得少于两级审核。

（3）签证结算书的内容必须完整、准确，并可以制定防止承包单位高估冒算的约束措施，如在现场签证协议中约定："变更结算报价超过最终审定价10%，将把最终审定价按同等比率降低"。

（4）双方核定现场签证的造价后，应在变更签证单上注明核定费用，并由双方责任人签字、盖章。

公司各部门务必严格执行本管理办法，在执行过程中，相关部门可根据实际情况编写具体的操作细则。相关部门编制的《实施细则》，报公司预算部核实，经公司领导批准后方可实施。

(5) 表格。

××房地产开发公司现场签证单（表4-4-1）。

(6) 支持文件。

关于现场签证的协议。

××房地产开发公司现场签证单　　　　　　表4-4-1

施工单位		所属合同		合同编号	
事项名称					
适用范围（注明施工地点、适用范围）				提出时间	
提出方：(1) 设计院 (2) 建设单位 (3) 其他					
签证原因					
施工前					
签证内容（如附有图纸请注明）					

注：1. 签证单审批通过后，由项目部分施工单位、分合同连续编号（总包需分专业）；2. 商务代表未签字、不盖甲方指定印章无效；3. 没有完成情况说明，造价师不予以结算；4. 属事后不可复查工程量或做法的签证，需工程人员与预算员一同签认方有效；5. 完成后10个工作日内上报预算，超时扣款（每月5日前上月汇总呈报）；6. 超过5000元的签证单请在本单空白处加盖会签章。

工程部经理	
预算部经理	
商务代表	
总经理	
提出人员	
乙方估价：		乙方预算：	
甲方审核估价：		甲方预算：	

5000元以下建设单位工程部、商务代表同意即可；超过5000元需报公司会签。

施工后				
完成情况	实施完成时间	质量状况	监理工程师	甲方工程师
乙方结算价（附每单的结算书）				
乙方预算				
最终审定价				
双方签认：				

注：本单由设计部（建筑）或工程部（结构安装）填写，提出部门、施工方、监理、项目组、预算部各一份。

关于设计变更、现场签证的协议

甲方（发包人）：××房地产开发公司
乙方（承包人）：
　　甲、乙双方经协商于＿＿＿＿年＿＿月＿＿日签订了＿＿＿＿＿＿合同，为规范与该合同有关的设计变更、现场签证（以下简称"变更"、"签证"）的管理工作，分清责任，提高结算效率，保护甲乙双方的利益，特签订以下协议：

　　1. 乙方对于甲方正式发出的变更、签证，应及时、完整地执行，并保证工程的质量和进度要求；甲方应按照变更、签证的内容及其完成情况及时、足量地支付乙方变更签证的价款。

　　2. 关于变更、签证办理的约定

　　2.1 甲方发出的变更、签证通知单，应加盖甲方指定的印章，否则乙方可以不接受；乙方出具的要求甲方结算价款的变更、签证单，如果没有乙方指定的印章，甲方将不予结算费用。

　　2.2 甲、乙双方指定的有效印章式样如下：
　　（甲方印章样式）　　　　　　　　　　　　（乙方印章样式）

　　2.3 合同履约中，甲、乙双方填制的变更、签证通知单都应使用甲方提供的标准表格，否则甲方可以不予审核费用，乙方可以不予接受。

　　2.4 甲、乙方均应对变更、签证通知单分专业连续编号、妥善保存；甲、乙双方都应设置变更、签证事项的单据交付记录，交付对方单据时应要求对方签收，接受方不得拒签。

　　3. 关于变更、签证计价及结算的约定

　　3.1 变更、签证的计价严格执行与其相关的主合同的经济条款，执行相同项目的综合单价或套用相同的定额、取费标准、材料调差方式。当没有合适的定额套用时，双方可以按当时当地的市场合理低价协商确定。

　　3.2 在双方核对变更、签证的价款时，乙方负责事先就每张变更、签证通知单做一份完整结算书，提交于甲方；甲方不接受乙方以汇总方式编制的多项变更、签证事项的结算书。

　　3.3 结算书的内容必须完整、准确，若结算报价超过最终审定价10%以上，将把最终审定价同比降低10%以上。结算书一般包括以下内容：①结算总费用；②原合同相同工作内容的综合单价；③套用定额编号的直接费计价表；④间接费的取费表；⑤综合调差系数和主材调差数据；⑥定额以外项目的工料机分析；⑦变更签证单原件及所有相关的往来函件、其他需要说明的与造价有关的问题。

　　3.4 乙方接受甲方发出的变更通知单后，应立即组织计算变更费用，最迟在该变更内容全部施工完毕后10日内（从监理及甲方工地代表确认完工情况的日期计算）向甲方报送完整变更费用计算；每迟报一天，将扣除最终定价的＿＿＿＿＿％。

　　3.5 原则上甲乙双方应在每项变更签证实施前，商谈确定总费用；特急变更签证也应在施工后10天内谈定价款；乙方提交的变更签证结算书，应与事先商谈的价格一致。

3.6 关于临时用工的签证事项，双方应在签证通知单上协商确定以下问题：工作内容及工作量、工作时间、工作人数、取定的人工单价（是综合单价，已含管理费和利润）。

3.7 当变更、签证的工作内容完成之后，乙方要及时督促监理和甲方工地代表在完工后5日内签字确认，否则甲方可以不予审核费用。对于隐蔽工程和事后无法计算工程量的变更和签证，必须在覆盖或拆除前，会同监理、现场工程师、商务代表共同完成工程量的确认和费用谈判，否则甲方可以不计价款。

3.8 因设计变更或现场签证涉及可重复利用的材料时，应在拆除前与甲方谈定材料的可重复利用率，否则视为乙方100%的回收利用。

3.9 双方核定变更、签证事项的价格后，应在结算书上注明最终审定价格，并由双方签字、盖章后生效。

3.10 每月15日前，甲、乙方应就截至上月末已确定最终费用的变更、签证的费用结算书，进行综合性核对，并形成核对与商谈记录清单。甲方应按主合同约定的付款比例同期支付。

4. 其他

本协议与双方签定的主合同，具有同等法律效力；主合同的条款与本协议有矛盾时，以本协议为准。

甲方（盖章）　　　　　　　　　　　乙方（盖章）

签字：　　　　　　　　　　　　　　签字：

时间：　　　　　　　　　　　　　　时间：

4.4.2 工作依据

（1）工程合同：略

（2）本单位签证管理办法：略

4.4.3 工作表格、数据、资料

（1）常见签证形式表格

工程联系单　　　　　　　　　　　表4-4-2

工程名称		施工单位	
主送单位		联系单编号	
事由		日期	
内容：			
建设单位：		施工单位：	
		年　月　日	年　月　日

施工现场签证单

表 4-4-3

施工单位:

单位工程名称		建设单位名称	
分部分项名称			

内容:

施工负责人:　　　　　　　　　　　　　　　　　　　　年　月　日

建设单位意见:

建设单位代表（签章）

　　　　　　　　　　　　　　　　　　　　　　　　　　年　月　日

主材价格签证单

表 4-4-4

工程名称:

序号	材料名称	部位	规格	数量	单位	购买日期	购买申报价	签证价格施

施工单位意见	监理单位意见	建设单位意见
签字（盖章）	签字（盖章）	签字（盖章）
日期	日期	日期

拆除工程旧材料回收签证单

表 4-4-5

工程名称	
分部分项工程名称及图号	
相应的工程签证编号	

工程内容:

　　　　　　　　　　委托单位专业技术员:

旧材料回收清单（材料名称、规格、型号、数量）

　　　　　　　　　　委托单位材料员:

委托单位	施工单位
商务经理:	劳务作业层名称:
项目经理:	劳务作业层负责人:
年　月　日	年　月　日

(2) 工程量清单计价签证

换算项目综合单价报批汇总表 表 4-4-6

工程名称：

序号	清单编号	项目名称	计量单位	报批单价	备注

编制人：　　　　　　　　　　　　复核人：

换算项目综合单价分析表 表 4-4-7

工程名称：

编制单位：（盖章）　　　　　　　　　　　监理单位：（盖章）

清单编号：						
项目名称：						
工程（或工作）内容：						
序号	项 目 名 称	单位	消耗量	单 价	合 价	备注
1	人工费（a+b+……）	元				
a						
b						
……						
2	材料费（a+b+……）	元				
a						
b						
……						
3	机械使用费（a+b+……）	元				
a						
b						
……						
4	管理费（1+2+3）×（　）%					
5	利润（1+2+3+4）×（　）%	元				
6	合计（1+2+3+4+5）	元				

编制人：　　　　　　　　　　　　复核人：

监理单位造价工程师：　　　　　　建设单位造价部：　　　　（经办人签字）

　　　　　　　　　　　　　　　　　　　　　　　　　　　　（复核人签字）

　　　　　　　　　　　　　　　　　　　　　　　　　　　　（盖　　章）

类似项目综合单价报批汇总表

表 4-4-8

工程名称：

序号	清单编号	项目名称	计量单位	报批单价	备注

编制人：　　　　　　　　　复核人：

类似项目综合单价分析表

表 4-4-9

工程名称：

编制单位：（盖章）　　　　　　　　　监理单位：（盖章）

清单编号：			原清单编号		
项目名称：			计量单位		
工程（或工作）内容：			综合单价		
序号	项 目 名 称	单位	消耗量	单价	合价	备注
1	人工费（a+b+……）	元				
a						
b						
……						
2	材料费（a+b+……）	元				
a						
b						
……						
3	机械使用费（a+b+……）	元				
a						
b						
……						
4	管理费（1+2+3）×（　）%					
5	利润（1+2+3+4）×（　）%	元				
6	合计（1+2+3+4+5）	元				

注：表中列数与实际相符。

编制人：　　　　　　　　　复核人：

监理单位造价工程师：　　　　建设单位造价部：　　（经办人签字）

　　　　　　　　　　　　　　　　　　　　　　（复核人签字）

　　　　　　　　　　　　　　　　　　　　　　（盖　　章）

未列项目综合单价报批汇总表

表 4-4-10

工程名称：

序号	清单编号	项目名称	计量单位	报批单价	备注

编制人：　　　　　　　　　复核人：

未列项目综合单价分析表　　　　　　　　　表 4-4-11

工程名称：
编制单位：（盖章）　　　　　　　　　　　　　监理单位：（盖章）

清单编号：			参考定额			
项目名称：			计量单位			
工程（或工作）内容：			综合单价			
序号	项目名称	单位	消耗量	单价	合价	备注
1	人工费（a+b+……）	元				
	a					
	b					
	……					
2	材料费（a+b+……）	元				
	a					
	b					
	……					
3	机械使用费（a+b+……）	元				
	a					
	b					
	……					
4	管理费（1+2+3）×（　）%					
5	利润（1+2+3+4）×（　）%	元				
6	合计（1+2+3+4+5）	元				

编制人：　　　　　　　　　　　　　　　　　复核人：
监理单位造价工程师：　　　　　　　　　　　建设单位造价部：　　　　（经办人签字）
　　　　　　　　　　　　　　　　　　　　　　　　　　　　　　　　　（复核人签字）
　　　　　　　　　　　　　　　　　　　　　　　　　　　　　　　　　（盖　　章）

4.4.4 操作实例

【实例 4-4-2】施工单位填写签证实例见表 4-4-12。

施工现场签证单　　　　　　　　　　　　　表 4-4-12

施工单位：

单位工程名称：××小区 15 号楼	建设单位	××房地产公司
分部分项名称：建筑装饰装修工程	名称	
内容：15 号楼，因甲方要求六层白色瓷片剔凿更换成红色瓷片。剔凿面积如下： 六层西立面：$3.73 \times 7.48 = 27.90 m^2$ 六层西单元南立面窗上口：$3.62 \times 0.72 = 2.60 m^2$ 六层东单元南立面窗口：$0.37 \times 3.92 + 0.28 \times 2.42 = 4.72 m^2$ 合计：$35.22\ m^2$		
施工负责人：×××　　　　　　　　　　　××××年××月××日		
建设单位意见：核对无误，同意签证。 建设单位代表（签章） 　　　　　　　　　　　　　　　　××××年××月××日		

分析：签证单的填写，应达到即使不在现场的人员通过看签证单也能知道签证事件具体的发生内容的效果。

4.4.5 老造价工程师的话

老造价工程师的话40　如何签证能既不得罪对方又有效保护自己？

如果施工单位提交的一项经济签证需要你签字确认，但你认为内容不实不想签，可施工单位负责人与你们单位有某种"密切关系"，你如何处理能既不得罪对方又有效保护自己？这需要一点技巧。你不妨可以这样告诉对方——这份单据我可以签，但你知道我签后的后果么？签这样的单据别人会认为我从你处得到了好处，如果你非要把我的饭碗给端掉，我没有意见，但我的家小怎么办？这样的决定是你们的领导安排的么（明知故问）？对方若回答是，你就说，好吧，等我找到你们的领导谈谈后再签，你先带回去吧（以后他们的领导打电话你不用接听）。对方若回答不是，你就说，你的难处我知道，如果我不签，你不好交差；如果我签了，我也不好交差。你看怎么办呢？要不单据你先带回去，等我和我的领导商量后再办，你看行么？——这样既不伤和气又能委婉的推托掉，你既要让他们知道你的难处，又要让他们知难而退。

老造价工程师的话41　签证形式选择的技巧

在施工过程中施工单位最好把有关的经济签证通过艺术的、合理的、变通的手段变成由设计单位签发的设计修改变更通知单，实在不行也要成为建设单位签发的工程联系单，最后才是现场经济签证。这个优先次序作为施工单位的造价人员一定要非常清楚，它涉及你提供的经济签证的可信程度，换句话说，它涉及你的经济签证能否兑现，你说重要不重要？

设计单位、建设单位出具的单据在工程审价时可信度要高于施工单位出具的单据，而现场经济签证多为施工单位发起申请。因现在利用签证多结工程款的做法在业内已路人皆知，故站在中介审价人员的立场上，多对现场经济签证持一种不信任的态度，认为现场经济签证多有"猫腻"。

老造价工程师的话42　造价咨询单位审核签证的技巧

签证虽然在法律层面上是一种补充协议，对甲乙双方均有法律约束力，从法律意义上讲，只有法院才有权撤销或否定其效力，但中介审价方可建议甲乙双方重新达成新的"协议"，从而否决原先不实的签证。

作为造价咨询单位审核这些签证也有一些方法：

(1) 直接签总价或单价的签证审核

补充项目为单方造价或总价方式的签证，审价人员审核一般可以先运用工程量和材料价格签证的确认方法对工程量和材料价格予以确认，再参考国家定额标准和有关文件进行测算，签证的单方造价和总价低于测算结果，则对该结果予以确认，签证的单方造价和总价高于测算结果，如无特殊原因，则建议甲乙双方推翻原签证，达成新的签证（如按测算结果确认）。

(2) 直接签结果（包括工程量）的签证审核

可按工程量计算规则，复核所签工程量的真实性，如工程量不实，仍可建议甲乙双方达成新的"签证"。

(3) 仅签文字事实签证的审核

对既无明确的工程量，也无明确的价格，仅仅从技术的角度陈述某一项目的实际施工情况的签证，审价人员审核要寻求一个切入点进行。考虑这一项目是否需要作为增加项目？是不是重复计划？界定的方法为：分析和证实建设单位驻工地代表是否知道施工过程中确实发生了某一项内容，如发生了是否知道这项内容在原预算的某一个定额子目中有没有包含。分析证实后加以界定，准确计算。

(4) 签文字事实＋附图（草图、示意图）签证的审核

这样较详细的签证，在审核内容真实的情况下，可按一般审核的方法进行即可。

老造价工程师的话43　　注意重复套定额的陷阱

在做工程决算时，最难做的就是工程签证。工程签证主要是由现场施工人员提出、甲方代表签字认可。施工单位预算员套定额做结算时，会按签证罗列内容全部套上，不管工程内容在定额中是否重复（这样可以多要钱），所以甲方预算员在审这一块时要提高警惕。

老造价工程师的话44　　乙方以"拖"应对甲方拒签签证

某施工单位基于对某地产商的信任，在没有办理签证之下，做了大量合同外的工程和赶工。眼看即将竣工，着急的施工单位找机会要求甲方补办签证，但甲方竟说："签证没有，一切按合同办，延期交工，罚！"施工单位被逼入死胡同，按期交工别指望签证；不按期交工，不得签证外，多加一笔索赔款，更亏！施工单位查阅所有工程资料，经过分析发现甲方将门窗、外墙漆、消防等多项分项工程剥离给无资质的单位或个人施工。以此为支点，施工单位按以下步骤进行反击：不再提签证一事，闷头施工；务必让甲方签收完工报告；拒绝竣工验收。理由是施工方不能为没有资质的分项工程施工人提供验收资料。当反击实施至第三步时，甲方就笑着对施工单位说："赶快拿你们签证底单过来呀，这事不能拖了！"

第 5 章 成本测算

5.1 建设项目成本测算

> "小李，公司要投标一个地块，根据预计的市场销售价，你给测算一下成本，倒算一下我们最高土地投标价格。"
> "小张，这个项目要上马了，你给详细测算一下成本，方便控制及确定销售价格。"
> ……
> 工作中你是不是经常遇到这些事呢？你是否能从容应对？

【重要程度】★★
【适用单位】建设单位

5.1.1 工作流程

在房地产开发项目的可行性研究中，项目的成本测算是重要的一环，它由房地产估价师会同造价工程师完成。成本测算的正确与否，如同对租售市场的预测一样，对项目的经济效益有重大的影响，建设单位的成本测算一般程序如下。

（1）制定本单位《成本指导价》

业主单位（特别是房地产开发单位）的《成本指导价》类似于我们做工程预算时的计价依据——定额，是下一步进行建设项目成本测算的重要依据。《成本指导价》的编制流程如图 5-1-1 所示。

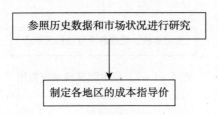

图 5-1-1　《成本指导价》编制流程

一些较小的单位或不规范的单位，一般并无成文的《成本指导价》，进行成本测算均要由测算人员临时自行收集成本指标价格数据。

为方便进行成本测算，管理规范的业主单位多制定《成本指导价》，以方便准确地编制目标成本计划、进行经济评价、财务评价、可行性研究。

《成本指导价》一般是业主单位按年制定，位于不同地市分公司的业主单位还常常以每个地区为单位分别编制《成本指导价》，同时每地区《成本指导价》再分高、中、低三个档次。具体每个项目应根据项目的定位，依照地区公司《成本指导价》做出各项目的"目标成本价"，作为项目评价的依据。

《成本指导价》一般分住宅、写字楼和酒店三类（会所若没有酒店就并入住宅，有酒店就并入酒店）等（根据各公司开发项目的范围自定）。

《成本指导价》主要指开发成本（土地成本和工程成本）。

《成本指导价》的作用是：

1）是住宅、写字楼、酒店等物业的成本制定和利润预测的重要参考依据。

2）为项目的定价策略提供依据。

3）确定各分项工程或专业工程的成本指标、费用指标并作为各部门控制和把关的依据。

4）为公司的投资决策和可行性研究提供重要参考依据。

《成本指导价》的制订依据一般是：以市场状况和公司的历史数据来确定成本指导价。《成本指导价》一般由会计师、估价师、造价师共同完成。

土地成本指导价的制定方法：由项目合作合同和土地出让合同或土地招标确定，但只作参考作用，具体合同签订前应进行详细论证是否可行，然后才能签订合同。

工程成本（包括前期工程成本、建筑安装工程成本、基础设施工程成本、公共配套设施工程成本、开发间接费用等）成本指导价的制定一般由工程部门、招标部门共同制定并下发给分公司作为各项目年度目标成本制定的指导依据。

(2) 编制具体项目成本测算（目标成本价）

成本测算的一般编制流程如图 5-1-2 所示。

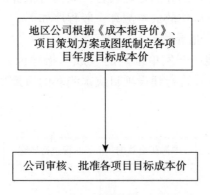

图 5-1-2 成本测算编制流程图

5.1.2 工作依据

(1) 本公司成本指导价

(2) 项目策划书或图纸等

5.1.3 工作表格、数据、资料

×× 项目成本测算参考表式

表 5-1-1

总规划面积 万m²			多层住宅 / 高层住宅			小高层			高层			商业			其他形式等			土地面积(亩)	日期
总可售面积 万m²			多层住宅															可售面积 万m²	备注
序号	项目		控制指标(元/m²)	总投资(万元)	万m²	控制指标(元/m²)	总投资(万元)	万m²	控制指标(元/m²)	总投资(万元)	万m²	控制指标(元/m²)	总投资(万元)	万m²	控制指标(元/m²)	总投资(万元)	万m²		
一	土地及大配套费																		
1	土地款																		
2	大配套费																		
3	土地出让金																		
4	土地契税																		
5	土地交易费																		
6	拆迁费																		
7	土地补偿费																		
8	拆迁管理费																		
9	拍卖佣金																		
10	确权登记费																		
二	前期费用																		
1	临电工程费	红线外																	
		红线内																	
2	临水工程费	红线外																	
		红线内																	
3	临路工程费																		
4	填土及平整场地费																		
5	临时设施																		
6	规划管理费																		
7	计费	咨询费																	
		方案设计费																	

续表

序号	项目	总规划面积 万m²	总可售面积 万m²	多层住宅 控制指标(元/m²)	多层住宅 万m²	多层住宅 总投资(万元)	小高层 控制指标(元/m²)	小高层 万m²	小高层 总投资(万元)	高层 控制指标(元/m²)	高层 万m²	高层 总投资(万元)	商业 控制指标(元/m²)	商业 万m²	商业 总投资(万元)	其他形式等 控制指标(元/m²)	其他形式等 万m²	其他形式等 总投资(万元)	可售面积 万m²	土地面积(亩)	总投资(万元)	日期	备注
8	建安设计费 成品房设计费																						
9	方案设计费 环境施工图设计费																						
10	综合管网设计费																						
11	人防费																						
12	招投标费 招标监督服务费 代理费																						
13	墙改费																						
14	地名费																						
15	施工图审查费																						
16	勘察、放线费 地质勘察费 测绘费 地基测量费 人防物探费																						
17	产权登记费																						
18	销售许可证及面积测量																						
19	房屋转让手续费																						
20	分户土地登记费																						
21	地籍地形图、核地																						

续表

总规划面积		万 m²	多层住宅		小高层		高层		其他形式等		日期	备注
总可售面积		万 m²	多层住宅 万 m²	高层住宅 万 m²	小高层 万 m²		高层 万 m²		商业		土地面积(亩)	
			控制指标 (元/m²)	总投资 (万元)	控制指标 (元/m²)	总投资 (万元)	控制指标 (元/m²)	总投资 (万元)	控制指标 (元/m²)	总投资 (万元)	可售面积	
											控制指标 (元/m²)	总投资 (万元)
序号	项目											
22	合同审查费											
23	水泥专项基金											
24	环境评估费											
25	避雷监测费											
三	建安工程费											
1	地基处理	桩基础工程费										
		桩检测费用										
		回填石屑费用										
2	住宅土建、安装	土建安装工程费										
		工程预算编制费										
		电梯										
		消防										
		空调										
3	土建监理费											
4	沉降观测											
5	质量监督费											
6	人防设施	人防监理费										
		人防设施费										
7	变更及签证											

续表

总规划面积	总可售面积	序号	项目	多层住宅			高层住宅						小高层面积			高层面积			可售面积						土地面积(亩)	总投资(万元)	日期	备注
万m²	万m²			多层			小高层			高层			商业			其他形式等			商业			其他形式等						
				控制指标(元/m²)	总投资(万元)	万m²	控制指标(元/m²)	总投资(万元)	万m²	控制指标(元/m²)	总投资(万元)	万m²	控制指标(元/m²)	总投资(万元)	万m²	控制指标(元/m²)	总投资(万元)	万m²	控制指标(元/m²)	总投资(万元)	万m²	控制指标(元/m²)	总投资(万元)	万m²				
		8	示范小区奖																									
		9	成品房装修																									
		10	其他																									
		四	市政基础设施费																									
		1	供电 电力工程费 一户一表费 土建站、箱式站																									
		2	供水 工程费 水表费 内网工程费																									
		3	燃气 煤气工程费 表灶费 气源发展基金																									
		4	通信线路安装费																									
		5	电视 电视线路安装费 电视外网工程费																									
		6	智能化费																									
		7	区内路灯																									
		8	环卫																									

续表

总规划面积 万 m²	总可售面积 万 m²		多层住宅			小高层			高层			商业			其他形式等			可售面积 万 m²	土地面积(亩)	日期 备注
			多层住宅 万 m²	高层住宅 万 m²		小高层 万 m²	商业 万 m²		高层 万 m²			商业 万 m²				万 m²			总投资(万元)	
序号	项目		控制指标 (元/m²)	总投资 (万元)	万 m²	控制指标 (元/m²)	总投资 (万元)	万 m²	控制指标 (元/m²)	总投资 (万元)	万 m²	控制指标 (元/m²)	总投资 (万元)	万 m²	控制指标 (元/m²)	总投资 (万元)	万 m²	控制指标 (元/m²)		
9	邮政																			
10	环境工程	绿化																		
		道路及小品																		
11	排水																			
12	供热	热源费																		
		内网费																		
		换热站(土建)																		
13	围墙大门																			
14	车棚																			
15	配套监理费																			
16	水面																			
五	公用配套设施																			
1	区内非经营性公建	地下室及车库																		
		居委会																		
		物业管理站																		
		会所																		
2	区内其他设施																			
3	公共设施维修基金																			
六	贷款利息																			
	直接成本小计(一~六项合计)																			
七	销售费用																			

续表

总规划面积				多层住宅			小高层面积			其他形式等			土地面积(亩)		日期
总可售面积				多层住宅 万 m²			高层住宅 万 m²			万 m²			可售面积		
							小高层 商业			商业					
				控制指标 (元/m²)	总投资 (万元)	万 m²	控制指标 (元/m²)	总投资 (万元)	万 m²	控制指标 (元/m²)	总投资 (万元)	万 m²	控制指标 (元/m²)	总投资 (万元)	备注
序号	项目														
1	销售日常费用	工资及福利费用													
		折旧费													
2	广告宣传费	(1) 媒体发布费	①平面媒体发布费												
			②户外媒体发布费												
			③其他媒体发布费												
		(2) 设计制作费	①印刷品												
			②沙盘制作												
			③工程围挡												
			④其他制作费												
		(3) 策划、推广费	①策划费												
			②销售推广费												
			③其他大型专案												

续表

总规划面积 万 m²													日期	
总可售面积 万 m²													土地面积（亩）	
序号	项目	多层住宅			小高层			高层			其他形式等		可售面积	备注
		控制指标（元/m²）	万 m²	总投资（万元）	控制指标（元/m²）	万 m²	总投资（万元）	控制指标（元/m²）	万 m²	总投资（万元）	万 m²			
					商业			商业			控制指标（元/m²）	总投资（万元）	控制指标（元/m²）	总投资（万元）
3	物业综合费	验房、空房管理费、采暖费												
		物业接管费												
4	代销手续费													
5	销售服务费													
6	卖场布置费	装修												
		饰品家具												
八	管理费													
九	不可预见费													
十	营业税													
	总成本合计（一～十项合计）													
十一	销售价格													
十二	毛利率													
十三	销售利润率													

5.1.4 操作实例

【实例5-1-1】某住宅项目，土地面积：22127 m²（折合33.19亩），建筑面积：49268.1 m²（住宅总套数：621套；其中：单车库1197.1 m²、商业铺面8474 m²、住宅38397 m²、公建1200 m²)，建筑密度：30%，容积率：3，绿化率：30%。开发成本测算见表5-1-2。

表 5-1-2

×× 项目成本测算实例

编码	工程项目（费用）名称	计量单位	工程量	单价或费率	造价或费用（元）	楼面造价（元/m²）	百分比	计算公式或说明
1.	一、征地、拆迁补偿费		0	0	11983995	243.24	15.41%	
1-1-1	征地费（拍卖价）	亩	33.19	350000	11616500	235.78	14.94%	按实际发生
1-1-2	土地契税	元,‰	11616500	3	348495	7.07	0.45%	
1-1-3	土地登记公证费	笔	1	19000	19000	0.39	0.03%	
2.	二、勘察、设计和前期费		0	0	7423139.9	150.67	9.55%	
2-1-1	地形图测绘费	m²	22127	0.14	3097.78	0.06	0.01%	按土地面积 0.14 元/m²
2-1-2	总体规划设计费（定点费）	m²	22127	2	44254	0.9	0.06%	土地面积 2 元/m²
2-2-1	地质勘察费	米	1200	55	66000	1.34	0.09%	按钻深 55 元/m
2-2-2	建筑设计费	m²	49268.1	10	492681	10	0.64%	按 10 元/m²（建筑面积）
2-3-1	城市市政建设配套费（一级地段）	m²	48068.1	75	3605107.5	73.17	4.64%	按 75 元/m²（建筑面积）
2-4-1	规划管理费	元,‰	26437455	3	79312.37	1.61	0.11%	土建造价的 3‰
2-6-1	放线费	点	60	326	19560	0.4	0.03%	放线点 326 元/点
2-11-1	招标费	元,‰	26437455	1	26437.46	0.54	0.04%	按土建工程造价的 1‰计算
2-13-1	监理费	元,‰	26437455	2	52874.91	1.07	0.07%	按土建工程造价的 2‰计算
2-14-1	预结算审计费	元,‰	26437455	3	79312.37	1.61	0.11%	按土建工程造价的 3‰计算
2-15-1	消防配套费	m²	48068.1	3	144204.3	2.93	0.19%	按 3 元/m²计算（非营业公共配套免）
2-16-1	施工合同鉴证费	元,‰	26437455	1	26437.46	0.54	0.04%	按土建工程造价的 1‰计算
2-17-1	噪声费	月	50	1600	80000	1.62	0.11%	1600 元/月・幢
2-18-1	建设项目环境影响评价收费	元,‰	26437455	3	79312.37	1.61	0.11%	按土建工程造价的 3‰计算
2-19-1	避雷安装检测费	支	48	55	2640	0.05	0.01%	检测避雷针 55 元/支
2-20-1	防洪堤工程建设管理费	m²	48068.1	3	144204.3	2.93	0.19%	按竣工面积 3 元/m²计算

续表

编码	工程项目（费用）名称	计量单位	工程量	单价或费率	造价或费用（元）	楼面造价（元/m²）	百分比	计算公式或说明
2-21-1	人防管理费	m²	49268.1	10	492681	10	0.64%	按建筑面积10元/m²计算
2-22-1	防空地下室易地建设费	m²	2000	800	1600000	32.48	2.06%	按地层面积800元/m²计算
2-24-1	工地管理费	项	10	5000	50000	1.01	0.07%	按5000元/项
2-26-2	墙改费（民用）	m²	49268.1	4.6	226633.26	4.6	0.3%	民用建筑4.6元/m²
2-27-1	建筑方案评审费	m²	49268.1	0.2	9853.62	0.2	0.02%	0.2元/m²
2-29-1	白蚁预防费	m²	49268.1	2	98536.2	2	0.13%	按3元/m²（建筑面积）
三、	建筑安装工程费		0	0	34065243.5	691.43	43.8%	
3-1-1	桩工程	m²	48068.1	50	2403405	48.78	3.09%	按概算造价
3-1-1-3	土建工程	m²	48068.1	550	26437455	536.6	33.99%	按概算造价
3-2-1	室内供水供电、线路安装工程	m²	49268.1	35	1724383.5	35	2.22%	按概算造价
3-2-2	电梯安装工程	项	10	350000	3500000	71.04	4.5%	按概算造价
四、	（小区）配套建设费		0	0	5848500	118.71	7.52%	
4-1-1	道路工程	m²	10000	100	1000000	20.3	1.29%	按概算造价
4-1-2	室外排污排水工程	m	500	410	205000	4.16	0.27%	按概算造价
4-2-1	围墙工程	项	1	100000	100000	2.03	0.13%	按概算造价
4-3-1	室外供电安装工程	项	1	900000	900000	18.27	1.16%	按概算造价
4-4-1	绿化工程	m²	6600	60	396000	8.04	0.51%	按概算造价
4-5-1	路灯安装工程	盏	50	350	17500	0.36	0.03%	按概算造价
4-8-1	供配电增容费（贴费）	kW	3000	750	2250000	45.67	2.9%	按750元/kW
4-13-1	公共配套设施费（托儿所）	m²	1200	700	840000	17.05	1.08%	按概算造价
4-13-4	公共配套设施费（文化活动站）	m²	60	700	42000	0.85	0.06%	按概算造价

续表

编码	工程项目（费用）名称	计量单位	工程量	单价或费率	造价或费用（元）	楼面造价（元/m²）	百分比	计算公式说明
4-13-7	公共配套设施费（居委会）	m²	60	700	42000	0.85	0.06%	按概算造价
4-13-11	公共配套设施费（单车棚）	m²	60	700	42000	0.85	0.06%	按概算造价
4-13-12	公共配套设施费（垃圾中转站）	m²	20	700	14000	0.28	0.02%	按概算造价
	直接费		0	0	59320878.4	1204.04	76.27%	1.+2.+3.+4. 共4项的和
5.	五、管理费		0	0	1930430.79	39.18	2.49%	
5-1-1	建设管理费（1.65%）	无，%	59320878.4	1.65	978794.49	19.87	1.26%	直接费的1.65%
5-2-1	销售管理费	无，%	95163630	1	951636.3	19.32	1.23%	
6.	六、税费		0	0	7180768.05	145.75	9.24%	
6-2-1	营业税及附加（5.5%）	无，%	95163630	5.5	5233999.65	106.24	6.73%	按出售房屋总价款的5.5%
6-2-2	带征所得税	无，%	95163630	1.5	1427454.45	28.97	1.84%	
6-2-3	印花税	无，‰	95163630	1	95163.63	1.93	0.13%	销售额的1‰
6-3-1	建筑面积测量费	m²	49268.1	1.7	83755.77	1.7	0.11%	
6-4-3	房屋竣工总登记费	无，‰	76020000	1	76020	1.54	0.1%	按评估价的1‰
6-5-1	教育附加费	无，%	26437455	1	264374.55	5.37	0.34%	按土建造价的1%计算
7.	七、利息		0	0	7573675.05	153.72	9.74%	
7-1-1	利息（按利率均衡投入）	无，%	59320878.4	5.85	7573675.05	153.72	9.74%	按直接费，年利率5.85%计算
8.	八、不可预见费		0	0	1779626.35	36.12	2.29%	
8-1-1	不可预见费（按直接费计）	无，%	59320878.4	3	1779626.35	36.12	2.29%	5.+6.+7.+8. 共4项的和
	间接费		0	0	18464500.24	374.78	23.74%	
	总造价		0	0	77785378.64	1578.82	100%	直接费+间接费

注：表中编码为本单位《开发分项成本指导价表》中编码。

5.1.5 老造价工程师的话

老造价工程师的话 45　　如何做一个优秀的业主代表

作为甲方的造价人员，工作并不轻松。如果你只想局限于审审工程量、单价，那工作很轻松，在办公室内几乎没什么事情可做。但要做一个优秀的业主代表，还要有许多工作要做，主要有：

（1）现场跟踪审查：对工程进度每周进行一次实地记录，登记台账备案保存；了解施工单位本周的材料需求情况，针对相关材料进行市场调查，登记台账备案保存；收集施工单位当周的气象记录、人员安排、机械进退场情况，登记台账备案保存；现场对当周工程变更的内容、甲方指派工作、有关签证的内容，进行实体的对照、签量工作，无甲方预算人员签字的有关单证一律无效，并对以上内容进行台账登记备案保存。

（2）组织研究招投标书、合同的草拟工作：对已施工的标段和即将招标的标段，组织预算人员对招标、投标书的内容、招标过程、评标过程进行文字整理，整理出问题的所在，积累经验，以备在新的招标过程中引用或规避。对合同约束的款项，逐字逐句进行订正（包括每个标点），推敲每个字句的用意、深度、可能发生的变化等（比如"定金"和"订金"的区别；"付至总造价"和"付至该工程总造价"、"付至该单位工程总造价"有什么不同；"工程直接费"和"定额直接费"有什么不一样；一个逗点和一个句点的作用等）。

（3）对在建的工程进行指标分析：研究增加造价的原因，比如建筑的布局对造价的影响；层高对造价的影响；结构对造价的影响等。

（4）参与建筑工程前期的工作：参与建筑工程前期设计方案的论证、环境方案的评估，提出降低工程造价的方案或答辩；协同法律部门对施工合同进行草拟、制定、签订等。

（5）介入固定资产前期的测算：对已交付使用的工程项目，介入房产面积的测量、计算。配合房产部门进行房产的编号、房产面积的计算、公共面积的分摊，找出不合理的地方进行问题答辩。

在甲方做造价人员，不能只局限于做做预算、进度款拨付的审查。要全面发展，没有人一辈子只想做预算人员，经理、副总你也可以来当。只有不断地充实自己，你才能有充分发展的空间。造价人员应该学会找事情去做，并且对应完成的任务不找任何的借口推诿，不论你做什么事情（不分专业）都要持之以恒。"没有任何借口"，"借口的实质就是推卸责任"，"找借口不如说我不会或不知道"——以此激励自己充电、学习，磨练自己，才能成为真正有实力的造价人员。

老造价工程师的话 46　　建设单位的成本要素

根据国土资源部第 11 号令《招标拍卖挂牌出让国有土地使用权规定》，土地的取得要通过公开挂牌、竞拍竞卖。在通过协议转让、以地补路等方式获取地块的时期，开发商们在拿地前不需过多地作研究分析，因为那时大多是协议操作，开发风险小，有较大的获利空间。而今后，由于土地自身的稀缺性，公开的竞争将日益激烈，激烈的竞争也将使获利空间大大地受到挤压，这对项目投资成本测算的科学性和缜密性提出了较高的要求。

保守过度，将失去机会，一事无成；轻率冲动，将导致亏损，严重的将导致企业破产。

依据建设部发布的《房地产开发项目经济评价方法》，测算项目成本，主要从土地成本、前期规费、工程成本、间接成本等几个方面进行测算。测算的前提是该地块的面积、容积率、规划要点已确定，建材市场行情相对稳定，并且开发商有一定的管理水平。建设单位（以房地产开发企业为例）主要成本要素如下：

(1) 土地成本

土地成本为开发成本的重要组成部分，综合的地价内容非常广泛，主要包括：土地中标价、拆迁补偿费用、中介费用、交易契税等，目前土地成本约占项目开发成本的35%~40%，并有进一步上升的趋势。

(2) 前期规费

前期规费主要是指从事房地产开发向政府交纳的相关费用，主要包括应交纳的基础设施配套费，教育附加费、人防经费、白蚁费用、地区配套费等，以及先征后退的新型墙体材料基金、散装水泥押金等，此项费用的缴纳基数主要是按施工图建筑面积，标准按国家有关规定执行。整个前期规费约占开发总成本的10%左右，并有降低的趋势。

(3) 工程成本

此项费用为成本中的"大头"，约占总成本的40%~50%左右，具体内容包括：

1) 勘察、设计、建筑检测、质量检验及景观设计、项目监理等费用；

2) 土石方、围墙、传达室、现场办公用房、临时道路、临时用水、临时用电等三通一平费用；

3) 地基工程费用，含地基处理、桩基、基础、支护等内容；

4) 建筑安装工程费用，包括土建、安装等费用；

5) 电梯投资；

6) 小区供电、供水、供气费用，室外道路、雨污水系统、消防系统、景观绿化等费用；

7) 小区智能化费用，包括门禁系统、防盗报警系统、监控系统、有线电视、电话、宽带系统等费用；

8) 小区配套费用（适用于大规模小区建设），包括物业管理用房、幼儿园、学校、社区服务、会所、医保中心等建设费用。

上述所列的各项工程费用需根据项目所在地的具体情况进行分析，没有标准的指标可以套用，应随机应变。

(4) 开发间接费用

此项费用是指开发商运作该项目所需发生的开支，具体明细如下：

1) 资金成本。该费用实际是项目开发的机会成本，在进行项目成本分析时，应按项目全贷款来考虑，因为开发商即使是用自有资金，也还是存在机会成本。具体分析时应采用动态现金流的计算方法。

2) 管理费用。此项费用包括人员工资、办公费用、办证费用、杂项开支等，此费根据各公司实际的管理水平按比例计算。

3) 销售费用。包括了广告宣传费用、样板房费用、销售人员工资、销售提成等开支内容，要根据不同的项目内容分析计算。

4) 其他不可预见费用。此费用是指一些事前不能准确预测的开支，如特殊地质情况、物价上涨、市场压力、工程风险等费用，通常是按总投资的3%～5%计列，视项目具体情况而定。

5) 销售税费。是指房产销售需要缴纳的税费，主要指营业及附加费、交易服务费、印花税、各项基金、土地增值税，并考虑企业所得税。

6) 其他支出。

上述项目开发成本，不是在项目分析中必须考虑的成本开支，测算人员必须根据本企业的实际情况，并充分考虑拟投资地块项目的具体情况进行分析取舍。同时有条件的开发商还要做好已有项目资料的积累工作，为新的项目分析提供参考。

老造价工程师的话47 　建设单位造价人员要注意造价指标分析，积累数据

你想不想一拿到施工图或施工方案就可以很准确的估算出项目的造价？如果想这样，就要在做好每一个预算之后进行造价指标分析——分析出"占地率"（每一个建筑方案的工程用地面积和总用地面积之比）、"容积率"、"绿化比率"；分析出每个单位工程的"单方造价"、"单方材料用量、人工用量、机械台班用量"；分析出每个单位工程的"形状对造价的影响比值"、"层高对造价的影响比值"、"结构对造价的影响比值"（用各类对照表）；分析出每个单位工程采用不同"施工方案对工程的影响比率"（一般假定2～3个，比如采用塔吊和卷扬机造价的不同、采用基础大开挖和按图纸施工有什么不同、土方的运距在什么位置最合理等等）；分析出每个单位工程不同的开间、进深对造价有什么影响等。有了这些基础数据，再分析或估算一个工程造价成本高低、造价的多少就方便得多了。

5.2　施工成本测算

"小李，公司要投一个标，最低价中标，这是图纸与工程量清单，你给算算保本报价是多少？"

"小张，我接了一个活儿，这是图纸与预算，你给我算算能有多少利润？"

……

工作中你是不是经常遇到这些事呢？你是否能从容应对？

【重要程度】★★★

【适用单位】施工单位、其他单位

5.2.1　工作流程

(1) 制定《成本测算数据库》

同业主单位的成本测算一样,施工单位的成本测算也必须要有体现本企业或本项目部管理水平的基础数据,否则没有基础数据,成本测算无从谈起。通常可由公司定期组织做一次测算,形成测算资料印发全公司,作为一定时期内成本测算的依据。

基础资料齐全,做成本测算很容易,否则仅凭经验难度很大。当不具备由公司统一进行测算形成基础资料的情况下,作为有心的工程造价人员、工程管理人员要做好成本测算,就要积累、建立个人数据库,作为成本测算的依据。

成本数据库一般包括:

1) 清包工价格信息库

目前,许多建筑公司已充分注意到了成本测算的重要作用,一些建筑公司都组织专门人员对工程(劳务)分包价,也就是我们常说的清包工价格或包清工价进行测算。

【实例5-2-1】表5-2-1是某建筑公司经测算并下发的清包单价表。

《工程(劳务)分包信息表(建筑部分)》　　　　　表5-2-1

序号	工程项目		工作内容及说明	单位	劳务单价(元)	工程量计算方法
一、土(石)方工程						
1	人工挖土方(含基坑、沟槽)	一、二类土	包工地范围内(500m以内)、挖土深度2m(含2m)的挖土、运土、二次转堆土、排水、修边。若超过2m则超深部分每超深1m,增加1.00元;若用机械吊土则不增加超深单价	m^3	8.00	按实际挖土实方体积计算
2		三、四类土			12.00	
3	桩承台挖土(地梁、电梯井、集水井)	松土方	本单价考虑挖土深度2m内(含2m);若超过2m则超深部分每超深1m,增加1.00元(2.00沟槽);若用机械吊土则不增加超深单价;承台不分地梁、电梯管井、集水井	m^3	8.00	
4		大型土方			9.00	
5		坚土			12.00	
6	用挖土机挖填土台班	大型斗容积1m^3	包工包机具、包机械进退场费、包机械用油	h	180.00	按实际施工小时计
7		中型斗容积0.8m^3			150.00	
8		小型斗容积0.6m^3			120.00	
9	机械挖、运土方	包外运	通过招标确定单价	m^3	31.30	按甲方审批的施工方案计算实方体积,超挖部分不计,少挖则扣除
10		场内回填	机械场内取土回填、推平、压实等		7.00	
11	人工平整路面混合稳定层		甲方供压路机压实、无搅拌水泥按1/2计	m^3	11.00	按图纸厚度计算体积
12	人工填(矿渣)石粉		平整、分层夯实,无夯实减4.00元/m^3	m^3	8.80	
13	人工填碎石		包所需一切工序	m^3	9.00	按回填实方体积计算

续表

序号	工程项目		工作内容及说明	单位	劳务单价（元）	工程量计算方法
14	人工回填土（松填）		包工地范围内（500m以内）材料运输、碎土、灰土搅拌、回填、找平、夯实。若需要夯实则增加3元/m³	m³	4.00	按实际回填实方体积计算
15	人工平整场地		包工地范围内（500m以内）地台高差在±300mm以内挖、运、填、平整及夯实	m²	1.00	按首层外墙轴线内水平投影面积计
二、桩与地基基础工程						
1	静压桩端头插钢筋		钢筋笼焊接（插筋10φ16mm，螺旋箍筋φ8mm），钢板焊接，现场就位、安装（不另按钢筋重量计算安装费）	m	6.50	按钢筋笼插入桩内长度计算
2	空送桩		原土面至承台底标高往上1m的深度按空送桩计算	m	50.00	按实际延长米计算
3	桩头钢筋除锈调直1.5m以内		除锈、调直、校正不分大小综合考虑	条	0.50	按实际发生计
4	锤击管桩	φ300×70	包工包料、包管桩，桩尖及辅助材料等材料场内外运杂费。包桩机、发电机组等机械设备。设计壁厚增加可换算调增基价	m	105.00	
5		φ400×95		m	116.00	
6		φ500×100		m	172.00	
7	静压管桩	φ400×95	包工包料、包管桩，桩尖及辅助材料等材料场内外运杂费。包桩机、发电机组等机械设备。设计壁厚增加可换算调增基价	m	135.00	
8		φ500×100		m	190.00	
9	钢管桩		含钻孔、注浆、安管等一切工序	m	238.00	
三、砌筑工程						
1	内外墙、柱砌砖（包括零星构件工程）	高60m以下	包运料、淋水、调制砂浆、清理基层。含砌砖过程的场地清理及配合放线、平水	条	0.12	按实砌数量计算，包括零星构件工程
2		高60m及以上			0.13	
3	轻质砖墙、黏土空心砖		不分厚度综合考虑	m²	8.40	
4	八五砖砌砖基础		包所需一切工序	m³	58.00	
5	砌统一砖墙体、基础		扣除项目按工程量计算规则，含过梁、混凝土预埋块的制作，不扣墙体内过梁、混凝土预埋块的体积	m³	62.00	按图纸尺寸以体积计算
6	砌黏土多孔砖内外墙体			m³	62.00	
7	砌筑混凝土小型空心块或加气混凝土块			m³	63.00	
8	砌砖木砖制作		含制作、浸沥青等全部工序	条	0.12	按实际个数计
9	砌砖前清理场地			m²	0.50	按建筑面积计（不分高低层），含飘板位置
四、混凝土及钢筋混凝土工程						
1	素混凝土带形基础		混凝土搅拌、场内运输、浇捣、养护等全部工序	m³	12.03	按图纸体积计算

续表

序号	工程项目		工作内容及说明	单位	劳务单价（元）	工程量计算方法
2	基坑素混凝土护坡		含钢丝网等工序全部完成	m²	7.50	按图纸面积计算
3	素混凝土垫层15cm以内（商品混凝土）		包所需一切工序	m³	13.00	按图纸体积计算
4	道渣垫层15cm以内		清理基层、运料、摊铺、压实等全部工序	m³	9.00	按图纸体积计算
5	楼地面混凝土垫层（厚度在6cm以上）		整理基层、浇捣混凝土、理平、压实、养护等工序（现场搅拌，不含钢筋安）	m³	28.00	按实际体积计算
6	楼面细石混凝土垫层		清理基层、混凝土搅拌、刷水泥浆、捣平、压实	m³	30.00	按实际体积计算
7	混凝土浇筑，现场搅拌、人力车运输、人工上料		包捣混凝土，含砂、石料场内运输、筛选、过磅、过斗、人工加水，加附加剂、出料口扒溜子及搅拌台周围清理。人力斗车超运距100m以上增加3.00元/m³，若用翻斗车运输则减5.00元/m³，同时超运距不增加	m³	30.00	按图纸体积计算
8	地下室混凝土浇筑	泵送	无地下室的工程，按非地下室混凝土浇筑（塔吊或泵送）子目套价。包括接管、塞管清理，包浇注、振捣、随捣随抹、养护、搅拌站设备清理、添加剂投放及配合做混凝土实验等。地上部分不分泵送、塔吊综合考虑	m³	8.00	按图纸体积计算
9		塔吊			10.00	
10	非地下室混凝土浇筑（塔吊和泵送混凝土）	高60m以下			13.50	
11		高60m及以上			14.20	
12	框架二次结构砖墙内混凝土圈梁及构造柱钢筋混凝土		包括安拆模板、安装钢筋、浇注混凝土等一切工序，包铁钉、扎线等辅材	m³	45.00	按实际体积计算
13	阳台、楼梯压顶		装模、扎钢筋、浇混凝土、养护	m	12.00	按实做延长米计算
14	预制钢筋混凝土构件制安		包模板制安、拆除、钢筋绑扎、浇混凝土、养护、场内运输、清理场地	m³	187.00	按实际制安体积计
15	钢筋安装（包括零星构件工程）	地下室底板及以下	无地下室的工程，按安装地下室底板以上钢筋子目套价。含安装、绑扎及浇混凝土时维护钢筋用工、场内运输，包图纸要求电焊（不包避雷电焊），钢筋卸车到制作场核对数量。甲供铁线4.80kg/t。无塔吊施工时，10m以上（不含10m）基价增加10%	t	159.20	按实际钢筋抽料数量计算
16		地下室底板以上			207.20	
17	钢筋制作			t	72.00	
18	电渣焊	高60m以下	包清理现场的焊渣，φ16以下不计算电渣焊，φ16以上按图纸计算。层高超过6m时按相应基价增加10%	处	1.50	按实际数量计算
19		高60m及以上			1.60	

续表

序号	工程项目		工作内容及说明	单位	劳务单价（元）	工程量计算方法
20	植筋	φ6	包工包料（钢筋除外）、包施工机具、包钢筋制作、钻孔、包吹洗、包植筋（满足技术要求）、包场内外运输等	根	4.70	按植入的钢筋"每根"计算
21		φ8			5.00	
22		φ10			8.00	
23		φ12			10.80	
24		φ14			14.80	
25		φ16			18.50	
26		φ18			21.50	
27		φ20			25.00	
28		φ22			30.00	
29		φ25			45.00	
30		φ28			50.00	
31		φ32			60.00	
32	栏杆安装混凝土花瓶		包安装、不包油漆	个	1.30	按实际安装个数计
33	阳台晒衣架安装		包安装后补洞不漏水	只	5.00	按实际安装数量计
34	安装定型预应力多孔板YKB-4厚12cm		包钢筋安装、模板制安、混凝土浇捣养护等一切工序	m²	12.50	按实际安装数量计
35	混凝土垫块制作		含养护、搬运、装卸等费用	块	0.015	按实际数量计算
36	试压声制作（合作）	150×150×150（mm）	含养护、搬运、装卸等所有费用	个	5.00	按实际发生计
37		100×100×100（mm）		个	3.33	
38		80×80×80(mm)		个	2.67	
39	后浇带清理		垃圾清理、场内运输、混凝土接触面凿毛、旧口处理。（应含在混凝土工班内，特殊确需另计的要有签证）	m	1.90	按实际完成延长米计
40	室外散水明沟		包挖土方，清理基层，混凝土搅拌，混凝土垫层，模板制安，混凝土浇筑，砂浆抹面压光等一切工序	m	12.00	按实际发生数量计算
五、门窗及木结构工程						
1	塑料门安装（包门框）		包门框、门扇、锁及五金安装等全部工序	套	12.60	按实际数量计算
2	饰面夹板门门框、门套、门扇制安（现场制安）		定价含饰面内容，造型复杂增20.00元	樘	157.50	按实际数量计算
3	饰面夹板门门套制安（现场制安）		装饰工程现场制安，定价含饰面内容	套	84.00	按实际数量计算
4	焊窗防护条（钢筋）包切割钢筋		按每条钢筋3个焊点计（参考电渣焊综合分析）	条	1.00	按实发生计
六、屋面及防水						
1	屋面防潮层抹防水砂浆		包砂浆搅拌、运输、清理基层、抹平、压光等全部工序	m²	6.30	按实做面积计算

续表

序号	工程项目		工作内容及说明	单位	劳务单价（元）	工程量计算方法
2	水泥砂浆找平、面贴琉璃瓦（西、中式）及屋面镶钉木条挂瓦（各种规格）		包基层清理、调制砂浆、刷水泥浆、弹线、切瓦、磨瓦、套规格、选料、镶贴、擦缝、镶钉各种木条、冲洗净面等全部工序。甲供水泥、砂、瓦，其余辅材乙方负责	m²	29.40	按图纸实贴面积计算
3	屋面铺石棉瓦（钢管屋架）				7元/m²	按建筑面积
4	塑料成品天沟（PVC）安装		包含水平定位、放线、钻孔、导水片安装、接头安装等一切工序	m	1.49	按实际数量计算
5	室内、外，楼面平、立面伸缩缝	捣混凝土及安装铁皮包批面	包所需一切工序	m	6.60	按实际数量计算
6		麻丝沥青			3.85	
7		铁皮安装			1.65	
8	伸缩缝墙面油浸麻丝铁皮盖面		填麻丝、钉铁皮等全部工作内容，乙带机具	m	5.50	按实际数量计算
9	氧割止水带钢板		包运输，不包机械	m	3.00	按实际数量计算
10	切地下室剪力墙止水螺栓（双面）		包所需一切工序	条	0.50	按实际发生量计
11	安装焊接止水带		包运输，不包机械	m	2.00	按实际数量计算
12	橡胶、塑料止水带		含制作、接头及安装	m	2.46	按实际数量计算
13	±0.00以下刚性防水（含地下室）外墙面批水泥防水砂浆（立面）	一层防水层	清理基层、调制砂浆、抹灰、压光	m²	4.50	按实展开面积计
14		三层防水层			6.00	
15		五层防水层			7.50	
16	雨水进水口300×500（mm）		包一切工序完成	座	22.00	按实际完成数量计算
七、防腐、隔热、保温工程						
1	屋面泡沫混凝土		含辅衬，不包水泥	m³	108.00	
2	屋面铺隔热层		包清理基层、铺隔热层、纹缝、墙脚和伸缩缝扫沥青	m²	4.70	按实做面积计算
3	屋面浇捣陶粒混凝土		包清理基层、混凝土搅拌、刷水泥浆、捣平、压实、抹平全部工序	m³	21.00	按实捣体积计算
4	屋面细石混凝土防潮层4cm厚（有筋）		不含钢筋制安	m³	35.00	按实捣体积计算
5	屋面铺聚苯乙烯泡沫塑料板		按技术规范规定的全部工作内容	m²	1.00	按实铺面积计
八、湿装饰工程						
包小型构件、装饰线条在内，施工过程和完成后的场地清理及落地砂浆的利用						
（一）楼地面工程						
1	水泥砂浆找平层		清理基层、调制砂浆、刷水泥浆、抹平压实。地面抹光增加0.50元/m²	m²	4.50	按实际面积计算

续表

序号	工程项目		工作内容及说明	单位	劳务单价（元）	工程量计算方法
2	楼面采用原浆抹平工艺增加费		先报工程部审批后才能施工，并由工程部、质检部验收合格后，出示签证单才能计取此项费用	m²	1.00	按实际面积计算
3	地面抹防水砂浆2cm厚		含水泥砂浆底	m²	5.80	按图纸净面积计（扣0.3m²以上空位面积）
4	整体面层水泥砂浆2cm厚		压光、压实	m²	5.80	
5	整体面层细石混凝土5cm厚		包一切工序；压光、压实增加0.50元/m²	m³	33.00	按图纸净体积计
6	楼面混凝土找平随打随抹增加费			m³	1.00	
7	水泥砂浆踢脚线			m²	5.00	
8	水泥砂浆找平、面贴地砖	800mm×800mm以下	包基层的清理、调制砂浆、浸润块料、刷水泥浆、铺贴、擦缝、冲洗净面	m²	16.00	按图纸实贴面积计算
9		800mm×800mm及以上			17.41	
10	水泥砂浆找平、面铺陶瓷锦砖		包基层的清理、冲洗	m²	12.00	
11	水泥砂浆找平水磨石楼面		包打蜡	m²	12.80	
12	楼梯步级和楼梯、阳台、女儿墙的压顶水磨石		包括防滑条、防水线，楼梯与板相连的休息平台按楼地面计	m²	43.00	
13	水泥砂浆找平，地面、顶棚贴广场砖		包清洗、弹线、切砖、磨砖、套规格、选料、浸水、镶贴、擦缝、砂浆搅拌，包运输及脚手架搭拆，包纹缝。包手用工具、水平仪、切割片和切割机等。甲供砂、水泥、广场砖，乙供其余所有辅材。若图纸要求贴艺术花纹的则增加1.0元/m²	m²	21.00	按实际水平投影面积计算
14	水泥砂浆底、地面贴抛光砖（玻化砖）	800mm×800mm以下	包括基层的清理、调制砂浆、浸润块料、刷水泥浆、铺贴、擦缝、清理净面。包上料、包纹缝、含围边拼花	m²	15.00	按图纸实贴面积计算
15		800mm×800mm及以上			18.00	
16	地面铺预制水泥彩砖		包平整、垫层、勾缝等一切工序	m²	5.40	按图纸实贴面积计算
17	地面贴花岗石、大理石（含水泥砂浆找平层）		包括基层清扫、洒水调湿、运料、水泥浆搅拌，含面层作法，场内材料运输。包手用工具。甲供花岗石、大理石、水泥、砂	m²	23.00	按实际完成面积计算
18	楼梯步级，楼梯、阳台、女儿墙压顶水泥砂浆找平，面层水泥砂浆压光		清理基层、调制砂浆、刷水泥浆、抹平压实。与板相连的休息平台按楼地面计	m²	25.00	按水平投影面积计算，压顶按展开面积计算
19	台阶、楼梯步级水泥砂浆找平，地砖面层（含踢脚线）		包清洗、弹线、切砖、磨砖、套规格、选料、浸水、镶贴、擦缝、砂浆搅拌，包运输及脚手架搭拆，包纹缝。包手用工具、水平仪、切割片和切割机等。甲供砂、水泥、面砖，乙供其余所有辅材。（不包括中间休息平台，中间休息平台按地面计算）	m²	29.00	按实际水平投影面积计算

续表

序号	工程项目		工作内容及说明	单位	劳务单价（元）	工程量计算方法
20	排水沟内粉刷水泥砂浆				6元/m²	
			（二）墙、柱面工程			
1	外墙水泥砂浆底、水泥砂浆面、素水泥浆压光		包清理基层、调制砂浆、放线、刷水泥浆、湿润墙体、抹平压实、抹光等全部工序	m²	18.00	按实际抹灰面积计
2	外墙水泥砂浆底面贴条砖		包找平层、放样、贴砖、勾缝等一切工序。乙方自带找平、贴砖用工具	m²	24.00	按实贴面积计
3	墙面水泥砂浆底、面贴玻化砖	800mm×800mm以下	包上料、包纹缝，含围边拼花	m²	23.00	按结构实贴计
4		800mm×800mm及以上			27.60	
5	外墙混合砂浆底，面贴玻璃锦砖（包线条复杂）	20层内		m²	18.00	
6		20层以上		m²	20.00	
7	屋面女儿墙内粉刷		清理基层、调制砂浆、放线、刷水泥浆、湿润墙体、抹平压实、抹光等全部工序。混合砂浆底，石灰膏抹面层高3.5m内（含3.5m）；层高超过3.5m，按顶棚异形面积每平方米增加0.50元	m²	6.30	按实际抹灰面积计
8	内墙水泥砂浆底贴人造石		包纹缝	m²	27.00	按实际面积计算
9	内墙混合砂浆底	面贴瓷片	块料周长600mm以内，包纹缝	m²	17.00	按实际面积计算
10			块料周长600mm以外，包纹缝		20.00	
11		混合砂浆面	包所需一切工序		6.00	
12		水泥砂浆面	包所需一切工序		6.50	
13	墙面贴白瓷片		包找平层、放样、贴砖、勾缝等一切工序。乙方自带找平、贴砖用工具、铁钉、挂线等辅助用品	m²	19.00	按实贴面积计
14	卫生间抹防水砂浆		包清理基层、调制砂浆、放线、刷水泥浆、湿润墙体、抹平压实、抹光等全部工序	m²	6.50	按实际面积计算
15	电梯门套贴花岗石		包找平层、放样、贴砖、挂贴打钉、灌混凝土及砂浆、勾缝等一切工序。乙方自带找平、贴砖用工具、铁钉、挂线等辅助用品	m²	50.00	按实际面积计算
16	花岗石大理石磨边		半弧形磨边	m	10.00	按实际完成延长米计
17	腰线、门窗套、压顶粉刷		包清理基层、调制砂浆、放线、刷水泥浆、湿润墙体、抹平压实、抹光等全部工序	m²	28.00	按实际凸出展开面积计算（有线条部分）

续表

序号	工程项目		工作内容及说明	单位	劳务单价（元）	工程量计算方法
18	水泥砂浆踢脚线		包弹线、基层处理、运料、砂浆搅拌、抹灰压光，各种手用工具	m²	5.50	按实际完成面积计算
19	踢脚线混合砂浆底	面贴锦砖	包找平、贴砖、纹缝（所有贴块包纹缝）等全部工序，各种手用工具	m²	23.00	按实贴面积计
20		面贴瓷片		m²	24.00	
21	混凝土面刷界面剂		界面刷水剂，包工包料	m²	1.50	按实际面积计算
22	钉钢丝网片		砖墙与混凝土之间按施工方案要求计算面积	m²	1.60	按实际面积计算
	（三）顶棚工程					
1	顶棚混合砂浆底，层高3.5m及以下	混合砂浆面	层高超过3.5m，按顶棚展开面积每平米增加0.50元	m²	6.30	按实展开面积计算
2		水泥砂浆面		m²	6.50	
3	顶棚纹平扫水泥浆或扫白灰水		修理表面、扫水泥浆（白灰水）	m²	0.80	按实际抹灰面积计
4	栏杆安装花瓶			个	1.30	
5	卫生间、厕所抹防水砂浆		图纸要求扫聚酯后再抹防水砂浆增加4元/m²	m²	6.00	

九、干装饰工程

（一）顶棚工程

序号	工程项目		工作内容及说明	单位	劳务单价（元）	工程量计算方法
1			包括定位、放线、找眼、安装膨胀螺栓或埋设吊件、配件制作、刷防火涂料、吊装龙骨架、调直、找平、安装面层、脚手架搭拆。包场内运输，包各种木工手用工具。临设每平米减2.00元			
2	吊顶（含钉角线）	木龙骨塑料条形扣板	甲供塑料扣板及角线。乙供龙骨及其余辅材	m²	23.10	按水平投影面积计算
3		木龙骨、埃特板、石膏板	甲供木龙骨、埃特板、石膏板、角线。乙供其余辅助材料。圆弧型高低级艺术造型乘1.3系数	m²	15.75	
4		轻钢龙骨、埃特板纸面石膏板	甲供轻钢龙骨、石膏板、角线，乙供吊杆及其余辅助材料	m²	16.80	
5		轻钢龙骨、高低级埃特板、纸面石膏板	甲供轻钢龙骨、石膏板、角线，乙供吊杆及其余辅助材料。上人、不上人同价	m²	19.95	
6		轻钢龙骨铝合金条形扣板	包工，包角铁基层工序。甲供轻钢龙骨、铝合金扣板、铝压条、木角线，乙供其余材料	m²	15.96	
7	铝合金龙骨，装饰板、石膏板顶棚		包工包机械、包辅材、包场内外运输	m²	10.50	按水平投影面积计算
8	木龙骨、夹板基层、贴饰面板顶棚（含钉角线）		圆弧形高低级艺术造型乘1.3系数	m²	22.05	按水平投影面积计算
9	木龙骨夹板顶棚（含钉角线）			m²	14.70	
10	木龙骨铝合金条形扣板顶棚（含钉角线）		包工包机械、包辅材、包场内外运输	m²	16.80	按水平投影面积计算

续表

序号	工程项目		工作内容及说明	单位	劳务单价（元）	工程量计算方法
11	石膏装饰线	不打钉	净人工镶贴，100m 以上工程量为标准，包钉、包机械	m	1.50	
12		打钉		m	1.75	
（二）墙、柱面工程						
1	夹板基层，贴饰面板低柜（0.6~1.5m 高以下）		普通造型，不包括柜内贴饰面	m	147.00	按实际制作延长米计算
2	夹板基层，贴饰面板高柜（1.6~2.5m 高）			m	189.00	
3	厚夹板面扣不锈钢龙骨架		夹板基层制安、包括加工不锈钢费用、包机械及各种手用工具	m²	29.40	按实际完成面积计
4	油防火漆（三遍以上）	木龙骨面	包所需一切工序	m²	2.10	按实做面积计算
5		夹板面	包所需一切工序	m²	1.58	
6	成口木踢脚线、顶棚木角线制安		包定位、放线、钻孔、埋木榫、下料、安装、固定、刷油	m	1.58	按实际延长米计算
7	厚夹板制安脚线、腰线		包括钉制饰面、压条	m	5.25	
8	厚夹板制安窗帘盒	不贴饰面	夹板基层制安等全部工序、包机械及各种手用工具	m	9.45	按实际制安延长米计
9		贴饰面		m	12.45	
10	木龙骨、夹板基层、贴饰面板墙裙造型		带压条、起线（造型）	m²	22.05	按垂直投影计算
11	木龙骨、夹板基层贴饰面板圆柱	φ600 以下	含龙骨、基层制安、含饰面制安、包刷防腐、防火油等全部工序。包机械及各种手用工具	m²	26.47	按展开面积计
12		φ600 及以上		m²	24.27	
13	木龙骨夹板间墙	单面	包所需一切工序	m²	9.45	按垂直投影计算
14		双面		m²	14.70	
15	地面块料面层打蜡		包清理基层和酸洗，不含机械费用	m²	1.20	按实际完成面积计
16	地面铺地毯		包括清理基底、铺装地垫、收口、拼花等全部工序，包括手用工具	m²	6.00	按实际铺装面积计算
（三）油漆、涂料、裱糊工程						
1	顶棚贴墙纸		包油底光油工序；如有拼花，则拼花部分每平方米增加 2.00 元	m²	7.35	按实做面积计算
2	墙面贴墙纸		包油底光油工序；如有拼花，则拼花部分每平方米增加 1.00 元	m²	6.30	按实做面积计算
3	墙面喷塑、喷涂	喷塑	包机械	m²	3.15	按实际完成面积计
4		喷涂		m²	2.60	
5	内墙、顶棚刷两遍乳胶漆		腻子刮底两遍，面油乳胶漆两遍；甲供乳胶漆 0.17kg/m²，乙供腻子 1.1kg/m²、包辅材含 108 胶、双飞粉及工具	m²	2.70	按实际抹灰面积计算

续表

序号	工程项目		工作内容及说明	单位	劳务单价（元）	工程量计算方法
6	内墙、顶棚刷乳胶漆两遍	有粉刷面	腻子刮底两遍，面油乳胶漆两遍成活。甲供乳胶漆 0.17kg/m²、腻子 1.1kg/m²	m²	1.88	按实际抹灰面积计算
7		无粉刷面	基底打磨，腻子刮底三遍，面刷乳胶漆两遍成活。甲供乳胶漆 0.17kg/m²、腻子 1.545kg/m²	m²	4.80	
8	内墙、顶棚刮腻子	有粉刷面	包清扫、配浆、满刮腻子两遍，甲供腻子 1.1kg/m²	m²	1.31	按实际抹灰面积计算
9		无粉刷面	包基底打磨、清扫、配浆、满刮腻子三遍。甲供腻子 1.545kg/m²	m²	4.15	
10	墙面喷国产真石漆		包机械、辅助材料	m²	18.00	
11	内墙刷三遍 ICI		腻子刮底两遍，面刷 ICI 三遍；甲供 ICI 0.22kg/m²；乙供腻子 1.1kg/m²，包辅材含 108 胶、双飞粉及工具	m²	3.00	按实做面积计算
12	大堂腰线油漆		按合同。甲供电视塔清漆，乙供其余辅材及工具	m	1.30	按实际延长米计算
13	豪华门清漆（亚光硝基清漆）		包辅助材料和工具，五遍以上成活	m²	11.00	按框外围面积计算
14	普通门刷聚氨酯清漆		只包工，电视塔牌聚氨酯清漆，三遍成活	m²	8.00	按框外围面积计算
15	木门刷普通漆		包辅助材料和工具	m²	6.00	按框外围面积计算
16	刷外墙矿牌涂料		腻子刮底两遍，面刷矿牌五遍；甲供矿牌涂料 0.33kg/m²，乙供腻子 1.1kg/m²，其余辅材及工具	m²	5.50	按实际面积计
17	阳台铁栏杆制做、安装、油漆		包清工	m	35.00	按延长米计
18	阳台铁栏杆制做、安装、油漆（弧型）		包清工	m	38.00	按延长米计
19	小型顶棚刷 ICI		基层清理、刮腻子、油乳胶漆等全部工序、包辅助材料及工具	m²	3.80	按实际完成面积计
十、拆除工程						
1	拆除 12 砖墙	无抹灰	拆除、清渣。如带有抹灰层拆除，不分单、双面灰	m²	2.50	按实际拆除面积计
2		有抹灰			2.57	
3	拆除 18 砖墙	无抹灰		m²	3.85	
4		有抹灰			3.92	
5	拆除 24 砖墙	无抹灰		m²	5.13	
6		有抹灰			5.20	
7	拆红砖（包削砖）		包削砖合格，包堆放整齐等工序	块	0.09	按实际数量计算
8	拆空心砖（包削砖）		包削砖合格，包堆放整齐等工序	块	0.12	按实际数量计算
9	铲除墙面灰砂浆（单独铲计算）		包所需一切工序	m²	1.32	按实际铲除面积计

续表

序号	工程项目		工作内容及说明	单位	劳务单价（元）	工程量计算方法
10	铲除墙面块料面层（花岗石、大理石、墙面瓷砖）		包括拆除、内渣土清理、堆放到指定地点。含基层抹灰清理	m²	3.50	按实际铲除面积计
11	铲除地面花岗石、大理石、地面耐磨砖		含基层	m²	4.40	按实际铲除面积计
12	拆除木龙骨夹板顶棚		包所需一切工序	m²	1.54	按实际拆除面积计
13	拆除轻钢龙骨及顶棚	回收材料	并按指定地点堆放整齐	m²	3.30	按实际拆除面积计
14		不回收	不包回收材料		1.64	
15	拆木门、窗（单独拆者才计算）		包所需一切工序	m²	2.75	按实际拆除面积计
16	钢筋混凝土墙、板凿洞	洞口<0.3m²	划线、凿洞、锯钢筋、清运渣	m³	260.00	按实凿体积计算工程量以签证为准
17		洞口≥0.3m²			240.00	
18	钻孔	φ60	包工包施工机具，清理及场内、外运输	m	69.50	按实际钻孔深度计
19		φ75~90			79.50	
20		φ100			95.50	
21		φ120			100.00	
22	人工凿混凝土路面、地面、基础	厚10cm内	包工具、凿混凝土、锯钢筋、清渣及渣土运输堆放到场内指定地点	m³	50.00	按实际凿除体积计算
23		每超1cm			2.00	
24	人工凿垫层		混凝土凿除、钢筋锯断，场内运输。凿桩头直径按图纸要求的桩芯尺寸	m³	50.00	按实际凿除体积计算
25	人工凿预制方桩桩头（mm）：250×250、300×300			m³	232.59	
26	人工凿预制方桩桩头（mm）：400×400、500×500			m³	209.33	
27	人工凿素混凝土构件		包工具、凿混凝土、清渣及渣土运输堆放到场内指定地点	m³	45.00	按实凿体积计算
28	人工凿钢筋混凝土基础、梁板柱		包工具、凿混凝土、锯钢筋、清渣及渣土运输堆放到场内指定地点	m³	80.00	按实际凿除体积计算
29	顶棚、剪力墙凿毛		凿毛、清洗、清渣	m²	0.50	按实际完成面积计
30	拆临时设施	钢管搭架，石棉瓦墙、屋面	拆除、清理垃圾、材料回收。若回收红砖按仓库验收合格0.08元/块	m²	4.00	按建筑面积计
31		砖墙，石棉瓦屋面			9.00	
32		砖墙，混凝土板或框架结构			议价	按各分项计或按以料代工的形式分包
33	新旧结构板凿毛包梁头；伸缩缝清洗、凿毛		包钢筋调直、调正、清渣、凿毛、清洗、钢筋调直后绑扎	m	5.00	按实际发生量计
34	拆除砖基础		包拆砖基、削砖、堆放和出垃圾	m³	28.43	按实际发生量计
35	人工清洗桩头凿毛	直径1.5m内	凿毛、清洗、清运渣土至指定地点、抽水	个	6.00	分不同桩径按实凿个数计
36		直径2m内			8.00	
37		直径超过2m			10.00	
38	风炮机（有油压）	大型	待招投标定价	小时	280.00	按实际施工小时计

续表

十一、措施费项目

（一）脚手架工程

序号	工程项目		工作内容及说明	单位	劳务单价（元）	工程量计算方法
1	钢管双排脚手架	高度<45m	甲方提供材料，乙方包挡脚板安装在内（不含钢筋脚踏网制作）的全部工序。上料平台包括在综合单价内不另计算费用	m²	6.30	按实际搭设面积计算
2		45m≤高度<75m		m²	7.35	
3		高度≥75m			8.40	
4	外墙竹排栅		包工包料，甲方提供安全网	m²	6.50	按实际搭设面积计算
5	安全斜、平挡板（平挡铺铁皮，斜挡板铺密竹）	高60m以下	包所需一切工序	m²	8.00	按实际搭设面积计算
6		高60m及以上			9.00	
7	安全平挡板		包所需一切工序	m²	5.00	按投影面积计
8	悬挑式脚手架		包脚手架方案设计及搭设；基础处理，预埋件、平挡板、斜挡板、支架、附着、踢脚板、卸荷装置的制作及安装；安全网（坠网）的挂设；临口临边护栏、楼梯护栏、上料平桥（台）搭设；吊料平台的安装（上下翻转）。包拆除和堆放整理到甲方指定地点，不包维护	m²	11.50	按外墙面凹凸面垂直投影面积
9	满堂红架搭设（分层高度6m以内）		内外满搭，包括脚手架的搭设和拆除、材料搬运、清点、移交到甲方指定地点堆放。超过6m时，每增加1.2m按基价增加10%，不足0.6m不计	m²	7.56	按投影面积计算
10	钢井架、高速笼井架、上料平台防护栅（电梯内钢管架）		包挂安全网（电梯内钢管架每边减30cm）	m²	4.50	按围护长度和高度计算面积
11	排山脚踏板网片维修和油漆		去沙条、打平、电焊、上油、堆放，规格（mm）：1000×500、1000×700	个	0.55	按实际发生量计
12	双层安全防护棚		安全防护棚的搭设、基础处理、竹笆（夹板）的铺设等一切工序	m²	7.00	按水平投影面积计算
13	道路两边搭钢管架挂安全网		文明施工场内用	m²	1.00	按水平投影面积计算
14	油新脚手架钢管		按6m长计算，包清锈	条	0.25	按实际完成数量计
15	油旧脚手架钢管		按6m长计算，包去锈、上油、堆放，用机械调整每条减0.10元	条	0.32	按实际完成数量计
16	翻新油扣件包换配件		包清锈、去沙条、刷油、分类堆放	个	0.15	按实完成个数计
17	楼梯、周边防护栏杆		按施工方案、包拆除	m	2.80	按实际数量计算

续表

序号	工程项目		工作内容及说明	单位	劳务单价（元）	工程量计算方法
18	电梯口防护门（人工焊接电梯井、人货梯防护门）		包拆除（包钢筋选料、制安、油漆及焊网片）	m²	10.00	按施工方案以门框外围面积计
19	电梯口防护栏杆		按施工方案、包拆除	m²	8.10	按施工方案以平方米计算
20	电梯井内安全平挡		包拆除	m²	10.00	
21	楼板预留孔洞防护盖板		包拆除	m²	5.00	
（二）模板工程						
1	木模板支拆（包括框架、腰线、装饰线和小型构件、阳台压顶、窗飘台；15层内包括基础工程）	高60m以下	按层高4.5m计，超高每增加1m增加0.50元/m²，不足1m按比例计算，钢模板增加1.00元。无塔吊施工时，三层以上（不含三层）基价增加10%。包清理、配合放线并按指定地点堆放整齐。甲供铁钉0.12kg/m²、铁丝0.025kg/m²。4.5m以上必须用钢管搭设满堂红架	m²	12.50	按模板与混凝土的接触面积计算
2		高60m及以上		m²	14.00	
3	模板制安（不拆除）			m²	10	
（三）机械设备安拆						
1	塔吊装、拆	基本高度	QTZ160、QTZ80塔吊一定要二通一平前提下安装至基本高度30m（含30m）。已包安、拆的汽车吊台班费	台	14580.00	按实际安装数量计算
2		30m以上安装标准节	30m以上安装才计算	每节	270.00	
3		30m以上安装附墙架		每套	630.00	
4		拆卸	包所需一切工序	台	70%	按安装总价计
5	高速笼装、拆（30m及以下）	二斗车	30m以上按30m及以下单价增加28%	m	30.00	按实际安装数量计
6		三斗车		m	44.00	
7		拆卸		台	90%	按总装总价计
8	人货梯装、拆	自由高度	人货梯安装双笼自由高度为30m（含30m）。包括施工中的一切工具、预埋件、设备调试及拆卸的一切施工工作，办理质量验收及准运手续。不包运输	台	3100.00	按实安装数量计
9		30m以上加高	30m以上安装才计算	m	70.00	按实际加高数量计
10		30m以上安装附墙架		套	250.00	按实际安装数量计
11		拆卸	包所需一切工序	台	70%	按安装总价计
12	提升架安装、拆除（30m及以下）	二斗车油漆	包预埋件制安、场内运输、堆放整齐。安装包基础、操作棚。有吊臂的另加230.00元，有地下室的基础人工另计。30m以上，按30m及以下单价增加30%计算（油漆不增加）	台	8.00	按实际安装数量计
13		三斗车油漆		台	10.00	
14		二斗车安拆		台	35.00	
15		三斗车安拆		台	45.50	
16		吊臂		项	200.00	

续表

序号	工程项目		工作内容及说明	单位	劳务单价（元）	工程量计算方法
17	所有外墙拉杆预埋件洞口预留及修补		包所需一切工序	各层	50.00	按有预埋件的楼层计
18	提升架口拉杆按规范拉杆位洞口预留及修补		包所需一切工序	每处	50.00	按实际完成数量计
19	油门式架914		去锈、上油、堆放	个	0.30	按实际发生量计
20	油门式架1730		去锈、上油、堆放	个	0.50	按实际发生量计
21	油门式架1940		去锈、上油、堆放	个	0.50	按实际发生量计
22	油门式架拉杆		2条/套，包清锈	套	0.12	按实际发生量计
23	洗油上、下托翻新修整	1年期	包清锈	个	0.20	按实际发生量计
24		1年期后			0.35	
25	整修上托丝杆洗油1年以上		包所需一切工序	条	0.40	按实际完成数量计
（四）安全文明施工						
1	墙面铝扣板、彩钢板围护			m²	7.08	
2	钢管模板围护			m²	3.00	
3	拆除铝扣板、彩钢板围护			m²	1.54	
4	文明施工（钢管架木模板围护）		基础处理，钢管架、夹板的铺设等一切工序。（文明施工场内用）	m²	3.00	按实际发生数量计算
（五）临时设施						
（1）主体工程						
1	搭设临时设施（工棚）、竹骨架、石棉瓦屋面及墙面		甲方提供石棉瓦；乙方提供新竹及其他材料。有架铺增加3.00元/m²	m²	9.45	按水平投影面积计算
2	搭设临时设施（工棚）、钢骨架、石棉瓦屋面及墙面		甲方提供钢管及扣件、石棉瓦（屋面及墙用），其他乙方负责。有架铺增加3.00元/m²	m²	7.35	按水平投影面积计算
（2）道路、排水、排污						
1	人工安装PVC加筋管	φ250及以下	包垫层施工、包安装一切工序	m	7.00	按实际安装延长米计
2		φ250以上			12.00	
3	搞小区道路路面混凝土		包平整、包界缝、上沥青油（20厚）、装模、拉纹养护全部工序在内；搞临时路面按70%计算	m³	22.00	按实际体积计算
4	人工安装砂井口	有混凝土圈座	铸铁盖板	套	6.60	按实际安装套数计
5		无混凝土圈座			4.40	
6	人行道路牙安装		包材料场内运输，座浆，安装、施工前后的场内清理	m	3.30	按实际安装延长米计
7	化粪池	1号	包括挖土、砌砖、抹灰、预制板制安填土、抽水等一切工序，国标92S213，全钢筋混凝土增加20%，如挖土机挖土则扣除挖土的单价9.5元/m³	个	400.00	
8		2号		个	500.00	
9		3号		个	750.00	
10		3号以上		个	每号增加250	
11		10号		个	2500.00	
12		10号以上		个	每号增加200	

续表

序号	工程项目	工作内容及说明	单位	劳务单价（元）	工程量计算方法
		（六）其他			
1	验收前最后一次清洗楼、地、屋面、门窗、水电等	不分高、低层。包括楼、地面、顶面、墙面、门窗、卫生洁具、灯具等，基层清理、打扫、冲洗、铲刷余灰、达到交钥匙验收标准	m^2	0.80	按建筑面积计

2）材料采购价格信息库

【实例5-2-2】 ××建筑公司材料采购价格信息表（表5-2-2）。

材料采购价格参考表式　　　　　　　　　表5-2-2

序号	名称	单位	提供单位	预计采购价	备注
1	硅酸盐水泥（P·I）	t	×××水泥厂	315.00	
2	C20商品混凝土（最大粒径20）	m^3	××混凝土有限公司	201.6	
	……				
	小计				

3）周转材料租赁价格信息库

【实例5-2-3】 ××建筑公司周转材料租赁价格信息表（表5-2-3）。

周转材料租赁价格信息表　　　　　　　　　表5-2-3

序号	名称	规格、型号	计量单位	租赁价格（元）
1	钢管	3~6m	m/天	0.012
2	钢管		t/天	6.5
3	扣件	各种型号规格	只/天	0.01
4	安全网	密目1800×6000	m^2	1.8
5	脚手片	毛竹1000×1200	m^2	7.5
6	钢模板	各种型号规格	m^2/天	0.15
7	阳角条		m^2/天	0.12
8	山字夹		只/月	0.06
9	吊篮质量检测费		次	500
10	吊篮运输费		次	500
11	吊篮		台	100
12	钢支撑	$\phi 580 \times 12mm$	t/天	6
13	钢支撑	$\phi 609 \times 16mm$	t/天	6.5
14	型钢支撑，围檩	H700×300，H500×300，H400×400	t/天	10
15	槽钢（双拼）	25~36mm	t/天	6.5
16	槽钢	6m/7m/9m	m/天	0.2
17	角条	齐全	m/天	0.05

4) 机械租赁价格信息库

【实例 5-2-4】 ××建筑公司机械租赁价格信息库（表 5-2-4）。

机械租赁价格信息表　　　　　　　　表 5-2-4

20××年××月

序号	名称	规格、型号	计量单位	价格（元）
一	基础工程机械			
1	全液压静力压桩基	JNB-900 型	台班	6000
2	全液压静力压桩基	JND-400 型	台班	2000
3	全液压静力压桩基	JND-200 型	台班	1000
4	全液压静力压桩基	JNB-800 型	台班	5000
5	全液压静力压桩基	JND-500 型	台班	3000
6	全液压静力压桩基	JND-300 型	台班	1500
7	全液压静力压桩基	YZY-800 型	台班	4500
8	全液压静力压桩基	JND-100 型	台班	800
9	全液压静力压桩基	JNB-700 型	台班	4500
10	全液压静力压桩基	JNB-600 型	台班	4000
11	SMW 工法钻机	三轴钻机，$\phi 650$	台班	3000
12	SMW 工法钻机	三轴钻机，$\phi 850$	台班	3000
13	SMW 钻机	Q650，起租天数 20 天，随机 1 名桩工	天	4000
14	SMW 钻机	Q850，起租天数 20 天，随机 1 名桩工	天	6000
15	振动锤	60kW	台班	1500
16	振动锤	45kW	台班	500
17	成槽机	GB-24/1000mm	台班	11000
18	成槽机	KRC2/45/800mm	台班	6000
19	顶管机	TMP200/219mm	台班	3300
20	重型桩架	39.5m，起租天数 20 天，随机 2 名桩工	天	3000
21	进口拉森钢板桩	12~18m，4 号	m/天	0.6
22	进口拉森钢板桩	12~18m，5 号	m/天	0.7
23	路基箱	1500×6000×180	块/天	20
24	路基箱	1200×6000	块/天	8
二	土方机械			
1	镐头机	R200	台班	2500
2	履带式镐头机		台班	3200
3	履带式镐头机进退场费		台班	2000
4	推土机	型号 700H、主要参数 115hp	台班	1500
5	推土机	型号 650H、主要参数 90hp	台班	1300
6	推土机	彭浦 140，湿地推	台	800
7	挖土机	进口：0.4m³	台班	1200
8	履带式液压单斗挖掘机	进口：0.4~1.0m³	台班	1650
9	液压翻斗挖掘机	住友 140，0.4m³	台班	1000
10	液压翻斗挖掘机	EX200-2，0.8m³	台班	1100

续表

序号	名称	规格、型号	计量单位	价格（元）
11	液压翻斗挖掘机	三菱200，0.8m³，NPK120镐机2000元	台班	1100
12	液压翻斗挖掘机	EX200-3，0.8m³，水山140镐机2000元	台班	1100
13	液压翻斗挖掘机	0.8m³	月	26000
14	液压翻斗挖掘机	EX200-5，0.8m³，水山140镐机2000元	台班	1100
15	挖掘机	型号Ex200-5、主要参数0.8m³	台班	1100
16	液压翻斗挖掘机	PC200-6，0.8m³	台班	1100
17	液压翻斗挖掘机	PC200-3，0.8m³	台班	1100
18	液压翻斗挖掘机	车型EX200-1，0.8m³，水山140镐机2000元	台班	1100
19	液压翻斗挖掘机	车型EX200-1，0.8m³，机械配置：水山140镐机2000元	台班	1100
20	液压翻斗挖掘机	EX200-5，0.8m³，水山140镐机2000元	台班	1100
21	液压翻斗挖掘机	CATE200B，0.9m³，东洋160镐机2000元	台班	1100
22	液压翻斗挖掘机	CATE200B，0.9m³，水山140镐机2000元	台班	1100
23	液压翻斗挖掘机	EX200-6，1m³	台班	1100
24	液压翻斗挖掘机	车型EX220-2，1m³，机械配置：水山140镐机2000元	台班	1100
25	液压翻斗挖掘机	1m³	月	26000
26	液压翻斗挖掘机	神钢310，1.6m³	台班	1500
27	液压翻斗挖掘机	型号PC400-3，2m³	台班	1500
28	履带式液压单斗挖掘机	日立	台班	2000
29	挖掘机	R200，进出场费1000元	月	33000
30	挖掘机	R290，进出场费1000元	月	50000
31	挖掘机	R290，进出场费1000元	天	1800
32	挖掘机	R200，进出场费1000元	天	1400
33	挖掘机加长臂	R290，进出场费1000元	天	2500
34	装载机	ZL30	台/月	9315.00
35	装载机	ZL50	台/月	10530.00
36	翻斗车	1.0t	台/月	1944.00
三	起重机械			
1	履带吊车	50A，起租天数30天	月	60000
2	剪式升降机	型号GS1930、电动，工作3~6小时，重量1344kg，外型尺寸1.83×0.76×1.93（m），平台高度5.6m，工作高度7.6m，水平延伸1.0m，平台承载227kg	单台	1050
3	剪式升降机	型号GS2032、电动，工作3~6小时，重量1547kg，外型尺寸2.44×0.82×1.99（m），平台高度6.1m，工作高度7.9m，水平延伸1.0m，平台承载363kg	单台	1100
4	剪式升降机	型号GS2646、电动，工作3~6小时，重量2055kg，外型尺寸2.44×1.17×2（m），平台高度7.9m，工作高度9.8m，水平延伸1.0m，平台承载454kg	单台	1300
5	剪式升降机	型号GS3246、电动，工作3~6小时，重量2309kg，外型尺寸2.44×1.31×2.13（m），平台高度9.8m，工作高度11.6m，水平延伸1.0m，平台承载318kg	单台	1900

续表

序号	名称	规格、型号	计量单位	价格（元）
6	拖式曲臂升降机	型号TMZ-34/19、电动，工作3~6小时，重量1252kg，外型尺寸5.8×0.87×1.97（m），平台高度10.4m，工作高度12.4m，水平延伸5.8m，平台承载227kg	单台	2000
7	曲臂升降机	型号Z-45/25IC、柴油机、连续工作，重量6577kg，外型尺寸6.78×2.23×2.08（m），平台高度13.8m，工作高度15.6m，水平延伸7.6m，平台承载227kg	单台	4000
8	直臂升降机	型号S-80、柴油机、连续工作，重量15146kg，外型尺寸11.2×2.4×2.8（m），平台高度24.4m，工作高度26.2m，水平延伸21.9m，平台承载227kg	单台	6700
9	直臂升降机	型号S-65、柴油机、连续工作，重量12882kg，外型尺寸9.4×2.4×2.7（m），平台高度19.8m，工作高度21.6m，水平延伸17.2m，平台承载227kg	单台	4800
10	直臂升降机	型号600S、柴油机、连续工作，重量9980kg，外型尺寸8.5×2.42×2.55（m），平台高度18.3m，工作高度20m，水平延伸15.1m，平台承载453kg	单台	4400
11	直臂升降机	型号S-85、柴油机、连续工作，重量16266kg，外型尺寸12.4×2.43×2.79（m），平台高度25.9m，工作高度27.9m，水平延伸23.4m，平台承载227kg	单台	6900
12	加长臂挖机	12m	台班	2800
13	汽车起重机	25t，三个月以上起租	月	38000
14	汽车起重机	25t	月	40000
15	汽车起重机	16t	月	25000
16	汽车起重机	12t	月	18000
17	汽车起重机	12t	台班	768
18	汽车起重机	16t	台班	1024
19	汽车起重机	25t	台班	1600
20	汽车起重机	50t	台班	3200
21	汽车起重机	8t	月	12000
22	汽车起重机	8t，三个月以上起租	月	10500
23	汽车起重机	12t，三个月以上起租	月	17000
24	汽车起重机	70t	月	70000
25	履带式起重机	15t	台班	500
26	履带式起重机	50t	台班	1800
27	履带吊	神钢50t	月	52000
28	履带吊	住友100t	月	140000
29	履带吊	日立150t	月	200000
30	履带吊	神钢150t	月	200000
31	履带式起重机	CC2000/300t	台班	25000
32	履带式起重机	CC22800/600t	台班	60000
33	50/80/150t履带吊	50/80/150t履带吊	t	100000
34	固定式起重机	QM18/18t	台班	5400

续表

序号	名称	规格、型号	计量单位	价格（元）
35	固定式起重机	QW6/6t	台班	1200
36	井架	1.6m×1.8m	台/元/月	2500
37	井架	2.2m×2.4m	台/元/月	3000
38	井架搭拆人工费		m/元/次	100
39	DMCL整体电动升降脚手架	建筑高度<120m	台/12月	12000
40	内爬塔式起重机	K5/50B/450t·m	台班	6100
41	内爬塔式起重机	K550/600t·m	台班	12000
42	内爬塔式起重机	M440D/600t·m	台班	13200
43	塔吊	QTG60	元/月	7500
44	塔吊	60型	台班	450
45	塔式起重机	国产：60t·m-Ⅲ型	台班	310
46	塔吊	60mⅢ型	月	13000
47	塔吊	60mⅡ型	月	11000
48	塔吊	63，高度100m，进出场费40000元	台/月	20000
49	塔吊	80型	台班	600
50	塔吊	120型	台班	700
51	塔吊	H3/36B，高度180~200m，进出场费90000元	台/月	60000
52	塔吊	C7022，高度200~220m，进出场费100000元	台/月	70000
53	高吊	人工费	月	5000
54	高吊	升降级费	月	45000
55	高吊	F：23B	月	36000
56	高吊	F：23B	台班	970
57	高层塔吊	80t/m	台/月	22000
58	高层塔吊	125t/m	台/月	28000
59	高层塔吊	200t/m	台/月	40000
60	人货两用电梯	1t（50m）	元/月	9000
61	人货两用电梯	2t（100m内）	台班	460
62	工程电梯	100m	台/月	13000
63	双笼电梯	SDS100m高双笼	台/月	12000
64	双笼货梯	42m	天	180
65	单笼货梯	42m	天	150
66	Genie高空作业平台	手推式AWB-40S，额定载荷136kg，高度14.1m，第11~20天	元/天	250
67	Genie高空作业平台	手推式AWB-40S，额定载荷136kg，高度14.1m，第1~3天	元/天	700
68	Genie高空作业平台	手推式AWB-40S，额定载荷136kg，高度14.1m，第21~30天	元/天	200
69	Genie高空作业平台	手推式AWB-40S，额定载荷136kg，高度14.1m，第4~10天	元/天	300

续表

序号	名称	规格、型号	计量单位	价格（元）
70	高空作业车	型号 AWP40S、电动、连续工作，重量472kg，外型尺寸1.42×0.74×2.8m，平台高度12.3m，工作高度14.1m，平台承载136kg	单台	990
71	Genie高空作业平台	自行式GS-1930，额定载荷227kg，高度7.6m，第1~3天	元/天	1000
72	Genie高空作业平台	自行式GS-1930，额定载荷227kg，高度7.6m，第4~10天	元/天	350
73	Genie高空作业平台	自行式GS-1930，额定载荷227kg，高度7.6m，第11~20天	元/天	300
74	Genie高空作业平台	自行式GS-2646，额定载荷454kg，高度9.7m，第4~10天	元/天	400
75	Genie高空作业平台	自行式GS-2646，额定载荷454kg，高度9.7m，第11~20天	元/天	350
76	Genie高空作业平台	自行式GS-1930，额定载荷227kg，高度7.6m，第21~30天	元/天	300
77	Genie高空作业平台	自行式GS-2646，额定载荷454kg，高度9.7m，第1~3天	元/天	1100
78	Genie高空作业平台	自行式GS-2646，额定载荷454kg，高度9.7m，第21~30天	元/天	300
79	卷扬机配控制柜	22kW	台/月	2106.00
80	卷扬机	10~15kW	台/月	270.00
四	混凝土机械			
1	搅拌机	0.33t	台/天	30
2	混凝土输送泵	110kW	台/月	19800.00
3	混凝土搅拌机	350L	台/月	630.00
4	混凝土搅拌机	锥反750L	台/月	4860.00
5	混凝土搅拌机	卧式750L	台/月	6480.00
6	配料机	1200	台/月	2430.00
7	水泥输送器	5.5m	台/月	729.00
8	水泥罐	100t	台/月	855.00
9	水泥罐	60t	台/月	729.00
10	混凝土磨光机		台/月	162.00
11	混凝土切割机		台/月	108.00
12	混凝土纹路机		台/月	459.00
五	钢筋机械			
1	钢筋切断机	CQ40	台/月	378.00
2	钢筋调直机	φ14	台/月	729.00
3	弯曲机	40B	台/月	261.00
4	电渣焊机	H33-630	台/月	1026.00
5	交流电焊机	B500	台/月	229.50
6	交流电焊机	B200BX315	台/月	148.50
7	交流电焊机	BX125金象	台/月	40.50

续表

序号	名称	规格、型号	计量单位	价格（元）
8	砂浆机	300L	台/月	135.00
9	氧割机		台/月	37.80
六	压实机械			
1	（震动式）压路机	12t	台班	1000
2	打夯机		台/月	202.50
七	装饰工程机械			
1	空气压缩机	1m³ 工作压力7kg	天	30
2	空气压缩机	6m³ 工作压力7kg	台/月	180
3	空压机	9m³，起租天数10天，操作工50元/天	天	200
4	空气压缩机	9m³ 工作压力7kg 可移动	台/月	280
5	地砖切割机		台/月	378.00
6	地砖磨边机		台/月	518.40

注：1. 本表租赁价中未包括机上操作人员工资，除大型机械外，均由承租单位负担。
2. 插入式振动器中的振动棒由承租单位负责更换。
3. 除塔吊、人货梯、挖掘机、压路机及泵车等大型机械外，机械日常维修保养的零、部件、配件更换、测量仪器检测全由承租单位负责。

5）专业分包价格数据库

【实例5-2-5】××建筑公司专业分包单价库（表5-2-5）。

专业分包单价库　　　　　　　　表5-2-5

序号	名称	单位	提供单位	预计采购价	备注
1	铝合金固定窗	m²	××铝材批发商行	130.00	70系列
2	塑钢固定窗	m²	××型材有限公司	185.00	70系列
	……				

6）临时设施单价库

【实例5-2-6】××建筑公司临时设施单价库（表5-2-6）。

××建筑公司临时设施单价库　　　　　　　　表5-2-6

序	设施内容	规格	单位	单价
一		基本设施		
1	活动房	单层	m²	105.00
2	活动房	双层	m²	105.00
3	活动房	三层	m²	120.86
4	混合结构		m²	152.60
5	临时食堂浴室	混合结构	m²	152.60
6	临时厕所	混合结构	m²	152.60
7	临时料棚	高1.5m砖墙	m²	80.00

续表

序	设施内容	规格	单位	单价
8	纠察间	混合结构	m²	152.60
二		道路		
1	主干道	15cm	m²	52.40
2	次干道	10cm	m²	38.16
三		水电		
1	电箱		只	1550.00
2	电缆	16~70mm²	m	58.00
3	水管	2寸	m	29.76
4	水电配件		m/元	75.00
5	水泵		只	3255.00
四		围护		
1	围墙	砖墙	m	235.41
2	围墙	九夹板	m	130.00
3	围墙	空斗墙	m	187.60
4	围墙	彩钢板	m	172.92
5	围墙	脚手管竹芭	m	46.60
6	大门		m²	250.00
五		地、沟		
1	排水沟		m	73.60
2	电缆沟		m	129.41
3	化粪池		m³	492.41
4	沉淀池	一级	m³	492.41
六		其他		
1	砂浆楼地面	1:2	m²	7.99
2	新4号化粪池	（双包）	项	36000.00
	零星项目	以上合计的百分比	元	6%
	大临维修	以上合计的百分比	元	4%

7）管理费数据库

① **精确计算库**

主要包括现场管理费与公司管理费。现场管理费可按项目部人员、设施等管理项目的布置按实测算。公司管理费可按与公司签订的有关协议执行，如向公司交纳百分之多少的管理费用。

② **经验系数库**

管理费测算主要由合同（预算）造价、工期、人数、产值比、人均比构成。工程项目管理费与工程造价人员及管理人员密切相关，存在造价低、人员多、工期长；造价高、人员少、工期短等实际情况。管理费在工程造价中由于工程性质、工程造价所占的百分比也不相同，表5-2-7是管理费对应工程类型与工程造价的系数参考表。

【实例5-2-7】××建筑公司管理费经验系数表（表5-2-7）。

××建筑公司管理费经验系数表（公司管理费）　　　　表5-2-7

工程造价（万元）	管理费%			
	土建	装饰	安装	其他
≤1000	3.50	0.80	0.80	0.80
1000~3000（含3000）	3.00	0.70	0.70	0.70
3000~5000（含5000）	2.80	0.60	0.60	0.60
5000~10000（含10000）	2.50	0.50	0.50	0.50
>10000	2.00	0.40	0.40	0.40

8）其他成本项数据库

【实例5-2-8】××建筑公司其他成本项经验系数表（表5-2-8）。

××建筑公司其他成本项经验系数表　　　　表5-2-8

工程造价（万元）	其他成本项%			
	土建	装饰	安装	其他
工程水电费	0.80	—	—	0.5
不可预见费	0.50	—	—	0.5
不可预见人工费	根据工程实际实列	—	—	根据工程实际实列
合同约定费	根据工程实际实列	—	—	根据工程实际实列
政府规费	根据政府规定	—	—	根据政府规定
其他	根据工程实际实列	—	—	根据工程实际实列

（2）收集成本测算依据

除上述数据库数据外，进行成本测算，还需要收集以下依据：

工程招标图纸及工程施工图纸；施工组织设计、进度计划、工料机计划；招投标文件；工程合同及相关附件；其他必要资料。

（3）进行成本测算

1）工作分解

阅读图纸之后，需对工程实体的工作内容进行分解。因为成本测算要一点一点进行，工作分解就是把繁杂的工作分割成一个个小块，以便分块测算，最终再汇总成本。

2）分析工程招投标文件

从招投标文件中我们可以明确工程的合同工作内容，在工程实体中哪些是属于工程承包范围内的；业主方是否指定材料品牌；是否指定分包商；是否有甲供材料等，在分析完招投标文件后可以整理成表，以使工程成本测算更加具有条理性。

3) 分析工程合同

工程合同不仅仅是指施工单位和建设单位双方签定的工程施工合同，还包括工程方已签定的分包合同或已经达成分包意向的潜在合同。通过分析合同，要收集到关于工程的承包范围及结算价格等的基础数据。

4) 根据图纸计算或复核工程量

无论是招标还是投标，无论是清单还是定额模式，图纸工程量都是需要计算或复核的。尤其是在成本测算过程中，对工程成本进行精确测算的基础就是必须要有准确的工程量。所以，在工程量方面务必求准求细。

对投标图、施工蓝图等依据齐全的工程的工程量，可进行锁定；由于工程图纸不明之处可暂时设定数值，待正式明确后相应调整，且在编制说明中加以注明。

5) 成本测算

按人工费、材料费、机械费、临时设施费、管理费、其他成本项分别进行测算，再汇总成本。成本测算可以依据对精度的要求，分为精确成本测算与快速成本测算两种方法。

5.2.2 工作依据

成本测算是一项系统的工作，在成本测算之前必须要准备以下资料：

(1) 成本测算数据库

包括前述的清包单价库、材料采购价格信息库、周转材料租赁价格信息库、机械租赁价格信息库、专业分包价格信息库、临时设施单价库、管理费数据库、其他成本项数据库等。

(2) 工程招标图纸及工程施工图纸

设计图纸是计算工程工作内容及其工程量的依据，在一些专项测算方案中，还必须要结合图纸才能进行准确合理的测算。

(3) 施工组织设计、进度计划、工料机计划

施工组织设计是整个工程施工过程中的技术性指导纲领文件，通过施工组织设计，可以反映出工程施工的技术方案、组织形式及相关的工艺特点、质量要求。

(4) 招投标文件

招投标文件是成本测算的重要依据之一，通过该文件的阅读，了解到工程内容及其相应的工程量。

(5) 工程合同及相关附件

合同主要是指工程施工合同及与本工程相关的已签或拟签定的分包合同等所有合同。通过合同明确工程的相关价格和结算规定。

5.2.3 工作表格、数据、资料

【实例5-2-9】某项目施工成本考核控制指标如表5-2-9，它是测算成本后，进行成本控制的指标依据。

××厂房项目施工成本考核控制指标　　　　　　　表 5-2-9

中标价(元)	成本价(元)	确保责任指标		提高利润指标		利润综合考核指标	
		控制利润率	责任利润(元)	提高利润率	提高利润(元)	利润率	总利润额(元)
1	2	3=(1-2)/1×100%	4=1-2	5	6=1×5	7=3+5	8=4+6
4975285	4088199	17.83%	887086	5.00%	248764	22.83%	1135850
公司领导签署考核指标							
责任指标		提高利润指标		利润综合考核指标		总经理签署意见:	
利润率	责任利润(元)	提高利润率	提高利润(元)	利润率	总利润额(元)		
17.83%	887086	5.00%	248764	22.83%	1135850		

编制审核单位:　　　　　　　　　　　　　编制日期:

5.2.4　操作实例

(1) 成本快速测算实例

【实例 5-2-10】 标前成本快速测算。

××家具广场工程成本测算报告
(标前成本快速测算)

1. 工程概况

××家具广场工程是高档商场型家具、建材专业化卖场,建筑面积 25900m^2,某施工企业欲投标,按当地政府定额计算总造价为 19222178 元(不含规费、税金)、20952174(含规费、税金)。在正式投标前,该施工单位计划采用快速测算的方法测算一下该工程的实际工程成本,以便调整投标策略。以下的测算将按人工费、材料费、机械费、专业分包费、措施费、管理费、其他成本项的顺序进行测算。

2. 人工成本的快速测算

测算前,成本测算人员首先以本单位施工过的类似工程的人工成本大包测算数据资料作为人工价格的基础,同时与项目经理、劳务分包单位负责人进行了协商,最后初步确定,拟签订合同大包人工费标准,作为人工成本单价测算的依据。

建筑面积按照《建筑工程建筑面积计算规范》(GB/T 50353—2005) 计算。

人工费快速测算如下:

人工费快速测算表　　　　　　　　　　表 5-2-10

序号	费用名称	建筑面积	单位	单价(元)	合价(元)	备注
1	人工总包费用	25900	m^2	128	3315200	

3. 实体性材料费的精确测算

因时间较紧,对材料费的快速测算该施工单位拟定方案如下:

①主要材料实际用量按用预算软件套当地造价管理部门发布的政府定额分析出的消耗

量为准，材料单价按拟采购实际市场价。

②辅助材料费（不含在人工大包费内的辅材），拟按 5 元/m^2 计算。

③脚手架、模板费为了测算的精确，而采用精确计算的方法计算消耗量，材料租赁费按市场价。

(1) 主要材料费的测算

按照预算中工程量清单套用政府定额分析出材料消耗量，并乘以市场价，计算过程如表 5-2-11。

主要材料费测算表   表 5-2-11

序号	费用名称	单位	数量	市场价（元）	合价（元）	备注
1	钢筋	t	1560	3200	4992000	
2	冷轧带肋钢筋	t	7.2	3350	24120	
3	对拉螺栓	t	15	3300	49500	
4	综合混凝土	m^3	8650	280	2422000	
5	水泥 32.5/42.5 级	t	1813.0	280	507640	
6	白水泥	t	3.2	400	1280	
7	花岗岩	m^2	1099.8	300	329940	甲方定价
8	瓷砖	百块	75.2	350	26320	甲方定价
9	地砖 300×300	百块	96	450	43200	甲方定价
10	地砖 500×500	百块	255.94	1100	281534	甲方定价
11	标准砖 240×115×53	百块	2896	21	60816	
12	多孔砖 190×190×90	百块	4576	33	151008	
13	加气混凝土砌块	m^3	1381	150	207150	
14	中砂/细砂	t	5133	60	307980	
15	碎石	t	3373	70	236110	
16	道渣	t	3.4	35	119	
17	石灰膏	m^2	73.8	120	8856	
18	聚苯乙烯挤塑泡沫板	m^2	194	350	67900	
19	珍珠岩	m^2	755	165	124575	
	合计				9842048	

(2) 辅材材料消耗量的测算

一些零星的、价值较小的材料我们称之为辅材。根据该施工企业积累的资料，辅助材料一般为 1~5 元/m^2，具体消耗价值的标准主要看人工费清包合同中包括的辅材的多少，如果清包价中包括的辅材较多，则此处列的辅材费少一点，反之多一点。本工程建筑面积 25900m^2，我们根据经验取辅材费为 5 元/m^2，则本工程的辅材费为：25900m^2 × 5 元/m^2 = 129500 元。

综上，该工程实体性材料费共计为 9842048 + 129500 = 9971548 元。

4. 措施性材料费的精确测算

(1) 脚手架材料费的测算

本工程脚手架拟采用租赁方式,以下测算按租赁价方式测算,脚手架材料费的测算如表 5-2-12 所示。

脚手架材料费测算　　　　　　　　　　　表 5-2-12

序号	费用名称	单位	数量	市场价或租赁价(元)	合价(元)	备注
1	脚手钢管	吨×月	990	90	89100	租赁,5 个月
2	模板钢支撑/钢管	吨×月	4200	90	378000	租赁,4 个月
3	模板用零星卡具/扣件	百个×月	10380	30	311400	租赁
4	安全网	m²	15600	3	46800	租赁
	合计				825300	

(2) 模板材料费的测算

本工程模板使用时间见本工程施工组织设计(略),本工程模板拟采用租赁方式,表 5-2-13 按租赁价方式测算。

模板材料费测算　　　　　　　　　　　表 5-2-13

序号	费用名称	单位	数量	市场价或租赁价(元)	合价(元)	备注
1	木材(摊销量)	m³	550	1550	852500	自购
2	模板(混凝土接触量)	m²	71000	13	923000	自购
	合计				1775500	

5. 机械费的快速测算

根据该单位积累的工程资料,1000 万元~3000 万元的工程,机械费约占造价的 2.2%,则机械费快速测算如下:20952174×2.2% = 460948 元。

6. 专业分包费的测算

防水等常见的专业分包项目,单位可以取自市场价(经常合作的分包商的报价),工程量按依据图纸实算工程量或工程量清单中的工程量,测算结果如表 5-2-14 所示。

专业分包测算表　　　　　　　　　　　表 5-2-14

序号	费用名称	单位	数量	单价(元)	合价(元)	备注
1	防水	m²	6580	30	197400	专业分包

7. 措施费的快速测算

此部分我们主要测算临时设施费等,根据该单位积累的工程资料,2000 万元~4000 万元的公共建筑,临时设施费约占不到造价的 2.2%,则临时设计费快速测算如下:20952174×2.2% = 460948 元。

8. 管理费的快速测算

本工程管理费主要包括现场管理费、经营管理费、仪器仪表使用费等。根据该单位积累的工程资料,1000 万元~3000 万元的工程,管理费约占造价的 3%,另外,项目部尚需向公司交纳管理费3%，则项目的管理费快速测算如下：20952174×（3%+3%）=1257130元。

9. 其他成本项的快速测算

此部分我们主要测算水电费、不可预见费等，根据该单位积累的工程资料，水电费约占土建工程造价的0.8%，不可预见费约占土建工程造价的0.5%，则其他成本项费快速测算如下：

水电费：20952174×0.8%=167617元。

不可预见费：20952174×0.5%=104761元。

10. 成本汇总

成本汇总如表5-2-15所示。

工程成本汇总表　　　　　　　　　　　　　表5-2-15

序号	费用名称	金额（元）
1	人工费	3315200
2	实体性材料费	
2.1	主要材料费	9842048
2.2	辅助材料费	129500
3	措施费材料费	
3.1	脚手架材料费	825300
3.2	模板材料费	1775500
4	机械费	460948
5	专业分包	197400
6	措施费	
6.1	临时设施费、安全文明费	460948
7	管理费	1257130
8	其他成本项	
8.1	水电费	167617
8.2	不可预见费	104761
	合计	18536352

（2）成本精确测算实例

【实例5-2-11】标后成本精确测算。

××综合楼工程成本测算报告
（标后成本精确测算）

1. 工程概况

××企业生产综合楼，建筑面积4035m²，某施工企业成本中标，中标总造价3628527元（不含规费、税金）。施工前，该施工单位计划测算一下该工程的实际工程成本，以预估项目盈亏情况并作为施工阶段成本控制的依据。以下的测算我们将按人工费、材料费、机械费、专业分包费、措施费、管理费、其他成本项的顺序进行测算。

2. 人工成本的精确测算

测算前,成本测算人员首先以本单位的人工成本测算数据资料作为劳务分包价格的基础,同时与项目经理、劳务分包单位负责人进行了协商,最后初步确定,拟签定合同人工费标准,作为人工成本单价测算的依据。

工程量按投标报价底稿计价工程量清量中的工程量作为计算依据,砖砌体、混凝土等均不区分强度等级合并在一块考虑。

人工费精确测算如表5-2-16。

人工费测算表　　　　　　　　表5-2-16

序号	名称	单位	数量	单价(元)	合价(元)	备注
1	砖砌体	m³	1013	58	58754	含内架费
2	混凝土	m³	2018	12	24216	
3	线材	t	114	280	31920	
4	螺纹钢	t	228.8	270	61776	
5	粉刷	m²	17104	4.5	76968	
6	地砖	m²	2802	13	36426	
7	卫生间墙面砖	m²	760	16	12160	
8	聚氨脂防水	m²	2800	10	28000	
9	乳胶漆	m²	11697	4	46788	含批腻子
10	楼梯扶手	m	50.6	15	759	
11	油漆	m²	400	8	3200	所有需刷油漆的部位
12	焦渣垫层	m²	185	10	1850	
13	挤塑泡沫板	m²	79.5	3	238.5	
14	门锁	把	311	2	622	
15	排水管及配件	m	195	3	585	
16	预埋铁件	kg	150	1	150	
17	零星用工				5000	预备使用
18	外架子	m²	2100	4	8400	
19	模板	m²	9560	12	114720	
	合计				512532.5	

3. 实体性材料费的精确测算

(1) 主要材料费的测算

如果要精确计算材料费,材料的消耗量我们不能简单地按当地造价主管部门发布的政府定额使用预算软件分析,因为按此分析出的消耗量与实际耗用量往往是不同的。以下的测算中,我们以按算出的量及本施工企业的损耗率控制标准进行测算,砂浆及混凝土等按实际配比分析消耗量(注意不能按政府定额用预算软件分析)。主要材料费的精确测算如表5-2-17所示。

主要材料费精确测算表

表 5-2-17

序号	分项及材料名称	单位	按图实算工程量	本企业损耗率	实际材料用量	材料单价（元）	合价（元）	备注
				一、砖砌体				
1	标准砖砌体	m³	245					
	标准砖	千块	129.34	1.02	131.93	210.00	27705	
	水泥砂浆	m³	55.26					
	水泥32.5	t	11.03	1.02	11.25	280.00	3150	
	砂	m³	55.26	1.02	56.37	60.00	3382	
	水	t	16	1.02	16.32	2.50	41	
2	KF17型多孔砖	m³	768					
	KP1型多孔砖	千块	102.4	1.02	104.45	270.00	28201	
	混合砂浆	m³	89.72					
	水泥32.5	t	16.15	1.08	17.44	280.00	4884	
	砂	m³	89.72	1.08	96.90	60.00	5814	
	水	t	26.91	1.08	29.06	2.50	73	
	石灰膏	t	15.25	1.08	16.47	120.00	1976	
				二、混凝土工程				
1	C10混凝土	m³	128.08					
	砾石	m³	97.77	1.02	99.73	70.00	6981	
	砂	m³	67.7	1.02	69.05	60.00	4143	
	水	t	26	1.02	26.52	2.50	66	
	水泥32.5	t	23.05	1.01	23.28	280.00	6519	
	粉煤灰	t	16.01	1.01	16.17	140.00	2264	
2	C15混凝土	m³	280.97					
	砾石	m³	213.58	1.02	217.85	70.00	15250	
	砂	m³	146.1	1.02	149.02	60.00	8941	
	水	t	56.19	1.02	57.31	2.50	143	
	水泥32.5	t	61.8	1.01	62.42	280.00	17477	
	粉煤灰	t	28.09	1.01	28.37	140.00	3972	
3	C20细石混凝土	m³	63.45					
	砾石	m³	83.83	1.02	85.51	70.00	5985	
	砂	m³	33.25	1.02	33.92	60.00	2035	
	水	t	20	1.02	20.40	2.50	51	
	水泥32.5	t	20	1.01	20.20	280.00	5656	
	粉煤灰	t	3.81	1.01	3.85	140.00	539	
4	C25混凝土	m³	581.68					
	石子	m³	447.92	1.02	456.88	70.00	31981	
	砂	m³	303.32	1.02	309.39	60.00	18563	
	水泥32.5	t	205.43	1.01	207.48	280.00	58096	
	粉煤灰	t	29.35	1.01	29.64	140.00	4150	
	水	t	120	1.01	121.20	2.50	303	

续表

序号	分项及材料名称	单位	按图实算工程量	本企业损耗率	实际材料用量	材料单价（元）	合价（元）	备注
5	C30 混凝土	m³	963.21					
	石子	m³	697.85	1.02	711.81	70.00	49826	
	砂	m³	519.33	1.02	529.72	60.00	31783	
	水泥 32.5	t	339.94	1.01	343.34	280.00	96135	
	粉煤灰	t	48.15	1.01	48.63	140.00	6808	
	水	t	180	1.01	181.80	2.50	455	
三、钢筋工程									
1	线材	t	114.02	0.96	109.46	3300.00	361215	
2	螺纹钢	t	228.8	1.02	233.38	3350.00	781810	
3	扎丝22号	kg	1503	1	1503.00	3.80	0	已含在清包人工费中
四、粉刷									
1	水泥砂浆粉刷18厚	m³	2322					1:2.5 墙面
	水泥砂浆	m³	41.89	1.08	45.24			
	水泥 32.5	t	16.62	1.08	17.95	280.00	5026	
	砂	m³	41.81	1.08	45.15	60.00	2709	
	水	t	12.54	1.08	13.54	2.50	34	
2	混合砂浆粉刷18厚	m³	5757					墙面
	混合砂浆	m³	103.62	1.08	111.91			
	水泥 32.5	t	41.4	1.08	44.71	280.00	12519	
	砂	m³	103.51	1.08	111.79	60.00	6707	
	水	t	31.05	1.08	33.53	2.50	84	
	石灰膏	t	9.11	1.08	9.84	120.00	1181	
							20491	
3	楼面20厚1:3水砂	m³	9025					
	水泥砂浆	m³	181.1	1.08	195.59			
	水泥 32.5	t	72.44	1.08	78.24	280.00	21906	
	砂	m³	181.02	1.08	195.50	60.00	11730	
	水	t	54.3	1.08	58.64	2.50	147	
五、地砖									
1	400×400 地砖	m³	187	1.02	190.74	21.00	4006	
2	预制水磨石	m³	1126	1.02	1148.52	35.00	40198	
3	300×300 地砖	m³	1489	1.02	1518.78	30.00	45563	
六、卫生间墙面砖									
1	内墙面砖	m³	760	1.02	775.20	35.00	27132	
七、聚胺脂防水									
1	聚胺脂	kg	7500	1	7500.00	7.80	58500	
八、乳胶漆									
1	乳胶漆	kg	4500	1	4500.00	6.50	29250	

续表

序号	分项及材料名称	单位	按图实算工程量	本企业损耗率	实际材料用量	材料单价（元）	合价（元）	备注
2	大白粉腻子	kg	1300	1	1300.00	3.60	4680	
九、楼梯扶手								
1	楼梯扶手	m	50.6	1	50.60	80.00	4048	
十、油漆								
1	木门油漆	m³	400	1	400.00	3.00	1200	
十一、焦渣垫层								
1	1:6水泥焦渣	m³	184.69				0	
	水泥 32.5	t	39.57	1	39.57	280.00	11080	
	炉渣	m³	185	1	185.00	30.00	5550	
十二、挤塑泡沫板								
1	挤塑泡沫板	m³	79.5	1	79.50	650.00	51675	
十三、门锁								
1	门锁	把	311	1	311.00	15.00	4665	
十四、排水管及配件								
1	UPVC排水管及配件	m	195	1	195.00	13.00	2535	
2	水舌	个	15	1	15.00	5.00	75	
十五、预埋件								
1	预埋铁件	kg	150	1.02	153.00	3.00	459	
	合计						1969523	

（2）辅材材料消耗量的测算

一些零星的，价格较低的材料我们称之为辅材。根据该企业积累的资料，辅助材料一般为 $1\sim5$ 元/m²，具体消耗价值的标准主要看人工费清包合同中包括的辅材的多少。如果清包价中包括的辅材较多，则此处列的辅材费少一点，反之多一点。

本工程建筑面积 $4035m^2$，我们根据经验取辅材费为 5 元/m²，则本工程的辅材费为 $4035m^2 \times 5$ 元/m² $= 20175$ 元。

综上，该工程实体性材料费共计为 $1969523 + 20175 = 1989698$ 元。

4. 措施性材料费的精确测算

（1）脚手架材料费的测算

本工程脚手架工程量、消耗量的测算方法按施工现场实际使用计算的测算方法，在用时间见本工程施工组织设计，本工程模板拟采用租赁方式，以下测算按租赁价方式测算。脚手架材料费的精确测算如表 5-2-18 所示。

脚手架材料费测算 表 5-2-18

序号	分项及材料名称	单位	按图实算工程量	使用期限（天）	日租金额（元）	本企业损耗率	合价（元）	备注
1	钢管	m	9100	120	0.012	1.005	13170	
2	扣件	个	3450	120	0.010	1.005	4161	
3	安全网（密目网）	m²	2100		2.000	1.00	4200	
4	铁丝	kg	35		3.800		133	
5	脚手板（竹笆片）	张	345		18.000	1.00	6210	新购
6	防锈漆	kg	80		3.000		240	
7	钢管扣件等保养费	月	4		500		2000	
	合计						30113	

（2）模板材料费的测算

本工程模板工程量、消耗量的测算方法按施工现场实际使用计划的测算方法，使用时间见本工程施工组织设计。本工程模板拟采用租赁方式，以下测算按租赁价方式测算。模板材料费的精确测算如表 5-2-19 所示。

模板材料费测算 表 5-2-19

序号	分项及材料名称	单位	按图实算工程量	使用期限（天）	日租金额（元）	本企业损耗率	合价（元）	备注
1	钢模	m²	9560	80	0.19	1.01	146765	
2	钢管	m	15717	80	0.014	1.01	17691	
3	扣件	个	8114	80	0.007	1.01	4567	
4	卡具	个	1152	80	0.005	1.01	463	
5	木方	m³	2.5	1	1250	1.01	3156	
6	铁丝	kg	250	1	3.80	1.00	950	
7	铁钉	kg	750	1	3.30	1.00	2475	
8	托撑	个	1353	80	0.010	1.01	1088	
9	垫块	个	35556		0.08		2844	
10	脱模剂	kg	250		11.00		2750	
11	塑料布	kg	15		9.80		147	
12	彩条布	m	200		4.00		800	
13	筛子	个	4		40.00		160	
14	钢管扣件等保养费	月	2.5		500.00		1250	
15	养护混凝土用水	t	300		2.50		750	
	合计						185856	

5. 机械费的精确测算

机械的使用数据与时间取自该工程施工组织设计，租赁价格取自该公司成本数据库。机械费的精确测算如表 5-2-20 所示。

机械费测算表 表5-2-20

序号	设备名称	单位	数量	规格型号	月租金（元）	使用期限（月）	合价（元）	备注
1	大型机械租赁费							
1.1	塔吊	台	1	80t·m	20000	4	80000	
1.2	塔吊基础	座	1		14000		14000	
1.3	进退场费	台次	1		12000		12000	
2	中小型机械租赁费							
2.1	夯实机	台	2	电动	250	1	0	分包自备，价格已包括在清包人工费中
2.2	电动卷扬机	台	4	单筒，30t	500	6	12000	
2.3	搅拌机	台	1	强制式	850	2.5	2125	
2.4	砂浆机	台	2	200t	300	6	3600	
2.5	振捣器	台	4	插入式	85	2.5	0	分包自备，价格已包括在清包人工费中
2.6	振捣器	台	1	平板式	85	2.5	0	分包自备，价格已包括在清包人工费中
2.7	调直机	台	1		90	2.5	225	
2.8	切断机	台	1		415	2.5	1037.5	
2.9	弯曲机	台	1		310	2.5	775	
2.10	圆锯机	台	1		320	2.5	800	
2.11	弯箍机	台	1		320	2.5	800	
2.12	手提锯	台	3		50	2.5	375	
2.13	泵送混凝土	m³	1570		15		23550	15元/m³
2.14	交流电焊机	台	2	50kVA	900	2.5	4500	
3	动力费							
3.1	柴油	L	600		3.5		2100	
3.2	润滑油	100m³混凝土	15.7		80		1256	
3.3	电力费						0	在其他成本项中单列
4	其他费							
4.1	机械维修保养						5000	
	合计						164143.5	

6. 专业分包费的测算

门窗等常见的专业分包项目，可以取自市场价（经常合作的分包商的报价）。工程量按依据图纸实算工程量或工程量清单中的工程量。专业分包费的精确测算如表5-2-21所示。

专业分包费测算表 表 5-2-21

序号	分项名称	单位	数量	市场单价（元）	市场合价（元）	备注
1	塑钢窗	m³	418	170	71060	
2	木门	m³	145	85	12325	不含油漆锁
3	木隔断	m³	103	100	10300	双面三合板
4	防火门	m³	10.8	170	1836	
	合计				95521	

7. 措施费的精确测算

此项费用的测算往往没有统一的可参考标准，要依据具体的施工组织设计而定，以下的测算按本工程的施工组织设计测算。临时设施费、安全文明费测算的精确测算如表 5-2-22 所示。

临时设施费、安全文明费测算 表 5-2-22

序号	费用名称	单位	数量	单价（新建价与本次摊销价）（元）	合价（元）	备注
1	办公室	m²	50	350	17500	新建
2	厨房	m²	30	350	10500	新建
3	厨房设施	套	1		800	
4	厕所、浴室	m²	30	350	10500	新建
5	围墙	m	80	120	9600	新建
6	宿舍（150人，8人/间）	m²	200	300	60000	新建
7	警卫室	m²	6	300	1800	新建
8	水泵房	m²	4	300	1200	新建
9	配电间	m²	4	300	1200	新建
10	施工标牌	元	1	1500	1500	
11	企业形象标记	元	1	1000	1000	
12	场地硬化	m²	150	30	4500	
13	宿舍床铺（双人上下铺）	套	80	150	12000	新购
14	照明设施	套	20	20	400	
15	通讯设施（电话）	套	1	200	200	
16	仓库	m²	18	200	3600	
17	临时设计管线费	元			20000	
	小计				156300	

8. 管理费的精确测算

本工程管理费主要包括现场管理费、经营管理费、仪器仪表使用费等。

(1) 现场管理费

现场管理费的精确测算如表 5-2-23 所示。

现场管理费测算表　　　　　　　　　　　　　表5-2-23

序号	费用名称	单位	数量	单价（元）	期限（月）	小计（元）	备注
1	管理人员工资	人	4	2000	6	48000	
2	后勤人员工资	人	1	1000	6	6000	
3	办公器具及耗材	元	1	1500		1500	
4	桌椅	套	8	180		1440	
5	电扇	台	2	100		200	
6	电话费	元	1	1500		1500	
7	交通费用	元	1	3000		3000	
8	其他费用	元	1	5000		5000	年摊销费用
	合计					66640	

（2）经营管理费测算

经营管理费的精确测算如表5-2-24所示。

经营管理费测算表　　　　　　　　　　　　　表5-2-24

序号	费用名称	单位	数量	单价（元）	期限（月）	小计（元）	备注
1	业务招待费	元	1	2000	6	12000	
2	财务费用	元	1	2000		2000	
3	交纳企业上级管理费	元	1			70000	约为造价3%
4	其他不可预见	元	1			20000	
	合计					104000	

（3）仪器仪表使用费测算

仪器仪表使用的精确测算如表5-2-25所示。

仪器仪表使用费测算表　　　　　　　　　　　表5-2-25

序号	名称	单位	数量	单价（元）	合价（摊销价）（元）	备注
1	配电箱柜	组	6		1200	
2	电表、变压器	套	8			
3	对讲机	部	3			
4	经纬仪	台	1			
5	水准仪	台	1		1000	
6	铝合金标尺	杆	1			
7	施工测量配套	组	3			
8	台称	台	1			
9	磅	台	1			

续表

序号	名称	单位	数量	单价（元）	合价（摊销价）（元）	备注
10	混凝土试块仪器	组	4			
11	砂浆试块仪器	组	2			
12	温度计	根	6			
13	稠度仪	组	1		5000	
14	坍落度筒	个	1			
15	测含水率仪器	套	1			
16	温控器	套	1			
17	养护箱	套	1			
18	空调机	台	1	1000	1000	
19	生产照明设施（普通）	组	15	25	375	灯具，插座，线
20	镝灯	个	3	500	1500	
21	太阳灯	个	5	100	500	
22	生产给排水设施	组	2	250	500	
23	消防设施	套	10		1600	
24	维修保养	元			2500	
25	电线电缆	m	30	100.00	300	
	合计				15475	

注：成套摊销仪器仪表使用费不列单价，直接列摊销费。

9. 其他成本项的精确测算

其他成本项的精确测算如表 5-2-26 所示。

水电费测算表 表 5-2-26

序号	设备名称	单位	数量	规格型号	功率/台班（kW）	每天使用时间（h）	使用期限（天）	合计（度）	备注
一、生产用电									
1	夯实机	台	2	电动	16.6	12	30	1494	分包自备
2	电动卷扬机	台	4	单筒，30t	390.6	10	36	70308	完全负荷状态累计时间
3	搅拌机	台	1	强制式	64.51			1277	按每小时出12m³混凝土计，共1900m³混凝土
4	砂浆机	台	2	200t	8.61			108	按每小时出5m³砂浆计，共500m³砂浆
5	振捣器	台	4	插入式	2.5	12	12	180	分包自备
6	振捣器	台	1	平板式	2.5	12	4	15	分包自备
7	调直机	台	1		11.9	12	36	643	累计使用时间
8	切断机	台	1		32.1	12	36	1733	累计使用时间
9	弯曲机	台	1		12.8	12	36	691	累计使用时间
10	圆锯机	台	1		24	12	36	1296	累计使用时间
11	弯箍机	台	1		12.9	12	36	697	累计使用时间
12	手提锯	台	3		7.8	12	36	1264	累计使用时间
13	交流电焊机	台	2	50kVA	156.45	12	9	4224	累计使用时间

续表

序号	设备名称	单位	数量	规格型号	功率/台班（kW）	每天使用时间（h）	使用期限（天）	合计（度）	备注
14	镝灯	台	3	3kW	24	12	50	5400	
15	其他照明系统	套	10	200W	1.6	12	60	1440	
16	其他加工用电							500	估值
	用电量小计	度						91269	
	费用							54761	单价0.6元/度
				二、生活用水、电					
1	照明	套	10	100W	8	12	80	9600	
2	空调机	台	1	1.5kW	12	8	60	720	
3	食堂	天			50		80	4000	每天50度计
4	电脑及配套	套	1	80W	6.4	6	80	384	
5	取暖系统	套	5	1.2kW	12	12	60	5400	
6	其他用电							1000	暂估
7	制冷	套	5	80W	6.4	12	60	2880	夏天驱热
	用电量小计							23984	
	费用							14390	元，单价0.6元/度
8	生活水费	t	1200		2.5			3000	
	水电费合计							17390	元
	生产生活水电费总计							72152	元

10. 成本汇总

成本汇总如表 5-2-27 所示。

工程成本汇总表　　　　表 5-2-27

序号	费用名称	金额（元）
1	人工费	512532.5
2	实体性材料费	
2.1	主要材料费	1969523
2.2	辅助材料费	20175
3	措施费材料费	
3.1	脚手架材料费	30113
3.2	模板材料费	185856
4	机械费	164143.5
5	专业分包	95521
6	措施费	
6.1	临时设施费、安全文明费	156300
7	管理费	
7.1	现场管理费	66640

续表

序号	费用名称	金额
7.2	经营管理费	104000
7.3	仪器仪表使用费	15475
8	其他成本项	
8.1	生产用电费	54761
8.2	生活用水电费	72152
	合计	3447192

5.2.5 老造价工程师的话

老造价工程师的话48 有意识地培养对工程造价的"条件反射"能力

新入行的造价人员要在工作中,要有意识地培养对工程造价的"条件反射"能力,即看到一个问题就能自主地去联系到与其相关的造价问题。这种"条件反射"主要体现在:

(1) 对建筑物的三维想象力。

做造价工作,碰到问题就要想。建筑物做都能做出来,还会算不出量来?通过多到现场、多看图,提高自己的空间想象能力。

(2) 项目管理中,对项目造价、成本支出有比较系统的认识。

比如,在现场,遇到挖室外沟槽土方,挖掘机挖土后马上渗水。当一个造价员和一个施工员在现场看到这种情况,他们第一反应是各不相同:施工员马上打电话安排人过来准备抽水;而造价员则马上回办公室,准备写签证单,确定湿土排水高度。他们都是施工岗位上的工作人员,但是对同样的事情有不同的反应。亲历施工现场,培养自己的成本意识,就会产生强列的造价意识。在工地上巡查的时候,看到一样东西就要想起这样东西的造价,定额里是多少,成本是多少等等。

老造价工程师的话49 造价人员工作中要注意收集哪些数据、指标?

根据工程造价实践经验,仅仅按传统理论收集资料往往是不够的。实际中根据工作的需要,造价人员要注意收集以下经验数据,这些宝贵的经验数据对今后的工作非常有帮助。这些数据有些需要造价人员自己分析、总结,有些则需要向一线的老工程师、同行吸取。

需收集的数据、指标　　　　　　　　　表5-2-28

序号	需要收集数据种类	说明
1	工程量间相关性数据	如模板与混凝土工程量、粉砖与砌体工程量、钢筋与混凝土工程量、土方与基础工程量、脚手架与外墙粉刷工程量均有一定的相关关系
2	造价间的相关性数据	如直接费与间接费的相关数据、造价与成本的相关数据、土建与安装各专业间的相关关系、分项工程间的相关关系
3	工程量与建筑面积的相关性数据	主要是每建筑平米的工料机消耗数据
4	工程造价与建筑体量的关系	如造价与层高等的相关性数据

这些数据你收集的越多,快速报价、快速复核、图纸造价优化对你来说就越简单。

老造价工程师的话 50　　造价人员的两本账

做成本测算或成本管理人员,一定要有两本账。

(1) 底牌账

底牌账是最贴近工程实际的,也就是你亲手计算得到的结果,这将是你后面的账的最根本依据。或者说这个账,是自己的底牌或防线。在此基础上,不同立场的造价人员会有不同的"公开账"。

另外要注意养成丢掉的废纸都要毁掉的习惯。一些随手记录的信息数据落入别人手中,特别是"对手"手中,很可能会给工作带来一些麻烦。

(2) 公开账

如果你是业主方造价人员,核施工单位的账,"能少就少"。反过来,如果你是施工单位的造价人员,"能多就多"。

老造价工程师的话 51　　注意收集些一线的消耗量数据

施工单位成本测算人员要注意收集一些消耗量数据,以备成本测算时之需,如:

(1) 一个抹灰工一天抹灰 $35m^2$;

(2) 一个砌砖泥工一天砌红砖 1000~1800 块;

(3) 一个砌砖泥工一天砌空心砖 800~1000 块;

(4) 一个瓦工一天贴瓷砖 $15m^2$;

(5) 刮大白第一遍 $300m^2$/天,第二遍 $180m^2$/天,第三遍压光 $90m^2$/天。

……

这些数据在成本测算中均有重要作用。

第 6 章 工程造价审核

6.1 工程审价

> "受业主委托,我们要对××工程造价进行审核,小李,这事交给你了,如何审?审的重点是什么,你考虑一下。"
> ……
> 工作中你是不是经常遇到这些事呢?你是否能从容应对?

【重要程度】★★★
【适用单位】中介单位、建设单位、其他单位

6.1.1 工作流程

工程审价即预结算审查,是指建设单位、施工单位双方依据合同在正式办理预结算之前所进行的审查工作。工程预结算由施工单位编制,供建设单位审核。工程审价工作,建设单位常常委托造价事务所完成,也有个别建设单位自行完成。

我们以造价事务所工程造价审核为例,来说明一下工程造价审核的一般流程(图 6-1-1)。

对上述流程简单文字说明如下:
(1) 接受委托
公司负责人接受委托人的委托,要对工程项目进行初步了解调查,在确定工程项目投资、规划、报建等一系列手续完备情况下,可与委托方签订协议书,并通知公司财务科办理委托人预付款手续。

(2) 完成任务
公司负责人将任务分配给项目负责人或预(结)算编制人员后,部门技术负责人要及时了解掌握工程项目情况,对预算编制人员做好技术交底工作。

公司预算编制人员要全面阅读委托人已提供的手续及资料,当资料欠缺时,要主动和委托人联系补充完善资料,并及时通知有关人员一起到施工现场进行勘验,并做好勘验记录,对勘验记录各有关人员要签字。

公司预算编制人员对委托方所报的工程预(结)算书进行全面审核。在校核过程中可与施工单位人员进行对账。

(3) 内部校核

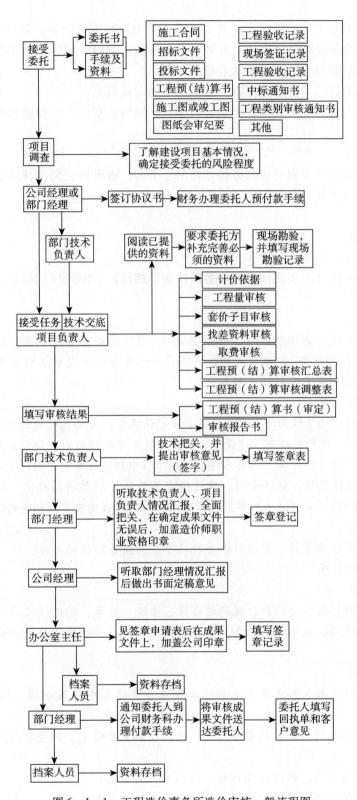

图 6-1-1 工程造价事务所造价审核一般流程图

由公司预算编制人员根据审查后的预（结）算书填写审核结果。部门技术负责人对预算编制人的审核结果进行复核审查，并填写审查意见。部门经理听取技术负责人的情况汇报，在确定无误后加盖造价工程师执业资格印章。

公司经理听取部门经理情况汇报，并做出书面定稿意见。

公司办公室主任在成果文件上加盖公司印章，填写签章记录，并通知档案人员做好资料存档工作。

(4) 成果提交

部门经理通知委托人到公司财务科办理财务手续，将审核成果文件送达委托人，并要求委托人填写回执单及客户意见。

6.1.2 工作依据

(1)《工程造价咨询业务操作指导规程》

【依据 6-1-1】《工程造价咨询业务操作指导规程》（中价协 [2002] 第 016 号）。

1 总则

1.1 目的

为了提高工程造价咨询单位（下称"咨询单位"）的业务管理水平，规范工程造价咨询业务（下称"咨询业务"）操作程序，明确咨询业务操作人员的工作职责，保证咨询业务质量和效果，特制定本操作指导规程。

1.2 咨询业务范围

咨询业务是指咨询单位向委托人提供的专业咨询服务，主要包括建设项目投资策划、编制项目建议书与可行性研究报告、建设项目投资估算及建设项目财务评价；编制或审核工程概算、预算、竣工结（决）算、项目后评估；项工程中招投标策划，编制或审核工程招标文件、招标标底、投标报价、施工合同；建设项目各阶段工程造价的确定、控制及合同管理（含工程索赔的管理）、工程造价的鉴证、工程造价的信息咨询及其他相关的咨询服务。

1.3 适用对象

取得工程造价咨询资质、接受社会委托从事咨询业务的咨询单位。

2 一般原则和程序

2.1 一般原则

咨询业务的操作规程必须符合现行的法律、法规、规章、规范性文件及待业规定要求和相应的标准、规范、技术文件要求，体现公正、公平、公开执业原则，诚实信用，讲求信誉。

2.2 一般原则

咨询业务操作可由业务准备、业务实施及业务终结三个阶段组成。操作的一般程序如下：

(1) 为取得咨询项目开展的各项工作，包括获取业务信息，接受委托人的邀请，提供咨询服务书等；

(2) 签订咨询合同，明确咨询标的、目的及相关事项；

(3) 接受并收集咨询服务所需的资料、踏勘现场、了解情况；

(4) 制定咨询实施方案；

(5) 根据咨询实施方案开展工程造价的各项计量、确定、控制和其他工作；
(6) 形成咨询初步成果并征询有关各方的意见；
(7) 召开咨询成果的审定会议或签批确定咨询成果资料；
(8) 咨询成果交付与资料交接；
(9) 咨询资料的整理归档；
(10) 咨询服务回访与总结；
(11) 咨询成果的信息化处理。

3 操作人员配置

3.1 咨询单位技术总负责人

咨询单位应设立独立的技术管理部门和技术总负责人，负责对咨询业务专业人员的岗位职责、业务质量的控制程序、方法、手段等进行管理。

技术总负责人的职责如下：
(1) 审阅重要咨询成果文件，审定咨询条件、咨询原则及重要技术问题；
(2) 协调处理咨询业务各层次专业人员之间的工作关系；
(3) 负责处理审核人、校核人、编制人员之间的技术分歧意见，对审定的咨询成果质量负责。

3.2 咨询业务专业人员

参与咨询业务的专业人员可分为项目负责人（造价工程师担任）、专业造价工程师、概预算人员三个层次（对于较为简单的咨询业务，操作人员配置可适当从简），各自的职责如下：

3.2.1 项目负责人
(1) 负责咨询业务中各子项、各专业间的技术协调、组织管理、质量管理工作；
(2) 根据咨询实施方案，有权对各专业交底工作进行调整或修改，并负责统一咨询业务的技术条件，统一技术经济分析原则；
(3) 动态掌握咨询业务实施状况，负责审查及确定各专业界面，协调各子项、各专业进度及技术关系，研究解决存在的问题；
(4) 综合编写咨询成果文件的总说明、总目录，审核相关成果文件最终稿，并按规定签发最终成果文件和相关成果文件。

3.2.2 专业造价工程师
(1) 负责本专业的咨询业务实施和质量管理工作，指导和协调概预算人员的工作；
(2) 在项目负责人的领导下，组织本专业概预算人员的拟定咨询实施方案，核查资料使用、咨询原则、计价依据、计算公式、软件使用等是否正确；
(3) 动态掌握本专业咨询业务实施状况，协调并研究解决存在的问题；
(4) 组织编制本专业的咨询成果文件，编写本专业的咨询说明和目录，检查咨询成果是否符合规定，负责审核和签发本专业的成果文件。

3.2.3 概预算人员
(1) 依据咨询业务要求，执行作业计划，遵守有关业务的标准与原则，对所承担的咨询业务质量和进度负责；
(2) 根据咨询实施方案要求，展开本职咨询工作，选用正确的咨询数据、计算方法、计算公式、计算程序，做到内容完整、计算准确、结果真实可靠；

(3) 对实施的各项工作进行认真自校，做好咨询质量的自主控制。咨询成果经校审后，负责按校审意见修改；

(4) 完成的咨询成果符合规定要求，内容表述清晰规范。

3.3 咨询成果文件的质量控制程序

为保证咨询成果文件的质量，所有咨询成果文件在签发前应经过审核程序，成果文件涉及计量或计算工作的，还应在审核前实施校核程序。校核人员和审核人员的职责如下：

3.3.1 校核人员

(1) 熟悉咨询业务的基础资料和咨询原则，对咨询成果进行全面校核，对所校核的咨询内容的质量负责；

(2) 校核咨询使用的各种资料和咨询依据是否正确合理，引用的技术经济参数及计价方式是否正确；

(3) 校核咨询业务中的数据引用、计算公式、计算数量、软件使用是否符合规定的咨询原则和有关规定，计算数字是否正确无误，咨询成果文件的内容与深度是否符合规定，能否满足使用要求，各分项内容是否一致，是否完整，有无漏项；

(4) 校核人员在校审记录上列述校核出的问题，交咨询成果原编制人员修改后进行复核，复核后方能签署并提交审核。

3.3.2 审核人员

(1) 审核人员参与咨询业务准备阶段的工作，协调制订咨询实施方案，审核咨询条件和成果文件，对所审核的咨询内容的质量负责。

(2) 审核咨询原则、依据、方法是否符合咨询合同的要求与有关规定，基础数据、重要计算公式和计算方法以及软件使用是否正确，检验关键性计算结果；

(3) 重点为审核咨询成果的内容是否齐全、有无漏项，采用的技术经济参数与标准是否恰当，计算与编制的原则、方法是否正确合理，各专业的技术经济标准是否一致，咨询成果说明是否规范，论述是否通顺，内容是否完整正确，检查关键数据及相互关系；

(4) 审核人员在校审记录单上列述审核出的问题，交咨询成果原编制人员进行修改，修改后进行复核，复核后方可签署。

3.3.3 每份咨询成果文件的编制、校核、审核人员须由不同人员担任。

3.4 咨询成果文件的签发

凡依据咨询合同要求提交的咨询成果文件须由规定的造价工程师签发。

4 准备阶段

4.1 签订咨询合同

签订统一格式的咨询合同，明确合同标的、服务内容、范围、期限、方式、目标要求、资料提供、协作事项、收费标准、违约责任等。

4.2 制订咨询实施方案

由项目负责人主持编制的咨询实施方案一般包括如下内容：咨询业务概况、咨询业务要求、咨询依据、咨询原则、咨询标准、咨询方式、咨询成果、综合咨询计划、专业分工、咨询质量目标及操作人员配置等。

该咨询实施方案经技术总负责人审定批准后实施。

4.3 配置咨询业务操作人员

咨询单位应为咨询业务配置相应的操作人员，包括项目负责人、相应的各专业造价工程师及概预算人员。

4.4 咨询资料的收集整理

4.4.1 咨询单位根据合同明确的标的内容，开列由委托人提供的资料清单。提供的资料应符合下述要求：

（1）资料的真实性，委托人对所提供资料的真实性、可靠性负责；

（2）资料的充分性，委托人按咨询单位要求提供的项目资料应满足造价咨询计量、确定、控制的需要，资料要完整和充分；

（3）委托人提供的资料凡从第三方获得的，必须经委任人确认其真实可靠。

4.4.2 咨询业务操作人员在项目负责人的安排下，收集、整理开展咨询工作所必需的其他资料。

5 实施阶段

实施阶段包括项目前期及可行性研究阶段、设计阶段、招标阶段、施工阶段、竣工结（决）算及项目后评估阶段等五个阶段以及其他相关咨询业务。咨询单位接受委托人的委托，可从事建设项目全过程或某阶段的咨询业务。

5.1 项目前期及可行性研究阶段工作规程

5.1.1 项目前期及可行性研究阶段的主要工作

建设项目投资策划、编制可行性研究报告（合建设项目投资估算及建设项目财务评价）。目的是对拟建项目的必要性和可行性进行技术经济论证，对不同建设方案进行技术经济比选及作出判断和决定。

5.1.2 收集和熟悉有关咨询依据

（1）国民经济经济发展的长远规划，国家经济建设的方针政策、任务和技术经济政策；

（2）项目建议书和咨询合同委托的要求；

（3）有关的基础数据资料，包括同类项目的技术经济参数、指标等；

（4）有关工程技术经济方面的规范、标准、定额等，以及国家正式颁布的技术法规和技术标准；

（5）国家或有关部门颁布上的有关项目前期评价的基本参数和指标。

5.1.3 咨询成果文件的校审

（1）确保咨询成果文件的真实性和科学性。咨询单位在具备充分咨询依据的基础上，按客观情况实事求是地进行技术经济论证，技术方案比选，确保项目前期咨询及可行性研究的严肃性、客观性、真实性、科学性和可行性；

（2）项目前期及可行性研究内容应符合并达到国家及相关政府主管部门的现行规定与要求，项目齐全、指标正确、计算可行。工程效益（经济效益、社会效应、环境效益）分析方法正确，符合实际，结论可靠。

校审后的咨询成果文件由技术总负责人或项目负责人签发，并对其质量负责。

5.1.4 准确确定项目造价控制目标值

随着项目建议书、初步可行性研究、可靠性研究的不断深入，咨询单位所编制的投资估算因各阶段特点不断深化，并形成项目造价控制的目标值。

5.2 项目设计阶段工作规程

5.2.1 项目设计阶段的主要工作

设计方案的技术经济比选、价值工程分析、设计概算的编制或审查、施工图预算的编制或审查、项目资金使用初步计划的编制。目的是通过工程设计与工程造价关系的研究分析和比选，确保设计产品技术先进，经济合理。

5.2.2 收集和熟悉有关咨询依据

（1）各设计阶段设计成果文件及相关限制条件，包括项目可行性研究批文、建设项目设计所采用的技术与工艺流程、建筑与结构形式、技术要求、建筑材料的选用标准及项目所涉及的规划配套等限制条件；

（2）编制或审核概算、预算所需的相关基础资料，包括参考选用的定额、市场造价数据、相似项目技术经济指标；

（3）项目有关的其他技术经济资料。

5.2.3 咨询成果文件的校审

（1）对不同建设方案应进行充分的技术经济比选与优化论证，具有准确的分析与评价资料，确保所推荐的方案经济合理、切实可行；

（2）工程概算与预算编制的工程数量应基本准确、无漏项；概算与预算深度应符合现行编制规定，采用定额及取费标准正确，选用的价格信息符合市场状况，计算无错误，经济指标分析合理，计价正确；

（3）概算与预算的咨询成果文件内容与组成完整，应包括编制说明、总概（预）算书、综合概（预）算书、单位工程概（预）算书及相关技术经济指标和主要建筑材料与设备表；依据齐备，附表齐全，深度符合规定要求。

校审后的咨询成果文件由规定的造价工程师签发。并对其质量负责。

5.2.4 咨询成果文件的各项计算书不对外印发，经校审签署后整理齐全保存备查。

5.3 项目招标阶段的主要工作

5.3.1 项目招标阶段的主要工作

策划建设项目招标方式、编制招标文件（含评标方法及标准、实物工程量清单）、编制标底、提供评标用表格和其他资料、起草评标报告、起草合同文本并参与合同谈判与签订。其目的是依据合适的建设工程招标程序，通过施工合同来确定工程的施工合同价。

5.3.2 收集和熟悉有关咨询依据

（1）有关建设工程招投标的法律、规定。程序、要求等内容；

（2）项目的实施要求，包括工程拟招标的方式、范围；

（3）编制招标阶段咨询文件所需的基础资料与相关的设计成果文件（包括满足招标需要的图纸及技术资料），建设项目特殊条件等；

（4）与建设项目招标工作相关的其他资料。

5.3.3 咨询成果文件的校审

（1）确保整个招标阶段的咨询服务工作应在独立、公平、公正、科学、诚信的状态下开展；

（2）建设项目招标方式、招标文件及施工合同应符合国家相关法规要求并满足项目本

身的特殊条件,确保拟采用的招标方式切实可靠并能达到预期目标;

(3) 工程招标文件和施工合同文件的格式和种类应符合项目要求,内容构成齐全,所涉及的计价依据完备,工程价款的计量、计价及支付方式等清晰合理;

(4) 招标文件含工程量清单的,应有对应的工程量计算规则,清单分类合理,报价基础上内容描述清晰明了、计量正确,清单表式齐备,深度符合有关规定;

(5) 建设工程招标标底应在概算或施工图预算的基础上编制,内容应与招标范围相一致,计价应考虑到项目的特殊条件及市场竞争状态。内容一般应包括编制说明、工程量计算、市场单价、合价及其他相关的施工费用。标底应依法保密。

核审后的咨询成果文件由项目负责人签发,并对其质量负责。

5.3.4 所有涉及工程量清单或标底的计算书不对外印发,经过校审签署后整理齐全保存备查。

5.3.5 咨询单位应对合同图纸登记编录,并由专人负责保管,作为今后施工阶段设计变更时调整工程造价的依据。

5.4 项目施工阶段的主要工作

5.4.1 项目施工阶段的主要工作

工程款使用计划的编制与工程合同管理、工程进度款的审核与确定、工程变更价款的审核与确定、工程索赔费用的审核与确定。其目的是以工程合同为依据,达到全过程确定与控制工程造价的目标。

5.4.2 收集和熟悉相关咨询依据

(1) 施工合同,特别是工程造价的计价模式、工程进度款的结算与支付方式等内容;

(2) 编制施工阶段咨询文件所需的基础资料,包括设计图纸与技术资料,合同计价的相关定额、标准等;

(3) 与建设单位、设计单位、监理单位、施工单位等沟通协调,并确定作为工程结算计价依据的相关设计变更、现场签证等的程序与职责。

5.4.3 咨询成果文件的校审

(1) 工程款使用计划应在合理的施工组织设计及工程合同价款的基础上编制,编制内容应与工程合同确定的工程款支付方式相一致,在设计或施工进度变化较大的情况下应按需进行动态调整;

(2) 工程进度款的审核与确定报告应符合施工合同相关支付条款的要求,所套用的计价基础上应正确,工程量的核定应与施工进度状况相一致,中期付款报告的签发程序及时间应符合施工合同要求;

(3) 工程变更与工程现场签证审核的依据应充分,设计变更手续、签证程序应齐全,内容与实际情况应相符,所选用的计价方式应合理并符合施工合同规定,工程变更的数量(包括核增与核减)应考虑全面。

工程设计变更及现场签证价格的审核与确定应由相关的专业造价工程师签发,工程款使用计划书、工程进度款审核报告(或付款证书)应由项目负责人签发。

5.4.4 所有涉及工程量计算及计价的计算书不对外印发,经过校审签署后整理齐全保存备查。

5.5 项目竣工结(决)算及项目后评估阶段工作规程

5.5.1 项目竣工结（决）算及后评估阶段的主要工作

编制建设工程竣工结（决）算报告、竣工项目可行性后评估分析。其目的是反映建设工程项目实际造价和投资效果。

5.5.2 收集和整理核对相关咨询

（1）建设工程项目的概况，包括名称、地址、建筑面积、结构形式、主要设计单位与施工单位等内容；

（2）项目经批准的概算或相关计划指标、新增生产力、完成的主要工程量等内容；

（3）项目竣工验收资料，包括经认可的竣工图纸、相关施工合同文件、施工过程中所发生的所有设计变更、签证材料及施工单位编制的竣工结算申请材料；

（4）涉及项目后评估咨询工作的，还需收集建设工程从开工起至竣工止发生的全部固定资产投资资料及投产后经济、社会、环境效益资料；

（5）若项目还存在收尾工程，则应明确收尾工程的内容。计划完成时间及尚需的资金额度；

（6）其他相关的咨询服务依据资料。

5.5.3 咨询成果文件的校审

（1）编制咨询成果文件所需依据的完备性，成果结论的真实性和科学性；

（2）项目竣工结（决）算应严格依据施工合同的规定执行，对工程量计算与计价、相关费用的核定、设计变更、工程签证的手续齐全性及实际竣工项目状况的一致性进行审核，确保计算无误、计价正确、浓度符合规定要求、计算和结论清楚、附表齐全；

（3）项目工程财务决算及后评估报告应按竣工项目实际情况实事求是地进行汇总、分析，确保咨询成果的严肃性、真实性和可靠性。

（4）咨询成果文件应符合并达到国家及相关政府主管部门的现行规定与要求。审核后的咨询成果文件由技术总负责人或项目负责人签发，并对其质量负责。

5.6 其他相关咨询业务工作规程

5.6.1 其他相关咨询业务的主要工作

包括投标报价书的编写、工程造价的信息咨询、工程造价的签证等内容。其目的是依据造价工程师的专业知识向委托人提供专业的技术咨询服务，达到相应的咨询成效。

5.6.2 咨询单位应参照前述规程原则，依据委托咨询的内容与要求由项目负责人在咨询实施方案中制订切合实际要求的业务操作规程。

6 终结阶段

6.1 咨询成果文件的完备性

咨询成果文件均应以局面形式体现，其中间成果文件及最终成果文件须按规定经技术总负责人或项目负责人或专业造价工程师签发后才能交付。所交付的咨询成果文件的数量、规格、形式等应满足咨询合同的规定。

6.2 确定咨询成果文件的完备性

在咨询服务的终结阶段，项目负责人应确定所交付的咨询成果文件已满足咨询合同的要求与范围，且所有咨询成果文件的格式、内容、浓度等均符合国家及行业相关规定的标准。

6.3 咨询资料的整理与归档

咨询单位的技术管理部门应根据本单位的特点制订符合国家及行业相关规定的咨询资料收集、整理与留存归档制度。咨询资料应在技术总负责人领导下，由项目负责人或专人负责整理归档。整理归档的资料一般应包括下列内容：

(1) 咨询合同及相关补充协议；

(2) 作为咨询依据的相关项目资料、设计成果文件、会议纪要和文函；

(3) 经签发的所有中间及最终咨询成果文件；

(4) 与所有中间及最终咨询成果文件相关的计算、计量文件、校核、审核记录；

(5) 作为咨询单位内部质量管理所需的其他资料。

6.4 咨询服务回访与总结

大型或技术复杂及某些特殊工程，咨询单位的技术管理部门应制订相关的咨询服务回访与总结制度。回访与总结一般应包括以下内容：

(1) 咨询服务回访由项目负责人组织有关人员进行，回访对象主要是咨询业务的委托方，必要时也可包括使用咨询成果资料的项目相关参与单位。回访前由相关专业造价工程师拟订回访提纲；回访中应真实记录咨询成果及咨询服务工作产生的成效及存在问题，并收集委托方对服务质量的评价意见；回访工作结束后由项目负责人组织专业造价工程师编写回访记录，报技术总负责人审阅后留存归档。

(2) 咨询服务总结应在完成回访活动的基础上进行。总结应全面归纳分析咨询服务的优缺点和经验教训，将存在的问题纳入质量改进目标，提出相应的解决措施与方法，并形成总结报告交技术总负责人审阅。

(3) 技术总负责人应了解和掌握本单位的咨询技术特点，在咨询服务回访与总结的基础上归纳出共性问题，采取相应解决措施，并制订出有针对性的业务培训与业务建设计划，使咨询业务质量、水平和成效不断提高。

6.5 咨询成果的信息化处理

咨询单位技术管理部门在咨询业务终结完成后，应选择有代表性的咨询成果进行项目造价经济指标的统计与分析，分析比较事前、事中、事后的主要造价指标，作为今后咨询业务的参考。

附则：术语解释（略。）

(2) 当地建设工程造价咨询执业操作规程

略，请自行收集本地规定。

(3) 本咨询单位操作办法

略，请自行收集本单位规定。

(4) 具体工程资料

如：造价咨询委托合同；施工合同约定的计价依据，如某某定额、清单计价规范等；招投标文件；预结算书；施工图纸及图纸会审纪要；变更、签证、索赔资料；其他。

(5) 《建设项目工程结算编审规程》（CECA/GC3－2007）

略，请读者自行收集。

6.1.3 工作表格、数据、资料

(1) 造价咨询公司业务提成管理办法

【实例 6-1-1】 某造价咨询公司业务提成管理办法。

为充分调动员工的工作积极性,鼓励员工争创一流业绩,强化竞争激励机制,教育和惩戒落后,保障本公司员工整体利益,特制定本办法。

本公司奖金分为业务提成奖、项目提成奖以及公司年度奖三部分,具体说明如下:

一、业务提成奖

(一) 财务审计部分的提成按项目收入的 2%~8% 计提;

(二) 工程审价部分按每项目(以 50 万元为一个项目)不超过 400 元提成。

业务提成奖分两次发放,当月发放 50% 作为当月业务提成奖,剩余 50% 作为公司年度奖。提成的高低按小组得分值确定,总分为 100 分,详见表 6-1-1。

小组内各成员所占比例按下述细则分配:

1. 初次分配:项目组长在尽到《外出执业注意事项》规定的各项责任的前提下,可单独享有总比例 20%,如发现有重大失误或失职将在该幅度内下调。

2. 二次分配:扣除以上比例后的部分将依据组长意见按人员具体工作量分配(项目组长作为小组普通成员按其具体完成的工作量参与再分配)。

3. 处于试用期的员工不参与奖金分配。

二、项目提成奖

每做完一个项目按业务提成奖的 10%~40% 计提,提成的高低参考小组得分值,详见表 6-1-1。此部分奖金由项目负责人根据每个人的贡献在项目完成后一次性分配。项目负责人在具体分配该部分奖金时要考核小组成员的以下指标:①业务熟练程度及业务量;②工作质量;③与小组成员的协作关系;④该项目期内的其他表现。

三、公司年度奖

该奖项依全年业务提成奖剩余部分的累积数为基础,年终由公司根据员工的全年表现在上下 20% 的幅度内一次性发放。

对于辞职或公司提前辞退的员工,预留的年终奖不予发放。

本办法自 20××年××月××日执行。

附表:

提成表 表 6-1-1

分值	业务提成		项目提成 (按业务提成的百分比)
	财务(按项目收入的百分比)	工程(每项提成额度)	
100 分	8%	400 元	40%
90≤分值<100	7%	350 元	35%
85≤分值<90	6%	300 元	30%
75≤分值<85	4%	200 元	20%
65≤分值<75	3%	150 元	10%
60≤分值<65	2%	100 元	无此奖项
60 分以下	无此奖项		

具体评分标准(满分 100 分)包括:

1. 小组整体形象(15 分 违反廉洁自律规定该项得 0 分,同时参照公司有关制度并罚)

（1）与甲方协调关系情况（5分　受到对方投诉此项得0分；关系基本良好，不妨碍正常业务进展得2分；关系融洽，利于工作进展，得5分）；

（2）小组内部团队协作（5分　内部矛盾，公开发生口角，得0分；内部不太团结，有个别磨擦，得2分；内部团结，工作进行顺利，得5分）；

（3）外勤工作纪律（5分　自由涣散、私自外出，得0分；基本服从安排，得3分；完全服从整体安排，得5分）。

2. 项目外勤完成情况（25分　依据出差计划书执行情况）

（1）时间控制（15分　按承诺时间完成得15分；若未按承诺时间完成，此项得0分，每延迟一天倒扣5分）；

（2）是否返工、相关数据搜集情况（10分　指外勤工作结束后，非对方原因而通过电话或者直接出差向对方索取资料，出差返工一次此项为0分）。

3. 报告完成情况（50分　依据报告承诺书执行情况）

（1）格式（3分　包括字体、字号、结构、对齐、序号、边距、行距、页眉、页脚等，错误率≤20%得3分；错误率≤30%得2分；错误率≤40%得0分）；

（2）内容（总计18分）分以下内容：

准确性（6分　数字错一处此项得0分，并倒扣2分，依次类推；错别字或标点错误：错误率≤20%得6分；错误率≤30%得5分；错误率≤40%得3分；错误率≤50%得0分）；

完整性（5分　缺一项要求内容此项得0分，并倒扣2分，依次类推）；

逻辑性（7分　错一处此项得0分，并倒扣2分，依次类推）。

（3）修辞（5分　语句通顺、修辞得当，得5分；语句基本完整、意思表达基本清晰，得3分；语意不清、语句不连贯、有白话，得0分）；

（4）时间控制（12分　按承诺时间完成得12分；若未按承诺时间完成，此项得0分，每延迟一天倒扣3分）；

（5）修改次数（8分　公司规定小组与公司之间正常修改次数为一次；若未按规定执行，此项得0分，每超过一次倒扣4分）；

（6）归档（2分　报告定稿的打印版交公司存档，若未存档，此项得0分；电子版存档格式按每修改一次重新存档一份，列为第×次，采纳被审单位意见稿列为定稿，若未按规定执行，此项得0分）；

（7）报送（2分　按时、按要求送达委托单位，得2分；未按要求或不及时，此项得0分）。

4. 工作底稿（10分）

（1）及时（6分　财审项目必须在报告完成后两个工作日内将底稿整理归档；工程按1天/项目，依次类推。未按要求时间完成，此项得0分，每延迟一天倒扣1分）；

（2）完整（4分　缺一项要求内容，此项得0分；具体项目内容不完整时酌情扣分）。

备注：1. 如果没有完成《项目计划书》或《报告承诺书》，相应部分的得分按实际得分×50%计算。

2. 对于报告中的错误如已经指出仍未改正，除按上述标准（修改次数）扣分外，相应部分的错误按上述扣分标准双倍计算。

3. 错误率是指报告正文及附件中错误总个数与报告总份数之比。

（2）工程审价执业注意事项

【实例6-1-2】 某造价咨询公司审价执业注意事项。

一、项目负责人职权

1. 项目负责人对外负责与对方财务、审计、基建部门及施工单位接洽，保持对内对外沟通联系。

2. 项目负责人对内安排工作进度及具体分工，保证报告质量，协调本小组成员之间关系，决定小组内部利益分配。

3. 对于不服从工作安排、无理取闹造成不良影响者，项目负责人有权将其提前撤回，并向公司提出处理建议。

4. 项目小组应发扬民主，负责人要积极听取成员意见和建议，不得武断行事。对于小组无法定案事宜，及时向公司请示。

5. 项目负责人不得刁难项目组成员，不得因个人原因影响整个小组工作进度。

二、项目组成员职权

1. 项目组成员对项目负责人有监督权，对小组工作事务有参与和建议权。

2. 项目组成员应听从项目负责人的工作安排，如有异议应及时提出并在小组内共同讨论，不得有消极抵触情绪。

三、道德自律规范

1. 项目组在执业过程中应本着客观、公正、廉洁的原则，不得向对方提不合理要求，不得要求对方提高招待规格，不得收受对方礼品，不得单独接受对方宴请。

2. 项目组应遵守对方内部制度有关规定和作息安排，不得迟到、早退、旷工。

3. 在对方提供的工作场地内，不得用对方提供的电话聊天。

4. 项目组成员要注意安全，不经项目负责人同意不得私自外出。

四、工作规范

1. 项目组在出发前的一个工作日内，由项目组长填写《项目出差计划书》，并据此准备随行物品及其他事项。

2. 贵重物品（如笔记本电脑）应由项目负责人指定专人负责其操作保管，其他人员不经授权不得随意操作。人为原因发生物品损坏或遗失，由直接责任人负责。

3. 项目组成员要注意克制情绪，审时度势，掌握处理问题的方法技巧，做到与各方良好沟通。

4. 项目组成员与对方商定、修改有关数据时必须事先告知项目负责人，预定基本解决方案。

5. 项目组在外勤工作期间应与公司保持必要的联系（住宿、行程安排等），有特殊情况应及时向经理汇报。

6. 项目组成员要整理好工作底稿，执行项目三级复核后，由项目组长在出具报告后的两个工作日内交于办公室统一保管。

7. 项目负责人外勤期间应合理安排人员分工，并将具体工作情况总结如实反映。

8. 项目组在外勤工作完成后两个工作日内填好《报告承诺书》交经理审批，作为出具报告工作的指导、检查依据。

9. 项目组长在外勤业务结束后要及时、完整地将有关资料返还被审计单位，如需借用应履行必要的手续。

以上注意事项均涉及日常考核,严重违规按《员工奖罚规定》处理。

五、关于公章的使用

公司员工因正常业务工作需使用公章时,应通过办公室人员同意后取出公章,同时填写公章使用登记表备案后方可使用;若因业务上的特殊需要或个人需要需用公章时,须先通过经理同意,再到办公室做相应的记录并由办公室人员取出后方可使用。

如因公章使用不当或越权使用,其后果由直接负责人负责。

六、关于报告的修改

公司员工外出执业回来后,报告成形后若要修改须执行以下规定:

1. 小组成员在报告成形并交与组长后,若觉得某些地方须修改,须告知并与组长讨论后方可修改;组长在看过组员送来成形的报告后,若感觉有不妥之处或对报告中某些实质性内容有疑问,也应把具体情况告诉相关组员,待共同探讨后再行修改。

2. 当组长把定稿后的报告送给经理后,不论是项目组长或是经理因某些原因要修改报告的内容,都应先告知对方,不得随意删改报告。对于已送达客户的报告,若要修改必须通过经理同意。

6.1.4 操作实例

【实例 6-1-3】竣工结算审核报告。

关于××公司乙醇汽油石油库工程项目竣工结算的审核报告

××字(2006)第××号

××公司(业主):

受贵公司委托,××工程造价咨询有限责任公司审价组于 2005 年 9 月 2 日至 2005 年 9 月 30 日对××公司油库乙醇汽油配送工程项目竣工结算进行了专向审核。审核过程中本着客观、公正、实事求是的原则,按照国家有关规定及相关文件,采用全面审查法对所涉及工程进行审核。

审核期间,××公司领导与有关人员和审计组密切配合,及时提供工程建设相关的工程资料,这些资料的真实性、完整性与合法性由提供方负责,我们的责任是对这些资料发表审核意见。审核过程中,结合××公司油库车用乙醇汽油配送工程的实际情况,采用基建工程审核与财务审核相结合的方法,查阅了该油库乙醇配送工程的批准文件、工程合同、结算资料等主要内容。现出具报告如下:

一、建设项目基本情况

该油库位于××市××路南段,××公司斜对面。

库区占地 48666.9m^2,年吞吐能力在 20 万 t 以上。储存能力 25500m^3,其中 3000m^3 内浮顶油罐 4 座,2000m^3 内浮顶油罐 2 座,500m^3 内浮顶油罐 8 座,200m^3 黏油罐 4 座,50m^3 黏油卧罐 14 个。

油库库内设施比较完善,油罐等布置紧凑,为节约用地,取消原设计图中的两座 300m^3 乙醇罐,改造 1 座 500m^3 旧油罐作为乙醇罐,库区输油管线老化且布置不合理,全部拆除重建。改造 4 座 500m^3 油罐并增加浮顶,新建卸车泵棚 1 座,增加卸车鹤管 3 套、发油鹤管 4 套等乙醇汽油配套设施。发油场有1100m²混凝土地坪拆除重做，库区消防道路大部分拆除重建。

油库车用乙醇汽油配送工程于2004年7月开工，2005年元月竣工。由××省××建筑安装工程公司承建，××监理公司监理。

二、审核依据

1. 《中华人民共和国合同法》；
2. 《中华人民共和国建筑法》；
3. 《××省建设工程造价管理暂行规定》；
4. 2002版《××省建筑和装饰工程综合基价》与配套《综合解释》；
5. 2003版《××省安装工程单位综合基价》与配套《应用指南》；
6. 工程施工合同、变更签证、图纸、施工单位提交的结算书等竣工验收资料；
7. 材料价格按××市建设工程造价信息2006年第四期颁布价调整，造价信息中没有的材料按甲乙双方认可的发票价格调整；
8. 其他与工程造价有关的资料。

三、审核结果

该油库乙醇配送建安工程报审额为3909548.76元，审定额为2885156.17元，审减额为1024392.59元，审减率为26.20%。详见审核定案表。

依照合同约定，施工单位应向建设单位按工程审定额优惠3.50%，即优惠100980.47元，因此扣除优惠额后建设单位实际应向施工单位结算价为2784175.70元（其中：社会保险费71311.51元）。

四、审核说明

1. 本工程根据甲乙双方签定的合同书，按合同价加变更调增减的办法进行结算审核；
2. 工程量按施工图纸与变更签证并经现场核对进行计算；
3. 土建工程四类取费，安装工程按二类取费；
4. 工程审定金额中含社会保险费71311.51元；
5. 工程审定金额中不含设备款，所用设备全部由建设单位提供。设备款总额为1509380.90元，按建设单位提供的设备清单经现场核对后认可；
6. 审核报告只表示对××油库车用乙醇汽油配送工程的工程造价发表审核意见，不涉及工程质量问题；
7. 本报告审核结果仅依据建设单位提供的资料及有关要求进行计算的，若由于送审资料不齐全或有误而影响到审核结果的正确性，我单位概不负责；
8. 主要审减原因：

① 工程量核减：如土方、混凝土道路与地坪、管道、阀门等项目有重复计算现象；

② 材料价差的调整：如管道、钢材、管件等材料的调整偏离当时施工时间的市场价格；

③ 定额的套用：管道等安装工程不应按综合基价乘以系数2或1.5计算；砂护管误套为砂垫层定额；混凝土路面定额含沥青灌缝，不做变形缝时应扣除定额内沥青；普通抹灰误套为零星抹灰。

五、存在的问题

1. 竣工资料应按类型分别装订；
2. 签证资料中个别描述不清，修改部位修改人应签字盖章；

3. 竣工图纸加盖竣工图章后应分册装订。

六、审价建议

1. 正确套用定额，土建与安装子目不要混套；

2. 加强材料价格认证工作，主要材料要随工程进度及时认证；

3. 竣工资料装订时应按类分册；

4. 对于合同价包死工程，建议附工程预算与工程量认证单以便核对。

附件：1. 工程决算审核定案表（略）

2. 工程结算书（略）

××工程造价咨询有限责任公司
二〇〇六年十二月七日

6.1.5 老造价工程师的话

老造价工程师的话 52	作为建设方的造价人员，如何正确处理与审价单位、施工单位的关系？

一些业主单位常常会委托一些造价咨询公司进行预结算审核或造价控制，作为建设方的造价人员，如何正确处理与审价单位、施工单位的关系？造价咨询公司服务的对象是你的公司——建设方，它要对项目工程造价真实性负责，作为建设方的造价人员，应对他们的行为行使监督权；如果在过程中发现有不利于结算价真实性的问题出现，就可以建议中止合同关系（在签订合同时注明即可）。但对施工单位就不一样了，你不能因某个构件监测不合格，就要求终止合同。造价咨询公司多是事后服务，在整个工程建设的过程中并没有直接参与，在他们服务的过程中，作为建设方的造价人员，应主动向他们提供建设期间的资料、证据，以便于能更快更好地出成果。而对于施工单位，就大可不必了，因为在整个建设过程中他们都是参与者，甚至比建设方的造价人员都熟悉工程情况。这里要做到的就是保密，有些不方便让施工单位知道的东西，就不能外泄。对于他们两者间的交往、不必介意，更不能没有根据的乱猜疑，他们会有他们的工作准则。总之，要想处理好这三方的关系，就应做到张弛有度、外松内紧、不卑不亢，尽量不和其中的一方引发不必要的正面冲突。

老造价工程师的话 53	对数之道

工程预结算，特别是工程结算，甲乙双方进行核对，称为对数，对数时我们要做好以下几点：

（1）要有步骤。

结合建设方和施工方的不同意见，按项一个一个来；最好别按结算书重新一个一个全部计算讨论，那样就不是对数，而是在一起做预算，看谁做的好。

（2）说话要有技巧。

作为造价人员，大家都是为工作，没必要搞得像仇人一样，要学会做人做事，注意有的放矢。说到底就是钱，建设方想少给点，施工方想多要点，在这个项亏了，但说不定能在别的项补回来。因此对数时还要看项的总价。

（3）看准主要问题。

审价中，问题往往出在材价、签证上，有许多重复项、虚报项、多报项。对数时，在这些主要问题上要作足功夫。另外，新技术材料价格也要注意。

（4）如果当天不能完成，注意留下伏笔。

工作中，让各方自行考虑一下，说不定有意想不到的效果。如某工程结算，双方一直在某几个项上纠缠不清，搞得迟迟无进展。建设单位副总综合了建设方的意见，给施工方在那些项上分别报了总价，让他们回去考虑，结果没几天施工方打电话来说就按那些价格算，不用再纠缠。

老造价工程师的话54　工程造价审核要点

（1）对工程概算重点审查以下事项：

① 设计概算的完整性与准确性，有无漏项、重项，尽量减少投资概算与工程实际投资的差异，避免"三超"现象的发生；

② 所使用的概算定额和取费标准是否符合国家和地区有关规定；

③ 设备价格是否符合市场价格。

（2）对工程预算（标底）重点审查以下事项：

1）单项工程预算编制是否真实、准确，主要包括：

① 工程量计算是否符合规定的计算规则，是否准确；

② 计价依据（定额、清单等）选用是否合规，分项工程预算定额选套是否恰当；

要先由造价比例大的项目进行审查，比如地面、墙面、框架柱、框架梁，套价是否合理，工程量是否正确，工序、做法等有无出入，混凝土强度等级、砂浆配合比用不用代换，钢筋的用量、定额的含量有多大区别等。找到了他们的错误之处后写出分析报告，以备结算的时候，施工单位犯同样的错误时，有充足的理由反驳。

定额子目没有的分部分项工程，它的单价的确定，要通过编写补充定额来确定，但要及时、合理、合法的进行。

如果采用的是清单计价，更要注意报价折分的合理性、施工的做法和方法的不同、报价以及招标方法等，这些因素，是影响成本因素的关键。组价的合理与否，决定施工的操作过程，不同的组价，就会带来不同的施工方法、施工内容、施工过程，处理这类的准绳就是现行的规范、标准和质量检测办法。

③ 工程取费是否执行相应计算基数和费率标准；

④ 设备、材料用量是否与定额或设计含量一致；设备、材料用量是否按国家定价或市场价；

⑤ 利润和税金计算方法，利润率、税率取用是否符合规定。

2）多个单项工程构成一个工程项目，审查工程项目是否包含各个单项工程，有无重算或漏算，费用内容是否合理；

3）预算项目是否控制在概算允许的范围内。

（3）对建设项目工程结算审查，应在预算审查事项的基础上，重点审查以下事项：

1）施工现场调查结果与竣工验收图和提供的审查相关资料是否一致；

2）工程实施过程中发生的设计变更和现场签证

3) 工程材料和设备价格的变化情况;
4) 工程实施过程中的经济政策变化情况;
5) 补充合同内容。

6.2 司法审价

> "受法院指派,我们要对××工程造价进行鉴定,小李,这事交给你了,如何鉴定?你安排一下。"
> ……
> 工作中你是不是经常遇到这些事呢?你是否能从容应对?

【重要程度】★★
【适用单位】中介单位

6.2.1 工作流程

工程造价司法鉴定,一般为司法机构因案件审理需要委托造价咨询机构对当事人双方诉讼涉及的建设项目工程造价进行审核鉴证,办案裁决时作判案依据,涉及的当事人多发生在建设单位和施工单位、施工单位和分包商之间。也称司法审价。

其一般工作流程如下:

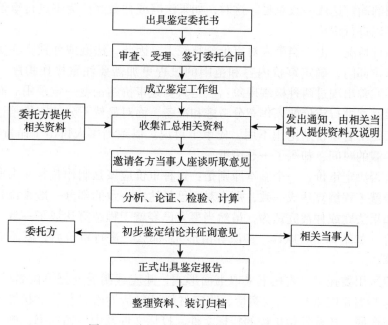

图 6-2-1 工程造价司法鉴定一般流程

上述程序文字说明如下：

(1) 委托和受理

1) 委托

各级司法机关、公民、法人和其他组织均可作为委托主体。目前，各级人民法院、仲裁委员会作为委托主体的比较普遍。

目前，在诉讼、仲裁中进行司法审价的，不外乎两种原因：

① 当事人协商一致进行审价

对于在案件审理过程中，当事人协商一致进行审价的。一般是由于争议的工程系未完工工程，当事人未就工程造价进行结算；或争议的工程虽已完工，但由于设计变更、缺陷整改等原因，当事人对于如何确定工程造价意见不统一。

在这种情况下，只要法庭或仲裁庭认为有必要，都可以委托审价。而且这种审价，其结论是有约束力的，理由在于这种审价是当事人协商一致的结果，法庭或仲裁庭应当尊重当事人的这种选择。因此，在审价开始前，法庭或仲裁庭需要就审价部门的选定、审价内容和范围的确定征求当事人的意见。如果当事人就审价部门的选定以及审价内容和范围的确定不能达成一致意见，则不能认为当事人对审价协商一致；相反，如果当事人能够就审价部门的选定以及审价内容和范围的确定达成一致，法庭或仲裁庭在制作裁判文书时完全可以直接采用审价结论。

② 法庭、仲裁庭依照职权委托审价

在案件审理中由法庭或仲裁庭依照职权委托审价，一般是这两种情况：一是当事人虽已确认结算报告，但一方当事人以种种理由要求进行司法审价，而另一方当事人不同意进行审价而要求按结算确定工程造价。这时，如果法庭或仲裁庭认为确有必要进行审价的，可以进行审价；二是虽然当事人都同意进行司法审价，但却不能就审价部门的选定以及审价内容和范围的确定达成一致意见。这时，如果法庭或仲裁庭认为不进行审价无法查明案件事实的，可以进行审价。

对于这两种情况，由于当事人对审价分歧较大。因此，法庭或仲裁庭在决定是否审价以及在选定审价部门，确定审价内容和范围的过程更加需要注重操作程序。对于这种审价，在审判实践曾出现过两种极端现象：一是只要是审价结论就一定采用。而有的案件由于法庭或仲裁庭在进行审价前未作充分考虑和准备，面对显然不公的审价结论也只能硬着头皮采用；二是不管审价结论用不用，先审了再说。以致当事人付出了昂贵的审价费用，花费了一年半载的时间，却买了一叠废纸。

因此，是否决定审价，一个基本原则是：这种审价应该是制作裁判文书所必需的。如果当事人已经就工程结算达成一致，那么对于已经达成一致的部分一般来说是不需要审价的；相反，如果法庭或仲裁庭认为，虽然当事人已经就工程结算达成了一致意见，但仍然需要司法审价（如结算中有欺诈、违法等情形），那么，进行审价后，就不应再采用当事人达成的结算。

委托一般采用委托书，委托书采取书面形式，并应载明受委托单位名称、委托事项、鉴定要求（包括鉴定时限）、简要案情、鉴定材料（包括诉讼状与答辩状等卷宗；工程施工合同、补充合同；招标发包工程的招标文件、投标文件及中标通知书；施工单位的营业执照、施工资质等级证书；施工图纸、图纸会审记录、设计变更、技术核定单、现场签证；视工程情况所必须提供的其他材料等）。司法机关委托鉴定的送鉴材料应经双方当事人质证认可，复印件由委托人注明与原件核实无异。其他委托鉴定的送鉴材料，委托人应对材料的真实性承担法律责任。送鉴材料不具备鉴定条件或与鉴定要求不符合，或者委托鉴定的内容属国家法律法规限制的，可以不予受理。司法鉴定所依据的送检材料应当真实、合法、完整。因提供的鉴定材料不符合要求而影响鉴定结果的，由委托方负责。

2）工程造价司法鉴定的受理

必须以工程造价司法鉴定机构的名义接受委托。鉴定机构在接受委托书后，对符合受理条件的应即时决定受理。不能即时受理的，应在规定时限内对是否受理作出决定。对于符合受理条件并决定受理的，司法鉴定机构应当与委托方签订《司法鉴定委托合同》。对于不符合受理条件并决定不予受理的，应当退回鉴定材料并向委托方说明理由。司法鉴定机构接到委托后应当在15个工作日内作出是否受理的决定，并告知委托方。凡接受司法机关委托的司法鉴定，只接受委托人的送鉴材料，不接受当事人单独提供的材料。不属于司法机关委托的司法鉴定，委托方和受理方应签订《司法鉴定委托受理协议》。

有下列情形之一的，司法鉴定机构不得受理：

① 委托要求超出司法鉴定机构的业务范围、技术条件和鉴定能力的；

② 鉴定材料不具备鉴定条件或者与鉴定要求不符的；

③ 其他不符合法律、法规、规章规定的。

具有下列情形之一的，司法鉴定人应当自行回避：

① 参加过本案同一鉴定的；

② 是本案的当事人或其近亲属的；

③ 本人或者其近亲属与本案有利害关系的；

④ 担任过本案的证人、勘验人、辩护人、诉讼代理人的；

⑤ 与本案当事人有其他关系可能影响司法鉴定公正的。

（2）实施

司法鉴定机构接受委托后，由接受委托的或其指定的司法鉴定人完成委托事项的鉴定。必要时，司法鉴定人也可以由委托方从鉴定机构的鉴定人名册中随机抽取。

1）初始鉴定

司法鉴定机构应在规定时限内指派具体承办的司法鉴定人进行初始鉴定。鉴定人应具备工程造价司法鉴定资格。同一司法鉴定事项应当由两名以上司法鉴定人（不包括复核人）共同进行鉴定并在鉴定文书上签字。第一鉴定人对鉴定意见承担主要责任，其他司法鉴定人承担相应责任。同一司法鉴定事项由两名以上人员进行鉴定时，第一鉴定人对鉴定情况负主要责任，其他鉴定人负次要责任。司法鉴定人要全面了解熟悉案情，对送鉴材料要认真研究，了解当事人争议的焦点和委托方的鉴定要求，结合工程合同和有关规定提出鉴定方案。因建设工程情况错综复杂，鉴定方案直接影响着鉴定结论，所以鉴定方案必须经鉴定机构的技术负责人批准后方能实施。案情调查视工程情况，可以举行一次或多次。每次案情调查会应由第一司法鉴定人主持，专人负责记录，并形成会议纪要，会议纪要由参与者签字后方能作为鉴定的依据。案情调查可采用两种方式：

① 调查听证会，请当事人分别陈述案情及争议的焦点，目的是充分听取各方的意见。

② 现场勘验调查会，对当事人争议的地方进行现场实测、实量、实查、实验。

2) 工程造价司法鉴定结论的复核

为确保鉴定工作质量,工程造价司法鉴定结论应由机构中具有高级工程师职称且具有注册造价工程师资格的司法鉴定人复核,复核人对鉴定结论承担连带责任。

3) 工程造价司法鉴定中复杂、疑难问题的论证

工程造价司法鉴定中如对复杂、疑难问题或鉴定结论有重大意见分歧时,可以聘请本行业中的专家举行论证会,根据论证意见,最后仍由工程造价司法鉴定机构作出结论,不同意见应当如实记录在案。

4) 补充鉴定、重新鉴定、终局鉴定

发现新的相关鉴定材料,或原鉴定项目有遗漏,或质证后需要补充其他事项的情况下,可进行补充鉴定。补充鉴定由原司法鉴定人进行。补充鉴定文书是原司法鉴定文书的组成部分。需要重新鉴定的实施主体,不得由原鉴定人进行。重新鉴定的范围包括:原鉴定机构、鉴定人不具备司法鉴定资格或超出核定业务范围鉴定的;送鉴材料失实或者虚假的;鉴定人故意作虚假鉴定的;鉴定人应当回避而未回避的;鉴定结论与实际情况不符的;鉴定使用的仪器和方法不当,可能导致鉴定结论不正确的;其他因素可能导致鉴定结论不正确的。重新鉴定最多可以进行两次,对第一次重新鉴定有异议的,经司法机关决定,应当委托司法鉴定专家委员会鉴定。目前司法鉴定专家委员会的鉴定结论,一般为省内的终局鉴定。

司法鉴定人应当按照司法机关的要求按时出庭。司法鉴定人出庭时,应当按照法庭要求出示有效证件。司法鉴定人出庭陈述、接受询问和质证时,应当客观、公正、实事求是地说明司法鉴定的有关情况并回答与所出具司法鉴定意见有关的问题。

6.2.2 工作依据

(1) 司法鉴定委托书
(2) 计价依据:合同、定额、规范等
(3) 工程施工期间有关文件规定

6.2.3 工作表格、数据、资料

委托书样式见表6-2-1。

建筑工程造价司法鉴定委托意向书　　　　表6-2-1

(1) 建设单位:	
(2) 咨询人:	××工程造价司法鉴定所
工程名称:	
施工单位:	
监理单位:	工程地点:
一、鉴定内容:	
二、采用造价依据:	

续表

三、收取资料清单： （1）必须的基本作业资料： 　　　工程施工图＿＿＿张　　　工程竣工图＿＿＿张　　　修改（变更）通知书＿＿＿张 　　　现场签证＿＿＿张　　　施工图集＿＿＿本　　　地质报告＿＿＿本 　　　工程变更＿＿＿张　　　建设单位确认工程量＿＿＿张　　　招标文件＿＿＿张 　　　建设工程施工合同（协议）及补充施工合同（协议）＿＿＿张　　　招标文件＿＿＿张 　　　中标通知＿＿＿张　　　工程会审记录资料＿＿＿张　　　建设单位认可的实施性施工方案＿＿＿本 　　　工程中建设单位提供的资料（设备）清单＿＿＿张　　　经建设单位确认现场实测的工程图纸＿＿＿张 　　　工程量结算书＿＿＿本　　　软盘（光盘）＿＿＿张　　　工程量计算稿＿＿＿页 　　　建设单位供应材料名称、规格、数量、单价汇总表，并经建设单位、施工单位双方核对签章＿＿＿张 　　　有关影响工程造价、工期的签证材料＿＿＿张　　　隐蔽工程检查验收证书＿＿＿张 　　　其他： （2）后补资料（后补资料提供时间应为鉴定委托意向书后二个工作日内，否则完成时间顺延）： （3）委托人需对提供资料的完整性、真实性负责。 四、协作事项：在编制过程中，委托人需按咨询人要求协作收集咨询作业必须的其他资料。		
双方委托人（盖章）：		联系电话：
		委托时间：
		初稿完成时间：

项目编号：

6.2.4 操作实例

【实例 6-2-1】 司法审价报告实例。

关于对××小区 1 号、2 号商住楼工程价款的鉴定报告
××司法鉴定中心 [2006] 价鉴字第××号

××市中级人民法院：

根据贵院委托要求，我们对××建筑工程有限公司诉××房地产开发公司工程价款纠纷一案中涉及的××小区 1 号、2 号商住楼工程价款进行了鉴定，我公司组织有关专业技术人员，遵循客观公正、准确合理的原则，按照必要的鉴定程序和方法，鉴定工作已经完成，现将鉴定结果报告如下：

一、委托单位

××市中级人民法院

二、鉴定目的

为法院受理的××建筑工程有限公司诉××房地产开发公司关于××小区 1 号、2 号商住楼工程价款纠纷一案提供参考依据。

三、鉴定范围

本次鉴定的具体范围：××房地产开发公司 1999 年 8 月开发的由××建筑工程有限

公司承建的××小区1号、2号商住楼工程价款。

四、工程地点

××路××号。

五、鉴定方法

通过全面、充分地研究委托方提供的鉴定资料,本次鉴定办法如下:

施工单位应得工程结算价款＝总工程款—应扣甲供材费用—应扣施工用水电费

其中总工程款＝中标价＋变更部分工程款

六、鉴定金额

270.14万元(大写:贰佰柒拾万壹仟肆佰元整)。

七、鉴定依据

1. ××市中级人民法院司法鉴定对外委托书(2006)××中法司委字第××号
2. 《××省建筑工程综合预算定额》1995年版
3. 《××省建筑工程单位估价表》1995年版
4. 《××省建筑工程费用定额》1995年版
5. 工程施工期间有关文件规定

八、鉴定情况说明

本工程为公开招标工程,标底价为351.96万元,施工单位中标价为325.89万元,即总价下浮8%。招标文件中明确本工程所用的钢筋、水泥、红砖为建设单位供应,结算时按有关规定扣回。双方在施工合同第40条也约定"1.钢筋、水泥、红砖为建设单位供应,结算时以中标价扣回。2.变更部分按实结算"。

现在双方争议的焦点问题有以下3点:

1. 甲供材料款应如何扣回,扣款总价为多少?
2. 因建设单位变更所导致的工程价款增减的数额。
3. 施工用水、电费应如何扣回,扣回多少?

现针对以上3点分别予以说明:

1. 甲供材扣款问题

(1) 标底所含的甲供材扣款办法。

招标文件中明确提出钢筋、水泥、红砖由建设单位供应按定额价计入不调差,结算时按有关规定扣回,施工合同第40条约定甲供材按中标价扣回。同时此工程是以标底价总价下浮8%后中标,根据当地定额解释的规定"建设单位供应到工地仓库或指定地点,施工单位按附表2所列原价和运杂费及采保费的50%结退款",本工程标底内所含的甲供材料应按文件规定的(原价+运杂费+采保费×50%)下浮8%后扣款,材料的数量应按标底内所含的数量。这样建设单位对材料的采购运输、施工单位对材料的保管等费用及中标下浮因素均给予了合理的考虑。

(2) 变更及超供部分的甲供材扣款及原定甲供后因建设单位供应不足施工方自购的部分材料补差办法。

因本工程实际用的钢筋、水泥、红砖数量和建设单位供应的数量不一致,本次鉴定也给予了充分考虑,即以标底内列示的材料数量加上变更部分的同类材料数量作为实际用量,其中:

1) 标底内的数量按文件规定的(原价+运杂费+采保费×50%)下浮8%后扣款。

2）变更部分的甲供材按文件所示的（原价+运杂费+采保费×50%）扣还。

3）建设单位多供应的部分因当初招标时未计入此项费用，故超供部分甲供材按（建设单位实购价+运杂费+采保费×50%）扣款。

4）建设单位供应数量不足由施工单位自购的材料即（实际数量－甲供数量）×（市场价+运杂费+采保费×50%）。

2. 建设单位变更导致工程价款的增减问题

合同中第38条明确约定"所有变更与增加工程量按实结算，材料由施工单位自购"，本工程所涉及的变更造成的工程价款增减费计算办法如下：

工程量的变更按签证计算，但因为也有变更造成工程价款减少，此部分需要从标底中扣除，标底中甲供材是按定额价计取的。

为保证扣除时同一口径，工程变更部分中计算其钢筋、水泥、红砖也和标底保持一致按定额价计入，但在计算甲供材扣款时，工程变更中所涉及的钢筋、水泥、红砖也和标底数量相加作为甲供材按相应办法扣款。

3. 施工用水电费的扣款

此项费用在招标时已计入标价，但在实际施工中是建设单位交付的，此项费用应予以扣还。其具体扣款数额因建设单位所提供的交费单据所列示数额，不能说明就是该工程施工所用，在水电费的具体用量上无双方共同签字认可的依据，所以此项按工程造价中所计取的施工用水、电费扣除。扣除费用为27681.23元。

九、特殊事项的说明

1. 本次鉴定主要依据委托方提供的相关资料，委托方对所提供资料的真实性负责，因资料失实造成的鉴定结果出现偏差和失误，我公司不承担相应责任。

2. 本次鉴定结论仅作为法院受理的该工程价款纠纷一案提供参考依据。

十、报告提交日期

2006年7月16日。

十一、本报告一式陆份，提供给委托方肆份。

十二、附件：表6-2-2、表6-2-3、表6-2-4、表6-2-5。

鉴定工程师：×××　　　　　　鉴定机构法人代表：×××

复核造价工程师：×××

××工程造价咨询有限公司

工程结算价款计算汇总表　　　　　　　　表6-2-2

序号	项目名称	金额（万元）	备注
1	工程总价	348.22	
其中	中标价	325.89	
	变更部分	22.33	
2	应扣除款项	78.08	
其中	应扣甲供材料款	75.31	
	应扣施工用水电费	2.77	
3	施工单位应得工程结算款1－2	270.14	

注：因本工程所用的钢筋、水泥、红砖已全部扣除，在甲乙双方结算工程款时，甲供的钢筋、水泥、红砖不应再抵扣工程款。

变更部分工程款　　　　　　　　　　　　　表6-2-3

序号	名称	金额（元）	备注
1	土建变更调增	261709.00	
2	土建变更调减	-51152.20×92% = -47060.02	
3	安装变更调增	15928.64	
4	安装变更调减	-7955.17×92% = -7318.76	
5	售房办	7358.80	
	合计 1+2+3+4+5	223258.86	

甲供材扣还表　　　　　　　　　　　　　表6-2-4

序号	名称	计算公式	金额（元）
一	标底及调减部分	原价+运杂费+采保费×50%，再下浮8%退还	
1	钢材	147.81×2970.59×92%	403956.28
2	水泥	(955.76-30.45)×247.55×92%	210735.65
3	红砖	(720.24-1.69)×195.865×92%	129479.69
二	调增部分	原价+运杂费+采保费×50%退还	
1	钢材	(1.9+0.09+0.017)×2970.59	5961.97
2	水泥	(185.96+1.7)×247.55	46455.23
3	红砖	(57.37+7.95)×195.865	12793.90
三	超供部分	建设单位实购原价+运杂费+采保费×50%	
1	钢材	(168.318-149.817)×(2144.79+32.94+58.82×50%)	40834.40
四	建设单位供应不足由施工方自购部分	市场价+运杂费+采保费×50%	
1	水泥	(709-1112.97)×(191.09+19.22+4.9×50%)	-85935.89
2	红砖	(776.3-783.87)×(110+39.85+3.87×50%)	-1149.01
	合计	763129.22	

水电费扣减表　　　　　　　　　　　　　表6-2-5

序号	名称	计算公式	金额（元）
一	标底及调减工程部分所含水电费		
1	水费	(878739+1044604-41817.94)×0.11%×1.5/0.99×92%	2885.01
2	电费	(878739+1044604-41817.94)×0.73%×1/0.583×92%	21674.65
二	调增工程部分所含水电费		
1	水费	(214119.17+5894.01)×0.11%×1.5/0.99	366.69
2	电费	(214119.17+5894.01)×0.73%×1/0.583	2754.88
	合计		27681.23

6.2.5　老造价工程师的话

老造价工程师的话55　工程造价结算中常见纠纷及鉴定参考意见

以下我们将工程造价结算中常见纠纷及鉴定参考意见做成表格，供读者在学习工程造价鉴定时参考。见表6-2-6。

表 6-2-6 常见纠纷及其鉴定参考意见

序号	结算方式	纠纷事项	原因分析	鉴定参考意见
1	固定总价+设计变更+现场签证	工程量清单中缺项或少计的,结算是否应调整。会议纪要中记录的现场工程师同意增加的项目工程造价双方无法达成一致。变更项目中材料单价双方无法达成一致。	①固定总价合同价款的调增应按合同条款约定的办法在约定的时间内办理。合同价款调整手续。②会议纪要中涉及条款与合同优先解释的协议条款相冲突时,承包方应将涉及造价调整的内容报经发包方批准或在会议纪要中申请,方可明调整合同价。③变更项目中材料单价(合同中约定的)应按合同中约定的材料单价,在约定的时间内办理确认手续,未履行材料单价确认的,只能参考市场材料价格确定单价。	①工程量计算:按施工合同约定计算,经甲方批准的设计变更、现场签证的费用,会议纪要中涉及加盖公章的鉴证,会议纪要中涉及调整的项目单列,供参考。②设计变更、现场签证中涉及造价的鉴定单价中约定的材料单价的,按双方确认单价计算,未能协商一致的,鉴定单价按合同约定的计价标准参考市场材料价格确定。
2	审定预算工程量+设计变更	审定预算工程量是指按实施还是按合同价违约金及其计算。停窝工损失及索赔费用的计算。	①承、发包双方应根据施工程的特性对合同结算价款进行约定。预算未经约定,实际挖孔桩已确认的挖孔桩工程在现场隐蔽验收记录中反映。②停窝工费用的索赔应按合同约定全约支付。主要看发生约定的一方当事人,发生索赔事件时,将索赔报告及时送达被索赔方。如未按合同约定程序,未按时报告,则失去索赔权。	①根据施工记录、施工图、挖孔桩工程量,按实际标准计算。②按合同约定的计价标准计算,否则工损失费用应无法定责任人,否则无法出具意见。
3	固定单价(结算工程量按实计)+工程总造价的3%配合费(需为素砼分包单位单价)	①配合费的支付。②装墙铝材品牌与招标书要求不符。③业主对乙方认可,对施工图、施工方又是设计方不予确认,合同预算不予认可,(乙方既是施工方,又是设计方,图没有经过设计、盖章)。④合同约定业主指令变更项目采用聚碳酸酯阳光板核算单价不予认可。	①配合费的支付。施工合同及费用的支付进行履行。②招标书中对合同约定铝材材质、品牌进行了约定,施工单位对合同约定铝材的变更应征得业主同意及批准,业主可提供原合同约定材料的证据,施工过程中发现铝材品牌、合同价可不调整,业主不予认可,应及时过知原设计方案作出修改。③双方合同中未对施工图进行约定,未提供设计方施工图收发登记记录,竣工图又是施工方指令施工图相比,图纸有变更,若没有,无法证明施工图变更无效。④由于变更项目采光棚聚碳酸脂阳光板未提供变更详细设计及指令变更有效性,应提交指令的变更,无法确定变更的施工主体。	①约定的配合费,若无相关证据,业主应支付。②按合同约定单价计算。如乙方均未能提供铝幕墙铝材变更的证据,鉴定造价可不调整铝材材料单价,给出两种铝材料价格差和合同铝材单价,供法院裁决时参考。③未施工项目不予计算。施工图的真实性、有效性请法院认定。④该变更项目采光棚聚碳酸脂阳光板未提供详细设计,双方没注,鉴定造价按合同约定的计价标准参考聚碳酸脂阳光板市场核价的计价材料单价确定。

续表

序号	结算方式	纠纷事项	原因分析	鉴定参考意见
3			④ 部分变更未提供设计变更单，变更项目仅按合同约定的条款履行签证单确认手续。	了目行绘制的竣工图证据，应加强施工及文档资料管理。
4	按实结算	① 管沟开挖的土方工程量产生争议。没有管沟土方开挖方式的争议，没有标高的证据材料。 ② 大理石的粘贴方式产生争议，没有证据材料。没有大理石粘贴方式按干粉型粘结剂粘贴的证据材料。 ③ 零星拆除工程的计价产生争议，没有现场零星签证令牌、签证或施工拾令等证据材料。 ④ 土方运距，资料位于市区，余土弃外运。 ⑤ 商品混凝土运距。商品混凝土运距的证据为乙方提供的商品混凝土的供应合同。 ⑥ 停工增加费用等。乙方报告资料仅为停工通知及甲方确认的施工组织设计。 ⑦ 双方对泵送混凝土增加费用调增异议。施工组织设计要求对定额调整异议。 ⑧ 42.5级水泥定额子目使用的水泥强度等级要求对定额调整异议。 ⑨ 承包方代发方支付费用。 ⑩ 双方对材料信息价格计算期间异议。 ⑪ 甲供材料。	① 施工合同判纷案件造价鉴定的依据是证据材料，因此，应加强施工及文档资料管理。 ② 没有设计变更，承包方应按施工图及文档资料施工。 ③ 施工合同承包范围外的指令零星工程项目应有现场签证材料。 ④ 土方运距的变化引起的土方外运原则：按实结算合同，方可调整合同价款；根据实签发包方确认的土方外运距离，方可调整的工程量计算签证，已有发包人签字确认的参考单价不能申请人分包计算；同额经甲方确认的土方外运距离与实际距离不一致，按实签发包方确认的土方外运距离为计算。 ⑤ 涉及合同约定的变化（时间在前/在后）。 ⑥ 尊重事实。 ⑦ 承包人失违反追加合同约定和索赔事件的发生，因此，鉴定人根据具体情况办理。 ⑧ 材料的变更涉及费用增加应有发包方签证。 ⑨ 承包方代发方可能代发方可支付。	① 依据施工合同，甲乙双方核对的结算工程量清单，施工图设计变更，签证，现场勘察记录等进行计算。根据施工图（施工图标高）计算开挖土方工程量。 ② 依据施工合同施工图说明规定的水泥砂浆粘贴套价。 ③ 售楼处拆除项目，因属现场签证范围，资料中没有相关签证资料，不予计算。 ④ 可暂按土方外运1km计算造价，并计算按土方外运每增1km运距的单价，供法院庭审调查确认实际运距后调整计算。 ⑤ 超运距未经业主确认，不计。 ⑥ 证据资料证明当地目前原因明确，可依据当地的计价部门明确的施工组织设计说明（一般当地计价部门均会有此类文件）。停工单价当时地计停工期计算。 ⑦ 合同未约定采用泵送混凝土进行约定，乙方提出泵送混凝土增加费用调整，经批准后的施工组织设计，无相关经济签证，不予调整。 ⑧ 乙方称允许混凝土实际采用42.5级水泥（提供混凝土采购合同），无其他证据资料，鉴定人不予调整。 ⑨ 乙方代甲方支付费用（仅提供支付凭证）不属工程造价鉴定范畴，由法院庭审处理。

续表

序号	结算方式	纠纷事项	原因分析	鉴定参考意见
4		⑫工期。双方的工期提前奖、分包管理费。⑬工期。双方的工期提前奖，双方约定竣工日期为竣工验收通过竣工验收证书的颁发日期还是竣工报告申请日期。⑭增加项目全室外墙架乙烯板内容，乙方提出的地下室设计图纸相关此项内容，设计未提供出相关设计变更的证据材料，不予计算。⑮垃圾清运费用等产生争议。	⑩材料信息价格计算期间的争议，主要原因是合同条款未约定或或理解不清，工程材料价格是否调整，领承发包双方理解不一致。⑪甲供材料合同条款约定方式，如可调整，应明确调整方式。⑫甲供材料项目未施工，乙方未约定不完整。⑬部分项目未施工，乙方未约定不完整。发包方强行分包的工程，因属承包方的合同承包范围，若没有承包方同意变更通知的承包方签字的签证，鉴定人会给出鉴定意见，由司法机关裁定。⑭查阅相关资料。⑮乙方提供的内容是否属实，无现场工程师签字的签证，无法判断，暂不予具鉴定意见。	⑩材料信息价格计算期间合同中未约定，参考当地计价规定。⑪甲供材料合同中未约定品种、数量等，业主没有提供甲供材料的证据材料，鉴定造价可先不予扣减，庭审调查后属实，在鉴定造价中扣除。⑫乙方称此工程承包范围内部分项目未施工，由于该工程目的已竣工验收，乙方未提供此部分分包的变更证据，鉴造造价取不予扣减。乙方称此部分分包管理费，由于乙方对此部分分包的工程，根据合同约定无法确认时，由庭审调查后属实，根据合同约定处理。⑬部分工程无相关证据提供，由仲裁请仲裁确认，根据合同约定处理。⑭签证的有效性无法确认，根据合同应予计算，由法院酌情处理。⑮垃圾清运费用，应提供计算量的计算材料，由法院酌情处理。
5	按建筑面积单价包干（业主未支付工程进度款、中途停工）	工程未竣工验收，未办理停工手续，双方对已完工程量、停工费用及反映施工机械停滞费的计算产生争议。	长期停工工程发方应签署停工协议，并及时办理停工损失签证。工程停工事实存在，原因明确，可参考当地规定，移交和解除合同的手续。	该工程停工是因业主没有给付工程款造成的，虽然双方未签署停工协议，但停工事实存在，计算明确。由于工程未经竣工验收，计算停人对已完工程造价计算，鉴定可按合同计算，若双方对已完工程质量产生争议，另行处理。

6.3 工程审计

> "我们将代表国家,对国家投资的××工程进行审计,小李,对工程造价的审计交给你们了,如何审你安排一下。"
> ……
> 工作中你是不是经常遇到这些事呢?你是否能从容应对?

【重要程度】★
【适用单位】政府审计部门

6.3.1 工作流程

1990年,国家审计署与原国家计委商定,对国家重点建设项目进行审核,要以投资活动为主线,凡项目投资活动涉及到的主管部门及建设、设计、供货、银行等单位及有关经济活动,都属于审计范围,不受隶属关系的限制;审计内容包括项目决策、计划、资金、设计、材料设备、各种取费、施工管理等方面。比如,概算的编制及执行情况、基建财务收支情况等。基建工程决算审计就是对基本建设项目竣工验收后由建设单位编制的反映项目实际支出工程决算的审核,但通常要核实建安工程结算。

工程审计的一般工作流程如图6-3-1所示。

6.3.2 工作依据

(1) 中华人民共和国审计法。
(2) 当地建设项目审计办法。
(3) 工程审价资料(详见6.1节)。

6.3.3 工作表格、数据、资料

(1) 审计前后对比表(表6-3-1~表6-3-6)

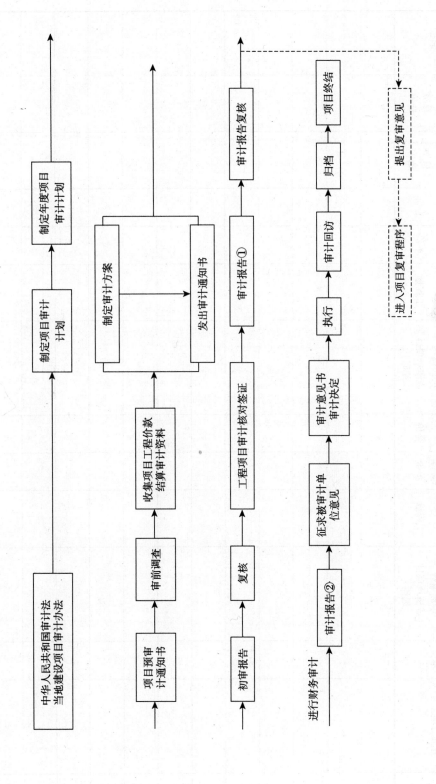

图 6-3-1 国家建设项目竣工决算审计流程图

×××工程预(决)算初步审计比较表(土建)

表 6-3-1

项目名称: 　　　　　　　　　　　　　　　金额单位: 元　　共　　页第　　页

序号	分部分项工程	单位	送审造价				初审造价				初审结果		备注
			定额编号 (或清单项目 编码)	工程量	单价	合价	定额编号 (或清单项目 编码)	工程量	单价	合价	核增 造价	核减 造价	

审核人员: 　　　　　　　　　　　　　　　　　　　　　　　　　　　年　月　日

表 6-3-2

×××工程预（决）算初步审计比较表（安装）

投资项目名称：

共 页第 页

序号	项目名称及规格	单位	数量	定额编号	设备费	送审造价（元）							数量	定额基价	设备费	主材料费	初审造价（元）							核增造价	核减造价
						主材费	定额基价	安装费										安装费							
								人工	其中			合计						人工	其中			合计		
									材料	机械									材料	机械				
(1)	(2)	(3)	(4)	(5)	(6)	(7)	(8)	(9)	(10)	(11)	(12)	(13)	(14)	(15)	(16)	(17)	(18)	(19)	(20)	(21)	(22)	(23)

审核人员：   年 月 日

注：表中 (6)～(7)、(15)～(16) 各栏目横线上填写：设备、材料单价；横线下填写：设备、材料，合价，合价=数量×设备（或材料）单价。表中 (9)～(11) 及 (18)～(20) 横线上各填写定额单价，横线下各填写合价，合价=定额单价×数量，但不含主材费合价。

×××工程预（决）算初步审计比较表

表 6-3-3

投资项目名称：　　共　页第　页

序号	项目名称	送审造价（元）				初审造价（元）				审定结果（元）		备注
		取费依据（文件号）	计费基础	费率%	造价	取费依据（文件号）	工程量	计价基础	费率%	造价	核增造价	核减造价	

审核人员：　　　　　　　　　　　　　协审人员：　　　　　　　　　　　　　　　　　　　　　年　月　日

表 6-3-4

×××工程材料价差（市场）初步审计比较表

项目名称： 金额单位：元 共 页 第 页

序号	材料名称及规格	单位	送审数				初审数				核增金额	核减金额
			数量	市场单价	定额单价	价差	合价	数量	市场单价	定额单价	价差	合价		

审核人员： 年 月 日

表6-3-5

×××直接费初步审计比较表（一）

单位：元　　　　共　页第　页

序号	分部工程名称	送审价格	初审价格	核减（增）额	备注
一	土石方工程				
二	打桩工程				
三	基础工程				
四	现浇钢筋混凝土工程				
五	预制钢筋混凝土工程				
六	砖石工程				
七	脚手架工程				
八	木门窗工程				
九	金属门窗工程				
十	楼地面工程				
十一	屋面工程				
十二	其他工程				

审核人员：　　　　　　　　　　　　　　　　　　　年　月　日

表 6-3-6

×××工程直接费审计比较表（二）

单位：元　　共　页第　页

序号	分部工程名称	送审价格	初审价格	核减（增）额	备注

(2) 核对资料（表6-3-7~表6-3-10）

审 计 工 作 记 录 稿 纸　　　　　表6-3-7

被审计单位签章：　　　　　　　　　　　　　　　　　审 计 人 员：

被审计单位		记录项目	

　　　　年　　月　　日

国家建设项目现场审计签证单

表 6-3-8

工程名称： 建设单位：

施工单位： 监理单位：

第　页共　页

事项		记录时间
主要情况		
	附件	
审计人员意见		

审计组长： 建设单位（签章）：

施工单位（签章）： 监理单位（签章）：

工程造价审计核对纪要　　　　　表6-3-9

第　　页共　　页

工程名称				
核对时间			核对地点	
单位	施工单位			
	审价单位			
	监理单位			
	建设单位			
	审计组			
主要内容				
签名	施工单位：		审价单位：	
	建设单位：		监理单位：	
	审计组长：		记录人：	

补 充 证 据 记 录 表6-3-10

第　　页共　　页

建设项目名称	
协审单位	
协审人员	
补充证据主要内容	
取证时间	
是否录用	
理　由	

(3) 定案表格 (表6-3-11~表6-3-15)

国家建设项目工程造价审计概况表　　　　　表6-3-11

投资项目单位		工程名称		建设规模	
投资项目建设地点		送审单位负责人、联系人		联系电话	
施工单位		施工单位负责人、联系人		联系电话	
送审造价		送审日期		审定造价		审定日期	
开工日期		竣工日期		审减(增)造价		审减(增)率	
已付工程款					
核减(增)原因	工程量				
	取费				
	签证		签证占造价比例		
	价差调整				
	量差调整				

审核人员:　　　　　　　　　　　　　　　　　　　　　　　年　月　日

国家建设项目工程造价定案表

表 6-3-12

第　　页共　　页

工程名称：　　　　　　　　　　　　　　　中介机构：

建设单位：　　　　　　　　　　　　　施工单位：　　　　　　　金额：元

工程内容	送审造价			审定造价			增减情况		
	合同价	变更	合计	合同价	变更	合计	核增	核减	净核减

中介机构审核人意见	中介机构负责人意见
审核人（签章）：	负责人（签章）： 单位（盖章）：
年　　月　　日	年　　月　　日

国家建设项目工程造价审定表　　　　　　　　表6-3-13

第　页共　页

工程名称：

建设单位：　　　　　　　　　施工单位：　　　　　　　　　金额：元

工程内容	送审造价			审定造价			增减情况		
	合同价	变更	合计	合同价	变更	合计	核增	核减	净核减

审计组意见	施工单位意见	建设单位意见
审计组长： 单位（盖章）： 年　月　日	签证人： 单位（盖章）： 年　月　日	签证人： 单位（盖章）： 年　月　日

表6-3-14 国家建设项目工程价款结算审定汇总表

项目名称：　　　　　　　　　　　　　　　　　　建设单位：　　　　　　　　　　　　　　　　　　金额：元

序号	工程内容	施工单位	送审价	核增额	核减额	净核减	审定价	备注
1								
2								
3								
4								
5								
6								
7								
8								
9								
10								
11								
12								
13								
合计								

编制人：　　　　　　　　　　　　　　　　　复核人：

审计组组长：　　　　　　　　　　　　　　　编制日期：

国家建设项目工程造价审定书 表 6-3-15

第　　页共　　页

项目名称：

建设单位：

承 包 商：　　　　　　　　　　　　　　　　　　　　　　　　　　金额：元

工程内容	送审造价	核增造价	核减造价	核定造价

审定总造价（人民币）：_____

编 制 人：_____

审 核 人：_____

审计组长：_____

编制日期：_____年_____月_____日

6.3.4 操作实例

【实例6-3-1】 工程价款结算审计报告。

关于对××中学××工程价款结算的审计报告

××市审计局：

根据××审［××××］××号通知书，自××××年××月××日至××××年××月××日，我们对××工程价款结算进行了审计，本次审计得到了被审计单位的支持和配合，审计实施已结束，现将审计情况报告如下：

一、工程概况

1. 项目立项文号

××［××××］××。

2. 资金来源

国有投资。

3. 工程规模、主要特征

××新建中学工程计划投资总额为2309万元，计划建筑面积13400m^2，竣工结算内容包括：教学办公楼（建筑面积12350m^2）、单身宿舍（建筑面积1533m^2）、风雨操场及网架（建筑面积1719m^2）、地下水池泵房（建筑面积44.3m^2）、室外等工程，总建筑面积为15646.3m^2。工程于1999年12月开工，2000年9月竣工，竣工验收为优良工程。工程合同价为1975万元，合同工期为270天。

4. 工程参建单位

建设、设计、施工、设计、供应商等名称（略）。

5. 工程招投标情况

有无招标、招标方式、中标价、招标文件的简要描述（略）。

6. 各合同情况简介

合同基本内容及合同基本形式［总价/单价］（略）。

二、建筑标准

该工程结构以框架结构为主，内、外墙以红砖为主，部分为加气混凝土砌块。外墙贴面砖；内墙面、顶棚面抹混合砂浆，面刷乳胶漆，部分墙裙贴面砖；教学办公楼地面为水磨石地面，单身宿舍地面为磁质耐磨砖；屋面铺膨胀珍珠岩隔热层，C20细石混凝土防水屋面，沥青卷材、聚氨脂防水；铝合金门窗；风雨操场地面为实木地板，复合铝板弧形墙，钢网架屋顶。

三、计价依据

计价标准执行《××市建筑工程综合价格》；按三类工程计价；材料价格采用《××市建设工程价格信息》1999年第12期至2000年第9期平均信息价。

四、审计主要内容和步骤

通过对建筑安装工程结算书、建筑施工合同、工期及质量等的审计，确定准确、合理的工程结算造价。主要步骤如下：

（一）预算和合同的执行情况的审计

（二）工程结算书、现场签证单、设计变更单工程量的审计

（三）工程结算书、现场签证单、设计变更单单价的审计

（四）现场签证和设计变更的审计，主要审查其合理性及手续的完整性

（五）工期及质量的审计，重点审查工程优良奖

五、工程造价结果

工程送审造价为3427.21万元，审定造价为2923.59万元，核减额为503.62万元，核减率为14.69%，其中办公楼单位造价为1476.95元$/m^2$、单身宿舍单位造价为1649.81元$/m^2$、风雨操场单位造价为2440.63元$/m^2$。

六、造价核减原因

1. 工程量的核减（核减金额约300万）

① 竣工图内多算、重复计算的工程量：主要是土方、砖砌、外墙、混凝土项目、个别装饰工程量。

② 投标报价范围内的项目重复计算：如花岗岩、瓷砖的损耗；改性沥青防水卷材及涂料；活动塑料隔断；木压条安装；窗帘盒油漆；混凝土掺加杜拉纤维；发电机台班停滞费；风雨操场钢屋架的钢檩条制安；柚木地板等项目的重复计算。

③ 现场签证和设计变更中手续不完善、不合理的工程量。如商品泵送混凝土施工增加费：由于该工程的投标报价部分已含商品混凝土的单价，故在施工中无论采取何种措施，也必须执行投标单价。

2. 单价的核减（核减金额约120万）

① 定额套价或组价有误：送审结算书中部分工程内容套用定额与实际工作内容不符或标准偏高、工料机系数不合理。

② 送审部分材料单价偏高：材料与已有的投标单价不符、个别材料在《××市建设工程价格信息》里没有，通过向厂家和材料市场上询价予以确认。

③ 投标单价以外的新增单价应按（1－投标价与标底审定价的比率）下浮。

3. 工程优良奖的核减（核减金额约83万）

该奖项在招投标文件中没有，却在施工合同的十二条第二款中出现"工程质量经验收评定为优良标准，并按合同工期竣工，甲方给乙方奖金按工程结算价的3%计"的条款，并且送审金额达83万元之多。鉴于合同有优先解释权，在合同与招投标文件有矛盾时，以合同为准。因此，我们对此项进行了重点核实审查：

该工程的竣工验收报告显示其质量等级为优良，符合获得优良奖的条件之一。关键在于工程的工期，是否在合同规定的时间内完成。而该中学工程合同约定工期270天，开工报告日期为1999年12月12日，则合同工期应为1999年12月12日~2000年9月6日。监理同意顺延的工期有：单身宿舍基础工程7天，风雨操场地基处理4天，风雨操场基础钢筋5天。根据监理单位提供的监理日志资料显示，该工程于2000年9月19日初验，9月20日监理下达整改意见，9月27日进行核验：

① 如果按1999年9月27日核验为竣工日期，则该工程工期为291天，即使把顺延的工期叠加计算为（7+4+5）=16天，实际工期也为（291-16）=275天，不能满足合同工期。

② 如果按1999年9月19日初验为竣工日期，则该工程工期为283天。据经审批的工程施工网络图所显示，即使把顺延的工期叠加计算为16天，由于顺延的天数不在关键线路上，

只在一般线路上（5+35+25+7+15+4+40+5+15+60+10）=221 天，而关键线路为（5+35+85+30+90+15+5）=265 天，则顺延的天数不能影响实际的施工工期。

综上所述，该工程的实际工期没达到合同要求的 270 天，不满足优良奖的条件，工程优良奖予以扣除。

七、审计中发现的主要问题

1. 建设规模和投资严重超计划。经查，该项目由于未严格控制建设规模和投资规模且施工招投标准备工作不充分，致使工程实施过程中出现重大设计修改，建设规模超计划 $2263m^2$，总投资超计划 691 万元。

2. 重大设计变更未按规定程序审批。经查，该工程出现重大设计修改，建设单位未报原设计批准部门审批。

3. 部分工程未进行公开招标。该项目工程中室外工程（工程送审造价 4523230.47 元）未公开招投标，就直接发包给施工单位。

八、应注意的问题

1. 工程结算审计对工程量、单价的准确性要求较高，但由于审计有一定的时间限制（自收到完整的竣工结算（决算）资料起 45 日内出具审计意见），审计人员不可能对每项子目都仔细核对，而应采取"抓大放小，针对重点"的原则。

2. 工程项目管理的深度、规范度直接影响工程造价的高低。审计人员应采取行之有效的审计监管手段，规范工程管理，控制工程造价。

九、附件

1. 国家建设项目工程造价结算审定表（略）
2. 工程结算审核对照明细表（略）
3. 其他审计工作底稿（略）
4. 工程量计算工作底稿（略）

审计人员签章、签字：×××
复核人员签章、签字：×××
单位法人签章、签字：×××
（单位名称）签章
××××年××月××日

6.3.5　老造价工程师的话

老造价工程师的话 56　工程造价审计的内容与重点

（1）审计的内容（工程造价）

1）审查工程价款结算是否按国家有关规定和合同文件编制，合同包干的内容是否按规定包死，补充合同是否真实、合规；

2）审查设计变更和现场签证是否真实、合规；

3）结算内容是否与图纸和实际相符，工程量的计算是否符合规定的计算规则，是否有计算误差，是否存在多算、漏算、虚报工程量或将合同包干内容重复计取等问题；

4）定额套用是否正确，是否符合造价管理有关规定，组价是否合理、合规，是否存在定额理解偏差、错误套用、将已含在定额内的内容另行计取等问题；

5）工程取费是否执行相应计算基数和费率标准，是否正确、完整，单项费率的计取是否符合实际状况和造价管理有关规定；

6）设备、材料用量是否与定额含量或设计含量一致，是否按规定的信息价或市场价计价，是否存在违反合同约定和国家有关规定多计、少计材料、机械差价的问题；

7）审查工程价款结算其他方面的违规问题。

(2) 审计的重点。

1）设计变更和现场签证的真实性、合规性；

2）工程结算造价是否高估冒算。

老造价工程师的话57　熟记常见建筑结构的主要材料消耗量指标

工作中你是否遇到过，"包工头"直接叫作为造价人的你将造价算到多少多少，他认为造价就是这么多，或应报这么多。"包工头"们不需要像造价师一样经过漫长、精密的数字计算，即能大致估算出相对准确的造价或成本。

"包工头"脑子里像装了一个特定的"程序"，输入几个原始数据，就能快速得到相对精确的结果。其实，这个"程序"就是积累大量数据。如像表6-3-16的这些数据你要多多搜集，多多记在脑子中几个典型工程，这样有人要你预测一下某某面积的建筑某种材料的大致消耗量时，你也能"脱口而出"。

某工程消耗量指标　　　　　　　　　　表6-3-16

材料（费用）名称	单位	每平方米用量（费用）
水泥	kg	130~150
钢材	kg	22~26（现浇）
砖砌体	m³	0.32~0.42
木材	m³	0.03~0.04
砂	m³	0.35~0.40
门窗面积	m²	0.29~0.35
楼地面面积	m²	0.85~0.90
墙面积	m²	3.40~4.46
基础工程直接费	元	10~13
砖石工程直接费	元	40~46
混凝土工程直接费	元	54~65
楼地面工程直接费	元	31~35
装饰工程直接费	元	25~36

6.4　财政投资评审

"我们将对政府财政投资的××工程进行评审，小李，这事你安排一下。"

……

工作中你是不是经常遇到这些事呢？你是否能从容应对？

【重要程度】★

【适用单位】财政投资评审单位

6.4.1 工作流程

财政投资评审是政府财政职能的重要组成部分,是通过考察、评估和测算财政投资客体运作全过程,对相应的财政投资进行技术性、基础性的审定,保证其使用效益的一项管理工作,是财政部门实施优化资源配置过程中的管理活动。各级政府财政部门投资评审中心,一般隶属当地政府财政部门,多属事业单位,其主要业务是对财政性资金投资项目的工程预、结算及竣工财务决算进行评审。

财政投资评审的一般工作程序如图 6-4-1 所示。

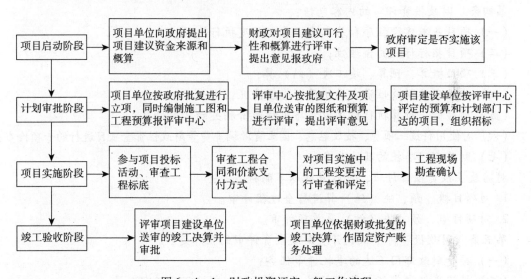

图 6-4-1 财政投资评审一般工作流程

评审前,一般要先熟悉工程项目情况,制定评审计划。向项目建设单位提出评审所需的资料清单并对建设单位提供的资料进行初审。对建设项目进行现场踏勘,调查、核实建设项目的基本情况。对建设项目的内容按有关标准、定额、规定逐项进行评审,确定合理的工程造价。审查项目建设单位的财务、资金状况。对评审过程中发现的问题,向项目建设单位进行核实取证。向项目建设单位出具建设项目投资评审结论,项目建设单位应对评审结论提出书面意见。根据评审结论及项目建设单位反馈意见,出具评审报告。

6.4.2 工作依据

(1) 财政投资评审管理暂行规定

【依据 6-4-1】财政投资评审管理暂行规定(财建[2001]591 号)。

第一条 为切实履行财政职能,强化财政支出预算管理,规范财政投资评审行为,依据《中华人民共和国预算法》的有关规定,制定本规定。

第二条 财政投资评审是财政职能的重要组成部分,是财政部门对财政性资金投资项目的工程概算、预算和竣工决(结)算进行评估与审查,以及对使用科技三项费、技改贴息、国土资源调查费等财政性资金项目情况进行专项检查的行为。财政投资评审工作由财政部门委托财政投资评审机构进行。

第三条 财政投资评审的范围包括：

（一）财政预算内各项建设资金安排的建设项目；

（二）政府性基金安排的建设项目；

（三）纳入财政预算外专户管理的预算外资金安排的建设项目；

（四）政府性融资安排的建设项目；

（五）其他财政性资金安排的项目支出；

（六）对使用科技三项费、技改贴息、国土资源调查费等财政性资金项目的专项检查。

财政部门根据预算编制和预算执行的要求，确定每年的评审重点和任务。

第四条 财政投资评审的内容包括：

（一）项目基本建设程序和基本建设管理制度执行情况；

（二）项目招标标底的合理性；

（三）项目概算、预算、竣工决（结）算；

（四）建设项目财政性资金的使用、管理情况；

（五）项目概、预算执行情况以及与工程造价相关的其他情况；

（六）对使用科技三项费、技改贴息、国土资源调查费等财政性资金项目进行的专项检查；

（七）财政部门委托的其他业务。

对财政性投资项目评审，可以采取以下两种方式：

1. 对项目概、预、决（结）算进行全过程评审。

2. 对项目概、预、决（结）算单项评审。

第五条 财政投资评审机构开展财政投资评审的程序是：

（一）接受财政部门下达的委托评审任务；

（二）根据委托评审任务的要求制定评审计划，安排项目评审人员；

（三）向项目建设单位提出评审所需的资料清单并对建设单位提供的资料进行初审；

（四）进入建设项目现场踏勘，调查、核实建设项目的基本情况；

（五）对建设项目的内容按有关标准、定额、规定逐项进行评审，确定合理的工程造价；

（六）审查项目建设单位的财务、资金状况；

（七）对评审过程中发现的问题，向项目建设单位进行核实、取证；

（八）向项目建设单位出具建设项目投资评审结论，项目建设单位应对评审结论提出书面意见；

（九）根据评审结论及项目建设单位反馈意见，出具评审报告；

（十）在规定时间内，按规定程序向委托评审的财政部门报送评审报告。如不能在规定时间完成投资评审任务，应及时向委托评审的财政部门汇报，并说明原因。

第六条 财政投资评审机构，开展财政投资评审项目的要求是：

（一）应组织专业人员依法开展评审工作，对评审结论的真实性、准确性负责。

（二）应独立完成评审任务，不得以任何形式将投资评审任务再委托给其他评审机构。确需与其他评审机构合作完成委托评审任务的，须征得委托评审的财政部门同意，并且自身完成的评审工作量不应低于60%。

（三）应在规定时间内向财政部门出具评审报告。评审报告的主要内容有：项目概况、评审依据、评审范围、评审程序、评审内容、评审结论及其其他需要说明的问题。其中评审结论的内容主要包括：

1. 该项目是否符合基本建设程序；
2. 该项目是否符合项目法人制、招投标制、合同制和工程监理制等基本建设管理制度；
3. 该项目是否严格执行基本建设财务会计制度；
4. 确定建设项目的投资额。对建设项目概、预、决（结）算投资的审减（增）投资额，应说明审减（增）的原因，如发生国家有关部门批准的概算外投资审增情况，应与概算内投资的审定情况分别表述。

（四）不得向项目建设单位收取任何费用。

（五）应建立严格的项目档案管理制度，完整、准确、真实地反映和记录项目评审的情况，做好各类资料的归集、存档和保管工作。

第七条 财政部门是财政投资评审工作的行政主管部门，履行下列职责：

（一）制定财政投资评审规章制度，指导财政投资评审业务工作；

（二）确定财政投资评审项目；

（三）向财政投资评审机构委托评审任务，提出评审的具体要求；

（四）负责协调财政投资评审机构在财政投资评审工作中与项目主管部门、建设单位等方面的关系；

（五）审查批复财政投资评审机构报送的评审报告，并会同有关部门对经确认的评审结果进行处理；

（六）安排科技三项费、技改贴息、国土资源调查费等财政性资金项目的专项检查，对检查结果进行处理；

（七）加强对财政投资评审工作的管理和监督，并根据实际需要对委托财政投资评审项目的评审结论进行抽查复核；

（八）按照"谁委托、谁付费"的原则，向承担财政投资评审任务的机构支付评审费用，财政部委托财政投资评审机构评审的付费办法按照财政部财建[2001]512号文件执行。

第八条 项目建设单位在接受财政投资评审机构对建设项目进行评审的过程中，应当履行下列义务：

（一）应向财政投资评审机构提供投资评审所需相关资料，并对所提供资料的真实性、合法性、完整性负责；

（二）对评审中涉及需要核实或取证的问题，应积极配合，不得拒绝、隐匿或提供虚假资料；

（三）对于财政投资评审机构出具的建设项目投资评审结论，项目建设单位应在自收到日起5个工作日内签署意见，并由项目建设单位和项目建设单位负责人盖章签字；若在评审机构送达建设项目评审结论5个工作日内不签署意见，则视同同意评审结论。

项目建设单位应积极配合财政投资评审机构开展工作，对拒不配合或阻挠投资评审工作的，财政部门将予以通报批评，并根据情况暂缓下达基本建设预算或暂停拨付财政资金。

第九条 对财政投资评审中发现项目建设单位存在违反财政法规行为，由财政部门按《国务院关于违反财政法规处罚的暂行规定》予以处理，触犯刑律的，移交司法机关处理。

第十条 各省、自治区、直辖市、计划单列市财政厅（局）可根据本规定并结合本地区实际情况制定具体实施办法，并报财政部备案。

第十一条 各级财政部门设立的财政投资评审机构可根据本规定及相关文件，制定财政投资评审操作规程，报本级财政部门批准后执行。

第十二条 本规定自发布之日起实施。财政部发布的《关于加强建设项目工程预（结）算、竣工决算审查管理工作的通知》（财基字[1998]766号）、《财政部门委托审价机构审查工程预（结）算、竣工决算管理办法》（财基字[1999]1号）、《关于财政性基本建设资金投资项目工程预、决算审查操作规程的通知》（财基字[1999]37号）、《财政性投资基本建设项目工程概、预、决算审查若干规定》（财建字[2000]43号）4个文件同时废止。

（2）财政投资项目评审操作规程

【依据6-4-2】财政投资项目评审操作规程（试行）（财政部财办建[2002]619号）。

第一章 总则

第一条 为规范财政投资项目评审工作，保证评审工作质量，加强财政支出管理，根据国家有关法律、法规的规定，制定本规程。

第二条 本规程规范中央财政投资项目预（概）算、竣工决（结）算和财政专项资金项目的投资评审。

第三条 评审机构在开展中央财政投资项目评审时，应当遵循合法性、公正性、客观性的原则。并对评审结论负责。

第二章 项目评审的依据和程序

第四条 项目评审依据

（一）国家有关投资计划、财政预算、财务、会计、财政投资评审、经济合同和工程建设的法律、法规及规章制度等与工程项目相关的规定；

（二）国家主管部门及地方有关部门颁布的标准、定额和工程技术经济规范；

（三）与工程项目有关的市场价格信息、同类项目的造价及其他有关的市场信息；

（四）项目立项、可行性研究报告、初步设计概算批复等批准文件，项目设计、招投标、施工合同及施工管理等文件；

（五）项目评审所需的其他有关依据。

第五条 项目评审程序：

（一）评审准备阶段，其主要工作内容：

1. 了解被评审项目的基本情况，收集和整理必要的评审依据，判定项目是否具备评审条件；

2. 确定项目评审负责人，配置相应的评审人员；

3. 通知项目建设单位提供项目评审必需的资料；

4. 根据评审要求，制定项目评审计划。评审计划应包括拟定评审内容、评审重点、评审方法和评审时间等内容。

（二）评审实施阶段，其主要工作内容：

1. 查阅并熟悉有关项目的评审依据，审查项目建设单位所提供资料的合法性、真实性、准确性和完整性；

2. 现场踏勘；

3. 核查、取证、计量、分析、汇总；

4. 在评审过程中应及时与项目建设单位进行沟通，重要证据应进行书面取证；

5. 按照规定的格式和内容形成初审意见；

6. 对初审意见进行复核并做出评审结论；

7. 与项目建设单位交换评审意见，并由项目建设单位在评审结论书上签署意见；若项目建设单位不签署意见或在规定时间内未能签署意见的，评审机构在上报评审报告时，应对项目建设单位未签署意见的原因做出详细说明。

（三）评审完成阶段，其主要工作内容：

1. 根据评审结论和项目建设单位反馈意见，出具评审的报告；

2. 及时整理评审工作底稿、附件、核对取证记录和有关资料，将完整的项目评审资料与项目建设单位意见资料登记归档；

3. 对评审数据、资料进行信息化处理，建立评审项目档案。

第六条 评审机构可运用多种评审方法对项目进行全面评审。

第三章 项目预算评审

第七条 项目预算评审包括对项目建设程序、建筑安装工程预算、设备投资预算、待摊投资预算和其他投资预算等的评审。

第八条 项目预算应由项目建设单位提供，项目建设单位委托其他单位编制项目预算的，由项目单位确认后报送评审机构进行评审。项目建设单位没有编制项目预算的，评审机构应督促项目建设单位尽快编制。

第九条 项目建设程序评审包括对项目立项、项目可行性研究报告、项目初步设计概算、项目征地拆迁及开工报告等批准文件的程序性评审。

第十条 建筑安装工程预算评审包括对工程量计算、预算定额选用、取费及材料价格等进行评审。

（一）工程量计算的评审包括：

1. 审查施工图工程量计算规则的选用是否正确；

2. 审查工程量的计算是否存在重复计算现象；

3. 审查工程量汇总计算是否正确；

4. 审查施工图设计中是否存在擅自扩大建设规模、提高建设标准等现象。

（二）定额套用、取费和材料价格的评审包括：

1. 审查是否存在高套、错套定额现象；

2. 审查是否按照有关规定计取工程间接费用及税金；

3. 审查材料价格的计取是否正确。

第十一条 设备投资预算评审，主要对设备型号、规格、数量及价格进行评审。

第十二条 待摊投资预算和其他投资预算的评审，主要对项目预算中除建筑安装工程预算、设备投资预算之外的项目预算投资进行评审。评审内容包括：

（一）建设单位管理费、勘察设计费、监理费、研究试验费、招投标费、贷款利息等待摊投资预算，按国家规定的标准和范围等进行评审；

为土地使用权费用预算进行评审时，应在核定用地数量的基础上，区别土地使用权的不同取得方式进行评审。

（二）其他投资的评审，主要评审项目建设单位按概算内容发生并构成基本建设实际支出的房屋购置和基本禽畜、林木等购置、饲养、培育支出以及取得各种无形资产和递延资产等发生的支出。

第十三条 部分项目发生的特殊费用，应视项目建设的具体情况和有关部门的批复意见进行评审。

第十四条 对已招投标或已签订相关合同的项目进行预算评审时，应对招投标文件、过程和相关合同的合法性进行评审，并据此核定项目预算。

对已开工的项目进行预算评审时，应对截止评审日的项目建设实施情况，分别按已完、在建和未建工程进行评审。

第十五条 预算评审时需要对项目投资细化、分类的，按财政细化基本建设投资项目预算的有关规定进行评审。

第十六条 对建设项目概算的评审，参照本章有关条款进行评审。

第四章 项目竣工决算评审

第十七条 项目竣工决算评审包括对项目建筑安装工程投资、设备投资、待摊投资和其他投资完成情况，项目建设程序、组织管理、资金来源和资金使用情况、财务管理及会计核算情况、概（预）算执行情况和竣工财务决算报表的评审。

第十八条 项目竣工决算应由项目建设单位编制，项目建设单位委托其他单位编制的项目竣工决算，由项目建设单位确认后报送评审机构进行评审。

项目建设单位没有编制项目竣工决算的，评审机构可督促项目建设单位进行编制。

评审机构应要求项目建设单位提供工程竣工图、工程竣工结算资料、竣工财务决算报告、监理单位的监理报告和决算评审所需其他有关资料。

第十九条 项目建设程序评审，主要包括对项目立项、可行性研究报告、初步设计等程序性内容的审批情况进行评审。若项目已按本规程相关规定进行预算评审的，则评审其调整的部分。

第二十条 项目建设组织管理情况的评审，主要审查项目建设是否符合项目法人制、招投标制、合同制和工程监理制等基本建设管理制度的要求；项目是否办理开工许可证；项目施工单位资质是否与工程类别以及工程要求的资质等级相适应；项目施工单位的施工组织设计方案是否合理等。

第二十一条 项目资金到位和使用情况的评审，主要评审项目资金管理是否执行国家有关规章制度，具体包括：

（一）建设项目资金审查：主要审查各项资金的到位情况，是否与工程建设进度相适应，项目资本金是否到位并由中国注册会计师验资出具验资报告；

（二）审查资金使用及管理是否存在截留、挤占、挪用、转移建设资金等问题；

（三）实行政府采购和国库集中支付的基本建设项目，应审查是否按政府采购和国库集中支付的有关规定进行招标和资金支付；

（四）有基建收入或结余资金的建设项目，应审查其收入或结余资金是否按照基本建设财务制度的有关规定进行处理；

（五）审查竣工决算日建设资金账户实际资金余额。

第二十二条 建筑安装工程投资评审的主要内容：

（一）审查建安工程投资各单项工程的结算是否正确；

（二）审查建安工程投资各单项工程和单位工程的明细核算是否符合要求；

（三）审查各明细账相对应的工程结算其预付工程款、预付备料款、库存材料、应付工程款等以及各明细科目的组成内容是否真实、准确、完整；

（四）审查工程结算是否取得合法的发票，是否按合同规定预留了质量保证金；

（五）对建安工程投资评审时还应审查以下内容：

1. 审查项目单位是否编制有关工程款的支付计划并严格执行（已招标的项目是否按合同支付工程款）；

2. 审查预付工程款和预付备料款的抵扣是否准确（项目竣工后预付工程款和预付备料款应无余额）；

3. 对有甲供材料的项目，应审查甲供材料的结算是否准确无误，审定的建安工程投资总额是否已包含甲供材料；

4. 审查项目建设单位代垫款项是否在工程结算中扣回。

第二十三条　设备投资支出评审的内容：

（一）设备采购过程评审：

1. 项目单位对设备的采购是否有相应的控制制度并按照执行；

2. 限额以上设备的采购是否进行招投标；

3. 设备采购的品种、规格是否与初步设计相符合，是否存在增加数量、提高标准现象；

4. 设备入库、保管、出库是否建立相应的内部管理制度并按照执行。

（二）设备采购成本和各项费用的评审：

1. 设备的购买价、运杂费和采购保管费是否按规定计入成本；

2. 设备采购、安装调试过程中所发生的各项费用，是否包括在设备采购合同内，进口设备各项费用是否列入设备购置成本。

（三）设备投资支出核算的评审：

1. 设备投资支出是否按单项工程和设备的类别、品名、规格等进行明细核算；

2. 与设备投资支出相关的内容，如器材采购、采购保管费、库存设备、库存材料、材料成本品数量、委托加工器材等核算是否遵循基本建设财务会计制度；

3. 列入房屋建筑物的附属设备，如暖气、通风、卫生、照明、煤气等建设，是否已按规定列入建筑安装工程投资。

第二十四条　待摊投资评审，主要对各项费用列支是否属于本项目开支范围，费用是否按规定标准控制，取得的支出凭证是否合规等进行评审。

第二十五条　其他投资支出主要评审房屋购置和基本禽畜、林木等购置，饲养、培育支出以及取得各种无形资产和递延资产发生的支出是否合理、合规，是否是概算范围和建设规模的内容，入账凭证是否真实、合法。

第二十六条　其他相关事项评审的内容：

（一）交付使用资产：审查交付使用资产的成本计算是否正确，交付使用资产是否符合条件；

（二）转出投资、待核销基建支出：审查转出投资、待核销基建支出的转销是否合理、合规，转出投资和待核销基建支出的成本计算是否正确；

(三) 收尾工程：审查收尾工程是否属于已批准的工程内容，并审查预留费用的真实性。经审查的收尾工程，可按预算价或合同价，同时考虑合理的变更因素或预计变更因素后，列入竣工决算。

第二十七条　项目财务管理及会计核算情况评审的内容：

(一) 项目财务管理和会计核算是否按基建财务及会计制度执行；

(二) 会计账簿、科目及账户的设置是否符合规定，项目建设中的材料、设备采购等手续是否齐全，记录是否完整；

(三) 审查资金使用、费用列支是否符合有关规定。

第二十八条　竣工财务决算报表评审的内容：

(一) 决算报表的编制依据和方法是否符合国家有关基本建设财务管理的规定；

(二) 决算报表所列有关数字是否齐全、完整、真实，勾稽关系是否正确；

(三) 竣工财务决算说明书编制是否真实、客观、内容是否完整。

第二十九条　评审机构对项目竣工决算进行评审时，应对项目预（概）算执行情况进行评审。项目预（概）算执行情况评审的主要内容是审查项目预（概）算的执行情况和各子项的执行情况。

项目预（概）算执行情况的审查内容包括投资规模、生产能力、设计标准、建设用地、建筑面积、主要设备、配套工程、设计定员等是否与批准概算相一致。

项目各子项预（概）算执行情况的审查内容包括子项额度有无相互调剂使用，各项开支是否符合标准；子项工程有无扩大规模、提高建设标准和有无计划外项目。

评审机构还应对建设项目追加概算的过程、原因及其合规性、真实性进行评审。

第三十条　需要对工程结算单独进行评审的，参照本章的有关条款进行审核。

第五章　财政专项资金项目评审

第三十一条　财政专项资金项目主要包括：建设类支出项目、专项支出项目、专项收入项目。

第三十二条　建设类支出项目的评审按本规程第三、四章的规定进行评审。

第三十三条　财政专项支出项目评审内容一般包括：

(一) 项目合规性、合理性：

1. 项目申报材料是否齐全、申报内容是否真实、可靠；

2. 项目是否符合国家方针政策和财政资金支持的方向和范围，是否符合本地区、本部门的产业政策和事业发展需要；

3. 项目目标和组织实施计划是否明确，组织实施保障措施是否落实。

(二) 项目预算编制及执行情况：

1. 项目预算编制程序、内容、标准等是否符合相关要求；

2. 项目总投资、政策性补贴情况；

3. 财务制度执行情况；

4. 专项资金支出是否按支出预算管理办法规定的用途拨付、使用；

5. 项目配套资金是否及时足额到位；

6. 专项支出项目效益及前景分析。

(三) 其他：

1. 项目组织承担单位的组织实施能力；
2. 项目是否存在逾期未完成任务，拖延工期，管理不善造成损失浪费等问题；
3. 要求评审的其他内容。

第三十四条 财政专项收入项目评审的内容主要包括：

（一）审查专项资金收入的征缴管理是否符合有关规章制度；

（二）审查专项资金收入管理部门内部控制制度是否健全；

（三）对应缴库的专项资金收入，审查应缴费（税）单位是否及时、足额缴纳费（税），征管机关是否应征尽征，是否存在挤占、截留、坐支、挪用财政收入的问题；

（四）专项资金收入安排、使用效益评价；

（五）要求评审的其他内容。

第三十五条 专项资金项目既有收入，又有支出的，评审时应根据收入和支出的相关内容开展评审工作。

第三十六条 财政专项资金项目评审方法主要采用重点审查法和全面审查法，评审中如有特殊需要，可以聘请专业人才，对评审事项中某些专业问题进行咨询。

第六章 项目评审的质量控制

第三十七条 财政投资项目评审的质量控制包括项目评审人员要求、项目评审的稽核复查、评审报告质量控制、评审档案管理等内容。

第三十八条 项目评审人员要求：

（一）项目评审应配备相应的专业评审人员，根据评审项目的实际情况配置评审负责人、稽（复）核人员或技术负责人；

（二）评审人员应当具有一定政治素质、政策水平和专业技术水平，对不同行业、不同项目的评审应根据专业特点组织相应的专业评审人员参加；

（三）评审人员应当严格执行国家的法律法规，客观公正、廉洁自律，以保证评审结果的准确性和公正性；

（四）对保密项目的评审，评审人员应遵守国家有关保密规定。

第三十九条 评审机构应建立评审专家库，为财政投资评审服务。

第四十条 财政投资项目评审应实行回避制度，评审人员与被评审项目单位有直接关系或有可能影响评审公正性的应当回避。

第四十一条 项目评审的复查稽核：

（一）评审机构应当设立专门的"稽（复）核部门"，专职负责项目评审的稽（复）核工作；

（二）项目评审的复查稽核包括对评审计划、评审程序的稽核；对评审依据的复审；对评审项目现场的再踏勘和测评；对评审结果的复核等；

（三）项目评审的复核稽查方式包括全面复查、重点复查和专家会审等。项目评审负责人应全面复核评审工作底稿。

第四十二条 评审报告的质量控制：

（一）评审报告必须全面、客观地反映项目评审情况和结果，对评审中发现的问题，要提出处理意见或建议，发现重大问题，要作重点说明；

（二）评审报告经过内部复核后，交评审机构负责人最后审定签发；

（三）评审报告应按统一格式打印、装订、签章，评审报告连同相关的审核工作底稿等评审资料应及时完整归档。

第四十三条　项目评审的档案管理：

（一）项目评审档案管理是指对评审资料进行整理、分类、归档及数据信息的汇总处理；

（二）评审资料包括被评审项目单位提供的各种资料、评审人员现场踏勘和测量，取证取得的原始资料，评审过程的工作底稿，初审报告，复核（审）报告，被评审单位反馈意见，评审报告等；

（三）项目评审档案的保存期限为10年，特殊评审项目档案的保管时间按有关规定执行。

第七章　评审报告

第四十四条　评审机构在实施规定的评审程序后，应综合分析，形成评审结论，出具评审报告，并对评审结论的真实性、完整性负责。

第四十五条　评审报告分为项目预（概）算评审报告、项目竣工决（结）算评审报告。

财政专项资金项目评审报告，应根据专项资金的不同要求和特点，参照项目评审报告的一般格式形成评审报告。

第四十六条　评审报告的基本内容包括封面、正文和附件三部分。

（一）封面：封面格式按附1填列（附1略）。

（二）正文。

1. 目录。

2. 项目概况。项目批复情况，建设规模和建设内容，项目实施情况，投资总额及来源，设计、施工及监理等情况，在项目概况中作详细说明。

3. 评审依据。本规程第二章所规定的评审依据。

4. 范围及程序。对项目评审的具体内容、范围和程序作说明。

5. 评审结论。项目预算评审结果应按本规程规定的评审内容拟写，并对审定后项目预算投资额与报审投资和批复概算调整概算进行比较，分析说明审减（增）原因；项目竣工决算评审结果应按本规程规定的评审内容拟写，并对概（预）算执行审定、核减（增）原因等情况作说明、分析。

6. 重要事项说明。对项目评审中发现或有异议的重要事项，应作重点说明。

7. 项目评价。项目竣工决算评审应对项目建成后的经济、社会环境等综合效益做出客观评价。

8. 问题及建议。对项目评审中发现的主要问题作客观说明并提出具体改进建设。

9. 签章。评审报告应签署评审单位全称、并加盖评审单位公章。

10. 评审报告日期。评审报告日期是评审结论确定并经评审单位负责人签署意见的日期，报告日期应与被评审项目单位确认和签署建设项目预(概)算或决(结)算评审结论日期一致。

（三）附件主要包括：

1. 项目立项、概算等重要批复文件资料；

2. 建设项目投资评审结论；

3. 基本建设项目竣工财务决算报表。

第四十七条　对已开工项目的预算评审，评审报告应对建设单位、监理单位、项目招投标及施工合同签订情况、项目建设实施情况，资金到位使用情况作重点说明。

第四十八条 项目竣工决算评审，评审报告应对核减（增）原因进行分析，工程造价审定与财务审查对应关系，未完工程预留建设资金的核定，资产交付使用情况，项目建设效益评价情况作重点说明。

第八章 附则

第四十九条 接受财政部委托承担中央财政投资项目评审的评审机构，应当按本规程要求进行项目评审。

第五十条 地方财政性资金投资项目的评审，地方财政部门可根据实际情况制定具体操作办法。

第五十一条 本规程由财政部经济建设司负责解释。

第五十二条 本规程自发布之日起 30 日后试行。

（3）财政投资评审质量控制办法

【依据6-4-3】财政投资评审质量控制办法（试行）（财建 [2005] 1065 号）。

第一章 一般原则

第一条 为了规范财政投资评审管理，保证财政投资评审质量，根据国家有关法律、法规以及《财政投资评审管理暂行规定》和《财政投资评审操作规程（试行）》，制定本办法。

第二条 财政投资评审机构从事财政投资评审业务时，按本办法进行质量控制。

第三条 财政投资评审机构实施财政投资评审业务时，应当按照相关法律、行政法规和本办法的规定以及委托评审要求，在委托授权范围内，遵循合法、公正、客观的原则，开展财政投资评审工作。

第四条 财政投资评审机构从事财政投资评审业务质量控制包括评审人员要求、评审实施、评审工作底稿和评审档案管理等方面的质量控制，以及未达到质量控制标准的处罚原则。

第五条 财政投资评审机构应当合理运用质量控制程序，选派能胜任评审工作的专业人员，搜集充分准确的评审证据，编制详细完整的评审工作底稿，完善评审内部控制、复核体系，保证所有评审工作符合财政投资评审管理有关规定的要求。

第六条 财政投资评审机构应独立完成评审任务。对个别有特殊技术要求的项目确需聘用专业评审人员的，须征得委托评审任务的财政部门同意，并且自身完成评审工作量不应低于60%。涉及国家机密的项目，不得使用聘用人员。

第七条 财政投资评审机构未经委托评审财政部门同意，不得以任何形式向任何单位或个人披露评审项目的有关信息，更不得对外提供、泄露或公开评审的有关情况。

第二章 评审人员要求

第八条 财政投资评审机构应建立评审人才专家库，为财政投资评审服务。对不同行业、不同类型项目的评审业务，应根据专业特点选派相应的专业评审人员参加。

第九条 财政投资评审机构应要求评审人员在执行评审任务时，合理运用国家相关法律、法规和建设工程造价管理政策、基本建设财务会计制度及相关专业知识、技能和经验开展评审业务，保持职业应有的谨慎，恪守客观公正、合规合法、实事求是、廉洁奉公的评审原则。

第十条 财政投资评审机构评审人员与项目建设单位或者建设项目有直接利害关系的，应当实行回避制度。

第十一条 财政投资评审机构应要求评审人员遵守国家有关保密规定，不得泄露评审时知悉的国家机密和商业秘密，未经业务委托财政部门的同意，不得将评审中取得的材料用于评审报告以外的事项。

第十二条 财政投资评审机构应定期对评审人员进行培训；接受财政投资评审任务后，根据项目评审要求和特点，对参加评审人员进行有针对性的培训。

第三章 实施评审质量控制

第十三条 实施财政投资评审质量控制包括评审准备、具体实施以及报告等方面的质量控制。财政投资评审机构应严格按照《财政投资评审操作规程（试行）》的有关要求进行。

第十四条 财政投资评审机构应做好充分的评审准备，了解建设项目及项目建设单位的基本情况，收集项目所涉及主要材料、设备的市场价格信息，制定恰当的评审计划和方案。重点项目评审计划和实施方案需报委托评审财政部门备案。

第十五条 财政投资评审机构在评审实施阶段，应当制定和运用质量控制政策，建立规范的业务委派、督导、专家咨询以及重大问题请示汇报的工作程序，并以适当的方式将质量控制政策与程序传达到项目全体评审人员，以确保其正确理解和执行。

第十六条 财政投资评审机构在选用评审依据时，应对具体问题进行分析，做出客观公正的评价和判断。若地方及行业主管部门法规与国家法规发生矛盾时，以国家法规为依据，并在评审报告中予以重点说明。

第十七条 财政投资评审机构在与建设单位正式交换意见前，应对评审结论和项目评审情况实施三级复核。

第十八条 财政投资评审机构应当在评审工作结束后，及时编制和提交评审报告。编制评审报告应注意：

（一）评审报告的编制应当规范、全面、详细、如实反映项目建设的实际情况。

（二）评审结论内容应当完整。

（三）评审报告内容与项目建设单位交换意见的评审结论表内容应一致。

（四）对反映建设项目或项目建设单位的违法违纪问题，定性要准确，不得瞒报、漏报项目建设存在的重大问题。

（五）财政投资评审机构在评审报告提交财政部门前，应征求项目建设单位意见。

第十九条 财政投资评审机构应当编制完整的评审工作底稿。评审工作底稿包括：评审计划；评审内容；审减（增）情况；评审发现的问题；所形成的专业判断及依据等。评审工作底稿应真实、完整地反映评审实施全过程。

第二十条 财政投资评审机构应当建立财政投资评审档案。及时收集、整理财政投资评审工作底稿，将项目投资评审的资料归档。应归入项目评审档案的文件材料包括：

（一）立项性文件材料。包括评审委托文件、评审工作计划等。

（二）证明性文件材料。包括评审证据、评审工作底稿等。

（三）结论性文件材料。包括评审报告、三级复核意见、评审结论表、财政部门对评审报告的批复文件等。

（四）其他备查文件材料。包括项目审批文件等。

第四章 处罚原则

第二十一条 财政部门在对项目评审报告进行审核时，对格式、内容不符合要求，以及重复计算工程量、高套取费类别、扩大建设规模、提高建设标准以及挤占挪用建设资金等重大问题没有反映或定性不准确的评审报告，将采取如下措施：

（一）评审报告需补充资料的，要求财政投资评审机构在规定时间内补充材料。

（二）评审报告部分内容质量不符合要求，将评审报告退回评审机构，修改后重报。

（三）评审报告对重大问题没有反映，或定性不准确的，要求重新评审，直到评审报告符合要求。如重新评审后仍不符合要求的，财政部门将取消委托评审，另外委托其他财政投资评审机构进行评审。

第二十二条　财政部门将定期或在同类项目评审工作结束后对财政投资评审机构的评审质量作出阶段性评比，将评审报告质量分优良、合格、基本合格、不合格四档。

（一）评审报告完全符合评审要求，且评审成绩突出，为优良。

（二）评审报告基本符合要求，部分内容经说明、修改、补充后可进行正常批复的，为合格。

（三）评审报告存在质量问题，退回重报后可以进行批复的，为基本合格。对于基本合格的评审报告，适当扣减项目评审费用。

（四）评审报告退回重审、重报后，仍达不到要求，无法批复的，为不合格。对于不合格的评审报告，不支付项目评审费用。

第二十三条　财政部门将按一定比例对财政投资评审机构已评审项目组织抽查复审，对项目评审工作底稿等内容，将随时随机抽查。

凡复审和抽查发现重大质量问题或较大幅度漏审的，以及因项目评审结论不实，引起诉讼和纠纷的，财政部门将对财政投资评审机构采取通报批评、扣拨评审费用、停止委托新的评审任务等处罚措施。

第二十四条　财政部门对已评审项目进行检查或复评时，对发现项目存在重大问题，但财政投资评审机构因主观原因应该发现而没有发现或没有在评审结论中反映的，财政部门将比照第二十一条有关规定对评审机构进行处罚。

第二十五条　财政投资评审机构在财政投资评审过程中若违法、违规、滥用职权、玩忽职守、徇私舞弊或泄露国家机密、商业秘密的等违反财政法规行为，财政部门按国务院《财政违法行为处罚处分条例》（国务院令第427号）予以处理，触犯刑律的，移交司法机关处理。

第二十六条　财政投资评审机构及其评审人员违反本办法第七条有关规定，财政部门将停止委托其评审业务。

第五章　附则

第二十七条　财政投资评审机构从事财政部门委托的专项核查业务的质量控制，应当参照本办法执行。

第二十八条　各级财政部门设立的财政投资评审机构可根据本办法制定内部质量控制与评审风险管理办法、评审人员具体管理办法、投资评审质量管理技术岗位职责等文件，并报同级财政部门批准后执行。

第二十九条　本办法由财政部负责解释。

第三十条　本办法自发布之日起30日后实施。

(4) 本地区关于投资评审的规定文件

略，请读者自行收集。

6.4.3　工作表格、数据、资料

××地区财政审核工程造价核定意见书

表6-4-1

编号：06-1
单位：元

××××年××月××日

建设单位名称		工程项目名称		
施工单位名称		开竣工日期		
审核单位名称		建筑面积	m²	承包方式
建设单位送审造价	元	评审中心审核造价	元	核减额 元
合同价	元	合同价	元	核减率：%
×××变更增加	元	×××变更增加	元	
×××变更增加	元	×××变更增加	元	
×××变更增加	元	×××变更增加	元	
财政部门审核意见：				
经对×××工程结算项目进行审核，该工程送审价为××××元，现审定价为××××元，核减额为××××元，核减率×%，请建设单位按照基本建设财务管理有关规定及时办理竣工决算和固定资产入账手续。				

6.4.4 操作实例

【实例6-4-1】 财政投资评审报告实例。

××市财政投资评审

报 告 书

××市财政局投资评审中心

目 录

1. ××市财政审核结算编制报告书
2. ××市财政审核结算项目征求意见书
3. ××市财政审核工程造价核定意见书
4. 预算编制报告（略）

××市财政审核结算编制报告书

编制说明

1. 本工程坐落在××市××学校院内。

2. 本结算依据建设单位提供施工图、建设工程施工合同、招标答疑、甲方变更及设计变更通知单进行审核编制。

3. 本工程项目套用《××省建筑工程预算定额》、《××省安装工程单位估价表》，执行××市××××年相关工程费用定额。

4. 本工程采用定额法编制。

结算汇总表　　　　　　　　　　　　　　　　表6-4-2

建设单位名称：××建设单位
工程项目名称：图书馆、实验楼、宿舍楼
结构：框架　　　建筑面积15242.22m^2　　　层数：五层

总造价	21594336.09元	单方造价	1416.75元
人民币（大写）	贰仟壹佰伍拾玖万肆仟叁佰叁拾陆元零角玖分		
其中：合同价	18321000元		
图书馆变更增加	1426084.55元		
实验楼变更增加	1490285.40元		
宿舍楼变更增加	356966.14元		

编制单位：××财政投资评审中心
负责人/日期：
复核人：　　　　　　　编制人：

注：其他结算表从略，可参考一般预结算表式。

××市财政审核结算项目征求意见书　　　　表6-4-3

项目名称	建设单位报价	审核价值	核减	备注
××建设单位	25624321.21元	21594336.09元	4029985.12元	

编制理由：1. 依据甲、乙双方提供的资料。
　　　　　2. 依据地区造价站有关文件。
　　　　　3. 依据甲、乙双方签证单据。

建设单位意见	同意结果。 　　　　　　　　　　××××年××月××日（盖章）
施工单位意见	同意结果。 　　　　　　　　　　××××年××月××日（盖章）

表6-4-4

××市财政审核工程造价核定意见书

编号：××
单位：元
××××年××月××日

建设单位名称	××学校	工程项目名称	图书馆、实验楼、宿舍楼		
施工单位名称	××建筑公司	开竣工日期	××××年××月××日～××××年××月××日		
审核单位名称	××财政投资评审中心	建筑面积	15242.22m²	承包方式	包工包料
建设单位送审造价	25624321.21元	评审中心审核造价	21594336.09元	核减率：18.66%	核减额 4029985.12元
合同价	18321000.00元	合同价	18321000.00元		
图书馆变更增加	3343034.55元	图书馆变更增加	1426034.55元		
实验楼变更增加	3480935.40元	实验楼变更增加	1490335.40元		
宿舍楼变更增加	479351.26元	宿舍楼变更增加	356966.14元		

财政部门审核意见：同意审核结果。

经对××工程结算项目进行审核，该工程送审价为25624321.21元，现审定价为21594336.09元，核减额为4029985.12元，核减率18.66%，请建设单位按照基本建设财务管理有关规定及时办理竣工决算和固定资产入账手续。

地区财××市财政投资评审中心

审核负责人：×××　复核人：×××　审核人：×××

6.4.5 老造价工程师的话

老造价工程师的话58	财政投资评审要点

(1) 评审资料的审核要点

工程项目的评审资料是项目评审成果的最权威依据,评审工作就是从收集、分析这些资料开始。

1) 详细了解施工单位承揽工程的具体情况。

如:工程范围、开工、竣工时间、工程地点、材料的供应方式、工程价款的结算方式等。从而确定执行什么定额、什么时期的定额、什么时期的材料价格信息。实行招投标的工程,对工程量清单、招标公告、招标文件、招标答疑、投标书、中标通知书,要进行深入的了解。因为,其中不少条款直接关系到该项目工程造价的确定。

2) 详细了解设计的具体要求,看设计有无漏洞,因为有的施工图纸设计深度不够,对有些部位的施工方法和施工要求交代不清、不详。

3) 审技措方案及现场签证单。

主要是看有无与施工图纸重复的地方,对实行招标的工程,要与工程量清单进行核对,看是否已含在招标文件要求的报价范围内。对于现场签证单,必须逐条、逐字细看,仔细斟酌,看有无漏洞,有无虚签的现象,必须全弄清楚。与施工单位见面要有足够的准备,不打无准备的仗。通过阅读预、结(决)算书,了解定额的执行情况。看分项工程有无超过设计要求以外的项目,或未按设计要求漏做的项目。对于超过设计要求以外的项目有可能是建设单位要求增加的;漏做的项目有可能是建设单位要求减少的;尤其是改造工程,这种现象比较多。现场实勘,盘点工程实物,核实工程量。现场实勘不应仅局限于现场实际勘测,更应注重于向建设单位及施工单位管理人员,了解疑问及不明之处。

4) 工程合同的审查。

工程合同是承包方与发包方之间为完成特定的建设工程任务而明确双方权利义务关系的协议,是工程结算的主要依据。评审人员应认真阅读,熟悉工程合同。

审查工程合同的内容是否合法,是否符合国家有关政策。

审查工程合同的承包范围是否与送审的结算相符,是否有计划外工程,对不属于合同标的的工程不进行评审。

审查工程合同的条款是否详细、明确。由于工程结算涉及的问题较多,在签定工程合同时,应注意合同条款的内容是否详细和明确,避免留下"活口"。如应明确预算包干费的费率,详细订立工程质量、工期等奖惩条款。

(2) 现场签证审核要点

项目在施工期间,派专人跟踪施工现场,及时了解工程施工的具体情况,尤其是隐蔽工程,对于真实、准确地核定工程造价有着十分重要的意义。通过长期的评审工作实践发现,很多工程存在着弄虚作假、以次充好、虚增冒报的现象。对于这些问题有些可以通过审阅评审资料和预、结算资料发现,有些由于缺乏第一手现场资料,而难以发现。因此,现场跟踪评审,是正确反映工程造价,真正做到公开、公平、公正、依法、按规地开展评审工作,最重要的一环。

在工程项目的实施过程中，由于施工现场的复杂性、设计深度和设计质量等原因，经常需要对更改部分进行签证认可。现场签证是办理工程竣工结算的重要文件之一。由于有些现场管理人员工程造价知识薄弱，签证资料不严谨，出现许多不合理的签证和变更，现场签证漏洞多、水分大。现场签证费用在工程造价中所占比例呈上升趋势，致使评审人员在办理结算时要花大量的时间和精力去审查签证，增加了结算的难度。

评审人员应依据定额的有关规定、施工合同、施工图纸来判断每一张签证的内容是否允许调整，调整的额度是多少。如：某宿舍楼工程合同已签订预算包干费为2%，预算包干费的费用内已包括了水电安装后补洞费用等内容。而施工单位又签了有关水电安装后补洞费用的签证，因此，这张签证不能计算。

(3) 项目变更费用审查要点

由于工程变更引起的工程造价增加，在整个工程竣工结（预）算中占有很大比例，有时高达50%，甚至更多。施工单位为了适应竞争日趋激烈的建筑市场，通常在投标报价或合同谈判时让利而在工程结算审查中通过索赔取得补偿，其实现途径就是工程变更。工程变更包括设计变更、进度计划变更、施工条件变更以及原招投标文件和工程量清单中未包括的"新增工程"。进度计划变更、施工条件变更以及"新增工程"是工程签证的主要内容。工程变更多以设计变更和工程签证两种形式反映。

(4) 概预算的评审要点

财政性投资建设项目的审批部门应以财政投资评审机构出具的概预算评审结论为依据批复建设项目的投资额。在进行建设项目概预算评审时，应重点评价：概预算文件的编制依据是否恰当、是否正确；概预算中的工程量清单是否正确，有无将可行性研究批复和设计方案以外的其他项目挤入财政性投资项目概预算内的情况；概预算文件中采用的建设标准是否与批复的设计方案相符，有无随意提高建设标准增列投资的情况；概预算文件选用的预算单价是否恰当，定额单价有无错套或故意高套的情况；材料及设备价格的确定是否符合实际，材料的耗用量有无多计，材料设备价格差异的确定是否有充分依据；建筑工程费用以外的其他建设费用的确定是否有充分的依据，费用标准是否符合实际；可能影响工程造价的重大因素是否作了充分估计，在概预算中的处理是否恰当等。总之，在财政性投资建设项目概预算的评审中，必须确定建设项目的投资额，并将其作为控制投资规模和拨付财政资金的依据。

(5) 项目竣工结（决）算的评审要点

在进行建设项目竣工结（决）算时，应以承包合同、招投标文件、批准的概预算文件、施工过程中的各种变更及签证资料、设计图纸、市场价格信息等为依据，重点评价建设单位与施工单位办理的工程价款结算的正确性和合理性以及发生的工程建设其他费用的合规性和合理性，以合理确定工程建设项目最终造价，防止建设单位挤列建设投资和施工单位高估冒算套取工程价款。在评审过程中，评审机构应查明施工单位编报的竣工决算中有无超出概预算文件中批复的建设规模、建设标准和建设内容，对于擅自超规模越标准以及不属于财政性投资项目范围内的建设工程，一律予以剔除；查明决算中实际完成的工程量计算是否正确，有无高估冒算或故意错算，虚报工程量；查明决算中各项定额单价的套用是否恰当，有无故意高套或错套，以多报工程价款；查明工程施工中所用的各种材料设备价格是否合理，确认手续是否完备，有无依据；查明投标时所作的各项承诺在编报的工程决算中是否如实履行；查明各种变更签证是否符合实际，是否合理，手续是否完备；查明工程价款的变更与确定是否符合招投标文件和合同的约定，变更是否合理，手续是否完备，金额是否正确；查明建设项目的竣工决算造价有无超过批复的概算，并分析超概算或节约投资的具体形成原因等。对于不符合规定的、手续不完备的各种支出，在工程竣工结（决）算评审中，应一律予以剔除。对于合理的超概算应提出调整概算的建议。

参考文献

1. 建设部编. 全国造价工程师执业资格考试大纲. 北京：中国计划出版社，2003
2. 胡蓓，王通讯编. 人力资源开发与管理. 武汉：华中科技大学出版社，2006
3. 斯蒂芬·P·罗宾斯著. 孙健敏，李原译. 组织行为学. 北京：中国人民大学出版社，2005
4. 中国建设工程造价管理协会编.《建设项目设计概算编审规程》（CECA/GC2—2007）. 北京：中国计划出版社，2007
5. 中国建设工程造价管理协会编.《建设项目工程结算编审规程》（CECA/GC3—2007）. 北京：中国计划出版社，2007
6. 中华人民共和国建设部主编.《建设工程工程量清单计价规范》（GB 50500—2003）. 北京：中国计划出版社，2003
7. 陈青来主编. 混凝土结构施工图平面整体表示方法制图规则和构造详图（现浇混凝土框架、剪力墙、框架-剪力墙、框支剪力墙结构）（03G101—1）. 北京：中国计划出版社，2003
8. 河南省工程建设概预算人员资格考核认证领导小组编. 建筑工程定额与预算（下册）. 北京. 中国建筑工业出版社，1991
9. 中华人民共和国建设部主编. 房地产开发项目经济评价方法. 北京：中国计划出版社，2000
10. 田永复主编. 预算员手册. 北京：中国建筑工业出版社，1991

参考文献

1. 张根林编著.《快餐经营实务与典型案例》.北京：中国物资出版社，2004
2. 赵捷,黄彦编.《人力资源管理》.北京：中国对外翻译出版社，2006
3. 王俊力主编,黄灿明副主编.《现代厨房管理》.北京：中国人民大学出版社，2007
4. 国际标准化组织编制.《食品安全管理体系审核员培训教程》(GB/T22000—2006).北京：中国标准出版社，2007
5. 中华人民共和国卫生部编.《食品卫生通用卫生规范培训教程》(GB14881—2005).北京：中国标准出版社，2007
6. 中华人民共和国卫生部编.《食品企业通用卫生规范培训教程》(GB15630—2005).北京：中国标准出版社，2007
7. 胡雪峰,林强.《国家职业资格培训教程中式烹调师(初级、中级、高级)(第二版)》.北京：中国劳动社会保障出版社，2004
8. 邱庞同主编,邵万宽副主编.《中国烹饪工艺学》.北京：中国商业出版社，2001
9. 中国烹饪协会组织编写.《国家开放考试教程中式烹调师》.北京：中国轻工业出版社，2006
10. 国家旅游局人事劳动教育司编.《烹饪原料学》.北京：旅游教育出版社，1996